国家出版基金项目
NATIONAL PUBLICATION FOUNDATION

"十三五"国家重点图书出版规划项目

中华农圣贾思勰与《齐民要术》研究 丛书

齊民要術的传承与研究

杨 洁
薛彦斌 著

中国农业科学技术出版社

图书在版编目（CIP）数据

《齐民要术》的传承与研究 / 杨洁，薛彦斌著 .—北京：中国农业科学技术出版社，2017. 7
（中华农圣贾思勰与《齐民要术》研究丛书）
ISBN 978-7-5116-2914-2

Ⅰ. ①齐…　Ⅱ. ①杨…　②薛…　Ⅲ. ①农学-中国-北魏②《齐民要术》-研究　Ⅳ. ①S-092. 392

中国版本图书馆 CIP 数据核字（2016）第 318055 号

责任编辑　闫庆健　范　潇
责任校对　马广洋

出 版 者　中国农业科学技术出版社
北京市中关村南大街 12 号　邮编：100081
电　　话　(010)82106632(编辑室)　(010)82109704(发行部)
(010)82109709(读者服务部)
传　　真　(010)82106625
网　　址　http://www.castp.cn
经 销 者　各地新华书店
印 刷 者　北京科信印刷有限公司
开　　本　710 mm×1 000 mm　1/16
印　　张　23. 75
字　　数　452 千字
版　　次　2017 年 7 月第 1 版　2017 年 7 月第 1 次印刷
定　　价　80. 00 元

作者简介

杨 洁，女，1970年6月生于山东寿光，中学高级教师，本科毕业于山东师范大学生物系，现为寿光市第一中学生物教研室教师，优秀教研组长，曾获得潍坊市政府教学成果一等奖，多次被评为全市优秀教师，参加教学工作23年来，一直从事高中部生物教学与研究，发表专业研究论文26篇、出版科技专著2部（副主编）、获得国家实用新型专利1项。

薛彦斌，1957年生于北京市，博士，研究员。1982年获东北农业大学园艺系蔬菜专业学士学位，1988年获中国农业大学食品科学系果蔬贮藏加工专业硕士学位，1992年获日本政府文部省国费外国人留学生奖学金赴国立日本冈山大学大学院留学，1996年获冈山大学大学院自然科学研究科果蔬贮藏加工专业博士（Ph. D）学位。历任东北农业大学园艺系助教、食品科学系讲师，北方交通大学交通运输学院副教授、硕士研究生导师，山东潍坊科技学院副院长，研究员，现任寿光市《齐民要术》研究会副会长。在2005年4月第六届中国（寿光）国际蔬菜科技博览会期间任贾思勰农学思想研讨会执行负责人，担任《贾思勰农学思想研讨会论文集》执行主编，发表《世界名著〈齐民要术〉对日本的影响》论文并作大会发言。任《贾思勰农学思想研究》第一集、第二集、第三集编委，《“齐民要术”难字解》编委。在《中国农史》（中文核心期刊）上发表《对20世纪以来〈齐民要术〉中国研究学者与

成果的分类》论文。2006年，主编《〈齐民要术〉与现代农业高层论坛论文集》（《中国农史》2006年增刊）。2010—2016年连续主持7届中华农圣文化国际研讨会，主编《中华农圣文化国际研讨会论文集》五部（中国农业科学技术出版社，第一集至第四集，中国农业出版社，第五集），主编《贾思勰与〈齐民要术〉研究论文集》（山东人民出版社），2008年受聘担任中央电视台十集电视纪录片《齐民要术》撰稿人和史料统筹编辑。2015—2016年与寿光市齐民要术研究会会长刘效武教授领衔主编《中华农圣贾思勰与〈齐民要术〉研究丛书》，获得国家新闻出版广电总局2016年度国家出版基金资助（中国农业科学技术出版社）。

编撰委员会

主　　编　李昌武　刘效武

副 主 编　薛彦斌　李兴军　孙有华

编　　委（按姓氏笔画为序）

于建慧	王　朋	王红杰	王金栋	王思文	王继林
王敬礼	朱在军	朱振华	刘　曦	刘子祥	刘长政
刘玉昌	刘玉祥	刘金同	孙仲春	孙安源	杨志强
杨现昌	杨维国	李美芹	李冠桥	李桂华	李海燕
宋峰泉	张子泉	张凤彩	张砚祥	张恩荣	张照松
陈伟华	邵世磊	林聚家	国乃全	周衍庆	郎德山
赵世龙	胡立业	胡国庆	信俊仁	信善林	耿玉芳
夏光顺	柴立平	郭龙文	黄　朝	黄本东	崔永峰
崔改泵	葛汝凤	葛怀圣	董宜顺	董绳民	焦方增
舒　安	蔡英明	魏华中			

校　　订　王冠三　魏道揆　刘东阜　侯如章

学术顾问组织

中国科学院

中国农业科学院

中国农业历史学会

中华农业文明研究院

中国农业历史文化研究中心

农业部农村经济研究中心

山东省农业科学院

山东省农业历史学会

序 一

《齐民要术》是我国现存最早、最完整的一部古代综合性农学巨著，在中国传统农学发展史上是一个重要的里程碑，在世界农业科技史上也占有非常重要的地位。

《齐民要术》共10卷，92篇，11万多字。全书“起自耕农，终于醯醢，资生之业，靡不毕书”，规模巨大，体系完整，系统地总结了公元6世纪以前黄河中下游旱作地区农作物的栽培技术、蔬菜作物的栽培技术、果树林木的栽培技术、畜禽渔业的养殖技术以及农产品加工与贮藏、野生植物经济利用等方面的知识，是当时我国最全面、系统的一部农业科技知识集成，被誉为中国古代第一部“农业百科全书”。

《齐民要术》研究会组织包括高校科研人员、地方技术专家等20多人在内的精干力量，凝心聚力，勇担重任，经过三年多的辛勤工作，完成了这套近400万字的《中华农圣贾思勰与〈齐民要术〉研究丛书》。该《丛书》共三辑15册，体例庞大，内容丰富，观点新颖，逻辑严密，既有贾思勰里籍考证、《齐民要术》成书背景及版本的研究，又有贾思勰农学思想、《齐民要术》所涉及农林牧渔副等各业与当今农业发展相结合等方面的研究创新。这些研究成果与我国农业当前面临问题和发展的关系密切，既能为现代农业发展提供一些思路和有益参考，又很好地丰富了传统农学文化研究的一些空白，可喜可贺。可以说，这是国内贾思勰与《齐民要术》研究领域的一部集大成之作，对传承创新我国传统农耕文化，服务现代农业发展将发挥积极的推动作用。

《中华农圣贾思勰与〈齐民要术〉研究丛书》能得到国家出版基金资助，列入“十三五”国家重点图书出版规划项目，进一步证明了该《丛书》的学术价

值与应用价值。希望该《丛书》的出版能够推动《齐民要术》的研究迈上新台阶；为推进现代农业生态文明建设，实现农业的可持续发展提供有益的借鉴；为传承和弘扬中华优秀传统文化，展现中华民族的精神文化瑰宝，提升中国的文化软实力发挥作用。

中国工程院副院长
中国工程院院士 刘旭

2017 年 4 月

序 二

中国是世界四大文明古国之一，也是世界第一农业大国。我国用不到世界9%的耕地，养活了世界21%的人口，这是举世瞩目的巨大成绩，赢得世人的一致称赞。对于我国来说，“食为政首”“民以食为先”，解决人的温饱是最大问题，也是我国的特殊国情，所以，从帝制社会开始，历朝历代，都重视农业，把农业作为“资生之业”，同时又将农业技术的改良、品种的选优等放在发展农业的优先位置，这方面的成就是为世界公认的，并作为学习的榜样。

中华农圣贾思勰所撰农学巨著《齐民要术》，是每位农史研究者必读书目，在国内外影响极大，有很多学者把它称为“中国古代农业的百科全书”。英国著名科学家达尔文撰写《物种起源》时，也强调其重要性，在有些篇章有些字句里面，也引用了《齐民要术》和中国农书的一些重要成果，对它给予充分肯定。研究中国农业，《齐民要术》是一座绕不开的丰碑。《齐民要术》是古代完整的、全面的农业著作，内容相当丰富，从以下几方面，可以看出贾思勰的历史功绩。

在农作物的栽培技术方面，他详细记叙了轮作与间作套种方法。原始农业恢复地力的方法是休闲，后来进步成换茬轮作，避免在同一块地里连续种植同一作物所引起的养分缺乏和病虫害加重而使产量下降。在这方面，《齐民要术》记述了20多种轮作方法，其中最先进的是将豆科作物纳入轮作周期。在当时能认识到豆科植物有提高土壤肥力的作用，是农业上很大的进步，这要比英国的绿肥轮作制（诺福克轮作制）早1 200多年。间作套种是充分利用光能和地力的增产措施，《齐民要术》记述着十几种做法，这反映了当时间作套种技术的成就。

对作物播种前种子的处理，提出了泥水选种、盐水选种、附子拌种、雪水浸种等方法，这都是科学的创见。特别是雪水浸种，以“雪是五谷之精”提出观点，事实上，雪水中重水含量少，能促进动植物的新陈代谢（重水是氢的同位素重氢和氧化合成的水，对生物体的生长发育有抑制作用），科学实验证明，在温室中用雪水浇灌，可使黄瓜、萝卜增产两成以上。这说明在1 400多年前劳动人民已从实践中觉察到雪水和普通水的不同作用，实为重要的发现。在《收种第二》篇中，对选种育种更有一整套合乎科学道理的方法："粟、黍、穄、粱、秫，常岁岁别收，选好穗纯色者，劁刈高悬之，至春治取，别种，以拟明年种子。其别种种子，常须加锄。先治而别埋，还以所治蘘草蔽窖。不尔，必有为杂之患。"这里所说的，就是我们沿用至今的田间选种、单独播种、单独收藏、加工管理的方法。

《齐民要术》记载了我国丰富的粮食作物品种资源。粟的品种97个，黍12个，穄6个，粱4个，秫6个，小麦8个，水稻36个（其中糯稻11个）。贾思勰根据品种特性，分类加以命名。他对品种的命名采用三种方式：一是以培育人命名，如"魏爽黄""李浴黄"等；二是"观形立名"，如高秆、矮秆、有芒、无芒等；三是"会义为称"，即据品种的生理特性如耐水、抗虫、早熟等命名。他归纳的这三种命名方式，直到现在还在使用。

在蔬菜作物的栽培技术方面，成就斐然。《齐民要术》第15~29篇都是讲的蔬菜栽培。所提到的蔬菜种类达30多种，其中约20种现在仍在继续栽培，寿光市现在之所以蔬菜品种多、技术好、质量高，与此不无传承关系。《齐民要术》在《种瓜第十四》篇中，提到种瓜"大豆起土法"，这是在种瓜时先用锄将地面上的干土除去，再开一个碗口大的土坑，在坑里向阳一边放4颗瓜子、3颗大豆，大豆吸水后膨胀，子叶顶土而出，瓜子的幼芽就乘势省力地跟着出土，待瓜苗长出几片真叶，再将豆苗掐断，使断口上流出的水汁，湿润瓜苗附近的土壤，这种办法，在20世纪60—70年代还被某外国农业杂志当作创新经验介绍，殊不知贾思勰在1 400年前就已经发现并总结入书了。又如，从《种韭第二十二》篇可以看出，当时的菜农已经懂得韭菜的"跳根"现象，而采取"畦欲极深"和及时培土的措施来延长采割寿命。这说明那时的贾思勰对韭菜新生鳞茎的生物学特点已经有所认识。再如，对韭菜新陈种籽的鉴别，采用了"微煮催芽法"来检验，"微煮"二字非常重要，这一方法延续到现在。

在果树栽培方面，《齐民要术》写到的品种达30多种。这些果树资料，对世界各国果树的发展起过重要作用。如苏联的植物育种家米丘林和美国、加拿大的植物育种家培育的寒带苹果，都是用《齐民要术》中提到的海棠果作亲本培育成功的。在果树的繁殖上贾思勰记载了数种嫁接技术。为使果类增产，他还提出“嫁枣”（敲打枝干）、疏花的措施，以减少养分的虚耗，促多坐果，这是很有见地的。

在养殖业方面，《齐民要术》从大小牲畜到各种鱼类几乎都有涉猎，记之甚详，特别大篇幅强调了马的饲养。从养马、相马、驯马、医马到定向选育、培育良种都作了科学的论述，现在世界各国的养马业，都继承了这些理论和方法，不过更有所提高和发展罢了。

在农产品的深加工方面，记述的餐饮制品从酒、酱到菜肴、面食等，多达数百种，制作和烹饪方法多达20余种，都体现了较高的科技水平。在《造神曲并酒第六十四》篇中的造麦曲法和《笨曲并酒第六十六》篇中的三九酒法，记载着连续投料使霉菌得到深层培养，以提高酒精浓度和质量的工艺，这在我国酿酒史上具有重要意义。

贾思勰除了在农业科学技术方面有重大成就外，还在生物学上有所发现。如对植物种间相互抑制或促进的认识和利用以及对生物遗传性、变异性和人工选择的认识和利用等。达尔文《物种起源》第一章《家养状况下的变异》中提到，曾见过“一部中国古代的百科全书”，清楚地记载着选择，经查证这部书就是《齐民要术》。总之，《物种起源》和《植物和动物在家养下的变异》中都参阅过这部“中国古代百科全书”，六次提及《齐民要术》，并援引有关事例作为他的著名学说——进化论佐证。如今《齐民要术》更是引起欧美学者的极大关注和研究，说它“即使在世界范围内也是卓越的、杰出的、系统完整的农业科学理论与实践的巨著。”

达尔文在《物种起源》中谈到人工选择时说：“如果以为这种原理是近代的发现，就未免与事实相差太远。在一部古代的中国百科全书中，已有关于选择原理的明确记述。”“农学家们的普遍经验具有某种价值，他们常常提醒人们当把某一地方产物试在另一地方栽培时要慎重小心。中国古代农书作者建议栽培和维持各个地方的特有品种。”达尔文说：“在上一世纪耶稣会士们出版了一部有关中国的大部头著作，这部著作主要是根据古代中国百科全书编成的。关于绵羊，书中说‘改良品种在于特别细心地选择预定作繁殖之用的羊羔，对它们善加饲养，保持羊群隔离。’中国人对于各种植物和果树也应用了同样的选择原理。”“物种能适应于某种特殊风土有多少是单纯由于其习性，有多少是由于具备不同内在体质的变种之自然选择，以及有多少是由于两者合在一起的作用，却是个朦胧不清的问题。根据类例推理和农书中甚至古代中国百科全书中提出的关于将动物从一个地区迁移至另一地区饲养时要极其谨慎的不断忠告，我应当相信习性有若干影响的说法。”

李约瑟是英国近代生物化学家和科学技术史专家、原英国皇家学会会员（FRS）、原英国学术院院士（FBA）、剑桥大学李约瑟研究所创始人，其所著《中国的科学与文明》（即《中国科学技术史》）对现代中西文化交流影响深远。李约瑟评价说：“中国文明在科学史中曾起过从未被认识的巨大作用，在人类了解自然和控制自然方面，中国有过贡献，而且贡献是伟大的。”李约瑟及其助手白馥兰，对贾思勰的身世背景作了叙述，侧重于《齐民要术》的农业技术体系构建，就种植制度、耕作水平、农器组配、养畜技艺、加工制作以及中西农耕作业的比较进行了阐述，并指出：“《齐民要术》是完整保留至今的最早的中国农书，其行文简明扼要，条理清晰，所述技术水平之高，更臻完美。其结果是这本著作长期使用至今还基本上是完好无损。”“《齐民要术》所包含的技术知识水平在后来鲜少被超越。”

日本是世界上保存世界性巨著《齐民要术》的版本最多的国家，也是非汉语国度研究《齐民要术》最深入的国家。日本学者薮内清在《中国、科学、文明》一书中说：“我们的祖先在科学技术方面一直蒙受中国的恩惠，直到最近几年，日本在农业生产技术方面继续沿用中国技术的现象还到处可见。”并指出：“贾思勰的《齐民要术》一书，详细地记述了华北干燥地区的农业技术，在日本，出版了这本书的译本，而且还出现了许多研究这本书的论文。”日本鹿儿岛大学原教授、《齐民要术》研究专家西山武一在《亚洲农法和农业社会》（东京大学出版会，1969）的后记中写道：“《齐民要术》不仅是中国农书中的最高峰，也是最难读懂的农书之一。它宛如瑞士的高山艾格尔峰（Eiger）的悬崖峭壁一般。不过，如果能够根据近代农学的方法论搞清楚其书写的旱地农法的实态的话，那么《齐民要术》的谜团便会云消雾散。”日本研究《齐民要术》专家神谷庆治在西山武一、熊代幸雄《校订译注〈齐民要术〉》的“序文”中就说，《齐民要术》至今仍有惊人的实用科学价值。“即使用现代科学的成就来衡量，在《齐民要术》这样雄浑有力的科学论述前面，人们也不得不折服。在日本旱地农业技术中，也存在春旱、夏季多雨等问题，而采取的对策，和《齐民要术》中讲述的农学原理有惊人的相似之处”。神谷庆治在论述西洋农学和日本农学时指出：“《齐民要术》不单是千百年前中国农业的记载，就是从现代科学的本质意义上来看，也是世界上的农书巨著。日本曾结合本国的实际情况和经验，加以比较对照，消化吸收其书中的农学内容”。日本农史学家渡部武教授认为：“《齐民要术》真可以称得上集中国人民智慧大成的农书中之雄，后世几乎所有的中国农书或多或少要受到《齐民要术》的影响，又通过劝农官而发挥作用。”日本学者山田罗谷评价说：“我从事农业生产三十余年，凡是民家生产上生活上的事，只要向《齐民要术》求教，依照着去做，经过历年的试行，没有一件不成功的。尤其关于农业生产的切实指导，可以和老农的宝贵经验媲美的，只有这部书。所以要特为译成日文，并加上注释，刊成新书行世。”

《齐民要术》在中国历朝历代，更被奉为至宝。南宋的葛祐之在《齐民要术后序》中提到，当时天圣中所刊的崇文院版本，不是寻常人可见，藉以称颂张辚能刊行于州治，“欲使天下之人皆知务农重谷之道”。《续资治通鉴长编》的作者南宋李焘推崇《齐民要术》，说它是“在农家最翘然出其类”。明代著名文学家、思想家、哲学家，明朝文坛“前七子”之一，官至南京兵部尚书、都察院左都御史的王廷相，称《齐民要术》为“惠民之政，训农裕国之术”。20世纪30年代，我国一代国学大师栾调甫称《齐民要术》一书：“若经、若史、若子、若集。其刻本一直秘藏于皇家内库，长达数百年，非朝廷近人不可得。”著名经济史学家胡寄窗说：“贾思勰对一个地主家庭所须消费的生活用品，如各种食品的加工保持和烹调方法；如何养鱼养马；甚至连制造笔墨及其原材料等所应具备的知识，无不应有尽有。其记载周详细致的程度，绝对不下于举世闻名的古希腊色诺芬为教导一个奴隶主如何管理其农庄而编写的《经济论》。”

寿光是贾思勰的故里，我对寿光很有感情，也很有缘源，与其学术活动和交流十分频繁。2006年4月，我应中国（寿光）国际蔬菜博览会组委会、潍坊科技职业学院（现潍坊科技学院）、寿光市齐民要术研究会的邀请，来到著名的中国蔬菜之乡寿光，参观了第七届中国（寿光）国际蔬菜博览会，感到非常震撼，与会“《齐民要术》与现代农业高层论坛”，我在发言中说：“此次来到中国蔬菜之乡和贾思勰的故乡，受益匪浅。《齐民要术》确实是每个研究农学史学者必读书目，在国内外影响非常之大，有很多学者把它称为是中国古代农业的百科全书，我们知道达尔文写进化论的时候，他也在书中强调，在有些篇章有些字句里面，也引用了《齐民要术》和中国农书的一些重要成果，对它给予充分肯定。《齐民要术》研究和现代农业研究结合起来，学习和弘扬贾思勰重农、爱农、富农的这样一个思想，继承他这种精神财富，来建设我们的新农村，是一个非常重

要的主题。寿光这个地方有着悠久的传统，在农业方面有这样的成就，古有贾思勰、今有寿光人，古有《齐民要术》、今有蔬菜之乡，要把这个资源传统优势发挥出来”。2006 年 5 月，潍坊科技职业学院副院长薛彦斌博士前往南京农业大学中华农业文明研究院，我带领薛院长参观了中华农业文明研究院和古籍珍本室，目睹了中华农业文明研究院馆藏镇馆之宝——明嘉靖三年马直卿刻本《齐民要术》，薛院长与我、沈志忠教授一起商议探讨了《〈齐民要术〉与现代农业高层论坛论文集》的出版事宜，决定以 2006 年增刊形式，在 CSSCI 核心期刊《中国农史》上发表。2006 年 9 月，我与薛院长又一道同团参加了在韩国水原市举行的、由韩国农业振兴厅与韩国农业历史学会举办的“第六届东亚农业史国际研讨会”，来自中韩日三国的 60 余名学者参加了学术交流，进一步增进了潍坊科技学院与南京农业大学之间的了解和学术交流。2015 年 7 月，寿光市齐民要术研究会会长刘效武教授、副会长薛彦斌教授前往南京农业大学中华农业文明研究院，与我、沈志忠教授一起，商议《中华农圣贾思勰与〈齐民要术〉研究丛书》出版前期事宜，我十分高兴地为该丛书写了推荐信，双方进行了深入的学术座谈、并交换了学术研究成果。2016 年 12 月，薛院长又前往南京农业大学中华农业文明研究院，向我颁发了潍坊科技学院农圣文化研究中心学术带头人和研究员聘书，双方交换了学术研究成果。寿光市齐民要术研究会作为基层的研究组织，多年来可以说做了大量卓有成效的优秀研究工作，难能可贵。特别是此次，聚心凝力，自我加压，联合潍坊科技学院，推出这项重大研究成果——《中华农圣贾思勰与〈齐民要术〉研究丛书》，即将由中国农业科学技术出版社出版，并荣获国家新闻出版广电总局 2016 年度国家出版基金资助，入选“十三五”国家重点图书出版规划项目，可喜可贺。在策划和写作过程中，刘效武教授、薛彦斌教授始终与我保持着学术联系和及时沟通，本人有幸听取该丛书主编刘效武教授、薛彦斌教授对丛书总体设计的口头汇报，又阅读“三辑”综合内容提要和各分册书目中的几册样稿，觉得此套丛书的编辑和出版十分必要、非常适时，它既梳理总结前段国内贾学研究现状，又用大量现代农业创新案例展示它的博大精深，同时也填补了国内这一领域中的出版空白。该丛书作为研读《齐民要术》宝库的重要参考书之一，从立体上挖掘了这部世界性农学巨著的深度和广度。丛书从全方位、多角度进行了比较详细的探讨和研究，形成三辑 15 分册、近 400 万字的著述，内容涵盖了贾思勰与《齐民要术》研读综述、贾思勰里籍及其名著成书背景和历史价值、《齐民要术》版本及其语言、名物解读、《齐民要术》传承与实践、贾思勰故里现代农业发展创新典型等方方面面，具有“内容全面”“地域性浓”“形式活泼”等特色。所谓内容全面：既考订贾思勰里籍和《齐民要术》语言层面的解读，同时也对农林牧副渔如何传承《齐民要术》进行较为全面的探讨；地域性浓：即指贾思勰故里寿光人探求贾学真谛的典型案例，从王乐义“日光温室蔬菜大棚”诞生，到“果王”蔡英明——果树“一边倒”技术传播，再到庄园饮食——“齐民大宴”，及“齐民思酒”的制曲酿造等，突出了寿光地域特色，展示了现代农业的创新成果；形式活泼：即指“三辑”各辑都有不同的侧重点，但分册内容类别性质又有相同或相近之处，每分册的语言尽量做到通俗易懂，图文并茂，以引起读者的研读兴趣。

鉴于以上原因，本人愿意为该丛书作序，望该套丛书早日出版面世，进一步弘扬中华农业文明，并发挥其经济效益和社会效益。

（南京农业大学中华农业文明研究院院长、教授、博士生导师）

2017年3月

序 三

寿光市位于山东半岛中北部，渤海莱州湾南畔，总面积2 072平方千米，是“中国蔬菜之乡”“中国海盐之都”，被中央确定为改革开放30周年全国18个重大典型之一。

寿光乾坤清淑、地灵人杰。有7 000余年的文物可考史，有2 100多年的置县史，相传秦始皇筑台黑冢子以观沧海，汉武帝躬耕洰淀湖教化黎民，史有“三圣”：文圣仓颉在此创造了象形文字、盐圣夙沙氏开创了煮海为盐的先河，农圣贾思勰著有世界上第一部农学巨著《齐民要术》，在这片神奇的土地上，先后涌现出了汉代丞相公孙弘、徐干，前秦丞相王猛，南北朝文学家任昉等历史名人，自古以来就有“衣冠文采、标盛东齐”的美誉。

食为政之首，民以食为天。传承先贤“苟日新，日日新，又日新”的创新基因，勤劳智慧的寿光人民以“敢叫日月换新天”的气魄与担当，栉风沐雨、自强不息，创造了一个又一个绿色奇迹，三元朱村党支部书记王乐义带领群众成功试种并向全国推广了冬暖式蔬菜大棚，连续举办了17届中国（寿光）国际蔬菜科技博览会，成为引领现代农业发展的“风向标”。近年来，我们深入推进农业供给侧结构性改革，大力推进旧棚改新棚、大田改大棚“两改”工作，蔬菜基地发展到近6万公顷，种苗年繁育能力达到14亿株，自主研发蔬菜新品种46个，全市城乡居民户均存款15万元，农业成为寿光的聚宝盆，鼓起了老百姓的钱袋子，贾思勰“岁岁开广、百姓充给”的美好愿景正变为寿光大地的生动实践。

国家昌泰修文史，披沙拣金传后人。贾思勰与《齐民要术》研究会、潍坊科技学院等单位的专家学者呕心沥血、焚膏继晷，历时三年时间撰写的这套三辑

15分册，近400万字的《中华农圣贾思勰与〈齐民要术〉研究丛书》即将面世了，丛书既有贾思勰思想生平的旁求博考，又有农圣文化的阐幽探赜，更有农业前沿技术的精研致思，可谓是一部研究贾思勰及农圣文化的百科全书。时值改革开放40周年之际，它的问世可喜可贺，是寿光文化事业的一大幸事，也是贾学研究具有里程碑意义的一大盛事，必将开启贾思勰与《齐民要术》研究的新纪元。

抚今追昔，意在登高望远；知古鉴今，志在开拓未来。寿光是农业大市，探寻贾思勰及农圣文化的精神富矿，保护它、丰富它并不断发扬光大，是我们这一代人义不容辞的历史责任。当前，寿光正处在全面深化改革的历史新方位，站在建设品质寿光的关键发展当口，希望贾思勰与《齐民要术》研究会及各位研究者，不忘初心，砥砺前行，以舍我其谁的使命意识、只争朝夕的创业精神、踏石留印的务实作风，“把跨越时空、超越国度、富有永恒魅力、具有当代价值的文化精神弘扬起来”，继续推出一批更加丰硕的理论成果，为增强国人的道路自信、理论自信、制度自信、文化自信提供更加坚实的学术支持，为拓展农业发展的内涵与深度不断添砖加瓦，为在更高层次上建设品质寿光作出新的更大贡献！

（中共寿光市委书记）

2017年3月

绪 言

光阴荏苒，日月如梭，寿光市《齐民要术》研究会自2005年成立至今，已经走过了整整12个年头，本书作者作为亲历者，自始至终参与其中，耳濡目染了11年来寿光市《齐民要术》研究会的发展与壮大。从发展初期起，中共寿光市委市政府就大力支持与扶掖，划拨经费，保证了学术研究活动全面展开。尤其在每年4月份蔬菜科技博览会期间，由中共寿光市委、市政府牵头，潍坊科技学院承办，寿光市齐民要术研究会协办的大型专题研讨会，如贾思勰农学思想研讨会、《齐民要术》与现代农业高层论坛、海峡两岸《齐民要术》与新农村建设研讨会、《齐民要术》饮食研究研讨会以及蔬菜质量安全生产研讨会等学术会议，邀请国内外顶尖级农学专家云集寿城，共商农业发展大计。在上级领导和相关专家以及寿光籍在外知名人士的提议下，从2010年开始，由潍坊科技学院连续承办7届中华农圣文化国际研讨会，公开出版8部贾学研究论文集，字数达500万。近两年，又创办“贾思勰与《齐民要术》”研究图书资料室和成果展室，还为2015年意大利米兰世博会中国农史馆提供《齐民要术》大农业（农林牧副渔）典型案例材料。近期，创办的《潍坊科技学院报》“贾学探研”专刊已经问世，经过学会统一筹划与调度，编纂一套前所未有的大型系列丛书宝典——《中华农圣贾思勰与〈齐民要术〉研究丛书》，围绕“贾学”探研多年文化积淀，由15分册组成，包括三大版块内容：贾思勰其人、《齐民要术》语言及内涵解读、《齐民要术》探研与实践的编写工程也初战告捷，即将付梓出版。这一系列重要的学术成果，是在学会首任会长王焕新先生和第二任会长刘效武先生的卓越领导下、全体会员众志成城的齐心努力下取得的，标志着寿光《齐民要术》研究会运作机制的成熟和进入了科学发展的快车道，学会的学术研究取得了令人瞩目的成绩，令人欣慰，抚今追昔，感慨良多。

早在2005年第六届中国（寿光）国际蔬菜科技博览会期间，首次新增了《贾思勰农学思想研讨会》内容。接到中共寿光市委、市政府和中国（寿光）国际蔬菜科技博览会组委会的任务后，经努力我们邀请到全国30余位专家学者参会。其中有中国农史、经济史、科技史、社会史研究学者，也有从事农业科学等应用性专业领域研究的专家；有博士生导师、博士、院所领导，也有海外留学归国学者；有大专院校的硕士研究生，也有实践经验丰富的地方性企事业单位的负责同志，大家从不同的视角、不同的方向、不同的层次、不同的专业领域对贾思勰及其《齐民要术》进行了认真研究和讨论，研讨会取得了圆满成功。但美中不足的是专门研究贾思勰和《齐民要术》的专家偏少，在我们所知的专家中有一些德高望重的老专家由于年龄和健康原因难以参会，一些中年学者身兼教学、科研、管理的重担，难以抽身专程前往，还有一部分我们不熟悉、不了解、不掌握的相关学者，这就促使我们在会后萌生了收集、检索相关专家学者和研究成果的念头，一是可以为后来的邀请工作如2006年的《"齐民要术"与中国农业发展高峰论坛》以及2010—2016年连续举办的7届中华农圣文化国际研讨会增加更大的空间和余地；二是寿光《齐民要术》研究会和贾思勰农学思想研究所也应加强同全国相关组织、学者的联系。经过较系统的检索、整理，我们共收集近400位相关专家学者，其中有终生致力于农史研究、蜚声中外的专家，有年富力强、堪称主流和中坚力量的中年学者，也有精力充沛、观点新颖的年轻一代，他们或是大专院校、科研院所专家教授，或是地方党政干部，或是企业技术人员，或是攻读博士、硕士学位的学生，范围涉及各行各界，研究热潮生生不息，诚如滚滚长江之水，后浪助推前浪，预示着《齐民要术》研究的方兴未艾和后继有人。2006年，笔者编辑了《〈齐民要术〉研究专家学者概览》（中国篇），实质上相当于编辑国内的《〈齐民要术〉研究人物卷》，将《齐民要术》研究专家学者统一整理、润色、加工，最后汇编成册付印。又在中文核心期刊《中国农史》2006年增刊上发表了《对20世纪以来〈齐民要术〉国内研究学者与成果的分类》论文。本书在此两项研究工作的基础上，参照专家们的最新研究成果，从400多位研究者中，精选了27位中国近代和现代关于《齐民要术》研究代表性专家与知名学者，如"东万"万国鼎、"西石"石声汉、"南梁"梁家勉、"北王"王毓瑚四大家，以及栾调甫、缪启愉、李长年、王仲荦、胡道静、游修龄、董恺忱、郭文韬、杨直民、范楚玉、闵宗殿、陈文华、彭世奖、周肇基、李根蟠、张波、曹幸穗、张法瑞、樊志民、王思明、倪根金、曾雄生、孙金荣等，同时，将我国香港、台湾、澳门的相关专家和研究成果也进行了整理和归纳。本书有专家简介和相关研究成果，以及本书作者与他们的学术交流资料。

通过整理编辑，笔者大致统计出截至2016年7月，以《齐民要术》和贾思勰为标题进行研究的论文和文章约460篇，以《齐民要术》和贾思勰为主要内容进行研究的论文和文章约780篇，涉及《齐民要术》和贾思勰若干观点进行研究的论文和文章约2 700篇。由于篇幅有限，所有作者不能一一入选，只能择其要者。《齐民要术》和贾思勰确实可以称为深刻影响中国的一百本书和一百位人物之一，研究的相关文章已经达到了汗牛充栋的地步，截至2016年7月15日，以著名搜索引擎“百度（www. baidu. com）”为例，用其搜索“齐民要术”，可搜索到的相关结果为2 870 000个，用其搜索“贾思勰”，可搜索到的相关结果为1 580 000个。用“360搜索”引擎搜索“齐民要术”，可搜索到的相关结果为1 210 000个，用其搜索“贾思勰”，可搜索到的相关结果为8 80个。再如用中国知识资源总库“中国知网（www. cnki. net）”检索“齐民要术”，可综合检索到相关记录22 741条，其中期刊12 698条，博硕论文6 298条，会议论文566条，报纸510条；检索“贾思勰”，可综合检索到相关记录7 775条，其中期刊4 485条，博硕论文1 926条，会议论文155条，报纸294条。可见《齐民要术》和贾思勰对中国乃至世界的影响是多么巨大和深刻。

其中，尤其令人高兴的是高等院校出现了以研究《齐民要术》为专题的博士论文。例如北京大学汉语言文字学专业2004届博士刘洁，博士论文题目是《〈齐民要术〉词汇研究》，指导教师是张双棣教授，是我国综合性大学第一位以《齐民要术》为专题完成博士论文的汉语言文字学博士生。再如南京农业大学教授，硕士生导师杨坚，其博士论文题目是《〈齐民要术〉中农产品加工的研究》，2004年毕业，毕业系部为南京农业大学科学技术史研究所，导师为2005年故去的张芳教授，学位授予单位是南京农业大学，学科专业名称是科学技术史，是我国农业高等院校第一位以《齐民要术》为专题完成博士论文的博士生。山东农业大学文法学院孙金荣教授，2014年获得山东大学古代文学博士学位，博士论文题目是《〈齐民要术〉研究》，导师是徐传武教授。

研究《齐民要术》的硕士论文更是越来越多。郑州大学王星光教授指导的硕士生司庆达的选题也与《齐民要术》密切相关，题目是《〈齐民要术〉与精耕细作体系研究》，收录在郑州大学硕士论文统计之中，司庆达因此于2005年获得郑州大学历史学院古代史专业硕士学位。还有首都师范大学历史系2003届研究生那晓凌，硕士论文题目是《〈齐民要术〉所见抗御灾害的思想及措施》，收录在首都师范大学2003年硕士论文统计之中，导师为蒋福亚教授，学位授予单位为首都师范大学，学科专业名称为专门史。王莉群的论文题目是《〈齐民要术〉农作物名物词研究》，为重庆师范大学汉语言文字学专业2012年硕士论文，导师徐流教授。白琳的《〈齐民要术〉介词研究》，四川师范大学汉语言文字学专业，

2013年硕士论文，导师管锡华教授。张志鹏的《〈齐民要术〉介词研究》，山东大学汉语言文字学专业，2014年硕士论文，导师丁秀菊教授。

尤为可喜的是高等院校中已将《齐民要术》研究正式列为基金课题研究，如南京大学中文系教授，博士生导师，南京大学中文系博士后出身的汪维辉，曾从事的研究课题为国家社科基金项目《〈齐民要术〉词汇语法研究》。内容包括：词汇研究为常用词研究，新词新义研究，专业词汇研究，疑难词语考释；语法研究为虚词研究，句式研究。课题的重点是从语言史的角度揭示《齐民要术》中具有时代和地域特色的新兴语言现象以及它们对后世语言特别是近代汉语的影响，落脚点是汉语词汇史和汉语语法史。汪维辉教授的专著《〈齐民要术〉词汇语法研究》，2007年由上海教育出版社出版，并获得2009年教育部高等学校科学研究人文社会科学优秀成果二等奖。再如南京农业大学教授、硕士生导师杨坚曾主持完成南京农业大学青年科技创新基金（人文社科）项目"《齐民要术》中农产品加工的研究"。山东农业大学文法学院孙金荣教授承担了国家社科基金重大委托研究项目"《子海》整理与研究"（项目编号：10@ZH011），其子项目"《齐民要术》研究"，山东省社科规划项目"《齐民要术》研究"（项目编号：13CWXJ10）取得了重要成果。

不仅如此，许多党政干部，包括中高级领导在百忙之中也纷纷著书立说，积极研讨《齐民要术》，为我们树立了榜样。如已故原北京市副市长、中国科学院哲学社会科学部委员、著名学者吴晗早在1956年4月的人民日报上就发表了《古代的农书：〈齐民要术〉》，文章极有深度。现任山东省委常委、青岛市委书记、曾任山东省寿光市人民政府市长的李群，也在1997年第二期《自然辩证法研究》上发表过有影响力的《贾思勰与〈齐民要术〉》论文。还有许多基层行政领导近年来也注意研究"贾学"，钻研《齐民要术》。

"国昌盛，史研兴"，新中国成立后，可以说《齐民要术》的研究方兴未艾，研究的热潮一浪高过一浪。而21世纪的15年间是《齐民要术》研究又一新的辉煌时期，"雏凤清于老凤声"，本书在《对20世纪以来〈齐民要术〉国内研究学者与成果的分类》的基础上，对2001—2015年15年间的新人和新研究成果进行了重点收集。同时，作为贾思勰故里寿光的研究者，我们选编了寿光市当地的30余位专家学者的最新研究成果、如王焕新、王冠三、贾效孔、孙仲春、朱振华、胡国庆、刘效武、薛彦斌、孙有华、赵守祥等，他们对贾思勰和《齐民要术》的研究有独特的地理优势、环境优势和特殊的学术氛围，取得了不可小觑的研究成果。除了寿光以外，潍坊、淄博、青岛、济南及其寿光周边地区乃至整个山东的相关研究者，本书也给予了重点关注。如山东潍坊教育学院政史系讲师，山东大学历史文化学院2005届博士研究生李森是山东五莲人，所著《贾思勰应为今山东寿光人》非常值得一读。石油大学（华东）政法系副教授，社科系副主任李元卿现住东营市，原籍是山东寿光，相关论文《贾思勰故里考》也很有见地。山东农业大学文法学院教授孙金荣博士的《籍贯与故里——贾思勰生平事迹考略》（《农业考古》2013 年第二期）；孙金荣教授的《贾思勰为官"高阳"郡治考》（《山东社会科学》2014 年第一期）也都阐述了新的研究观点。

本书的第一章阐述了《齐民要术》在中国和世界农学史上的地位，第二章是《齐民要术》与世界农业的比较研究，第三章是《齐民要术》与农业史学科的发展，第四章是《齐民要术》的流传和整理研究，涉及《齐民要术》版本、《齐民要术》在古代的流传和影响、近代和现代对《齐民要术》的整理和研究。第五、第六章是研究专家学者、研究成果精选。古为今用，实践第一，"披五岳之图以为知山，不如樵夫之一足"。在本书最后的第七章，作者用较大的篇幅撰写了《〈齐民要术〉的当代传承与践行》，详尽介绍了"当代贾思勰""冬暖式蔬菜大棚之父"王乐义的先进事迹。1989 年，寿光市孙家集街道三元朱村党支部书记王乐义带领村民率先在寿光试验成功了日光温室蔬菜种植生产技术，并引发了寿光乃至全国的蔬菜"绿色"革命和"白色"革命。正因为如此，出现"古无王乐义，今有贾思勰"的赞美，也就不足为怪了。本书还介绍了两位《齐民要术》研究会会长，一位是与《齐民要术》相关的"领衔研究者"、寿光《齐民要术》研究会第一任会长已故的王焕新先生，是研究《齐民要术》的领军人物和开拓者。另一位是刘效武先生，是寿光市《齐民要术》研究会第二任会长即现任会长，是《齐民要术》"深入研究的强力助推者"，2011 年接任会长以来，大刀阔斧，实施创新，有思路，有办法，有举措，把学会办得风生水起，面貌一新，充分显示出清晰的办会思想和卓越的领导才能，在《齐民要术》研究会的研究队伍建设、研究水平提升、研究设施建设上，利用仅仅 5 年多的时间，迈了八大步跨上了 8 个台阶，深得会员们的爱戴和拥护。本书还对近年来与《齐民要术》相关的重要赠书活动、研讨会及论坛、研究机构、大学院系、社团组织、生产企业、餐饮服务企业、文化企业、网站、大讲堂、奖项、商标注册、纪念馆、雕塑与模型、工艺纪念品、书法、宣传采风活动等进行了较全面的梳理和归纳，从各个侧面都可以折射出《齐民要术》的深刻影响。凡此种种，说明《齐民要术》已经深入到当今社会的各个领域，各行各业正在传承和践行着《齐民要术》，将其发扬光大。

为了便于读者加深理解，增加可读性，本书各章节在重要位点、重点事件、重点时段附有图片和照片，全书配有插图 263 帧。

薛彦斌 博士　研究员

2016 年 7 月于山东寿光

目 录

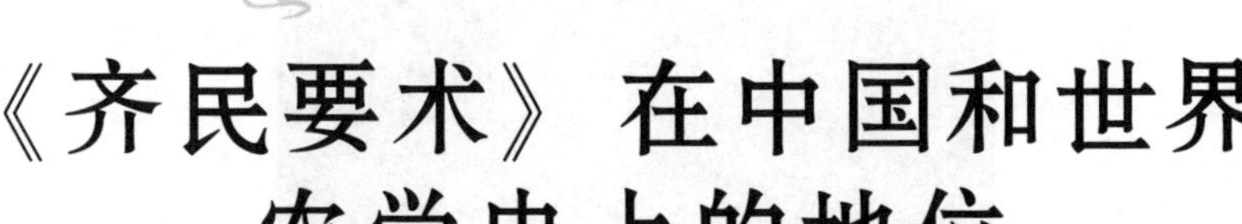

第一章　《齐民要术》在中国和世界农学史上的地位

贾思勰的《齐民要术》是我国第一部完整保存至今的大型综合性农书，在世界农学史上的地位极高，流传极广泛，日本学者尊称之为“贾学”。是影响中国的100本书之一（图1-1）。从《齐民要术》涉及的范围来看，它是我国第一部囊括广义农业的各个方面、囊括农业生产技术的各个环节、囊括古今农业资料的大型综合性农书。在《齐民要术》以前，我国已经出现了若干综合性农书和畜牧、园艺等专业性农书，但这时的所谓综合性农书，如《吕氏春秋·任地》等3篇（属于作物栽培总论性质）和《氾胜之书》（包括作物栽培通论和分论），实际上只限于种植业的范围，《四民月令》虽然涉及农、林、牧、副各个方面，但只讲农业生产的安排，基本上不讲生产技术，更缺少理论上的说明。专业性农书亦多缺略。《齐民要术》和这些农书相比，显然大大前进了一步。

《齐民要术》内容的广泛，是前所未有的。它所记述的生产技术以种植业为主，兼及蚕桑、林业、畜牧、养鱼、农副产品储藏加工等各个方面。凡是人们在生产和生活上所需要的项目，差不多都囊括在内。在种植业方面，则以粮食为主，兼及园艺作物、纤维作物、油料作物、染料作物、饲料作物等。从内容来讲，全面记述了生产技术的各个方面和各个环节，如作物栽培中的耕地选择、抗旱节水、品种选育、茬口安排、土壤耕作、种子处理、播种时期与播种技术、中耕除草、施肥、灌溉、植保、收获和产品的保藏等；动物养殖中的繁育、饲养、设施、饲料生产、疾病防治和相畜等。从地区来讲，以反映黄河流域中下游农业生产技术为主，同时也涉及南方及其他地区的植物和品种等。《齐民要术》不但

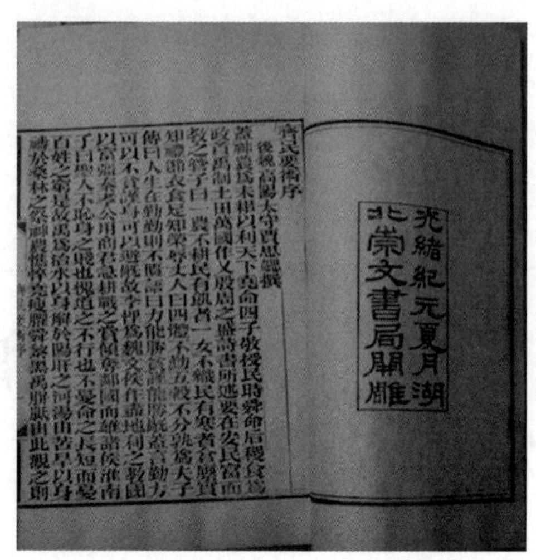

图 1-1　贾思勰的《齐民要术》

包括了农业生产和农业科技的方方面面，而且经过了作者的精心安排，形成层次分明的严整体系。

《齐民要术》记载的详尽，是前所未有的。它对农业生产技术的介绍具体细致，对其中各个技术环节的要点交代得清清楚楚，反复说明这样处理的理由，行文亦浅近明快。它不但立足于现实，系统总结了当代的实践经验，而且广泛收集了有关历史资料。它记载的详尽系统，远非以前的农书可以比拟，如现存《氾胜之书》和《四民月令》都只有 3 000字左右，《齐民要术》则长达 110 000字。

《齐民要术》保存的完整，也是前所未有的。《汉书 · 艺文志》著录的《神农》等 9 种农业专著现已全部失传了，《氾胜之书》和《四民月令》也是残书，其他散见的一些篇章也不完全是原来的面貌。魏晋南北朝以前的农书，只有《齐民要术》基本上完整地保存至今，而且部头这样大，确实是弥足珍贵。

总之，像《齐民要术》这样把各种生产项目和各种生产环节的科学技术知识熔为一炉，把古今农业生产和农业科技资料熔为一炉，而又完整地保存下来的百科全书式著作，在中国农学史上是空前的。是标志着中国传统农学臻于成熟的一个里程碑。

从《齐民要术》达到的水平看，它是秦汉以来我国黄河流域农业科学技术的一个系统总结，是标志着我国传统农学臻于成熟的一个里程碑。

《齐民要术》虽然成书于北魏，实际上却是长期以来农业生产实践经验积累的结果。它不但辑录了《氾胜之书》《四民月令》等农书，保存了汉代农业科学技术的精华，而且着重总结了《氾胜之书》以后北方旱地农业的新经验、新成就，其中之荦荦大者如：

在土壤耕作方面，在《氾胜之书》“耕—耱”技术的基础上，发展为“耕、耙、耢、压、锄”体系，使以防旱保墒为中心的北方旱地土壤耕作技术臻于成熟；

在农田施肥方面，在系统总结前代施肥经验的基础上，新增了种植绿肥的项目；

在种植制度方面，在连作的基础上，创造了丰富多彩的轮作倒茬间套混作的方式；

在植物保护方面，总结了耕作、轮作、利用火力、暴晒、药物和采用抗逆性品种等方法；

在作物育种方面，在田间穗选的基础上，创造了类似现代种子田的选育和复壮相结合的制度；

在园艺林木生产方面，首次详细记载了蔬菜生产中的畦作方法，首次详细记载了扦插、压条、嫁接等项技术，以及首次详细记载了多种蔬菜、果树、林木的精耕细作生产技术；

在动物生产方面，首次详细记载了有关栽桑养蚕的生产技术；首次详细记载了主要畜禽的繁育、饲养、相畜、兽医等项技术，并保存了有关人工养鱼技术的最早记载；

在农副产品加工方面，首次详细记载了利用微生物进行酿造的技术（图1–2）。

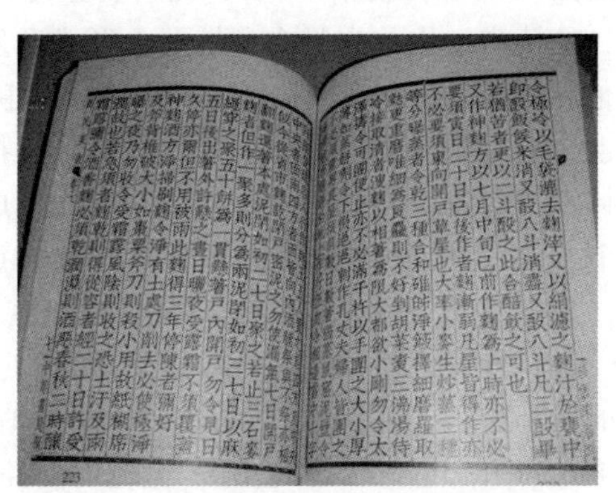

图 1–2 《齐民要术》中有关酿造的记述

总之，《齐民要术》反映了中国以精耕细作为特征的农业科技全面达到一个新的水平，标志着我国北方旱地农业精耕细作的技术体系已经完全成熟了。

中国传统农学以“三才”理论为指导，以精耕细作为特点，它奠基于春秋战国时代，其标志是以《吕氏春秋・上农》等四篇为代表的一批农书和农学文献的出现。如果说，《吕氏春秋·上农》等四篇是标志着中国传统农学奠基的一个里程碑，那么，《齐民要术》就是标志着中国传统农学臻于成熟的一个里程碑。这两个里程碑各有其时代特点。《吕氏春秋·上农》等四篇第一次对农业生产中“天、地、人”的关系作了经典性的概括。在农业技术方面，它着重说明土地利用和农时掌握的原则，而且是偏重于理论上的阐述，对“三才”理论中“稼”（农业生物）的因素，对农业技术中提高农业生物生产能力的措施，虽然有所涉及，但论述得很不够。当时精耕细作的农业技术处于初创阶段，尚未形成完整的体系。《齐民要术》继承了《吕氏春秋·上农》等四篇的“三才”思想，并使之深化。它在强调发挥人的主观能动性的前提下指出：“顺天时，量地利，则用力少而成功多。任情返道，劳而无获（入泉伐木，登山求鱼，手必虚；迎风散水，逆坡走丸，其势难）。”（《齐民要术·收种第二》）在它所记载的每一项农业技术中，无不贯彻了因时、因地、因物制宜的精神。在《齐民要术》中，精耕细作技术已不再是萌芽或初创状态，而是形成了完整的体系。其中有两点是非常突出的。一是对农业生产和生态体系中农业生物的因素的认识有了长足进步，在《齐民要术》所记载的农业技术中，不但重视对环境条件的适应（主要是对气候条件的适应，也包括对土地条件的适应）和改造（主要是对土地条件的改造，也包括对局部气候条件的改造），而且把提高农业生物自身生产能力的技术措施放在十分重要的地位（包括轮作倒茬、育种保种和利用生物体内部和外部的各种关系“为我所用”的各种技术措施）；而后者正是建立在对“物性”深刻认识的基础上的。二是精耕细作首先是在种植业中形成和发展起来的，并逐渐推广到广义农业的其他领域中去。在《齐民要术》中，精耕细作技术不但在种植业中形成完整的体系，而且精耕细作所体现的集约经营、提高生产率的基本精神，已贯彻到蚕桑、林木、畜牧、渔业等项生产中，从而形成广义农业中的广义精耕细作体系。这两个方面，都是中国传统农学臻于成熟的重要标志。

纵观世界农学史，足以看出《齐民要术》的领先地位，欧洲古罗马时期曾有过几种农书，如公元前 2 世纪的卡图（Macus Porcius Cato，243 ~ 149b. c.）《农业志》（De Agriculture）；公元前 1 世纪的发禄（Macus Teronfius Varro，116 ~ 27b. c.）《论农业》（Rerom Rusticarum）；公元 1 世纪的科路美拉（Luclus Junius Moderaus Columella，100b. c.）《农业论》（De Re Rustica）等，这些农书内容比较简略，以讲述经营管理为主，反映了奴隶制的生产关系。到了中世纪，在一个很长的时期内，欧洲的农书几乎绝迹。中国汉代农书无论数量和质量都超过同时期的古罗马农书。而《齐民要术》更是填补了世界农业史中这一时期农书的空白。

与农书的稀缺相联系，欧洲中世纪的农业也是停滞和落后的。当时广泛实行

“二圃制”和“三圃制”，耕作粗放，种植制度机械呆板，肥料极度缺乏，土地利用率和单位面积产量都很低。这和《齐民要术》所反映的农业和农学相比，实有天壤之别。

《齐民要术》所反映的农业和农学，在当时的世界上无疑处于领先地位（图1-3）。

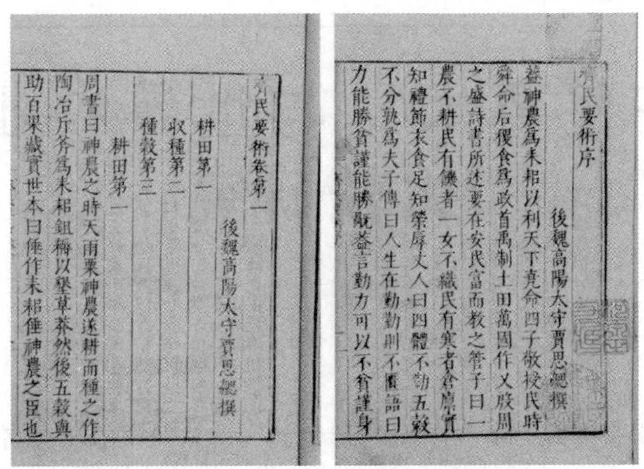
齊民要術序

後魏高陽太守賈思勰撰

蓋神農爲耒耜以利天下堯命四子敬授民時舜命后稷食爲政首禹制土田萬國作乂殷周之盛詩書所述要在安民富而教之管子曰一農不耕民有饑者一女不織民有寒者倉廩實知禮節衣食足知榮辱丈人曰四體不勤五穀不分孰爲夫子傳曰人生在勤勤則不匱語曰力能勝貧謹能勝禍蓋言勤力可以不貧謹身

齊民要術卷第一

後魏高陽太守賈思勰撰

耕田第一

收種第二

種穀第三

耕田第一

周書曰神農之時天雨粟神農遂耕而種之作陶冶斤斧爲耒耜鉏耨以墾草莽然後五穀興助百果藏實世本曰倕作耒耜倕神農之臣也

图 1-3 《齐民要术》序及卷一

第二章

《齐民要术》与世界农业的比较研究

对祖国农业遗产做与世界农业的比较研究，是每个农史学者不容忽视的课题。对《齐民要术》（以下简称《要术》）做这样的比较研究具有十分重要的意义。这不仅仅是爱国主义思想问题，也使我们开阔眼界，不限于“坐井观天”，更清醒地认识《要术》的农学水平，从而对其做出恰如其分的评价。

第一节　《齐民要术》时代和欧洲中世纪时代的农业和农学著作

一、欧洲农业的粗放经营和中国农业的精耕细作

《要术》时代的“世界”是与欧洲对比，《要术》时期相当于欧洲中世纪初期。欧洲中世纪的农业是停滞落后的，耕作制度保守死板，耕作粗放，产量很低。

1. 欧洲“二圃制”“三圃制”农业呆板、粗放和低产

欧洲中世纪农业，在封建领主统治下以采地为农业生产单位，长期施行一种所谓“二圃制”和“三圃制”的耕作制，耕作经营非常机械、粗放。

二圃制，把耕地分为二区，每年耕种一区，种植春季或冬季作物，另一区休闲，两区逐年轮换。三圃制是把耕地分为三区，每年一区种植春季作物，一区种冬季作物，一区休闲，三区逐年轮换。这样，所有耕地二圃制种一年休闲一年，三圃制种两年休闲一年，千百年如此不变。春季作物是大麦、燕麦或者豆类等，

通常4月耕地下种；冬季作物是小麦或者黑麦，一般9月耕地下种。土地的分区利用和作物种类也常是长期固定不变的，非常机械呆板。到时机成熟时，二圃制逐渐发展为三圃制，但有的国家和地区，两种制度同时并存。三圃制在8世纪开始盛行，一直到中世纪末期，有的地区延续到19世纪，而从三圃制摆脱出来，和利用中国犁有关系。

这种二圃或三圃的分区耕作制有很多缺点，主要有：①由于土地肥瘠不同，因此领主把区内田块分得很细，以便把肥瘠不同的土地分别搭配给各农户（主要是农奴）。因此，农户的田在各区都有，分得很散，上地劳动要这边那边跑很远的路，劳动效率低。②耕种和休闲的地每年轮换，农户就是细碎的田块也不能固定，农奴只知道消耗自然地力，根本不知道也不愿意改良土壤，而且领主和管理人怕农奴闹事，只准农奴一切"率由旧章"根本不让他们有创新的余地。③由于牧草不足，习惯上把家畜放到秋收后的地里去啃残茬根蘖，贪图方便，长期如此不变，因此阻碍根类作物的栽培。但根类作物是家畜越冬的很好饲料，如果种在大田里，可以帮助构成一种更有效的轮栽方式，但那时在凝固的作物种类中是插不进去的，因此饲料很缺乏。④由于饲料缺乏，家畜的数量一直很少，因此畜粪也很少，而且大都在放牧时拉在牧草地里；根本不知道用别的肥料，更不懂得什么叫开辟肥源，肥料极度不足，除耕地时翻进残茬杂草外，几乎不用施肥，实际在拼命劫夺自然肥力。⑤尤其严重的缺点是作物机械呆板，土地利用率极低。种的总是大小麦、燕麦之类，所有种植都是一年一熟的，没有多熟种植，如果要种新作物，也只是跟老作物分开来种，使老作物让位，根本没有轮作复种和间作套种，而且新作物也往往被排斥不采种，表现为非常顽固保守。⑥休闲制是从古老的抛荒制发展而来，但没有跟上其他措施是达不到抛荒让它自己恢复地力的效果的，因为休闲一年的时间太短，地力很难恢复。它没有采用精熟整地、轮作复种、增施肥料等一整套的土地用养结合措施，要保持和提高土壤肥力是不可能的，换句话说，二圃制或三圃制单纯依靠休闲一年企图保持地力，实际适得其反，回报的只能是肥美土地逐渐被耗损。西方学者得出的所谓"土壤肥力递减率"，该是和中世纪的土地利用制度有渊源的。

因此，欧洲中世纪的农业产量是很低的。公元前的意大利，一般只有种下去种子的4倍的收获量，少数地方多些，也只有8~10倍的产量。到中世纪的英国，每英亩的小麦产量也只有6~8英斛（bushel），而且在实行三圃制的几百年中没有什么改变。折合我国今制，1英亩=6.07市亩，1英斛=3.637市斗。这就是说，在中世纪英国，小麦产量虽然比早期的意大利有了增加，但还是长期停滞在折合我国今制每亩只有3.6~4.8斗的低水平。

2. 中国农业的精耕细作和高产

现在再来和《要术》比较。由于政治、经济、社会、宗教等历史条件的不

同，中国农业与欧洲农业的经营方式是截然不同的，各自在不同的农业历程中发展。我国自春秋战国以来逐步发展形成的精耕细作优良传统，在欧洲从未出现，甚至被认为是不可理解的，精耕细作到《要术》时已发展到成熟阶段，《要术》所反映的农业经营方式完全不同于欧洲中世纪的农业，几乎完全反其道而行之，所以它不存在上面所说的那 6 种缺点，土地利用率和单位面积产量远高过欧洲中世纪农业。

精耕细作包含精熟整地，抗旱保墒，加强中耕管理，多熟种植提高复种指数，集约经营提高单产，多种经营以尽地力，配合轮作复种制增施有机肥以改良土壤、保持和提高地力，加强水分管理使作物顺利生长等一系列措施，密切配合，综合运用，构成因事因地因物制宜、用地养地结合的完整体系（精耕细作不能简单地理解为土壤耕作）。这些在《要术》中全都清清楚楚地详细记录着，《要术》是精耕细作优良传统的集中体现，通过《要术》可以窥见精耕细作的精髓。可是这一系列精耕细作措施，在欧洲中世纪农业经营中是见不到的，它走的是简单呆板的粗放经营的另一条道路。

农业的粗放经营，我国有句古话叫作“鲁莽灭裂”，就是耕作和中耕管理都极草率马虎的意思，结果粮食必然严重减产。精耕细作集约经营就大不相同，它必然大幅增产。这是古今不易的真理。现在有必要比较一下我国古代的单位面积产量。公元前 3 世纪（远在罗马帝国以前），我国关中地区郑国渠建成后，粮食产量是“亩收一钟”。1 钟 = 6.4 石，秦 1 石约合今 2 市斗，秦 1 亩约合今 0.69 市亩，这样，折合今制是每亩产量为 1.86 石，高过千百年后英国三圃制的亩产四五倍。如果跟公元前 3 世纪同时期的古欧洲相比，古欧洲那时还停留在自然农业时期，即抛荒时期，只是尽量耗竭地力，耗尽了抛弃另找新地，简直无法相比。

或者说，关中地区的高产是郑国渠水利效益的赐予，不能代表一般的亩产量。那么现在就来看看《要术》的亩产。《要术》记载以豆科作物为绿肥时，谷子产量是“亩收十石”。或者又说，这是绿肥的关系，也不能代表一般。那也好，绿肥的增产不会高到 1 倍，我们就打个对折以五石计算吧。后魏 1 亩约合今 1.016 市亩，1 石约合今 4 市斗，1.016×5×4 = 2.03 市石，则谷子亩产是 2 石左右。这比中世纪英国的小麦亩产仍高出 4~5 倍，简直就是奇迹。但这也没有什么“神秘”或“不可思议”，明摆着是我国特有的精耕细作的功绩。

二、《要术》等农书著作填补了欧洲中世纪农书的空白

1. 关于农书

在欧洲，中世纪前的古罗马时代有几种农书。公元前 2 世纪，卡图著有农

书，极简略，写作差，编次也没有程序。到公元前1世纪，发禄著农书三篇，文字、编制和内容比卡图的书好；科路美拉著农书十二篇，虽然篇幅比发禄的大，但价值要低些。科路美拉之后也有一些农书，却是抄袭前人材料编辑而成，没有多大价值。

在我国，公元前2世纪大概有《董安国十六篇》《尹都尉十四篇》《赵氏五篇》等农书；公元前1世纪有高水平的农学名著《氾胜之十八篇》及《蔡葵一篇》《陶朱公养鱼经》等农书；1世纪有崔寔《四民月令》等书。此外，我国许多种植、养蚕、养鱼鳖、马经、牛经、养羊、养猪等书，大概产生在两汉时期。两汉时期综合性和专业性农书，无论数量和篇幅都大大超过同时期的古罗马时代。

公元前2世纪到公元开始，在古罗马，农业尚处于奴隶垦殖制时期。生活在这时期的卡图、发禄都是中、小农场主式的奴隶主，社会性质既与我国不同，农书的作用也没有差别。奴隶主农书以经营管理为主，而我国农书以技术指导为主，涉及各个方面，重在精耕细作，多种经营，所以奴隶主农书没有精耕细作的内容。

奴隶是被迫劳动的，生命没有保障，不可能为奴隶主积极劳动。这里有个有趣的故事，很能说明这个问题。一个被释放自由的奴隶，他栽培的作物产量很高，而邻人的作物很坏，因此被人控告，说他用魔术把别人的作物产量摄了去。在审问那天，他把强壮的帮手、坚实的农具和壮健的牛等带到法庭，说："这些就是我的魔术装备。"许多告他的人只好惭愧地把他放走了。所以，奴隶主农书是以怎样管好农场和农场劳动者为要务，而生产技术是很次要的。那时农具粗劣，耕作粗放，上面说的公元前意大利的农产量只有种子的几倍，就在这个奴隶垦殖制时期。

中世纪以前，古欧洲还出过一些农书，可到了中世纪，农书却濒于绝迹了。中世纪是欧洲农业的黯淡衰落时期，反而不如奴隶垦殖制以后的罗马时代。中世纪农业在封建领主控制之下，是那样地满足于因循守旧，不思改进，旧框子框得紧紧的，还有谁来写农书？虽然有些农业文献，主要是大量存留的采地的公文、管理人员的报告，以及收支账目等，根本不是农书。

然而在中国，当欧洲中世纪时期（5—17世纪），农书却大量涌现，多至300余种，形成鲜明的对比。举其要者，当中世纪前期，如《要术》、戴凯之《竹谱》、陆龟蒙《耒耜经》、韩鄂《四时纂要》等；当中世纪中期，如秦少游《蚕书》、陈旉《农书》、韩彦直《橘录》、陈景沂《全芳备祖》《士农必用》《务本新书》《农桑辑要》等；当中世纪后期，如王祯《农书》、朱橚《救荒本草》、马一龙《农说》、俞本元等《元亨疗马集》、徐光启《农政全书》等，都各有特点，具有相当高的农学水平。

《要术》是中国全面性农书的典范，内容广泛，记述详尽，技术指导精辟，不但是我国的农学名著，对后代影响很深远，也是世界上的不朽巨著，为东西方各国学者所推崇。中世纪开始于5世纪，《要术》6世纪出书。“中世纪”现在习惯用于欧洲，其实中世纪是“中古”的意思，如果打破国界，《要术》一书是开创了世界中古农书的先河。而欧洲中世纪的农书是如此的默默绝音，不比不知道，一比更加显得《要术》是世界中古农书的千秋绝唱。《要术》及其他大量的中国农书，大幅度地填补了中世纪农书的空白，大大充实了世界农学史中这个长期空虚的农学宝库。

2. 关于植物学著作

不仅一般农书，欧洲中世纪关于植物学的著作同样贫乏，《要术》最早、最丰富地填补了这个空白。

原来，欧洲在公元前也有较好的植物学文献，但自公元2世纪到16世纪，植物学著作和农书一样也变得贫乏，前后长达14个世纪之久。但在中国，6世纪的《要术》集中引录了大量的植物学文献（在卷十），包括草本、木本、藤本，植物多达200种左右，蔚为大观，是我国最早、最丰富的“南方植物志”（旧题近代嵇含的《南方草木状》是伪书）。时代上起1世纪、下达6世纪《要术》成书以前。所录著作有《异物志》类、《南方草物状》类及《广州记》等地记类20多种（杂记类书和草木注疏类书不算在内）。记述内容涉及植物类别、形态、生长规律、植物生态以及产地、加工利用等方面，在古典植物学中达到了前所未有的科学水平。《要术》之后至中世纪末，主要有《南方草木状》《全芳备祖》《救荒本草》、王象晋《群芳谱》等，“植物志”和“花卉志”，在古典植物学著作中各放异彩。

欧洲自2世纪到16世纪不见植物学著作，而在同时期东方的中国却有异常丰富多样的植物学著述。这些著述填补了世界古典植物学的空白，给世界文化宝库充实了可贵的库容。

通过同外国对比，使我们进一步了解《要术》在世界农学史上的学术地位，使我们更珍视这份文化遗产，更增加了我们的爱国主义思想和情怀。

第二节　现代农业危机与中国传统农业

西欧社会在16世纪开始进入资本主义社会，经过17和18世纪的资产阶级革命，中世纪封建农业过渡到资本主义农业，农业逐步发展兴盛起来，可是在我国却相反，我国中古时代走在欧洲中世纪前头的进步农业，到近代沦为半殖民地半封建国家，农业却日趋衰落。但是，农业技术即精耕细作的优良传统并不因近现代科学技术的进步而韬光养晦，相反，仍具有旺盛的生命活力，焕发着炽烈的光芒。

对此，国人或者“司空见惯”，不以为意；或者“月亮也是外国的圆”，妄自菲薄。可是，西方农业经过“无极农业”的挫折之后，国外学者对此非常重视，对中国精耕细作的优良传统给予高度评价。

一、外国学者的一片赞扬声

中国精耕细作的水平不断更替更新，深为近现代外国学者所推崇。

近代农业化学的创始人、德国著名科学家李比希曾以“无与伦比的农业耕作方法”称颂中国精耕细作的优良传统。

美国著名经济史学者、明尼苏达大学教授格拉斯，在谈过欧洲中世纪农业之后，就中国农业做比较说：“中国供给农业历史界一种极有意义的情况。……他们在气候适宜的地方，每年种两季或三季作物；他们采用大规模的灌溉和排水法；他们把凡事可以得到的动植物于人类所产的肥料，都放到土壤里去；他们把两种或两种以上的作物，同时种在一起（按：指间作套种）；他们把田地实实在在的种满；……那是聪明的集约耕种制度，使这个国家不致枯竭。”格拉斯所说正是中国精耕细作集约经营的主要内容，他十分清楚这和欧洲中世纪农业的粗放经营截然不同，中国是遥遥领先的。

美国现代育种学家、诺贝尔和平奖获得者诺尔曼·布洛格对我国的多熟种植作了高度评价，他说：“中国……遍及全国的双作和三作，在发展中国家居于领先地位。”又说：“中国人民……创造了世界上最惊人的农业变革之一。”

日本京都大学教授饭沼二郎在比较西方的休耕农业和东方的中耕农业时指出：“当前休耕农业最发达的代表是美国，而中耕农业最发达的代表是中国。非常明显，实行劳动集约经营，在不增大耕地面积的条件下，通过提高耕地的生产能力，就可以养活更多的人口，这就是中耕农业的最大特点。”休耕农业和中世纪的休闲之有一定渊源，而中耕农业是中国长期以来形成的精耕细作的重要内容之一，没有精细合理的中耕管理作业，谈不上集约经营和提高单产。

从耕犁的比较研究，日本熊代幸雄教授指出：中国犁有摆动性和曲面犁壁的特征，具有速耕和碎土的性能，这种犁到《要术》时已趋于定型化。中国犁和耧车等 18 世纪传入欧洲。欧洲中世纪农业从三圃制摆脱出来，归因于利用了中国犁。

彻底消耗土壤肥力，对土地进行掠夺式经营，必致地力耗竭，土地荒芜不毛。这是自然界对人类的严酷惩罚，历史上的事例不胜枚举。马克思就曾这样举例说明："我们今天看到有大片地区荒芜不毛，而这些地区先前都是耕种得很好的，例如帕尔密拉、彼特拉、也门废墟以及埃及、波斯和印度斯坦的一些广大省区就是这样。"美国格拉斯也谈道："保存地力使永远适于耕种，是一件难事……拉丁民族的发源地拉丁姆，曾经是小农的耕地，后来是大垦殖地，现在是干燥的荒地。西西里、撒地尼亚和北非洲的迦太基区域，从前曾经是世界著名的谷仓，但是现在怎样了呢?"即使是科学技术发达的美国，由于长期施用化肥，农业和机耕作业，致使土壤有机质严重耗失，土壤坚实，地力衰竭，逼得无数过去肥沃的耕地不得不弃耕。局限于西方所见，这些现象就成为西方"土壤肥力递减率"的理论根据。

世界之广还有东方农业的典型代表——中国，她几千年来在同一块土地上耕种，保持地力经久不衰和常使新壮，跟西方的"土壤肥力递减率"针锋相对，创立了"地力常新"的理论，为全世界瞩目。国外有识之士对这个奇迹般的地力常新给予高度评价。

德国李比希对地力常新提高到关系国家兴衰的高度来认识，他说："如果对国土肥力……设法加以维持增进，则能使它永存，并获得财富和力量。"他指出："地球上一个伟大帝国的历史，说明这个民族从不知晓兴衰隆替为何物。从阿伯拉罕进入埃及的时候起，一直到我们所处的时代，在中国，只是由于内战才偶然中断了人口有规律的增值。但在她广大国土的任何一部分，都没有使土壤肥力衰竭。"

德国农学家瓦格勒（Wagner）着眼于施肥来解答地力不衰这个问题，他说："在中国人口稠密和千百年来耕种的地带，一直到现在未呈现土地疲蔽的现象，这要归功于他们的农民细心施肥这一点。"

法国《世界报》记着朗迪又从生态革命的角度来阐明问题。1980 年 10 月他在《世界报》上发表《中国的生态革命——变废为宝》的文章，指出中国一切动植物、废物都可以利用和沤制为肥料，他说："在中国没有什么东西被丢掉，一切可以加工改造……在这个无止境的循环中，中国人民表现得最精明。中国人根据传统的习惯和义务，推行着实用生态学的原则之一，使一切增殖，使一切再循环。"

无论国外学者从什么角度来理解地力常新的成因和作用，归根到底，仍然是我国集约经营、精耕细作一系列综合因素的功绩。

最近召开的一次国际性土壤会议强调指出："除开保卫和平而外，再没有比保护土壤更为重要的了。"在世界范围内，对保护农业生产的基地——土壤这个生产手段，已被逼到如此急迫的程度，也够发人深省的了。

二、现代农业危机与中国传统农业

现代欧美发达国家的农业，是以普遍使用机器、大量消耗时候和施用化肥、农药等为特征的现代化农业，许多人称之为“无机农业”或“石油农业”。这种农业，曾经在一定的历史时期内对发展农业生产起过积极作用。但是，世界上任何事物，当它发挥良好作用的同时，亦孕育着一定的不良因素，不利因素不断滋长发育，到了今天，“无机农业”已暴露出许多严重的弊端。诸如无休止的机耕农业，使土壤被压实而减产；耕作制度失当，使土地资源遭到严重破坏，土壤有机质严重耗失；单一种植可能引起的灾害和对品种资源的破坏；尽量消耗石油，成本昂贵，而能源有耗竭之时，猛烈地冲击着“石油农业”的基础；大量施用化肥使土壤质地越来越恶化；大量使用化学农药，严重污染了空气、水源、土壤和食物，危害人畜的安全；等等。这些流弊，暴露了现代农业的危机，引起欧美和日本学者的严重关注，举行国际性会议和发表文章，呼吁各国政府和农业经营者们提高警惕，并谋求对策。文章很多，这里不多举例。

近世纪以来，我国传统农业的优越性，已引起国外学者的重视和赞扬，以见前述。到今天，现代“无机农业”或“石油农业”的危机已充分暴露，为摆脱危机，寻求出路，欧美许多学者转而研究中国的传统农业，探索中国农业所以历久不衰的“奥秘”。其实，这没有什么奥秘，关键在有机与无机之异，在“竭泽而渔”与长远养护之差。中国的传统农业是“有机农业”，是用养结合农业，它以精熟整地、多熟种植、集约经营、地力常新、循环利用、生态平衡以及多种经营等为特征，这和西方农业的经营方式完全背道而驰。因此，中国农业所固有的，往往是西方农业所抛弃的，眼前利益和长远利益的道路不同，其利弊也自然迥异。近年来，中国传统农业的经营方式，深受国外学者所瞩目和颂扬，特别是以有限的土地养活最多的人口，而地力长期保持新壮，用之不竭，取之不尽，更使他们叹为观止。究其成因，是长期发展而来，不是一蹴而就的。

如今，残酷的现实向世界农业提出一个严峻的问题：今后经营农业是走掠夺式经营随后弃耕的道路，还是走养护性经营“永葆青春”的道路？换句话说，就是走破坏水土资源、污染环境、耗竭能源的“无机农业”或“石油农业”的道路，还是走物质再循环和资源再利用的“有机农业”或“生态农业”的道路？

国外有卓识的科学家对这个问题的答复是肯定了后者，并且由研究而见诸行动。不久前，美国农业部发表的《有机农业调查报告》中指出，现代化农业有许多弊端而危机暴露，应该辅导农民向“有机农业”发展。目前，美国已有“有机农场”35 000多个，分布在美国西北部、中西部以及加利福尼亚州等地区。美国政府为了鼓励农民向“有机农业”的方向发展，还制定相应的法律以资鼓励。

除美国外，法国、瑞典、加拿大等国的“有机农业”都有发展的趋势。日本的饭沼二郎教授也发表文章深刻论述日本农业强行照搬美国化的恶果，强调发展农业不能抛弃民族农业的传统特色。

近年国际上新兴的“有机农业”或“生态农业”的主要做法是：采用轮作制，充分利用有机肥料，特别是以豆科作物作绿肥，采用松土铲松土而不用铧式犁深翻土地，采用生物防治法防除害虫而不用化学农药，采用生物养地措施增加土壤有机质，提高土壤肥力等。这些措施显然和中国精耕细作的经营方法一致，虽然不是精耕细作的全部，已涉及主要方面。

三、中国传统农业的代表作《齐民要术》

中国的传统农业是在特有的自然条件、政治经济条件和农业技术条件下形成和发展的，所以和西方不同。

中国的传统农业包括精耕细作和多种经营。多种经营除农的多种生产事项外，还包含林、牧、副、渔的各种生产项目。这是我国特有的经营方式和生产方法。《齐民要术》最早、最详尽地记述着这5方面的多种经营。

多种经营方式是在有限的土地上，开展地尽其利、物尽其用、尽量发挥人尽其才的作用，将水、陆资源之间和动、植物资源之间的相互关系调动起来，有机结合起来，利用生物作用在最大限度内使非生物（水、土、空气）为人类服务，从而形成了良性生态循环系统。从这一意义上说，多种经营不仅仅是增加林木产品而已，重要的是有利于生态平衡，《齐民要术》继承传统观念发展多种经营，在以农养牧、以牧促农等方面，进一步体现了良性人工生态系统的形成。近年国际上新兴的“生态农业”，正仿效着逐渐施行。

《齐民要术》是中国传统农业最早的代表作，它集中反映了我国精耕细作的精华，主要如：耕、耙、耱配合的精熟整地；精熟整地和精细中耕配合的抗旱保墒措施；强调选种育种和外地引种，改良和丰富品种资源；轮作复种和间作套种，提高土地、生长季节和太阳光热的利用率；反对单一种植，贯彻传统的多种作物配合种植；轮作复种和提高土壤肥力；尽量设法收蓄雨雪，使作物度过春旱季节，加强人工浇灌，使作物顺利生长；加强松土除草，防治病虫害，并采用生物防治；以及多种经营，农林牧副渔备于一家，以丰富生活资源，加强生态循环，减少自然灾害的威胁等。

《齐民要术》所记是中国精耕细作的精华，也是东方“有机农业”“生态农业”的精华。欧美农业在热衷“无机农业”或“石油农业”碰壁之后，转而研究中国的传统农业，并且采取行动，改弦易辙推行“有机农业”，这就必然吸取中国精耕细作的传统农艺。当然，他们未必在形式上采取《齐民要术》所记，但离不开《齐民要术》的经营原理，无论在农业经营还是人工生态改良方面，都不能背离《齐民要术》精神。《齐民要术》是中国传统农业的集中反映，后代的农学著作离不开《齐民要术》的内容，现代农业也绝不可能和农业的历史传承性一刀两断。国外研究《齐民要术》和中国传统农业的人很多，那么，欧美新兴的"有机农业"，就精神实质来说，不能不首先受到《齐民要术》"脉冲"的振荡和冲击，不能不首先借鉴于《齐民要术》。试看上文所举外国新兴"有机农业"的那些措施，都在《齐民要术》的经营原则之内，就很清楚了。从这里，我们可以深切了解现代农业危机和中国传统农业的关系，也可以理解它和中国传统农业的代表作《齐民要术》的关系，可以理解《齐民要术》农学价值的国际意义。

但话说回来，迷信外国，对祖国的文化遗产妄自菲薄，当然是不可取的，但对自己的文化遗产不加辨别的"夜郎自大"，也是不科学的。

中国的传统农业是建立在封建社会小农经济的基础上的，有其分散的、费劳力、费时间、劳动生产率不高的落后一面。更多行之有效的技术经验，少有改进和提高，因为它没有上升到科学理论水平。显而易见，传统农业需要现代科学技术来武装，消除其消极落后的一面，改进和发扬其积极合理的一面。继承文化遗产必须采取扬弃的批判态度。

作为集约经营、精耕细作的中国农业传统，去粗存精，绝不和现代科学相抵触，而且是相辅相成，相得益彰。集约经营、精耕细作的优良传统是经历了历史考验并且反复证明了的正确路线，今后必须走现代科学技术与精耕细作优良传统相结合的道路，从而展放中国式的农业现代化的鲜葩。

第三章

《齐民要术》与农业史学科的发展

第一节　农史研究产生的历史条件及社会根源

《齐民要术》是北朝北魏时期，南朝宋至梁时期，中国杰出农学家贾思勰所著的一部综合性农学著作，也是世界农学史上最早的专著之一。在世界农业史研究上，是一座绕不过去的丰碑。农史作为一门独立的学科历史并不长。传统史学注重的是人与人的关系。在阶级社会出现后，人与人之间的关系首先表现为阶级关系。政治是阶级斗争的技术，而战争是阶级斗争的最高表现形式，因而过去所谓的历史主要是政治史和战争史。受当时政治制度和社会环境的影响，古代史学家或史事记录者大多将其视野专注于帝王将相和英雄人物，所谓英雄造时世或时世造英雄。农史在传统史学中是不受重视的。

从 18 世纪法国启蒙大师孟德斯鸠（Montesquieu）和伏尔泰（Voltaire）等开始，史学才逐步向文学、艺术、宗教、经济等领域延伸。国际学术界真正用“农业史”一词作为一部著作的名称，距今不过一百年。然而，人类生活的常态并不是宫廷斗争和军事冲突，而是年复一年、日复一日的经济生活，而且政权的建立与巩固，军事较量的胜负得失，都离不开其赖以生存和发展的经济基础，因此，对历史正确而全面的认识绝对不能离开对它的经济分析。在古代，农业是社会经济中居支配地位的经济，我们对古代经济和社会的分析自然应当从农业开始。

或许正是因为经济于人类生活如此重要，尽管它不是传统史学研究和记录的重点，关于经济生活的叙述在古代文献中并不乏见。中国古籍《尚书》中就出现了“食货”一词。据《汉书》对“食货”的解释：“食，谓农殖嘉谷，可食之物；货，谓布帛可衣及金刀龟贝，所以分布财利，通有无者也。”“二者皆生民之本”。司马迁《史记》专门有《货殖列传》，班固《汉书》有《食货志》。因为它们是史书的典范，此后历代史书多设有这些篇目，渐成传统，而且越来越详尽。在《宋史》《明史》中，“食货”志的子目增加到20多种，记述内容涉及田制、户口、赋役、仓库、漕运、盐法、杂税、钱法、矿冶、入籴、会计等，大多与农业和农村有着密切的关系。所有这些为农史研究的开展提供了基本资料，为我们认识和理解农业、农村的发展，乃至整个社会经济和文化的历史进程都具有十分重要的意义。

当然，学习和研究农史不只是能够丰富我们对历史的认识，它还有许多其他方面的益处：其一，作为探讨古代具支配地位的农业经济和技术发展的一门学问，农史研究的进展和积累对历史学、政治经济学及其他社会科学具有基础性科学的价值；其二，通过对农业发展历史阶段的研究可以加深我们对农业本质和规律的认识；其三，鉴古知今，把握国情，有助于今天的经济与社会发展政策的制定。

正因如此，无论是20世纪初期美国农业部国家土壤局局长的富兰克林·金（Franklin King），还是今天欧美学者，都非常重视中国的传统农业。因为中国的传统农法中包含了许多当今经济社会发展中所迫切需要的东西——“天人合一”的生态观和持续发展的思想和理念。美国第一位农史教授施密特（Louis B. Schmidt）认为“农史的研究对农村经济的健康发展至关重要。”“政府有关农业的行动应建立在对农业经济史广泛认知的基础之上。”美国农业经济学之父泰勒（H.C.Taylor）博士也认为历史研究有助于农业经济学家去体会那些在任何时期对农业发展都可能产生影响的“潜在力量”。泰勒认为每一个农业经济学家都应该是一个农史研究者。

第二节　农史学科的历史演进

一、外国农史研究的历史演进

农史研究作为一种学科化的努力始于20世纪初期。1902年，世界第一种农史的专门刊物《历史农业论文》在德国出版，不久这一刊物更名为《农业史与农村社会学杂志》，可说是农史方面历史最为悠久的杂志。同样是在德国，1904年第一个“农业历史与文献学会”宣告成立，1953年又成立了“农业历史与社会学学会”。

第一次世界大战以后，农业史的研究有了长足发展。在美国，1893年年仅32岁的特纳（Frederic Jackson Turner）在美国历史学会的一次年会上宣读了其博士论文“边疆在美国历史中的意义”。该文被认为是一篇对“美国历史的农业阐释”。也正是这篇文章开创了风行美国数十年、影响极广的“边疆学派”。1919年美国成立了“农业历史学会”并于1927年创办了《农业历史》(Agricultural History)杂志，每月出版一期。此后，农业史在美国有相当迅速的发展，会员最多时达到2 000人。1970年美国又建立了历史农场与农业博物馆协会。在农史教育方面，大约从1918年施密特（L. B Schmidt）教授在衣阿华农学院（Iowa Agricultural College）开设农业史课程以后，农业史的教育在美国的高等教育中发展迅速。到20世纪50年代已有不下50所院校的历史系、经济系、农业经济系或社会学系中开设有农业史课程，加州大学建有跨校区的“农史研究中心”，衣阿华大学办有专门的“农史博士研究生专业”。

杜克大学林业史研究中心1995年创办了《今日林史》(Forest History Today)季刊。美国林业史学会（创办于1946年，挂靠在杜克大学林业史研究中心）与环境史学会于1976年创办《环境评论》（1989年改称《环境史评论》，1996年以后改现名《环境史》，现任主编为亚当·罗姆）。在林业史研究方面，澳大利亚有林业史学会。

在英国，农史研究的历史也源远流长。但英国农业历史学会和英国《农业历史评论》杂志均创办于20世纪50年代。里丁大学（Reading University）是英国农史研究的重镇，学校于1951年建立了英国农村生活博物馆，并于1968年成立了农业历史研究所。除里丁大学外，开设农史课程的英国大学还有20~25所。在丹麦有一个“国际农具史研究秘书处”，出版有《工具与耕作》（Tools and Tillage）杂志。此外，在哥本哈根的经济史研究所有部分研究人员从事农业史的研究。在捷克，国家农业科学院设有一个农业历史委员会，不时开展一些农史方面的研究活动。在葡萄牙的里斯本，虽没有专门的农史研究机构，但国家农业经济研究中心有部分学者从事这方面的研究。在波兰国家科学院有一个技术史研究所，有农业史的研究工作。在匈牙利，建于1962年的国家农业博物馆设有农业历史部，受到国家科学院农业历史委员会的帮助，发行有《农业博物馆通讯》。荷兰也是西欧国家中农业史研究开展得最早的国家之一，1939年即建立了“农史研究会”，出版《农学历史论文》，在著名的瓦赫宁根大学（Wageningen University）1949年即建有一个乡村社会史系，在戈罗宁根（Groningen）建立了一个国家农业研究所，从事荷兰农业历史的研究。在罗马尼亚，农业史的研究在罗马尼亚农业科学院研究员米尔斯（E. C. Mewes）博士的积极推动下，发展迅速，1969年建立了罗马尼亚农业历史学会，并举办了多次全国性和国际性学术研讨会。

日本是我国的近邻，长期受中国传统文化的影响，从事中国农业史研究的学者为数不少。日本农业史研究会成立于 1975 年，1999 年正式登记为日本的国家级学会，现有会员 160 余人。该会的宗旨是推动日本的农业史、农村史、农学史以及相关学科的研究和知识普及，为会员提供学术交流的纽带。该会设有会长、理事和监事。理事和监事由全国代表大会确定，会长则由理事会选举产生，现任会长野田公夫（Noda kimo）。全国代表大会每年召开一次。办有会刊《农业史研究》。该会的事务局设于东京大学农学·生命科学研究科农业史研究室。

韩国农业史的研究散布于农学和社会科学的多个学科，从事农史研究的单位主要有釜山大学历史系等。韩国农业史学会于 2002 年 2 月成立，由原经济史学会或者历史学会的一些专家组成，如李春宁、金容燮、闵成基等，现任会长为李镐澈。金容燮是韩国具有代表性的农业史学者，代表作是《朝鲜后期农学史研究》（1988）。闵成基是韩国最早研究中国古代农业史的学者，80 年代以后转攻韩国农业史，代表作是《朝鲜农业史研究》（1988）。李春宁是韩国农业技术史研究的重要学者，著有《李朝农业技术史》（1964）、《韩国农学史》（1989）等著作。此外，还有一些专史研究成果，如李光麟著《李朝水利史》（1961）、崔在锡著《韩国农村社会研究》（1975）、李春宁、蔡灵岩合著《韩国的水碓》（1986）、朴虎石著《东西方犁杖的起源与发达》（1988）、金光彦著《韩国农器考》（1986）等。近年比较活跃的农史学者有金荣镇、李镐澈、魏恩淑和崔德卿等。金和李毕业于农业大学，魏和崔是历史专业出身。魏的专业是韩国农业史，代表作《朝鲜时代农业科学技术史》（2000）。李的专业是农业经济史，代表作《朝鲜前期农业经济史》。崔的专业是中国农业史，代表作《中国古代农业史研究》（1994）。

在印度，1994 年也成立了一个旨在传播农业史、促进南亚及东南亚地区可持续农业研究的“亚洲农业历史基金”（AAHF），出版有英文版《亚洲农史》（Asian Agri-History）季刊，迄今已出版 6 卷 24 期。该基金会现任主席为植物病理学家 Y. L. Nene 博士。

二、中国农史研究的发展历程

中国农业历史学会会址设在北京市朝阳区东三环北路 16 号，挂靠在中国农业博物馆，会长为刘新录。

中国的农史研究大致可分为 4 个阶段。

第一阶段，20 世纪初至 1954 年，这个时期有几位前辈学者在农史研究方面做了一些开拓性的工作，如齐鲁大学的栾调甫（胡立初）早年从事过《齐民要术》的研究，金陵大学的万国鼎做过中国土地制度史研究，中大农学院丁颖做过中国稻作起源的研究等。1921 年金陵大学图书馆成立有专门的农史资料室，开始系统收集中国古代农业资料。

第二阶段，1954—1966 年，面对西方国家的封锁，中国发奋图强，自力更生，非常重视利用既有的资源。中国有丰富的文化遗产（农学、医学、文学等）。其中与国计民生关系最为密切的就是农学和医学。因此，在研究和整理祖国优秀文化遗产的热潮中，1954 年 4 月由农业部在北京召开了“整理农业遗产座谈会”，提出系统收集、整理研究和出版我国古代农书和农史资料的建议。同年 7 月，在中共中央农村工作部、国务院农办和农业部的支持下，组建了第一个以研究中国农业历史为主要任务的专门研究机构中国农业遗产研究室，由中国农业科学院和南京农学院双重领导，万国鼎先生任第一任室主任。与此同时或稍后，北京农业大学、西北农学院、华南农学院等也相继成立了农业史研究室，开展农史研究工作。在科研工作方面，此期间工作成绩突出，整理校注了大量古农学著作，还出版了《中国农学史》（上）等专著，广为学术界称道。

第三阶段，1966—1977 年因为“文革”的原因，研究工作大多停顿，中国农业遗产研究室也被撤并到江苏省农科院，改名为农业技术史研究室。全国其他农史研究机构大多遭受同样的命运。

第四阶段，1978 年至改革开放以后，科研工作渐渐恢复了正常。不仅“文革”前建立的农史研究机构陆续恢复，还建立了一些新的研究机构，如浙江农学院农史研究室、河北农学院农史研究室，1994 年农业部农村经济研究中心还成立了一个当代农史研究室。1984 年中国农史学会经过多年筹备终于于郑州会议宣告成立，一些地方，如广东、河南和陕西等省还组建了省级农业历史研究会。一些农业史的专门研究刊物也陆续面世，如《中国农史》《农业考古》《古今农业》等。近年来，借鉴国外的经验，国内农史研究机构在将农史与信息技术结合方面也进行了一些有益的尝试，如南京农业大学中华农业文明研究院所制作的中国农业古籍学术光盘及创办的专题文化网“中华农业文明网”和中科院自然科学时研究所创办之“中国农业历史与文化”等。所有这些工作对弘扬中国优秀传统文化、普及农史知识、促进农史学术交流都起到了积极的推动作用。

在农史教育方面，南京农业大学地位比较突出，1981 年南京农业大学中国农业遗产研究室等单位被国务院批准有农业史硕士学位授予权，1986 年被批准有博士学位授予权，1995 年被授权为科学技术史（农业史）博士后流动站，成为国内唯一的一个具有硕士、博士到博士后各层次农史专门人才培养的基地。西北农林科技大学也具有博士、硕士授予权。有农业史硕士学位授予权的其他高校还有华南农业大学、中国农业大学、浙江大学、河北农业大学等。

第四章

《齐民要术》的流传和整理研究

第一节 《齐民要术》版本

齐民要术是我国著名的农业历史文献，在农业科学史上有着重要贡献，多年来，国内国外学者对于《齐民要术》进行了多方面的研究，研究之前必须弄清版本源流，才不至于劳而无获。《齐民要术》有30多个版本，《齐民要术》最早的版本是：北宋天圣年间（1023—1032年）崇文院刻本。后来出现了多种版本，大致分为3条线：天圣本传系、南宋龙舒本传系、明湖湘本传系。

天圣本在国内早以无存，流落日本，现也只存五、八卷，1914年罗振玉影印回国这残存的两卷，就这残存的两卷也仅藏于4家图书馆，中国农业大学图书馆收藏1本。天圣本早年日本有人抄录了一部，人称金泽文库本，（金泽文库是公元13世纪由北条实时所创建的日本最古老的武士图书馆，图4-1），缺第三卷，后也影印回国，国内流传很少，只有两家图书馆藏有此本，中国农业大学图书馆也收藏1本。

据中国农业大学图书馆网站介绍，中国农业大学图书馆馆藏《齐民要术》有9个版本，诸如“津逮秘书本”“渐西村舍本”“观象庐本”“四部丛刊本”“金泽文库本”“日本向荣堂本”“影印日本高山寺本”等，其中“影印日本高山寺本”是北宋刻本，北宋刻本应是旧刻本，旧刻本是善本。其特点是，从字体上看，“欧体”北宋早期刻书为欧体，后期为颜体、柳体字；从墨色、刀法、纸张上看，墨色精良、浓厚似漆，刻功严格，笔法认真细致，白麻纸，从版式上看，八行十七字，右双边，白口；从装帧上看，线装。北宋有名的是蝴蝶装，也有

图 4-1　金泽文库是公元 13 世纪由北条实时所创建的日本最古老的武士图书馆，神奈川县于 1930 年重新兴建　地址日本神奈川県横滨市金沢区金沢町 142

线装。

南宋龙舒本（1144 年）绍兴年间张麟刊本，原本已佚，明有一抄本，《四部丛刊》据此抄本影印，这是国内现存《齐民要术》诸本中的善本，中国农业大学图书馆古籍数字化就是用的这个本子。

明湖湘本是嘉靖三年（1524 年）马直卿刻本，此本流传最广，影响最大。笔者有幸在 2006 年 6 月，借编辑出版《〈齐民要术〉与现代农业高层论坛论文集》（《中国农史》2006 年增刊）之机，参观了南京农业大学中华农业文明博物馆，在南京农业大学人文社会科学院院长、中华农业文明研究院院长王思明教授的带领下，观看了镇馆之宝明嘉靖三年马直卿刻本《齐民要术》（图 4-2，图 4-3，图 4-4，图 4-5，图 4-6，图 4-7），该版本全国仅剩两部，这本是目前保存最完整的一部。由明湖湘本即嘉靖三年（1524 年）马直卿刻本传承下来的本子

图 4-2　南京农业大学中华农业文明博物馆镇馆之宝明嘉靖三年马直卿刻本《齐民要术》，该版本全国仅剩两部，这本是目前保存最完整的一部

很多：崇祯三年毛晋辑《津逮密书本》、嘉庆十一年（1806）张海鹏编《学津讨原》本、《秘册汇函本》《涵芬楼影印群碧楼明抄本》（图 4-8，图 4-9）《五朝

图 4-3 南京农业大学中华农业文明博物馆
明嘉靖三年马直卿刻本《齐民要术》

小说本》光绪元年（1875 年）《湖北崇文书局》刻本（图 4-10，图 4-11，图 4

图 4-4 2006 年 6 月，笔者（中）在王思明教授（右）带领下
参观南京农业大学中华农业文明博物馆

-12)、光绪四年（1878）《观象庐丛书本》、光绪二十二年（1896年）《渐西村舍》、民国商务印书馆《国学基本丛书本》、民国三年（1914年）《满洲影印宋刻本》、民国六年（1917年）《阳郑氏刻印本》等20多个版本，都源于湖湘本，但是湖湘本错误较多。

图4-5　明嘉靖三年马直卿刻本《齐民要术》放在南京农业大学书柜精致的木盒里

图4-6　南京农业大学中华农业文明博物馆

《齐民要术》的版本之多，是因为该书的内容具有很深的研究价值，它不仅受到国内学者的关注，在国外也颇受赞誉。在台北，有9种版本；在美国有8种版本；石声汉《从〈齐民要术〉看中国古代的农业科学知识》一书早已译成英文（A Preliminary Survey of the Book Chi Min Yao shu）流传国外。在日本有26种版本，加上西山武一与熊代幸雄《校订译注齐民要术》上、下册与合订版，再加上石声汉《齐民要术今释》，共有29种版本，并被视为国宝。《齐民要术》6世纪问世，9世纪传入日本，现珍藏在日本国立京都博物馆中，日本友人自己说，他们这方面一直蒙受中国恩惠。

图 4-7 2006 年 6 月，南京农业大学人文社会科学院院长、中华农业文明研究院院长王思明教授为笔者展示馆藏镇馆之宝——明嘉靖三年马直卿刻本《齐民要术》

图 4-8 涵芬楼影印群碧楼明抄本（共 4 册）

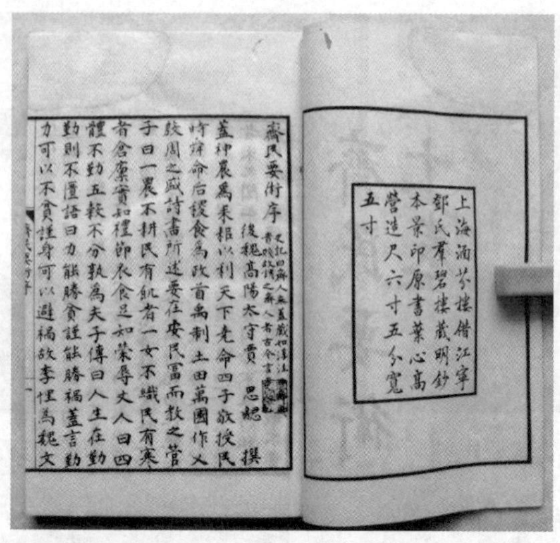

上海涵芬樓借江寧鄧氏羣碧樓藏明鈔本景印原書葉心高營造尺六寸五分寬五寸

齊民要術序 後魏高陽太守賈思勰撰

蓋神農為耒耜以利天下堯命四子敬授民時舜命后稷食為政首禹制土田萬國作乂殷周之盛詩書所述要在安民富而教之管子曰一農不耕民有飢者一女不織民有寒者倉廩實知禮節衣食足知榮辱丈人曰四體不勤五穀不分孰為夫子傳曰人生在勤勤則不匱語曰力能勝貧謹能勝禍蓋言勤力可以不貧謹身可以避禍故李悝為魏文

图 4-9 上海涵芬楼借江宁邓氏群碧楼藏明《齐民要术》抄本景印原书叶心高营造尺六寸五分宽五寸

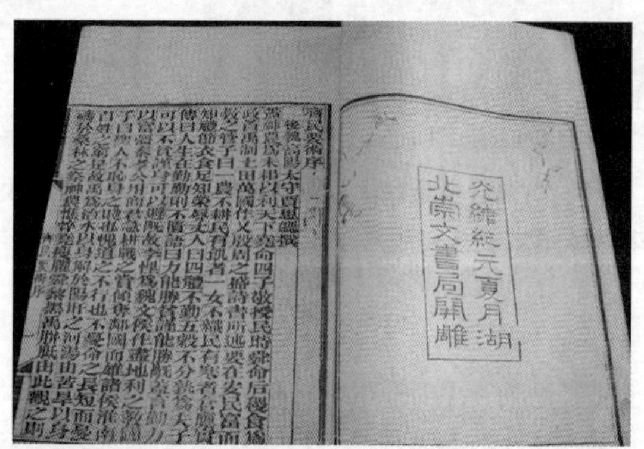

光緒紀元夏月湖北崇文書局開雕

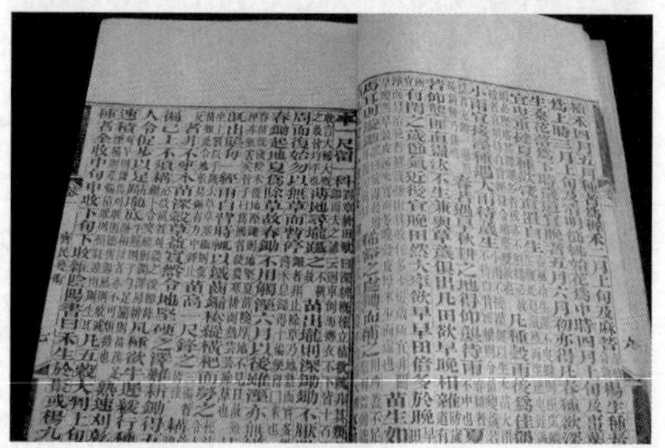

图 4-10 光绪元年（1875 年）《湖北崇文书局》刻本

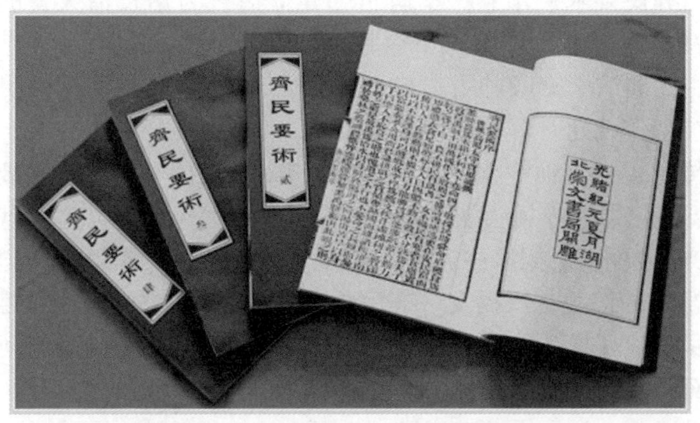

图 4–11 光绪元年（1875 年）复刻的《湖北崇文书局》北宋刻本

图 4–12 光绪元年崇文书局木版精刻印《齐民要术》

第二节 《齐民要术》在古代的流传和影响

一、隋唐时期

《齐民要术》于 6 世纪前半叶撰成，当时印刷术尚未出现，仅靠手写传抄，流行范围有限，影响较小。但因书中所载农业生产和经营的内容切合国计民生的需要，在隋代（581—617 年）已引起官府注意。《隋书 · 经籍志》载农书五部十九卷，即有《齐民要术》十卷。李唐王朝建立后，为达长治久安的目的，轻徭薄赋，发展农业，曾有数位帝王下令撰颁有关此书，此期传世的《齐民要术》较为多见，唐代训诂学家颜师古（581—645 年）所作的夹注，说明在唐代《齐民要术》已被视作朝廷官署典籍，受到重视。《旧唐书》卷七十九，列传第二十九《李淳风传》曾提到他“演齐人要术”。南宋李焘撰《孙氏齐民要术音译解释序》曾叙及：“此书李淳风尝演之淳风书，遽亡。“可据以知悉唐代李淳风曾研究使用过《齐民要术》。同序中还有：韩鄂（9 世纪）又撮思勰所记，别著《四时纂要》五卷”的记载首次提及《齐民要术》在后世农书撰述中的影响。

《齐民要术》为老百姓策划谋生致富之术，从种庄稼到饲养动物，以至酿造、烹调，面面俱到，而且包含了许多新经验和新技术，详明实用，它一出来就受到人们的重视。唐初太史令李淳风（公元 602—670 年）写了一本《演齐人要术》，该书虽然已经失传，但从书名即可看到，它是《齐民要术》的推演。只不过当时避唐太宗李世民的名讳，把“民”字改为“人”字罢了。接着，武则天命臣下编纂《兆人本业》，并亲自删定，这是中国第一部官撰农书。这本书亦已失传，但从有关文献得知，它是讲述农民四时种植方法的，与《齐民要术》有着密切的关系；“兆人”本来就是“齐民”的意思。唐末韩鄂写《四时纂要》，大量引述了《齐民要术》的内容；如果把这些内容删去，就几乎不称其为农书。这些事实表明，《齐民要术》在当时的影响是很大的。

《齐民要术》在唐以前没有刻本，全靠手抄流传。五代末周世宗时窦俨建议把《齐民要术》《四时纂要》《韦氏目录》三书中有关粮食、蔬菜种植和栽桑养蚕的材料选录汇编成书，但没有实行。

二、宋代时期

在农业生产恢复和发展的阶段，《齐民要术》多被置于重要的位置。《宋史·窦仪传》“附录”中提到后周世宗（954—959 年）在位时，窦俨曾想朝廷建议把《齐民要术》《四时纂要》《韦氏月录》等书中关于天蚕园圃之事，集为一卷。北宋时期，雕版印刷技术趋于完善，书籍刻印业发展起来，《齐民要术》作为重要农书，最早得到刊刻。王应麟《玉海》记述，“宋朝天禧四年（1020 年）八月二十六日，利州转运史李昉（按：昉当作防，防为利州转运史，见《宋史》）请颁《四时纂要》与《齐民要术》二书，诏使馆阁校勘镂本摹赐”。此即天禧四年诏令刻刷，到天圣年间完成的官刻本，亦称北宋崇文院刻本。北宋崇文院刻本《齐民要术》，是第一次刻刷本，是后来其他各本据以传抄、刻印的祖本。刻本的出现，扩大了《齐民要术》的影响，也促进了这部著作的校注研究与利用。

南宋李焘《孙氏齐民要术音译解释序》中称：“贾思勰著此书，专主民事，用旁摭异闻多可观，在农书中最峣然出其类，而近世学者忽焉，第奇字错见，往往艰读，今运使秘丞孙公为之音义解释略备，其正名辨物与杨雄、郭璞相上下，不但借助于思勰也。”“本朝天禧四年诏并刻二书（《齐民要术》、《四时纂要》），以赐劝农使者。”“然其书与律令俱藏，众弗得习，市人辄抄要术之浅近者，用才一、二，此志于民者所当惜也。”“今公幸以稽古余力，悉发其鄙，盍并刻焉，岂惟决疑纠谬，有益学者，抑使斯民日用所知本末，更被天禧遗泽，不亦可乎。”（参见《文献通考》卷二一八，经籍四十五）《玉海》别引宋《国史志》亦述及：“天禧中颁《齐民要术》于天下，以教种植蕃养之方。”只是在《国史志》中误把诏令刻刷《齐民要术》的年份当作了颁发书籍的年份。

《齐民要术》崇文院官刻本问世虽然夸大了影响范围，但至南宋时，已是“非朝廷要人不可得”。绍兴十四年（1144 年），济南人张辚在龙舒（今安徽舒城），据崇文院刻本再度刊刻，进一步扩大了《齐民要术》的影响。葛祐之在为张辚刻印《齐民要术》所撰的序中称：“谨按《齐民要术》，旧多行于东州，仆在两学时，东州士夫有以要术中种植蓄养之法，为一时美谈，仆喜闻之，欲求善本寓目而不得。今使君得之与之游而喜传之书。盖此书乃天圣中崇文院校本，非朝廷要人不可得。使君得之，刊于州治，欲使天下之人皆知务农重谷之道，使君之用心可知矣。”

《齐民要术》至北宋天圣（公元 1023—1031 年）年间，才由当时的皇家藏书馆“崇文院”正式刊印，颁发各地劝农官员作为指导农业生产之用。这标志着《齐民要术》指导农业生产的实用价值已受到朝廷的重视，并上升到由国家正式发行的地位。不过“崇文院刻本”当时的印数很少，秘藏于皇家内库，“非朝廷要人不可得”，流传到民间的极少。“崇文院刻本”早已散失，现在唯一的孤本在日本，但只残存第五、第八两卷。1914 年罗振玉借该两卷用珂罗版影印，我国才有少量的影印本流通。而由于《齐民要术》满足了当时指导农业生产的需要，《齐民要术》仍然以手工传抄的方式在民间广泛传播，在有一定文化的中小地主和市民中传抄尤广。现存的最早抄本是“金泽文库本”，是 1274 年日本人依据“崇文院刻本”的抄本再抄的卷子本（抄好后装裱成卷轴，不装订成册子），因其原藏于日本金泽文库而又得名。该本缺第三卷，只存九卷。

《齐民要术》在南宋仍然享有巨大的声誉。《续资治通鉴长编》（此书从宋太祖建隆元年开始至宋钦宗靖康元年止，记载了北宋王朝长达 168 年的历史）的笔者南宋兵部员外郎兼礼部郎中、敷文阁学士李焘（1115—1184 年）推崇《齐民要术》，说它是“在农家最峣然出其类者”。如果说，在唐以前《齐民要术》主要流传于北方，那么，南宋以后《齐民要术》则在南方地区大为盛行，并从而传遍整个中国。这和当时北方人大量流寓南方，而南方刻书业又特别发达有关，但主要还是由于《齐民要术》所阐述的农业科技原理原则，有许多是南北相通的。南宋绍兴十四年（公元1144年），流寓南方做官的山东济南人张辚“欲使天下之人皆知务农重谷之道”，乃将《齐民要术》刊行于世。这是“崇文院刻本”出现110多年后《齐民要术》的第一次重刻，功不可没。张辚刻本（绍兴龙舒本）早已亡佚，现存的只有残缺不全的宋校本。其明抄本有上海涵芬楼影印（1924年）群碧楼藏本（《四部丛刊》本，图4-13）。以后元、明、清到民国，《齐民要术》的翻刻和流传日益广泛，至民国初年，《齐民要术》的刻本已经发展到20多种；大量刊印是在江浙地区。而手抄本直到清代仍然没有绝迹。

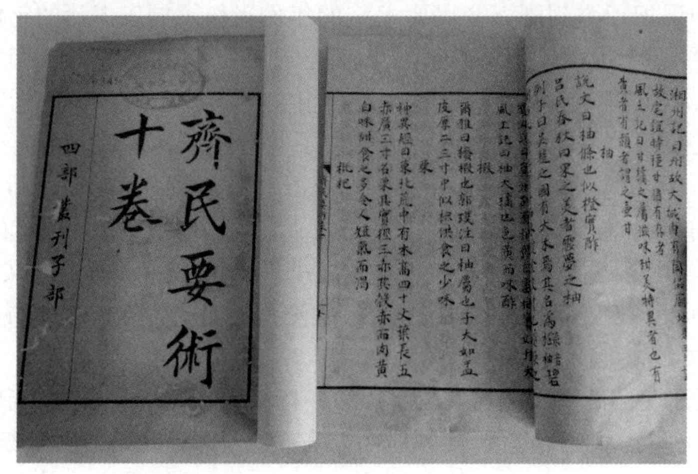

图4-13 《齐民要术十卷》四部丛刊子部

三、元明清时期

元代为鼓励农桑，由司农司主持撰修、刊刻《农桑辑要》。该书大量摘引、阐述《齐民要术》的内容，可见其影响之大。此期王祯所著《农书》，对《齐民要术》也多有引用。由《农桑辑要》《农书》的撰著可见，贾思勰“采捃经传，爰及歌谣，询之老成，验之行事“的农书撰写途径，成为后来治农学者的必由之路。这进一步巩固了贾思勰所撰《齐民要术》在中国农学典籍中的核心地位。

明代农业有较大发展，商业、书籍刻刷行业趋于繁荣。《齐民要术》数次得到刊刻印行。明代王廷相在嘉靖甲申年（1524年）为马直卿刊刻《齐民要术》所写的“后序”中称“其书播植五种，畜字六扰，区灌瓜蔬，栽树果实，条贯时宜，靡不该载，大抵训农裕国之术”。并进一步阐发贾思勰的农业思想：“盖国者富民其要术也；富民者农事其先务也；教农者有司之实政也；稽术者为政之大纲也。”阐释益国、富民、教农、稽术间相互作用的关系。但相近时期的学者杨慎（1488—1559 年）在《丹铅总录》中指出，《齐民要术》广引古书奇字，“文人其犹嗫之，况民间其可用乎？”

清代乾隆三十七年（1772 年）开始纂修《四库全书》，将《齐民要术》收入。《钦定四库全书总目提要》（图 4-14）称：“《齐民要术》十卷，后魏贾思勰撰》。”“思勰始末未详，唯知其官为高平（高阳）太守而已。”《提要》在叙说《齐民要术》版本流传中窜入、夹注、计量等疑点外，也指明“盖唐以前书文词古奥，校勘者不尽能通，辗转讹脱，因而讹异固亦事所恒有矣。”清代学者姚振宗在《隋书经籍志考证》（1895 年，图 4-15）中则提出“贾思勰和《魏书》里的贾思伯、贾思同是同族兄弟”的说法。在清代以前，农学家者人数很少，他们读《齐民要术》也只以技艺书看待，不注重章句的考订。这使《齐民要术》所引古籍片段得以保存原来引用的模样，尤其是“经部”书中的词句，有不少与经过后来经学家们删改过的颇不相同。所以清代乾嘉以来的朴学者们特别珍视《齐民要术》。如戴震、阮元、王念孙、王引之、郝懿行、毕沅等，都曾对《齐民要术》下过功夫。他们把《齐民要术》当作考订经史文字的素材，或作为校勘纠误的对象。但他们较少留意《齐民要术》在农业生产方面的实用意义。考订、校勘方面的进展导致优秀版本的探寻。

图 4-14 《四库全书总目提要》

《齐民要术》对后世农学的巨大影响，在其他方面也反映出来，例如，元、明、清的四大农书《农桑辑要》、王祯《农书》《农政全书》《授时通考》，无不以《齐民要术》的规模为规模，以《齐民要术》的材料为基本材料。而书名套用《齐民要术》格式的，如《山居要术》《齐民要书》《齐民四术》《治生要术》等，亦代不乏例。

图 4-15 《隋书经籍志考证》

第三节 近现代对《齐民要术》的整理和研究

一、清末至民国时期

清末至民国时期处于中西文化更加激烈碰撞时期，1900 年前后，西学东渐，建立在经验积累基础上的中国传统农学与西方兴起的建立在实验基础上的农学开始交汇。

杨守敬（1839—1915 年），对《齐民要术》的收藏、回归和研究做出过重大贡献（图 4-16）。北宋崇文院刻本，孤本残卷现存日本，有杨守敬影描本存北京中国农业科学院图书馆。杨守敬，湖北省宜都市陆城镇人，清末民初杰出的历史地理学家、金石文字学家、目录版本学家、书法艺术家、藏书家，一生勤奋治学，博闻强记，以长于考证著名于世，是一位集舆地、金石、书法、泉币、藏书以及碑版目录学之大成于一身的大学者。他一生著述达 83 种之多，被誉为“晚清民初学者第一人”。杨守敬堪称近代大藏书家。在收藏的几十万卷书中，海内

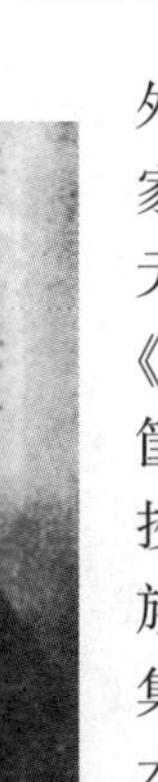
图 4-16 杨守敬

外孤本有几万卷，宋版藏书有数千册。为保存国家文化古籍，他多年节衣啬食购买，或“以有易无”换来，尤其是在日本期间，大量购回包括《齐民要术》在内的古籍汉书，得书数万卷“遂盈筐篋”，运回祖国。其中有十分珍贵的六朝及唐代抄本，有世所罕见的宋元版古籍，为保存祖国民族文化遗产作出了巨大贡献。杨守敬曾致力于搜集散佚古籍，在述及《齐民要术》时称：“此书宋本固不可得，津逮本，照旷本非罕见，乃因其所得本偶欠，遂不再求他本以补之，且不照原书行式，以留他日校补，鲁莽如此，真所谓刊刻之功，不蔽其潜妄之罪也。”他曾于清末在驻日使馆任职，1897 年撰有《日本访书志》，谈到在日本见到宋本《齐民要术》残卷时说：“余所得系小岛尚质以高山寺本影钞，精好如宋刻。”用以校勘其他版本“补脱厘误，大有裨益”，“唯未得原书全本照之，终为恨事。”

光绪六年（1880 年）春天，杨守敬应驻日公使何如璋之邀，东渡扶桑，任公使随员。第二年（1881 年），版本学家、藏书家黎庶昌接任公使，杨守敬继履原职。公使随员，本是一个不起眼的吏职，杨守敬却借此良机，拼命访书搜书，做成了这样一件前无古人、后启来者的大好事。此时日本正值明治维新之际，西风东渐，“举国士大夫弃古书如敝屣”，这无疑是杨守敬寻访古书的天赐良机。他一有空就游览书肆，觅得不少珍本。访书间结识了不少日本学者，如岛田重礼等，后来又结识了一位叫森立之的医生，也是一位藏书家。森立之送给他一本自己所著的《经籍访古志》，此书收编日本 60 多家藏书处的汉籍善本 654 种，是当时最完善的日藏汉籍书目。杨守敬遂按目录斥金购书。在日本逗留 4 年，得书万卷。他对所获图书，就书名、题跋、序目、行款、刊刻等作详细笔记。这些笔记后整理分 4 部付印，即著名的《日本访书志》。该书共 16 卷，收书（不含佛经）226 种，其中宋本 37 种，属海内孤本的有北宋天圣本《齐民要术》残稿等，每书皆“略为考其原委”，就是解题。所以它是一部有解题的善本书目。

罗振玉（1866—1940 年），对收藏、回归、研究《齐民要术》有过历史贡献（图 4-17），1914 年罗振玉在日本，曾将杨守敬影描本即高山寺本以珂罗版印行，编入《吉石庵丛书》中，院刻残本始得流通。罗振玉祖籍为浙江省上虞县永丰乡，出生在江苏省淮安县。中国近代农学家、教育家、考古学家、金石学家、敦煌学家、目录学家、校勘学家、古文字学家，中国现代农学的开拓者，中国近代考古学的奠基人。对中国科学、文化、学术颇有贡献，参与开拓中国的现代农学、保存内阁大库明清档案、从事甲骨文字的研究与传播、整理敦煌文卷、开展汉晋木简的考究、倡导古明器研究。他一生著作达 189 种，校刊书籍 642 种。1911 年，罗振玉到日本，曾往访高山寺，并据高山寺藏本影印，题《北宋椠齐民要术残本》，包括《齐民要术》的卷五、卷八（缺最后半页）。罗振玉以高山寺藏本校对当时较为流行的中江榷署渐西村舍本，于第八卷即发现”讹夺至众“，第五卷更是“尚多舛误”。

图 4-17　罗振玉

罗振玉认为，“农为邦本，古人不仕则农，于是有学稼之志。”（1890 年）在乡间为塾师并开始系统地钻研中国古代农学方面的书籍，如《齐民要术》《农政全书》《授时通考》等。1896 年罗振玉到了上海，邀同道创立农学会。感于儿时旧交汪康年创办《时务报》，“切中时弊”，开一时之风气，罗振玉创办《农学报》聘日本藤田剑峰为翻译，传导国内外农业方面先进知识和技术。后又设东文学社、造就翻译人才。1900 年应张之洞之邀，主持湖北农务局，兼任湖北农学堂监督。因从严治校，深得张之洞赞许。还编辑出版了《农学丛书》，这对中国展开农学研究提出了很有见地的看法。1901 年他创办了《教育世界》，这是近代第一份纯教育杂志。它及时报道和译介了当时欧美及日本最新教育制度、教育原理。年底，受张之洞委派赴日本考察教育事务。在日本二月零八日，他较为细致地接触了日本的实业教育。1902 年他任上海南洋公学虹口分校校长。1904 年受江苏巡抚端出敏委托，创办江苏师范学堂，任监督。1906 年，罗振玉应招入学部。1909 年京师大学堂设分科大学，罗即任农科监督，即奉命赴日本考察，考察归国后，立即建新校，设试验场，造就了北京农业大学的前身。

2013 年 12 月，安徽文艺出版社出版了《二十世纪名人自述系列：罗振玉自述》为“二十世纪名人自述系列”之一，《二十世纪名人自述系列：罗振玉自述》共分 3 编，分别为“自述与回忆”“序与跋”“学术主张”。包含了其对自己生平经历的概述、为多部作品撰写的序跋，以及他的学术主张等。在第二篇“序与跋”中，收录《北宋天圣本〈齐民要术〉残本跋》一文。

罗振玉主持编辑《农学丛书》和《农学报》向国人展示中国古代农业科学技术要籍，报道民间农业生产调查情况，又通过组织译述欧美、日本农书，较全面地引进实验农学的丰富材料。罗振玉在《雪堂自传——罗振玉遗稿》中说他

30岁以后才立志学农。“予少时不自知其谫劣，抱用世之志，继思若世不我用，宜立一业以资事畜。念农为邦本，古人不仕则农，于是有学稼之志。”他曾认真地研习过《齐民要术》《农政全书》《授时通考》等书，又读过外国农书的译本。他通过编书办报，“先后垂十年，译农书百余种，始知其精奥处，我古籍固已先言之。”他称引进的外国农业技术，“岂可补我所不足者，惟选种、除虫及以显微镜验病菌，不过数事而已。至是益恍然于一切学术，求之古人记述已足，故无待旁求也。”（载《罗雪堂先生全集》五编卷一第九页）这一记叙说明《齐民要术》等农书的研习在当时一代治农学人成长中的重要作用。

对《齐民要术》的校勘整理，清代已开其端绪。《齐民要术》在长期的传抄翻印中，文字脱落错讹，素称难读。尤其是印数最多，独占《齐民要术》书市长达200年之久《津逮秘书》本，明代有《齐民要术》的3种刻本：1524年马直卿刻于湖湘的湖湘本；1903年胡震亨的《秘册汇函》本——1630年毛晋的《津逮秘书》本；华亭沈氏刊刻的竹东书舍本。《秘册汇函》本和《津逮秘书》本这两个本子实际上是同一版本，自毛晋继承翻印以后，《秘册汇函》本不再增多，而被大量翻印的《津逮秘书》本所代替，不但错字、脱空、墨钉（缺字的黑块）、错简、脱页严重，而且任意臆改，“疮痍满目”，影响极坏。清代乾嘉学派兴起后，这个问题始引起人们的注意。嘉庆年间（公元1796—1820年）吾点、黄廷鉴等进行了认真的校勘整理。1804年，黄廷鉴的校本由张海鹏刊印发行，是即《学津讨原》本，《学津讨原》本除张海鹏刊印的外，又有商务印书馆的影印本，中华书局《学津讨原》本影印的《四部备要》本。但校勘最精的吾点校本迄未出版。到1896年，又有刘寿曾等校勘的《渐西村舍》本出版，刊印者为袁昶，又有1917年据《渐西村舍》本印行的龙谿精舍本，商务印书馆据《渐西村舍》本排印的《丛书集成》本，但质量赶不上《津逮秘书》本。

进入民国，特别是在“五四”新文化运动以后，科学技术知识逐渐受到人们的重视。1922年商务印书馆影印了《齐民要术》南宋本的明代抄本，给读者提供了唯一的完整的善本（《四部丛刊》本），于是《齐民要术》开始从校勘进入研究的阶段。民国期间开始出现解说《齐民要术》，对《齐民要术》的笔者、版本和引用书目进行考证，以及分析《齐民要术》内容等的文章。这些文章是清代以前没有的，不过还在开拓阶段，文章不多。

1919年“五四”运动唤起民众觉醒，“科学”“民主”成为时尚潮流。农业科学技术知识逐渐受到重视。1922年商务印书馆印行《四部丛刊》，给《齐民要术》提供了一个较为完善的版本。1927年，陆费执在所撰《中国农书提要》中，首先叙述了《齐民要术》。1928年，万国鼎（1897—1963年）在《图书馆学季刊》发表了《〈齐民要术〉解题》一文，是从新方向研究《齐民要术》的起点。

1934年，齐鲁大学（现并入山东大学）《国学汇编》第二册上，栾调甫（1889—1972年）发表《〈齐民要术〉版本考》《〈齐民要术〉引用书目考证》（署名胡立初）两篇文章，开始了对贾思勰《齐民要术》全面的具体解析与科学探索。这一时期有关《齐民要术》的研究论文约有10篇。

二、中华人民共和国时期

1. 20世纪50年代至60年代前期

1949年中华人民共和国建立后，面临繁重的恢复、发展农业生产的任务。政府提倡总结农民群众生产经验，号召学习发扬祖国农业科技传统，继承优秀遗产。中央农业部提出将商务印书馆、中华书局1937年前排版成型的12本古农书，其中有《齐民要术》印发全国。1955年4月，农业部农业宣传总局邀集有关专家学者，在北京座谈整理祖国农业遗产的工作。这次会议确定整理校释《齐民要术》。西北农学院（现西北农林科技大学）石声汉（1907—1971年）于1957年出版《齐民要术今释》（科学出版社），1958年出版英文本《齐民要术概论》（科学出版社），是这一时期的突出成果，在国内外引起较大反响。石声汉还曾发表《探索〈齐民要术〉中的生物学知识》的文章。

1955—1956年，南京农学院（现南京农业大学）万国鼎发表了《论齐民要术》《〈齐民要术〉所记我国1 400多年前的农业技术水平》《贾思勰与〈齐民要术〉》《〈齐民要术〉——我国现存最早的完整农书》等论著。北京农业大学王毓瑚在《总结祖国农业学术遗产》论文中着重阐释了《齐民要术》的农业技术贡献。1957年，他在《中国古代农业科学的成就》（科学普及出版社）一书中提到："据史书记载，后魏末期还有两位著名的经济学家，就是齐郡益都县（今山东省益都县）的贾思伯、贾思同兄弟二人。因为姓名相近，有人认为这3位学者可能出自一家。最近还有人认为（指栾调甫所撰《〈齐民要术〉笔者考》书稿中提出的看法）贾思勰应当就是史书上的贾思同。因为他作过彭城王元勰的属官，可能依照当时的习惯把名字改了。这说法可能是对的，但是在史书上还没有找到直接的证据。"华南农学院（现华南农业大学）梁家勉《〈齐民要术〉的撰者、注者和撰期》一文对《齐民要术》有关撰著者的疑难，做了细致的探讨。浙江农学院（现浙江大学农业与生物技术学院）游修龄《从〈齐民要术〉看我国古代的作物栽培》，把现代作物栽培学的研究与《齐民要术》记载的农事经验结合了起来。1959年《农史研究集刊》第一册刊载了署名丛林的《〈齐民要术〉调查研究的尝试》，通过到农村调查实地了解《齐民要术》农业遗产对现今的深刻影响。1956年7月9—12日，中国科学院召开中国自然科学史第一次科学探讨会，万国鼎以《〈齐民要术〉所记农业技术及其在中国农业技术史上的地位》为题在大会上做了学术报告。这次会议只有农、医两篇论文被选作大会发言。1959年，南京农学院（现南京农业大学）李长年撰著《〈齐民要术〉研究》（农业出版社），全面阐述《齐民要术》的各项农业技术成就，代表了那一时期有关《齐民要术》农业技术贡献研究的水平。山东大学王仲荦就《齐民要术》撰期。撰著者、里籍等问题发表《有关贾思勰〈齐民要术〉的几个问题》一文，表述了有关代表性的看法。这一时期发表的论著有30余篇。

新中国成立后的20世纪50年代，祖国农业遗产的整理受到空前重视，有关研究机构相继建立，《齐民要术》的整理研究被放在十分突出的地位。一些学者在前人工作的基础上，运用现代农业科学知识与传统的考据学相结合，对《齐民要术》重新进行校勘、标点和注释，廓清明本的严重脱误，纠补清本的缺憾和不足，尽量恢复《齐民要术》的本来面目，并对其内容用现代科学知识予以解释。在这方面，最重要的成果是石声汉的《齐民要术今释》，他的工作为对《齐民要术》的进一步研究奠定了坚实的基础。

石声汉《齐民要术今释》共4册，1957年12月至1958年8月由科学出版社出版（图4-18，图4-19）。该书以《四部丛刊》本为底本，校以“崇文院刻本”“金泽文库本”和6种明清版本，以及《艺文类聚》《太平御览》《初学记》等类书，把校记、注释附于正文之后，最后加上现代汉语的“释文”。这是当代学者以现代科学方法系统整理《齐民要术》的第一部著作，在国内外产生了重大影响。

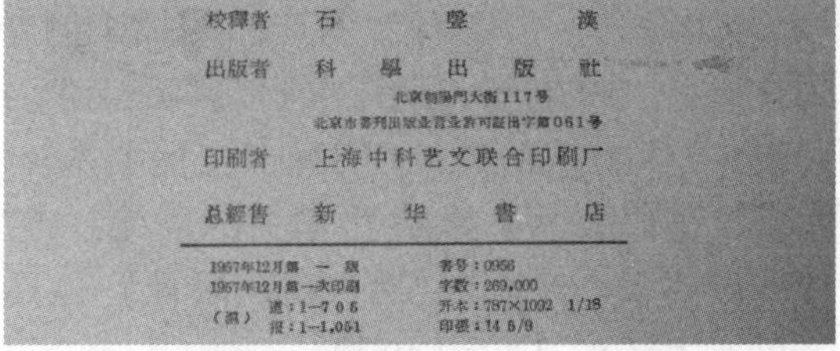
齊民要術今釋
（第一分册）
校釋者 石 聲 漢
出版者 科 學 出 版 社
北京朝陽門大街117號
北京市書刊出版業營業許可證出字第061號
印刷者 上海中科艺文联合印刷厂
总經售 新 华 書 店
1957年12月第一版 書号：0956
1957年12月第一次印刷 字數：269,000
（滬） 道：1-706 開本：787×1092 1/18
精：1-1,051 印張：14 5/9

图4-18 石声汉1957年12月第一版的《齐民要术今释》第一分册，科学出版社

应该指出的是，《齐民要术》虽然经过了近人的校释，但仍然存在非校勘、注释所能解决的难读难解的问题，近人也在这作这样一些疑难字义的考证，和利用现代科学的知识予以解释，这从另一个方面加深了对本书的理解。20世纪50年代，研究《齐民要术》的成果大量涌现。大体可以分为3类：一是对贾思勰其人其书进行考订，包括笔者的里籍、成书年代、活动地区及其思想观点等；二是对《齐民要术》全书进行深入研究和全面评述；三是对《齐民要术》所涉及的

图 4-19　石声汉《齐民要术今释》科学出版社

内容进行分科分项的专题研究。重要的研究成果有：万国鼎《论“齐民要术”——我国现存最早的完整农书》（《历史研究》1956 年第一期）；梁家勉《齐民要术的撰者注者和撰期》（《华南农业科学》，1957 年第三期）；石声汉《从齐民要术看中国古代的农业科学知识》（科学出版社，1957 年 1 月）；李长年《齐民要术研究》（农业出版社，1959 年）等。

2. 20 世纪 60 年代中期至 70 年代中期

此期正值“文化大革命”，国家处于动荡状态，《齐民要术》的深入研究难于开展。但由于《齐民要术》涵盖了古代丰富的群众经验而受到重视，议论贾思勰《齐民要术》的文章稍多。在研究方面，北京大学生物系等单位的注释组于 1975 年出版了《齐民要术选释》。“选释”的有关内容按照农、林、牧、副、渔的顺序，分成 16 个专题编列。书中对“农产品的加工制作”等部分的摘文，语译、注释、按语颇具特点。1976 年，浙江农业大学理论学习小组撰著《〈齐民要术〉及其笔者贾思勰》（人民出版社），阐释《齐民要术》在农业科学技术方面的贡献，专节论述了《齐民要术》在生物学上的成就。1976 年，广西农学院注释组编著出版的《齐民要术选注》（广西人民出版社）也具独到之处。此期发表有关贾思勰及《齐民要术》的文章约 40 篇。

1976 年，以浙江农业大学（现浙江大学农学与生物技术学院）理论学习小组撰著和发表的《〈齐民要术〉及其笔者贾思勰》（人民出版社）一文，实际是浙江农业大学游修龄教授所做，其中尤以游著利用现代科学知识对《齐民要术》内容所作的新的阐述令人耳目一新（图 4-20）。该书稿成于“文革”之前，原名为《〈齐民要术〉的农业科学知识》，人民出版社已印出了校样，因“文革”开始而搁置。“文革”中“评法批儒”时，《人民日报》革委会派人到笔者所在单位浙江农业大学革委会，指出此书内容很好，但全属农业科技，要求把贾思勰作为法家代表人物加以发挥，并用“浙江农业大学理论学习小组”的名义发表。在这种情况下，笔者违心地凑上了一些贾思勰是法家的思想内容。后来，笔者曾自占一绝自省云：“思勰原本是农家，为评儒法披法娑；穿靴戴帽费笔墨，始信不学水平差。”这是在那个荒唐的年代正常的科学研究下扭曲的一例。但这种时代的烙印并不能掩盖这本书精湛科学内容的光彩；日本著名学者天野元之助在《后魏の贾思勰の〈齐民要术〉の研究》引用该书的内容达四十余处。荒唐的时代已经过去，应该为游修龄《〈齐民要术〉及其笔者贾思勰》这本书正名了。

图 4-20 1976 年，游修龄著《〈齐民要术〉及其笔者贾思勰》，在当时特定条件下，以“浙江农业大学理论学习小组”的名义发表

3. 20 世纪 70 年代后期至 90 年代末

20 世纪 70 年代末，改革开放首先在农村起步。在大力发展农业，提高农业生产力的过程中，继承发扬传统经验受到关注，贾思勰与《齐民要术》的影响与研究呈现新的势态。

(1)《齐民要术》一书的影响在迅速扩大。1982 年，缪启愉《齐民要术校释》由农业出版社印行（图 4-21）。该书以《齐民要术》两宋本为基础，以明清刻本为副本，辅以清末各种校勘稿本，参考当时中外学者整理、研究《齐民要术》的有关成果，为读者提供了一个反应当代研究水平的本子。书中附载《宋以来〈齐民要术〉校勘始末评述》《〈齐民要术〉主要版本的流传》，对千百年来

《齐民要术》的传抄刊刻、版本传承、校勘功过、学术价值做了较为深入的分析，观点清晰，论说阐释严格缜密，代表一家之言。1998 年，中国农业出版社出版《齐民要术校释》第二版，在扩大《齐民要术》影响方面作用显著。1995 年四川巴蜀书社出版的《〈白话全译〉齐民要术》，1996 年辽宁印行的今译《齐民要术》等，解除了《齐民要术》文辞古奥的困惑，便于研究使用。

图 4-21　缪启瑜《齐民要术校释》农业出版社

尤其应当指出的是，缪启愉《齐民要术校释》精装一册，1982 年农业出版社出版。该书在日本和欧美都有深刻影响，日本研究《齐民要术》的著名学者西山武一、熊代幸雄、天野元之助等的相关论著中常把缪启愉《齐民要术校释》作为《齐民要术》重要版本来看；世界著名维基百科（英语：Wikipedia）是 2001 年创建的世界最大百科网站，是一个具有 287 种语言的网络百科全书协作项目工程，在解说《齐民要术》条目时，只列两种研究著作，一是石声汉的《齐民要术今释》，二是缪启愉的《齐民要术校释》。

缪启愉《齐民要术校释》的校勘以两宋本为基础，以明清刻本为副本，以中国农业遗产研究室所藏清以后各种校勘稿本为辅助，以近现代中外学者整理《齐民要术》的成果为参考，并以唐以前引用《齐民要术》的文献作参校。共参考版本 23 种（利用了现存所有重要的版本、仅有的孤本和稿本），征引文献古籍 289 种。是在广泛吸收前人成果基础上的集大成的著作；而考订之翔实，校释之精审，超越了前人，是迄今最完善的一部《齐民要术》校释本。书末附有《宋以来齐民要术校勘始末述评》和《齐民要术主要版本的流传》二文，可供参考。

（2）从农业生产、经营、食品加工制作等方面对《齐民要术》进行多角度研究。从汉代起，中国北方种植技术析解较快，变春耕为秋耕，翻耕灭草，犁壁的创制与发展是其突出表现。3世纪，耕、耙、耘等技术成套使用已反映到墓室画像砖的图案中。《齐民要术》对一个阶段的农业经验，进行了总结。农史学家认为《齐民要术》中旱地农耕作业的精湛技艺和高度理论概括，是中国农学家第一次形成精耕细作的完整体系。经济史学家认为应将《齐民要术》看作是中国封建地主经济的经营指南。1981年，经济史学家胡寄窗在《从世界范围考察十七世纪以前中国经济思想的光辉成就》（经济问题探索，1981年第五期）一文中写道："《齐民要术》是世界上最早出现的封建地主的家庭经济学""公元第六世纪前半期出现的贾思勰的《齐民要术》是人们公认的我国古代仅存的一部极有价值的农书。但从政治经济学角度考察，它还是一部很好的封建地主阶级的家庭经济学，对一个地主阶级家庭的生产、交易和消费均有很详细的设计和记载。贾思勰把为地主家庭在一年中的那些月份应从事何种产品的商业经营作了很具体的建议。教他们不要专门从事卖剩余农产品，对同一产品不论是否自己农庄生产的也要有时购进，有时出售。他也给一些封建地主家庭设计了不少稳便的牟利活动。在《齐民要术》中，这样的例子是不少的。""贾思勰对一个地主家庭所需消费的生活用品，如各种食品的加工保持和烹调方法，如何养鱼养马；甚至连制造笔墨及其原材料等所应具备的知识，无不应有尽有。其记载周详细致的程度，绝不下于举世闻名的古希腊色诺芬为教导一个奴隶主如何管理其农庄而编写的《经济论》。""十四世纪前后俄国西里维斯特所汇编的"封建家庭经济学"，被受到广泛的重视，但就其内容仅为若干贵族对子嗣的训令或蔑言的汇集一点看来，它未必能与《齐民要术》相比拟。"从事农产品加工、酿酒、制酱、做醋、烹调、果树贮藏的科技工作者，从《齐民要术》中可以找到古老的配方和技法，如桑落酒的酿造即是一例。1987年，王尚殿在《中国食品工业发展简史》（山西科学教育出版社）中称："《齐民要术》是我国古代一部优秀的农书，是农产品加工和食品生产科技书，内容极其广泛和丰富。书中有粮食和油料加工，有制曲、酿酒、做酱、做豉、酿醋和食品加工、烹调等。书中的七、八、九卷全部是记述食品加工、贮藏的，可谓我国六世纪的食品百科全书。"

4. 21世纪以来的新时期

这一时期名人成果不断，后来新人辈出，研究队伍日益年轻化并且老中青结合，研究者学历层次进一步提升，研究成果涉及面更加广泛，研究内容更与现代科技和脉搏相融合，研究空间进一步缩小，呈现“百花齐放，百家争鸣”的良好态势和繁荣景象。

李根蟠的研究论文在网站上有很好的开放性和公开性，赢得了众多读者。如：《从〈齐民要术〉看少数民族对中国科技文化发展的贡献》（《中国农史》2001年第二期）；《〈陈旉农书〉与“三才”理论——与〈齐民要术〉》比较》（《华南农业大学学报》2003年第二期）；《试论中国古代农业史的分期和特点》（“中国农业历史与文化”网站在线论文）；《“多元交汇”的中国传统农业》（“中国农业历史与文化”网站在线论文）；《中国农史研究的回顾与展望》（《古今农业》2003年第三期）；《〈齐民要术〉何以无养狗的论述——牧区文化对中原文化影响之一例》（《中国经济史论坛》在线论文）；《“三才”理论与中国传统农学论略》（2002年中日韩农史研讨会论文）；《汉魏之际社会变迁论略》（《中国社会历史评论》第三辑，中华书局，2001年6月）；《古籍中的稷是粟非穄的确证》（《中国农业科学》2000年第五期）；《稷粟同物，确凿无疑——千年悬案“稷穄之辨”述论》（《古今农业》2000年第二期）等论著有非常深刻的影响力。

其他如：王玲：《〈齐民要术〉的成书背景再论》（《中国农史》2002年第二期）；《魏晋北朝时期内迁胡族的农业化与胡汉饮食交流》（《中国农史》2003年第四期）。阚绪良：《〈齐民要术〉札记三则》（《中国农史》2003年第四期）；《〈齐民要术〉卷前“杂说”非贾氏所作新证》（《安徽广播电视大学学报》2003年第四期）。严火其：《农本与求利：〈齐民要术〉农业经营思想研究》（《中国农史》2001年第一期）；《宁可少好，不可多恶——传统农业经营观念的现代化诠释》（新华文摘论点摘编，《江海学刊》2001年第六期）；《我国农业以种植业为主原因探析》（《中国农史》2001年第四期）；《贾思勰、王祯评传》，南京大学出版社2001年12月，第二笔者。盛邦跃：《试论〈齐民要术〉的主要哲学思想》（《中国农史》2001年第三期）；《试论中国古代农业思想中的“人本意识”的启示》（《科学技术与辩证法》2001年第二期）；《从“三才论”到“可持续农业”》（《江苏社会科学》2001年第三期）；《中国古代农业思想中的“民本意识”及启示》（《南京农业大学学报》2001年第1期）；《中国古代名著导读》（安徽教育出版社2003年3月）。杨坚：《古代大豆及其制品的药用》（《古今农业》2001年第二期）；《我国古代大豆酱油生产初探》（《中国农史》2001年第三期）；《〈齐民要术〉中的肉食初探》（《南宁职业技术学院学报》2004年第二期）；《中国豆腐的起源与发展》（《农业考古》2004年第一期）；《〈齐民要术〉所记载的肉食加工与烹饪方法初探》

(《中国农史》2004 年第三期)。王志刚:《中国传统经济史学视野下的〈齐民要术〉》(中华文史网在线论文)。郭风平:《〈齐民要术〉的林副产品贮藏加工与利用的整理研究》(《农业考古》2003 年第三期)。刘磐修:《魏晋南北朝时期北方农业的进与退》(《史学月刊》2003 年第二期)。李庆典:《中国古代种芋法的技术演进及其对现代农学的贡献》(《中国农史》2004 年第四期);《食用芋类的进化、分类与遗传资源保存》(《作物研究》2002 年第六期);《芋(Colocasia esculenta)的民族植物学》(《植物资源与环境学报》2005 年第一期。曾雄生:《译文:论〈齐民要术〉》(《法国汉学》2002 年)。蒋福亚:《〈齐民要术〉所见农民和市场的关系》(《首都师范大学学报〈社会科学版〉2002 年第二期。程志兵:《〈齐民要术〉与汉语词汇史研究》,《伊犁教育学院学报》2004 年第三期;《〈齐民要术〉新词新义简论》(《伊犁师范学院学报》2005 年第四期);《〈齐民要术〉中所见词源举隅》(《伊犁师范学院学报》2001 年第四期。刘洁:《中古时期一部重要的文献—〈齐民要术〉》(《古籍整理研究学刊》2004 年第三期)。汪维辉:《试论〈齐民要术〉的语料价值》(《古汉语研究》2004 年第四期);《〈齐民要术〉"喜烂"考辨的方法论》(《古籍整理研究学刊》2002 年第五期);《〈齐民要术〉校释商补》(《文史》2003 年第四期)。蒋绍愚:《〈世说新语〉〈齐民要术〉〈洛阳伽蓝记〉〈贤愚经〉〈百喻经〉中的"已""竟""讫""毕"》(《语言研究》2001 年第一期)。乐爱国:《从〈齐民要术〉看古代农学与儒学的关系》(《儒家文化与中国古代科技》,中华书局 2002 年 12 月版)。周敏:《〈齐民要术〉中的林业思想和林业技术探讨》(《浙江林业科技》2004 年第一期)。梁燕君:《贾思勰和〈齐民要术〉》(《粮食科技与经济》2003 年第三期)。赵建民:《〈齐民要术〉之饼食文化》(《扬州大学烹饪学报》2003 年第一期。欧阳韶晖:《〈齐民要术〉对开发中国传统食品的启示》(《西北农林科技大学学报》〈自然科学版〉2002 年第一期)。曾昭聪:《〈齐民要术〉有关"得名之由"的探讨》(《华南农业大学学报(社会科学版)》2005 年第二期)。张炯炯:《"齐民要术"中的药用植物学知识》(《中医文献杂志》2002 年第三期)。孙一慰:《〈齐民要术〉部分饮食品溯源》(《扬州大学烹饪学报》2004 年第四期)。储泰松:《〈齐民要术〉特殊注音浅论》(《南京师范大学文学院学报》2005 年第二期。张舸:《〈齐民要术〉双音节词在汉语史中的承传》(《社会科学辑刊》2005 年第六期。陈苍林:《探方法本源、明造化机理——〈齐民要术〉(豆酱法)步韵》(《中国酿造》2005 年第四期)。骆业巧,淮虎银:《〈齐民要术〉中酿造用植物资源及其相关传统知识的整理》(内蒙古师范大学学报自然科学汉文,2010 年第二期)。《〈齐民要术〉"杷""劳"关系考——〈齐民要术〉"耕—

耙—劳”耕作技术体系申论》（《古今农业》2014 年第二期）等都是 21 世纪优秀新作。

如果将 2001—2015 年近 15 年连续起来总结，结论是研究成果一“新”二“丰”。“国昌盛，史研兴”，可以说 2001—2015 年是《齐民要术》研究的又一新的辉煌时期。

第五章

中国近代和现代关于《齐民要术》研究代表性专家与学者

第一节 “东万”“西石”“南梁”“北王”四大家

一、万国鼎

万国鼎（1897—1963 年），在中国农史研究界“东万”“西石”“南梁”“北王”赞誉中被称之为“东万”（图 5-1），江苏省武进人。原南京农学院（现南京农业大学）农史研究室教授，著名农史研究专家，中国农史学科的开拓者和奠基人之一。1897 年 12 月 26 日，万国鼎在江苏省武进县小新桥乡出生。父亲营农经商，母亲料理家事。母舅奚九如，前清秀才，进过江南水师学堂，清末在乡间倡办学校，民国初年就提倡机器灌溉，创办常州厚生机器制造厂（现为常柴股份有限公司），制造抽水机等。万国鼎在少年、青年时代，读书学习和思想方面受到其母舅的影响很大，1915 年 6 月，他在江苏省常州中学毕业后，原先欲报考上海南洋公学电机科，希望做实业家、发明家，后决定投考金陵大学农林科，希望能在学问中有所作为，做一名学者。1916—1920 年，万国鼎先生就读于金陵大学，不仅

图 5-1 万国鼎教授

认真钻研现代农业科学，也注重文史课程，学习成绩优良，在校期间就发表文章数篇。曾任金陵大学农林学会会长、《金陵光》编辑、学生自治会主席、五四运动议事部副主席、南京学生会金大学生代表等。1920 年，万国鼎先生留校担任助教，协助钱天鹤教授进行蚕桑教学研究推广工作，1921 年经钱教授推荐到上海的美国丝商设立的生丝检验所（当时称万国检验所）担任技师。1922 年 6 月，在上海商务印书馆编译所担任编辑，负责编辑和校订有关农业的图书。1924 年 1 月，回到金陵大学任农业图书研究部（1932 年 9 月改组为农业经济系农业历史组）主任。在这 10 余年中，万国鼎先生致力于古农书的收集、整理、研究，同时对中国农业历史研究作了一系列的开创性工作，如在金陵大学开设“中国农业史”课程，着手编写中国农业史专著等。1932 年 11 月，万国鼎先生就任南京国民政府国防设计委员会（1935 年该委员会改组为资源委员会）专职专员，在以后的 5 年间主要从事田赋调查等事务。1932—1948 年，他还担任南京（战时迁重庆）中央政治学校地政学院、地政专修科、地政系教授。1947 年 8 月中央政治学校改为国立政治大学，万国鼎先生任地政系教授及系主任，新中国成立前夕，他和一些反对学校南迁广州的师生一起，坚持上课，一直到 1949 年 6 月学校解散。其间还担任中国地政学会理事、《地政月刊》总编辑、中国地政研究所导师兼研究主任等职务，撰写了大量的研究文章。

中华人民共和国成立，为万国鼎先生重新投身农业历史研究创造了条件。1951 年 3 月，他到北京华北人民大学政治研究院学习，年底分配到河南省人民政府农林厅工作。1953 年 8 月，任河南农学院农学系教授。1954 年 4 月，调回南京农学院（现南京农业大学）农业经济系任教授兼农业历史组主任，负责中国农业历史资料的搜集、整理和研究。1955 年 7 月，农业部批准南京农学院成立中国农业遗产研究室，万国鼎先生为主任。1957 年，中国农业科学院成立后，中国农业遗产研究室列入该院建制，成为国家专门的农业历史研究机构。经过几年人员和经费的投入，在万国鼎先生的带领下，中国农业遗产研究室在全国范围内收集了一大批农史研究资料，加上 20—30 年代金陵大学农业图书研究部积累的资料，为农史研究的全面开展提供了良好的条件，研究人员们整理、研究古农书、农业史，获得了一批开创性的学术成果。万国鼎先生除担当研究工作之外，还担任了中国农业科学院第一届学术委员会委员、江苏省哲学社会科学学会联合会委员、南京历史学会理事、南京市第一届政协委员、中国国民党革命委员会南京市委员等社会职务。

万国鼎先生是我国著名的农史学家、中国农史学科的主要创始人之一。他自 1920 年就开始涉足农史资料搜集、整理、研究工作，在他和金陵大学农业图书研究部（农业经济系农业历史组）、中国农业遗产研究室同仁的努力下，经过 40

多年的积累，建立了宝贵的农史资料收藏馆（库），获得了国内外专家学者的一致好评。他对中国农业古籍、农业历史的研究，成果卓著，尤其是他主持编写的《中国农学史》，是我国第一部系统研究农业科技史的著作，堪称农史研究的里程碑。

万国鼎先生年轻时就对自己要求："有为者高瞻远瞩，随时随地，择善坚持，而不较一日之短长。不怕当前困难，不计一时得失，常作五年十年的打算。"万国鼎先生为农史事业奋斗的一生，来自年轻时立志写作一部《中国农业史》，他经过多年的资料积累、学习研究，克服了种种困难，在晚年不仅完成了心愿，而且由于他的不懈努力，带动了农史研究的发展，奠定了中国农业历史学科的基础。

万国鼎先生在新中国成立前一度从事地政调查、研究与教学，其间有很好的仕进机会，但他那时就给自己写下了座右铭：淡泊以明志，宁静以致远。他将精力多用在了学术研究之中，尤其在新中国成立后，又重新投身农史研究，辛勤耕耘，最后获得了丰硕的成果，在我国农业历史学界产生了深远的影响。

1955 年 4 月，农业部在北京召开"整理祖国农业遗产座谈会"，部署全面开展研究、整理、出版工作。农业部的这一部署，正好说到了万国鼎的心里。借此机会，万国鼎同与会专家一起，在会上呼吁尽快建立整理祖国农业遗产的专门研究机构，以便有组织、有领导地开展农史研究工作。

在中共中央农村工作部、国务院农林办公室和农业部等有关部门的领导支持下，特别是在刘瑞龙、王发武、金善宝、冯泽芳等的具体关怀下，同年 7 月，中国农业遗产研究室终于在南京农学院内正式建立，万国鼎被任命为第一任主任。

中国农业遗产研究室的建立，标志着我国农史研究事业进入一个新的阶段，同时也给万国鼎开展农史研究创造了前所未有的有利条件。他率领全室教职工，克服建室初期研究人员少、资料不足、设备条件差等种种困难，积极开展工作。在极短时间内，搜集整理了 5 000多万字的农史资料，出版了《中国农学遗产选集》——稻、麦、粮食作物、棉、麻、豆类、油料作物、柑橘等 8 个专辑。这些专辑的出版，为农史研究提供了丰富的资料，也为农史工笔者检索资料提供了方便，深受国内外学者的好评。另外，还先后创办了《农业遗产研究集刊》和《农史研究集刊》，这是中国农史学科最早的学术刊物，对当时交流学术研究成果、推动农史研究起到了积极的作用。

农业遗产研究室归属中国农业科学院建制后，万国鼎与陈恒力共同主持了中国第一部综合性的农学史《中国农学史》的研究和编撰工作。《中国农学史》全面系统地叙述了中国农业科学的起源、农业生产的变革、古代的耕作原理、水利工程技术、土壤分类、作物栽培原理，以及丰产经验等中国农业史上的重大问题，对中国农业科学技术发展的历史渊源、特点及其发展规律作了深入的研究，该书问世以来，得到国内外农学界和史学界的高度评价，被认为是农史学科研究的一个新的里程碑。1987 年，该书获得农牧渔业部（现农业部）科学技术进步一等奖。

古农书的整理和校释是南京农业大学的强项，万国鼎在任研究室主任期间，积极组织、推动并亲自参加对古农书的整理和校释工作。全室先后辑释、校释、校刊、校注了 10 多种古农书，有《齐民要术校释》《氾胜之书辑释》《四民月令辑释》《四时纂要校释》《农政全书校刊》《补农书校释》《农桑经校注》《陈旉农书校注》等，为我国古农书的整理作出了新的贡献，也为我国农史学科的发展作出了重要的贡献。

万国鼎教授的主要相关论著有：《〈齐民要术〉解题》（《图书馆学季刊》1928 年）;《论〈齐民要术〉》;《〈齐民要术〉所记我国一千四百多年前的农业技术水平》;《〈齐民要术〉所记农业技术及其在中国农业技术史上的地位》（中国科学院中国自然科学史第一届科学讨论会学术报告，1956 年）；《贾思勰与〈齐民要术〉》;《〈齐民要术〉——我国现存最早的完整农书》;《贾思勰〈齐民要术〉》（《中国农报》1962 年第 4 期等。特别是 1928 年，万国鼎在《图书馆学季刊》发表了《〈齐民要术〉解题》一文，是从新方向研究《齐民要术》的起点。其他如:《贾思勰与〈齐民要术〉》（光明日报 1955 年 4 月 11 日第 3 版，科学双周刊第 27 期）;《论〈齐民要术〉——我国现存最早的完整农书》（历史研究 1956 年 1 月第 1 期第 79~102 页；新华半月刊 1956 年 4 月第 7 期第 142~154 页，转载时经笔者补正）;《中国古代农业科学家贾思勰和他的名著〈齐民要术〉》（1956 年 2 月南京农学院第一次科学讨论会提纲．油印本）;《祖国的丰富的农学遗产》（人民日报 1956 年 8 月 4 日第 7 版，新华半月刊 1956 年 9 月第 17 期第 107~109 页转载）;《〈齐民要术〉所记农业技术及其在中国农业技术史上的地位》（南京农学院学报 1956 年 9 月第 1 期第 89~100 页）;《中国古代农业科学家贾思勰和他的名著〈齐民要术〉》（中国新闻 1956 年 9 月 6 日）;《〈齐民要术〉是怎样的一部书》（历史教学 1956 年第 11 月号第 54 页）。

二、石声汉

石声汉（1907—1971 年），在中国农史研究界“东万”“西石”“南梁”“北王”赞誉中被称之为“西石”（图 5-2），湖南湘潭人，原西北农学院（现西北农林科技大学）农史研究室教授，著名农史研究专家，中国农史学科的开拓者和奠基人之一。石声汉 1907 年 11 月 19 日出生于昆明，1913 年迁居长沙。由于父亲长期失业，家境贫困，生活迫使他过早地担负起维持家庭的重担。读中学时，

图 5-2 石声汉教授

年仅 16 岁的他就靠给学校管理图书、当家庭教师挣钱补贴家用。从中学到大学的学生时代，他不得不几度到小学、中学代课，边工作养家边读书求学。正处于身体发育关键时期的他，被贫困、操劳、营养不良损坏了健康，罹病在身。但贫穷锻炼了他刚强和艰苦奋斗的意志，也使他对祖国的贫困、软弱有了切身的体会，从小就下定决心勤奋读书，掌握科学知识，以此来改变祖国的面貌，使祖国自立于世界民族之林。小学、中学、大学他都是闻名全校的高材生。他先在长沙楚怡小学读书，后升入长沙明德中学，在中学时他自拟一副对联，请父亲写成条幅，时时以为自勉："大地作庐天作幕，坚金为骨絮为肠。"这副自勉的对联，道出了他胸怀宽广、意志刚强、心地善良的性格。1924 年考入武昌高师（武昌大学、武昌中山大学）生物系，读了 3 年因时局和家境中途辍学，以后到中山大学生物系半工半读，补修完大学学业，1928 年 8 月任中山大学助教，1931 年 8 月任浙江大学生物系助教，1932 年 8 月任南京国立编译馆编译员，其间短期代理同济大学中文秘书。

1933 年 11 月他以优异成绩考取了第一届中英庚子赔款留学生，进入英国伦敦大学帝国理工学院读植物生理学研究生，导师是著名植物生理学家 F.F.Blackman。1936 年 5 月 12 日以优异成绩获植物生理学哲学博士学位，毕业论文题目是《其他金属离子对大麦生长和水分含量的影响与缺钾之间的关系》。当时考取中英庚子赔款公费留学，机会难得。但是他对此事的认识是爱憎分明的，表现了中国人的高尚民族气节。他说："中英庚子赔款（英文是 Boxer indemnity fund remitted by he British government 直译为不列颠政府退还的，对义和团破坏的赔款）是英国侵略了中国，中国被迫纳款，这在中国是耻辱，在英国又何尝光彩，是英国掠夺了中国人民的血汗，如今退回一部分，却以恩赐者自居"。和他同时考上中英庚款公费留学并同船赴英的吴大任先生（南开大学数学系教授）亲自听到石声汉先生讲了这些气愤的话。他回忆说，在当时，有这样的见识是十分难能可贵的。表现了石声汉先生对人对事都有独特见解和很强的洞察力。吴大任先生又说，当时他和石周末经常结伴游览。"在博物馆，看到英国从中国劫去和盗去的大量珍贵文物，如昭陵八骏、圆明园宝藏，声汉比谁都愤慨。从埃及和其他地区掠去的无数历史珍品，都公然陈列，光是木乃伊就有数十具。声汉指出，这些全是贼赃"。对于帝国主义侵略行径的认识真是一针见血。在黑暗贫穷的旧中国，留学生在国外也要不时受到殖民主义者的歧视，石声汉先生在伦敦就遭到一次失窃。他放在衣柜中大衣口袋里的两张 10 英磅的钞票不见了（当时每月公费只有 24 磅），这笔款不是小数，他报了警。按当时的规定，银行对五磅和十磅一张的大额钞票，出纳都要登记号码，持有者用此付款时都要在上面签字。所以只要警方认真追查，应当可以查出下落的。石声汉先生跑了几次警察局，却毫无结果。他认为这是因为失窃者是中国人，所以不受重视，这是殖民主义歧视有色人种的思想还很顽固的表现。他的指责触到了对方的痛处，双方发生了龃龉，警方理亏，但仍然无动于衷不了了之。国家衰落，人民受气可见一斑。

生活的磨炼使他养成了表面冷峻而内心烘热的性格，秉性耿直，不趋炎附势，绝不说违心话，不做违心事。抗战时期他任教于武汉大学（学校迁至四川乐山），当时在乐山作威作福的国民党军长娶小老婆，有人为讨好这个军长，请石先生为他写一幅贺喜对联。石先生闻之勃然变色，拂袖而去，硬是不给他写。这种倔强的性格，在“文革”中也使他吃了更多的苦头。1966 年正当他奋力为《农政全书校注》定稿而拼搏时，“文革”开始了。“四人帮”使我国人民遭到了空前浩劫。一个昼夜辛劳笔耕的知识分子，却被无故打成“牛鬼蛇神”。他在某夜写的一首词中愤怒地问道：“牛鬼蛇神事有无？”精神上和肉体上的压力使他病弱之躯被折磨得更加虚弱，多次晕倒在强制劳动的麦地里。他还要不时受到专案组和外调人员的审讯，但他实事求是，从不编造乱说。著名植物分类学家孔宪武教授生前的一次谈话讲得十分真切：“文革中，我经常被批斗，写检查、交代，揭发材料。三天两头外调专案组来审问，从他们口中常常提出各种各样的问题，有的确有此事但情节出入，有的荒诞离奇，显然是揭发者编造胡诌。令人愤慨。石声汉先生和我是老同事、老朋友，从他那儿来的专案组来审问我，令我揭发交代。但所提线索都是真真确确，绝无胡编乱造。对我的问题，石先生所写旁证材料也是公正客观，符合实际，使我想到石先生为此可能会吃不少苦头，他为人耿直，几十年都是这样”。著名植物生理学家薛应龙教授称他“正直不阿，疾恶如仇，不求名利，有君子之风。”他孝敬父母，爱戴师长，敬重友情。小小年纪，就主动担起家庭重担，为父母排忧解难。念念不忘小学、中学、大学老师们的谆谆教诲，常常忆起与同学们的寒窗挚谊，并不时向孩辈们倾诉这些动人的往事，使听者也受到不少教育。

石声汉在英国学成后又到德国研习德语。弃国外优越的研究条件、丰厚的物质生活于不顾，毅然投身于祖国的怀抱。他的崇高目标正如他留学时的同窗、英国豪顿博士 1966 年 1 月 27 日来信时所说：“自从 30 年代中期我们在帝国学院相识以来，你的身影时常在我脑海中浮现，从交往中我知悉你的抱负是回到中国去，种植森林，遏止戈壁沙漠的蚕食进逼。”他是认真执著地这样去做了。回国后他长期在西北黄土高原工作，为了研究和解决当地严重存在的干旱问题，他为植物生理生化教研室制订的长远科研规划是“以水分生理为中心”，他亲自指导研究生从事这方面的研究，他还热情积极地担任了中国科学院西北生物土壤研究所兼职研究员，为该所的科学研究献计献策，把自己的一生贡献给了教育和农史研究事业。为祖国培养了大量的建设人才，著述丰硕。以自己的模范行动为实现青年时代的远大理想而鞠躬尽瘁。这些事例足以说明他是一位热爱祖国、热爱人民、有远大理想、爱憎分明的优秀知识分子。

石声汉最突出的特点是具有锲而不舍的探索精神，石先生专攻植物生理学和生物化学，年近半百又开辟第二战场转入整理研究中国农业古籍，并做出了举世瞩目的杰出成果，并非出于偶然，而是有其深刻的历史渊源。这可以追溯到距今60年前的30年代初期，那时只有20多岁的他得悉贾思勰著《齐民要术》是世界上最古老的农学专著，也是我国现存最早的古农书。他有兴趣地第一次翻开此书阅读，然而这部文字古奥、奇字连篇的古书实在难读，勉强读了一些，未能通读下去。几年之后，他又拿来硬读了一遍，虽然理解不深，但他深感其中蕴藏着许多珍贵的知识，他期望着有一位长于文史且对农业科学有坚实基础的“有志之士”能把这部书注疏、整理出版，以使广大民众都能看懂。然而等待了20多年，没有这种书籍问世。于是他头脑里又出现了“与其临渊羡鱼，不如退而结网”的念头。干脆自己来钻研，然而主客观条件又使他当时无法开展此项工作。

石先生对于研究中国古农学和古代植物学的兴趣，应该说在早年就是很浓的。这里还有一个例子，是他在距祖国万里之遥的异国他乡，在紧张的留学生涯，还利用周末时间，于1935年初春，在伦敦天产博物馆的图书馆里，翻译了一本德国人Emil Bretschneider写的《中国植物学文献评论》（商务印书馆1935年7月初版），翻译此书的目的，正如他在重版序言中所说，在于把“欧洲汉学家们，研究中国各种学问所得成果，和他们研究时所用方法和材料——更重要的，是对于我们祖先在科学方面的成就，他们所作的估价，在这本小书中，都有着相当鲜明的代表性”。这是一部外国人研究中国植物学史的评论之作，把它翻译过来，介绍给中国读者，“对今日的植物学家，特别是研究栽培植物沿革的人，还是一本有用的参考书，所以商务印书馆预备重印时，我个人也很赞同。”这两件事不是偶合，而是真实地反映了研究整理中国古代农学遗产，是他几十年前的夙愿。经过多年深思熟虑，所以一旦条件成熟，他做起来得心应手，成绩卓著。这种对看准了的事，锲而不舍，坚持不懈拼命干下去的探研精神是难能可贵的。

机遇终于来了，1955年中央人民政府农业部发出了整理祖国农业文化遗产的号召，在他的老师、知人善任的西北农学院（现西北农林科技大学）院长辛树帜教授的推荐支持下，他应邀参加了农业部召开的“整理祖国农业遗产座谈会”，在会上承担了校注《齐民要术》的重任。在上级的支持下，同年在西北农学院正式成立了“古农学研究室”，1956 年 12 月学校任命他担任古农学研究室主任。整理古农书的研究任务有计划地开展起来。

在研究《齐民要术》的大家中，石声汉一丝不苟的治学态度是出了名的。在接受了组织交给的校注《齐民要术》重任后，许多工作要从头做起。首先是要比较《齐民要术》的不同版本和有关资料，考订文字的异同，目的在于确定原文的真相。这种工作是一门专门的学问——校勘学。为了钻研、掌握这门学问，他首先写信向山东济南栾调甫先生请教，这位 80 高龄的学者写来了长达万言的长信。对他帮助很大。其中有一句说“校勘不懂家法，就作不下去”。石声汉四处查书，查“家法”含意，花了许多时间才从古代著名校勘学者的著作中领悟到，它意指校勘工作必须尊重原书，不要妄加改动，有什么看法可以多作注释，但不要改动原书。

《齐民要术》广征博引经、史、子、集 160 多种，在校勘过程中对每一处引文都要查证征引是否正确。为了查证《盐铁论》中的一句话，他把《盐铁论》反复查了好几遍，都没有找到这句话，他不厌其烦，不厌其详，耐心地再把《盐铁论》标点了一遍，还是没有查出来。于是得出了结论，是《齐民要术》错引。负责地作了注释，排除了疑难。为了校勘注释中国古代农书，他抱病出差外地，常常为了考证几个字的真伪，风尘仆仆往返奔波于京沪的图书馆之间。

《齐民要术》的影响早已跨越国界，成为人类文化的共同财富，在国际上把研究《齐民要术》的学问简称为“贾学”。不少国家的学者都在精心研究，而在旧中国对此可说是冷僻到几乎无人过问。当时不少人对于自己的历史一点不懂，或懂得很少，不以为耻，反以为荣。中国人民的老朋友，英国学者 Joseph Needam（李约瑟博士）善意地批评说，世界上不少人“没有把一些明明是属于中国人的成就，归功于中国人。甚至中国科学工笔者本身，也往往忽视了他们自己祖先的贡献”。日本学者也指责中国不重视“贾学”研究。富于爱国正义感，民族自尊心极强的石声汉先生是不满意这种现状的。华南农业大学周肇基教授在 60 年代初几次拜会石先生时，石先生都谈到这个主题。“中国历史上有过许多创造发明，但是过去研究甚少，应当大力发掘，整理研究。现在一些外国人对此很感兴趣，下了很大功夫。我们再不努力，又会远远落在后边。”“现在农史研究的力量，零零星星，相当薄弱，需要有一批有识之士投身于这项重要事业。你对此有兴趣，很好。外国人并不比中国人聪明，这是我多年留学的实际感受。中国人受几千封建统治，思想受到严重束缚。中国人要有志气、自尊、自信、自强。我们的农史研究就应该做得比外国人好。”这些话充分显示了他致力于古农学研究的动机和目的。他不仅自己带头认真地这样去做了，而且正像他一向所说的那样“要么不做，要做就得一丝不苟，认认真真地尽力做好。”取得了非凡的成就。同时他还以自己的模范行动来教导、影响周围的年轻人。周肇基教授就是受他的著作影响，逐步走上农史研究征途的诸多年轻人之一员。他深知难读的古农书必须经过专家的深加工——校勘、标点、注释、语译之后才易为广大群众阅读，所以他自称做的是“服务性”工作。他做得是那样细致，那样认真。1955—1966 年间，由于政治运动，他实际上用于古农学研究的时间还不到 7 年，而且在这段时间里他还肩负着培养植物生理和植物生化研究生以及培养中青年教师的繁重任务，他常常抱病工作到深夜。3 年完成 97 万字《齐民要术今释》，7 年完成出版近 300 万字的古农学论著，效率之高可谓罕见。他对待疾病坚持斗争，从不屈服；对待科学研究一丝不苟，精益求精，非常人所能及，就是在逆境之中，身心受到折磨之时，仍一心系念着古农学研究，他在给友人信中说“攘窃前人所积，近年来思路渐成体系，每愿抒发偏见，供有兴致者批判，籍省他人检索之劳，庶几不负六亿人四五十年来之供养……”对于他所从事的研究工作，由于是国家机关正式下达的任务，他倍加珍爱。《齐民要术今释》1~4 分册，1958 年出齐。虽然他研究的出发点是“古为今用”，却受到不公正的批判，理由是“厚古薄今”，可是他据理声辩“最近提出古今厚薄问题，我自己估计过，我研究《齐民要术》材料是古的，但我运用的是近代科学观点和方法，不是考古。而是想实际利用，我用现代语言注释说明，使不熟悉古典文字的人省一些时间精力，谈不上厚薄。这体现了他不屈不挠追求真理的性格。他常说他是“老牛拉惯了车，停下来就不知道该怎么办。”又说：“自己是蛀书虫，先把书吃下去，经过消化后再吐出来。”即使是在十年动乱、住牛棚受批斗的境况下，他仍不停歇，在特殊的纸张上——烟盒纸、包装纸、旧报纸上密密麻麻写满了书稿。当人们看到这些奇特的书稿时，谁能不为之动容，谁能不为他那崇高的研究精神而折服，他的老朋友，著名农史学家梁家勉教授，对此深有感受，他著文说“十年动乱中，石先生跟多数的知识分子命运一样，捱受批斗。有人担心他‘蒲柳之质’能否经受得风雪？当时，他却出人意料，不但处之泰然，而且每当更深人静，还在孤灯独对，埋头整理农史著作。他明知农史工作，远远‘不是少数人所能负荷得起’，可是他那种坚强的‘以身为薪’‘一息尚存，此志不容少懈’的治学精神，永远留给人们深刻印象。”

石声汉强调研究《齐民要术》不仅是为了探究理论，而且要遵循“实践—理论—实践”的道路，将古农书所总结的劳动人民智慧，付诸实践。他将以上四句话进一步做高度概括为“用实验的科学方法来总结经验”。有一件事，可以很好地说明这一点。1964—1965 年，周肇基曾到甘肃庆阳县西峰镇地庄大队搞科学种田。为了研究解决当地冬小麦越冬死亡和春旱减产问题，周肇基根据《齐民要术》大小麦第十所载种子处理技术，用浆水浸泡蚕粪来处理小麦种子，提高小麦植株的抗寒性和耐旱力。什么是浆水，如何制作？原文中没有具体解释。周肇基写信向石先生请教，说当地农民家家制有饮食用的浆水，民间认为清凉解暑，降火，特别是夏季，必不可少。石先生信中指导我说，古农书中有不少“宝藏”，值得发掘，可以一试。周肇基选了几名回乡中学生做农民技术员，和他们一起拉上架子车，步行数十里到庆阳县李家寺蚕种场买了满满一车蚕粪拉回来。连夜如法炮制，处理麦种。先做小量试验，看对发芽率和发芽势有无显著影响，接着做大面积示范。当年冬寒，大田麦苗越冬死亡严重，缺苗断垄，但试验区麦苗健壮，基本全苗，次年春旱持续时间长，大田麦苗植株矮小、枯焦，功能叶片少。处理区小麦比对照高 15 厘米，保留功能叶片多。处理区、对照区边界分明，一目了然。当地县、社、队组织了干部估产、评比参观，一致认为是增产的好措施。队干部纷纷仔细询问种子处理方法。从实践中使周肇基体会到中国古代劳动人民创造的农业技术，至今仍可用来为农业生产服务。周肇基把这个情况向甘肃农科院作物研究所所长张作良研究员汇报，他听闻很感兴趣。周肇基还建议以研究所的名义邀请石声汉教授来甘肃省农科院讲学，并到实验基地考察指导工作，所领导很重视这个意见，并叫周肇基和石先生联系，看看他有无时间，以便具体安排。石先生回信表示同意，并说不要称讲学，应该是来甘肃考察了解生产中存在的问题。正当所领导准备正式发出邀请时，政治形势变了，石先生来甘肃讲学考察的事未能成行。但他不顾病弱之躯，欣然有意来甘肃考察指导生产，以及对周肇基在农村科学实践给予指导帮助的事实说明他的研究工作是很注重实践的。

虚怀若谷的学者风范是石声汉教授的品德特点，早在抗战期间的 1943 年 6 月，英国著名学者李约瑟博士和石声汉教授已初识于迁至乐山的武汉大学，石先生的巧思过人和幽默、热情给李约瑟留下十分美好的印象。在李当年写的日记里，连日都写下了有趣的往事。他们早已是老朋友，石先生书赠的条幅至今都醒目地挂在李约瑟博士办公室的墙壁上。李约瑟博士十分器重石先生，20 世纪 60 年代初曾邀请石先生赴英合作研究，由于种种原因，未获批准。

石先生对于自己的研究工作一向是抱着谦虚谨慎的态度，他经常说：“我从事这项工作，时间还短。由于体力和知识水平等的限制，校勘、注释的工作，有的还嫌粗糙，距我 20 多年前所想望的标准，都还差得很远。‘初生之物，其形必丑’，我是抱着“嘤其鸣矣，求其友声’的企望，求取国内外专家的帮助”。

在国内学术界，石声汉教授的交友也很广泛，其中有小学、中学、大学、留学期间的同窗，各个不同时期的老同事、老朋友和学生。有生物学界、植物生理学界、农史学界的诸多朋友，也有不同专业的同学、同事作为知己朋友。有的数十年未见面，但亲密如初。重视友谊，友情又促使他更加发奋工作。在石先生的著作中，时常可以看到他与农史界一些知名学者交往和学术上互相鼓励、支持和表示衷心感谢的地方，经常提到的学者有他的老师和西北农学院院长辛树帜教授、北京农业大学王毓瑚教授、中国科学院夏纬瑛教授、西北农学院鄘裕洹教授、上海人民出版社胡道静编审、华南农业大学梁家勉教授、北京农业大学于船教授、中科院西北分院盛彤笙教授等，他们的论著也时常为石先生所引用。反映了农史界的先辈们，学术上互相切磋、事业上亲密合作的友谊深厚。虽然有时在学术观点上不同，有过争论，但这是学术研究中的正常现象。

石先生的论著吸引和培养了不少年轻人。当年周肇基教授就是读了先生的论著，进而向先生请教，多次聆听教诲，又蒙先生赠送大作——《齐民要术选读本》和多篇论文，在先生通信、指导下，培养了对农史工作的兴趣，逐步走入农史研究队伍的行列。象周肇基教授这样的学生可能不在少数。以上可见他对学生的教诲影响多么深远，在众多学生的心目中，他的崇高形象，他那为人师表的高尚风范永留人间。

在研究《齐民要术》的“东万”“西石”“南梁”“北王”中，学术成就最卓著的还当属石声汉教授。初步统计，石声汉教授一生撰著了 17 部专著、4 部译著（英译中）、1 篇译文，论文 20 篇、校阅专著 1 部，其中专著 280 万字。这些论著广泛涉及脊椎动物学、植物学、生物学进展、生物化学、植物生理学、古农学和现代农业科学等各个领域，不仅涉及自然科学的有关学科，还广泛涉及古汉语、现代汉语、历史学、音韵学、训诂学、校勘学、民俗学等社会科学的诸多学科。从时空观念上来看，他研究古代联系现今，在自然科学和社会科学方面均有精深的造诣，这样全面的人才实为难得。这些论著不仅是农史、生物学史研究者、爱好者、农业干部的重要参考书，而且是高等院校师生了解国情的优秀课外读物，获得国内外学术界的一致好评，为中国人民赢得了荣誉。他在弘扬中华民族优秀传统文化，在宣传继承中国农业的优良传统，进行爱国主义教育，激发民族自豪感，增强民族凝聚力方面都有不可低估的作用。

石声汉率先成功地校注中国古代农书，赢得举世瞩目的成就，被称为中国研究《齐民要术》的第一人。石先生率先成功地校注《齐民要术》《氾胜之书》《四民月令》《农政全书》，取得突破性的进展，赢得国内外学术界的高度评价，誉为中国农史学研究的主要带头人和“贾学”的奠基人。

1955 年 4 月他参加中央农业部召开的“整理祖国农业遗产座谈会”之后，以极大的热忱投入了整理《齐民要术》的研究工作。研究中发现国内现存的版本，大多残缺不全，而日本国金泽文库（皇家图书馆）藏有一部比较完整的手抄本，这部珍贵的手抄本曾经影印过。他即写信给日本鹿儿岛大学的汉农学家西山武一教授，请他给予帮助。西山武一教授友好地寄赠一部金泽文库《齐民要术》影印本给他，并在来信中对于中国人不注意“贾学”的研究表示遗憾，这对于民族自尊心极强的石声汉先生是莫大的刺激。他废寝忘食加紧工作，克服疾病缠身和研究中的重重困难，只用了不到3年时间就完成了97万字《齐民要术今释》，并以4个分册连续出版。为了中日文化交流，为了感谢寄赠《齐民要术》影印本，也为了回复西山武一教授善意的批评，他把新出版的《齐民要术今释》第一分册寄赠。西山武一收到后十分高兴，回信中高度评价石注释本校勘精细慎重，注释内容独特，并说“这不但是‘贾学’之幸，而且有助于今后中日之间的文化发展与交流。”其时西山武一、熊代幸雄正合作把《齐民要术》校勘、翻译成日文，收到寄赠的石注释本之后，他们表示暂停校勘工作，待石注释本出齐后再继续进行。以后来信又表示，见到了石声汉先生整理注释的《齐民要术今释》之后，他们自己更正中国人不注意“贾学”研究之说。石先生的论文、著作接连问世，遂引起更多的中外学者的高度重视。西山武一、天野元之助、熊代幸雄等多位日本著名汉农学家纷纷与石声汉先生建立学术联系，还提出希望建立中日研究《齐民要术》委员会，会址设在陕西武功西北农学院的建议。实际上他们已刮目相看，把这里看成“贾学”的研究中心。

早在抗战时间身为英国驻华使馆科学参赞和中英科学合作馆馆长的李约瑟博士，就在乐山武汉大学生物系与石声汉相识了。他的第一印象是“巧思过人的石声汉是一位很有剑桥气质的真菌学家。”阔别多年后，他们又在西北农学院重逢。李约瑟博士主持编著的《中国科学技术史》巨著，农业史卷，引用石声汉先生论文不下七八处。李约瑟评价说；“由于他的两本著作——一本是关于前汉的农书《氾胜之书》，另一本是关于六朝时期贾思勰的不朽名著《齐民要术》——他在西方已很出名。因此，石声汉是不会被遗忘的，而我个人将最深切地一直记着他。”

日本东海大学渡部武教授以《贾学的创始者们》为题著文说，“特别使我感到要拜读石先生著作的原因还有一个，那就是先生做学问的方法论中继承了明清以来的考证学……石先生虽然是生物学专业的自然科学家，然而，据说对汉代的《焦氏易林》古音韵作出了出色的研究，先生真是农书研究的最适人选，其文本校勘工作非常严谨……（古书）其中的误写，由于石先生的严密校勘而得以订正……石先生的最大功绩可以说是这本《齐民要术今释》……在中国以石先生为首，万国鼎、王毓瑚、李长年、缪启愉等各先生进行了‘贾学’的开拓工作……不远的将来，由于后人的努力，在石声汉先生开拓的‘贾学’土壤中必将获得丰硕的果实。”“石声汉教授的《中国古代农书评介》提供了中国古农书的便览，不能不使我们衷心感谢。”这位日本汉农学家还把石声汉注释的《四民月令校注》《中国古代农书评介》译成日文出版。

中国科学院学部委员、植物研究所名誉所长、北京大学教授、著名植物生理学家汤佩松先生著文说："由于他学识渊博，天资过人而又治学严谨，在短暂的10余年（1955—1966年）里已校订、注释及翻译了多卷深奥而重要的祖国古农书，独树一帜，被中外科学史家（"贾学家"）誉为权威之作。……他在中国古农学领域的广泛全面而又深入的研究，正是我们植物生理学界所期望的——达到国际水平，具有中国特色的卓越贡献。当然，这个贡献远不只局限于植物生理学或生物学，以至古农学，实际上也是宣扬了中华民族的科技和文化的光荣传统。这是我们所望尘莫及的，也可能只有在声汉教授这一个人所具有的特殊天才和毅力条件下方能达到的……他的成就在于基本上是全部将祖国农学、生物学的精华向外输出，以弘扬祖国科学文化。"国际科学史研究院通讯院士、著名农史学家胡道静编审评论说，祖国农学史优秀遗产之振兴，公居首功。

石声汉先生的著作有很强的生命力，他1935年年初版的译著，1957年商务印书馆重版。1944年年初版的《生命新观》，1962年台北世界书局重新排印。他用英文撰著的《A PRE-LIMINARY SURVEY OF THE BOOK CHI MIN YAO SHU）（《齐民要术概论》）和《ON FAN SHENG—CHIH SHU》（《汜胜之书研究》）分别于1958年、1959年第一版后，国外大受欢迎，一版再版，1982年由科学出版社第四次印刷。《农政全书校注》1979年出版后，大陆供不应求，1985年又第二次印刷。台北明文书局也于1981年9月把该书出版。

学贯中西、文理兼备是石声汉教授又一突出特点。石声汉先生留学英、德，取得植物生理学哲学博士学位，不仅精通植物生理、生物化学，而且在植物分类、生态和形态解剖等方面造诣很深，又加上做过脊椎动物分布、分类的调查研究，教过《动物生理学》，生物学知识坚实、广博。他的老同学、著名植物生理学家罗士韦研究员赞誉他博闻强识、善书法，通晓古典文学、文字学、音韵学等。当其任教武汉大学时，曾代授中国文学、外语等课，深得同事的敬仰，造诣之深，可以概见。他的老同学、老同事杨浪明教授撰文说"他熟练地掌握四国语言，通晓古典文学、文字学、音韵学、善书法会填词，晚年译注整理古农学，做到古为今用，成绩尤为卓著。"他的老同事、著名农史学家、植物分类学家夏纬英教授称赞"他是一个科学家，又是一个文学家。而且又是一个美术家。这三样事我都比不了石先生，所以他不仅是我的朋友，也是我的老师……他研究的东西比我的深奥。石先生会作文章，会作诗，所以我说他是一个文学家。石先生字写得很好，且会篆刻，所以我称他为美术家。"他的学生，著名植物生理学家薛应龙教授说："声汉老师的才子美名在生物学界老一辈学者中是遐迩闻名的。石老师不仅在植物生理学界和古农学界是著名的学者，就是在汉文学方面，诗、词、古文也无不精通。在西方文字方面，不仅能用英语、德语讲学，就是对日、法、拉丁等文字也都能运用自如（文字方面，他还能操普通话和长沙、广州、江浙和岭南方言，这对于他研究古书裨助不少）。特别值得一提的是声汉老师的汉字书法，真是字似其人，洒脱飘逸，毫无俗态，为科学界同人喜爱、欣赏收藏。”

在20世纪60年代初期，周肇基为石先生精彩的农史论文和专著所吸引，冒昧给先生写信请教。后又百里求师，登门拜访，几度聆听先生的教诲，几年内保持通信，多次收到先生惠赠大作，受益良多。有一次先生与周肇基谈起研究生物学史、农业科学史的人需要什么样的条件时，他说“从事这方面的研究应当具备坚实的生物学、农学基础，广博的文史根底和甘于寂寞的刻苦钻研精神，有了这三条，没有不成功的。”这正是石声汉先生一生从事学术研究，特别是后来又从事古农学研究工作的切身经验总结。先石声汉生集广博深厚的文理学科知识于一身，又通晓多国文字，能熟练地进行中外文互译，事实上他才是涉足广泛学科领域、能胜任古农学研究，难得的最适人才。所以工作起来得心应手、成果累累。他的论著包罗的范围，远至古代，近至现今，形式多种多样，有译作、中英文互译。既有把外国先进的自然科学知识向国内读者介绍的译著，如《动态生物化学》《比较生物化学引论》《食虫植物》《中国植物学文献评论》《光合作用之研究》等，也有把中国古农学成就向国际上介绍的译著如 A PRELIMINARY SURVEY OF THE BOOK CHI MIN YAO SHU（《齐民要术概论》）、ON FAN SHENG—CHIH SHU（《氾胜之书研究》）。有辑佚、校注、标点，有研究工作总结和专题论文，如《从〈齐民要术〉看中国古代农业科学知识》《中国古代农书评介》等。还重视广大群众的科学知识普及工作，写过一些科普性的文章。

石声汉教授研究《齐民要术》成就斐然，得益于他的研究方法对路，应用现代科学理论和方法研究古农书，是石声汉的诀窍。不真正了解科学研究是怎么一回事的人会认为，搞科学史，研究古农书有什么意思？不就是看看古书，把难懂的字、费解的话用现代白话文翻译一下吗？学自然科学的搞古农学研究，倒不如让学文史的人去干来得快捷。这种看法极不全面，他不了解古农书。古农学里面，不仅有难读的字、费解的句，还包含有许许多多自然科学知识（包括生物学、农业各学科、天文学、化学、地理学……），缺乏广博自然科学知识的人是难以攻克这些堡垒的。正如石声汉先生所指出“凡是忘了《齐民要术》是一部农书，而只把它当作考据材料或校勘对象，都不可避免要犯技术的错误。”石先生的力作，《齐民要术今释》问世之所以引起国内外学术界不同凡响的反应，恰恰在于他文理精通、知识广博，举多学科之功力，毕其功于一役。一举攻克了历代学者一向认为“文词古奥”难读难解的书——《齐民要术》。《齐民要术今释》的成就，不仅使外国学者收回了中国人不重视“贾学”研究的偏见，而且心悦诚服地推举中国是“贾学”研究的中心。这种由事实诱发的观念上的大转变，正是由于他的研究方法引入了应用现代自然科学知识的有力武器。这就把一些事物的原理揭示得一清二楚，使读者不仅知其然，而且进一步知其所以然，也能把一些似是而非的事物作出正确判断。下面我们从研究整理《齐民要术》的初步总结（即《从〈齐民要术〉看中国古代农业科学知识》一书）中选一些例子予以引证。

该书内容提要里开宗明义指出了研究《齐民要术》的目的和方法；“本书从现代科学的基础上，对《齐民要术》底内容做了一个全面、精辟的分析……探寻其中所包含的科学道理……叙述了《齐民要术》对我国后来农学的影响。”指导思想十分明确。

酿造技术在《齐民要术》中占有很显著的地位。整个卷 7，还有卷 8 上半部、末尾，卷 9 一部分都是酿造。这部分内容对外行来说也最难解。如制醋“发时数搅”，不搅则生白醭，生白醭则不好。他用微生物学、生物化学知识对此作了科学解释。“醋酸细菌将酒精氧化成醋酸，是作醋时必须有的一段微生物性变化。醋酸细菌必须有丰富的大气氧供给，才能活动。所以它只能在酒精溶液的表面上，形成菌皮，这种菌皮称为‘白醭’。白醭生成后，醭下面的酒精溶液，便得不到大气氧。绝氧后，醋酸的生成，立即停止，而酪酸细菌，却可在这样的绝氧环境中，产生气味恶劣的酪酸。”

又如煮饧和作饴，《齐民要术》的文字，也极难懂。他用酶化学、生理学原理分析“淀粉的糖化，必须有淀粉酶的催化，才能在常温中顺利进行，所以制麦芽糖，必须取得淀粉酶……”，使疑难迎刃而解。

食盐精制一段，技术操作手续繁杂，难解其理。他解释说“这里面有溶液理论（相定律、饱和度、界面问题）……结晶学理论（结晶格子底扩大，晶体大小与环境条件的关系），盐卤母液成分等许多问题。”使人颇得要领。

种蔓菁“故墟新粪坏墙垣”。他用土壤微生物底氮循环活动，使旧墙土中富含氮肥，来解释坏墙垣宜于蔓菁。

种麻“麻欲得良田，不用故墟……有枯叶夭折之患”。他用麻连作易发生立枯病的土壤传染病害来解释，所以麻忌连作。

用发育阶段理论来解释为什么嫁接的果树结实快；用种子顶土力的差异和植物的伤流现象来解释“种瓜黄台头”，都令人信服。

还要说明的是，这些注释之中有不少是属于石先生的实际经验。周肇基 20 世纪 60 年代初期去他家拜访，就亲眼看到他住宅周围的院子里，种有苦瓜和丝瓜。对于选种，连年种植，必已摸出一些经验。所以对《要术》的“收瓜子法；常岁岁先取‘本母子’瓜，截去两头，止取中央子”。他注释说“葫芦科植物胡瓜属、苦瓜属、丝瓜属都有这种‘本母子’瓜的情况。苦瓜果实两头的种子。

所成的植株，瓜形的确倾向于不正规，中央部分的种子，所成植株倾向于正常。”写得这样具体，正是他实践经验的结果。

关于《要术》卷5染料植物红兰花一篇，古人提取色素技艺繁杂费解，他用化学原理，一步步予以分析“提取红兰花中所含色素；采得红兰花后先要‘杀花’……跟着再用灰水和酸浆水提取较纯的色素……先用碱性溶液处理……取得黄色的色素溶液，然后再用强有机酸……再没有只好用醋酸和乳酸，使颜色恢复中性时的鲜红色。”把复杂的过程、操作的流程及其原理说得明明白白。

石声汉先生整理、注释《齐民要术》，既继承了古代严格考据、校勘的严谨学风，又创新发展引入应用现代自然科学知识，以自然科学原理方法为武器，把古农书中的“古奥”“神秘”“玄奇”费解的“坚核”攻破，给予科学的解释，变啃不动为啃得动、难理解为好理解，发掘出其中蕴藏的科学道理。古为今用，联系现代农业发展的实际，为发展社会主义现代农业提供借鉴。这种研究方法的创新是学术研究上的重大突破，值得进一步发扬光大。

石声汉教授在农史研究领域，一直能大胆提出独到的见解，具有科学上的大无畏精神。石声汉先生学术思想十分活跃，他不拘泥前人所说，不时提出与众不同的观点和见解，并著文加以论证和阐述。正如他经常鼓励学生们要勇于创新时所说“科学研究没有现成的仪器和方法，要大胆创新。”这种创新的思想在他的古农学研究中时有显露。大家知道关于我国植物嫁接的起源，学术界时有争论，众说纷纭，有一种占压倒优势的观点是嫁接起源于自然接木现象的启示。这种论点在园艺学、果树栽培学和农史研究论著中辗转承袭。但是他与众不同，在1963年《植物生理学通讯》第2期上发表了《对嫁接的一些揣测性解释》一文，中心论点是“我国嫁接技术的来源无史料可供考证……大约应当从扦插发展而得。”并选用了多种古籍和农书中的史料，加以论证，扦插何以发展为嫁接。其后他又在《中国农学遗产要略》一书中再次阐述这种观点，“扦插是无性繁殖中最简便的方法。扦插成功，要靠插条自己能够及时地生长出新根，很可能某一次有人设想，将某一个优良品种的枝条，寄插（嫁接）在一个普通品种的树干上，来利用这个个体的原根，让插条（接穗）能很快地正常生长，这个尝试得到成功后，嫁接法（古代称为“插”）就发展了出来。”周肇基教授赞同此说，并在这篇论文的启示下，提出植物嫁接起源有3条途径的论文——《论中国嫁接技艺的源流和成就》，扦插起源说即为途径之一，并在1991年8月首届农业考古国际会议上报告，引起与会学者、专家的广泛兴趣。

在《中国农学遗产要略》一书中，他还就我国引入植物名称的来历做了精辟的研究和概括。他认为“凡向来都用一个单字汉字作名称的、绝大部分是我国自己驯化的种类……例如，禾、麻、稻、桃、李、杏、梨、枣、瓠、葱、松、柏、菱、苋、茶、竹、柑、橘、蓝等。”“引入植物，借用我国近似植物的单字名称，前面另加一个或几个字标明来历。两汉到两晋，从陆路引入的种类，多数用‘胡’字标明。例如胡瓜，胡葱、胡荽、胡桃、胡椒、胡豆等。南北朝以后，从‘海外’引入的，多半用‘海’字标明。例如海棠、海枣（现在的伊拉克蜜枣）、海芋、海桐花、海松、海红豆等。南宋、元、明用‘番’字表示从‘番舶’带来的，例如番荔枝、番石榴、番木鳖、番椒、番茄、番薯。清代用‘洋字’标明的，例如洋葱、洋芋、洋白菜、洋槐、洋姜等。直接标明来历的，例如安石榴、波稜莱（从尼波罗即尼泊尔来）、天兰桂、占城稻、南瓜、西瓜等。”他进一步指出“凡以上所述，并不是预先订下法则，让大家遵照执行的东西，而只是就已累积的品种大致总结出来的。”他作了大量的调查研究，考本清源，分门别类作了科学的归纳和概括，此前尚无人如此详尽的研究总结过。

又如历史上传说张骞通西域带回来许多种植物。但是他不拘泥前人所说，公然著文《试论我国从“西域”引入的植物与张骞的关系》，对此传统说法提出异议。“张骞究竟从西域带回来多少种栽培植物，至今还没有在正史中找到可靠的明文记载。《史记》和《汉书》中的张骞传、大宛传、匈奴传、西域传乃至西南夷传，都只说到张骞两次出使和开辟道路的事迹，没有一个字提到他“亲自带回任何栽培植物。”经过充分的论证，他说：“我们目前似乎不能不这么做结论，张骞从西域带回栽培植物种子的事，既没有正面的史料可以证明，事实上的可能性也并不高。”他在大量对比了史籍之后，总结说：“可见开始将这些栽培植物之功归给张骞的，绝不是与张骞时代相同的司马迁以及继承司马迁的班固，而是比班固（公元 1 世纪末）稍后的王逸（后汉顺帝时人，大约在 1 世纪后半到 2 世纪初）及延笃（？—167），即从后汉初叶起，西域植物之称为张骞引入的，才渐渐多起来。王逸、延笃最初根据什么材料作这样的叙述，无人知道；大概有很大的可能是得自传说。他不拘泥前人所说，大胆提出独到见解的大无畏精神是值得学习的。

石声汉教授坚持系统研究中国古代农书并对其科学评论，石声汉先生不仅对我国历史上有代表性的古农书有计划地作了校勘、注释，研究工作告一段落之后又精心写出研究总结，比较全面和系统地研究了历代各个时期的主要农书和农学遗产（包括具体事物、技术方法、文字记载、农谚等）。同时互相对照，前后比较，梳理农书间的相互影响和源流关系，精细地研究每部农书编写特点、记载内容，研究它何以有增，何以有减。甚至精确地统计出一种农书引载他书几条，各占总量的百分之几。定性、定量地通盘对比研究之后，写出了著名的《中国古代农书评介》和《中国农学遗产要略》。虽然这两本书早在 20 世纪 60 年代中前期已经完成，但由于众所周知的原因，直到 1980 年、1981 年才得以分别出版。如果说《从齐民要术看中国古代农业科学知识》是他整理《齐民要术》的初步总结，那么《中国古代农书评介》和《中国农学遗产要略》就是他系统研究中国农书和农业遗产的总结。这3部专著都是他潜心研究中国古农学、应用现代自然科学知识，分析研究古代农业遗产的优秀代表作，更是引导初学者跨入农史学科之门的启蒙教材。需要特别指出的是，《中国古代农书评介》书末附有农书系统图和中国古代农书重要内容的演进表，这是石先生创造性编绘出来的精华之作，读之使人一目了然。如果对中国古代农书及其所载内容不了如指掌，是绝对编制不出来的，可见其研究功力之深厚。这两种图表问世至今已50年了，还没有看到有新的类似的图表问世，所以说他仍处于此类研究的学术领先地位。日本东海大学渡部武教授对《中国古代农书评介》极为赞赏，并将它译成日文，1948年9月由日本思索社出版。以上3种研究总结性质的书，在国内共印近2万册，早已售罄。周肇基教授多次收到报考农史专业研究生的考生来信，要求代购或询购石先生的著作，但都没有买到。足见石先生著作对读者的吸引力经久不衰。

石声汉先生在旧社会饱尝颠沛流离的苦，任教低微的工资，哪里够养家糊口，不得已曾尝试卖字、刻章。有一次课余挎菜篮去看朋友，因衣冠不整，瘦骨嶙峋、面有菜色，被人当仆役相待。抗战期间由于入不敷出，不得不四处兼职，甚至因营养不良、劳累过度晕倒在讲台上。孩子因缺乏营养，生病迁延数月，他不得不寄卖他从英国带回的照相机、折叠伞、西服和一些珍贵书籍。1943年他曾写《浣溪沙——嘉州自作起居注》真实地记录了当时的贫困生活。其中有“白足提篮上菜场，残瓜晚豆费周章……幼女迎门饥索饼，病妻扬米卷恁筐……寄卖行前低问讯，旧书摊畔再巡逻，近来交易有成么。”这种贫病交加的苦难经历，使他更加热爱新中国。新中国成立后，他毅然来到大西北，制定以水分生理为中心的研究方向，不顾身体的病弱又毅然挑起古农书研究的重担，拼着命取得了国内外有口皆碑的学术成就，这就是他崇高的赤子之心的爱国行动。他受到过不应有的错误批判斗争，也受到过党的亲切关怀和爱护。1961年春受到中央统战部长李维汉同志和文化部副部长齐燕铭同志的接见，并请著名医生为他看病，给了他极大的鼓舞。他是一位民族自尊心极强的爱国知识分子，他的所作所为为国争光，为民族争气，为广大科技工笔者树立了榜样。他的高尚品德、优良学风和卓著的学术成就将永远为后人所称颂。

石声汉教授主要的相关论著有：《“齐民要术”今释》（科学出版社1957年，图5-3）；《“齐民要术”概论》（英文版，科学出版社1958年，图5-4）；《探索〈齐民要术〉中的生物学知识》（《生物学通报》1957年第1期）；《从〈齐民要术〉看中国古代农业科学知识》（科学出版社，1957年）；《试论我国几部大型农书的整理》（《中国农业科学》1963年第10期）；《中国古代农书评介》（农业出版社，1980 年）等。

图 5-3　石声汉《齐民要术今释》

图 5-4　石声汉《齐民要术概论》英文版

石声汉的《齐民要术今释》在西方很有名，著名的维基百科在解说《齐民要术》（Qimin yaoshu）条目时，中国学者的代表性研究只有两部上选。一是“Shi Shenghan（石聲漢）：Qimin yaoshu jinshi（齊民要術今釋），Kexue chubanshe（科學出版社，Wissenschaftsverlag），1957—1958”；二是“Miao Qiyu（繆啓愉）：Qimin yaoshu jiaoshi（齊民要術校釋），Nongye chubanshe（農業出版社，Landwirtschaftsverlag)，1982”。维基百科（英语：Wikipedia）是由吉米·威尔士和拉里·桑格于2001年创建的百科网站，是一个自称自由内容、公开编辑且多语言的网络百科全书协作项目。维基百科一字取自于本网站核心技术“Wiki”以及具有百科全书之意的“encyclopedia”共同创造出来的新混成词“Wikipedia”，截至2014年8月为止维基百科整个项目总共有285种各自独立运作的语言版本，且已经被普遍认为是规模最大且最为流行的网络工具书。根据知名的Alexa Internet其网络流量统计数字指出全世界总共有近4亿名民众使用维基百科，且维基百科也是全球浏览人数排名第六高的网站（最高纪录是排名在第五名位置），同时也是全世界最大的无广告网站。根据估计，维基百科每个月便有将近2.7亿的美国人前往该网站浏览。

三、梁家勉

梁家勉（1908—1992年），广东省南海县（现佛山市南海区）人，在中国农史研究界“东万”“西石”“南梁”“北王”赞誉中被称之为“南梁”（图5-5），原华南农学院（现华南农业大学）农史研究室教授，著名农史研究专家，中国农史学科的开拓者和奠基人之一。

图5-5　梁家勉教授

梁家勉20世纪30年代开始对农史进行研究，发表论文。1941年兼任中山大学农学院图书馆主管，即着意搜集和保存了大量珍贵的农业历史文献。1978年创立华南农学院农业历史遗产研究室，并创办由农业出版社发行的《农史研究》学术期刊。1989 年由他主编的《中国农业科学技术史稿》出版后，为中国农业百花园增添新的春色，获国家有关部门的多种奖项。是一位受人敬重的农史学家。

梁家勉 1908 年 4 月 25 日出生于广东省南海县（现佛山市南海区）亭冈村，中山大学肄业。1956 年加入中国共产党。早年在贺县中学、信都县中学任教。1941 年后，任中山大学农学院图书馆主管馆员、曲江九龄农学院副教授兼图书馆主任。新中国成立后，历任华南农学院图书馆馆长，华南农业大学农业历史遗产研究室主任，广东省图书馆学会第二、第三届会长，广东省农史研究会第一届会长，中国图书馆学会常务理事。长期从事我国农业历史遗产的发掘、整理工作，对《齐民要术》《南方草木状》有深入的研究。撰有《〈诗经〉之生物学研究发凡》《中国梯田考》《逐步丰富的祖国农业学术遗产》等 90 余篇论文。著有《徐光启年谱》，校勘并简释《全芳备祖》。

梁家勉幼年受其伯父梁秉星（甲午科进士副榜）的熏陶，并读了 7 年私塾，在业师张子沂、胡柳门等宿儒的影响下，自幼便对中国古籍和国故领悟甚深。1923—1926 年因故辍学期间，曾阅读《四库全书总目提要》《东塾读书记》等目录学著作，又加深了对中国古籍概况和学术源流的认识，培养了阅读和研究古籍的兴趣。

1926 年考入广东省立第一中学（今广雅中学前身），在梁漱溟、黄庆、罗干青等老师的教授和影响下，打下了扎实的国学基础。在高中三年级时，他听了梁漱溟校长考察江浙乡村教育的报告，读了陶行知关于乡村教育的论著，燃起了“要为农村服务的热情”，并下了要学习农科的决心。

1929 年秋进入中山大学农科，学习园艺和农艺。由于他本人对中国历史的喜爱，很自然地便对中国农史产生了浓厚的兴趣。在丁颖、侯过、陈焕镛等老师的影响和指导下开始了对中国农史的学习和研究，并先后在《农声》《农林新报》上发表研究论文。

1932 年在大学三年级时，因父亲病故，他只好忍痛离开中山大学，挑起维持一家生计的重担，奔走于粤桂之间，先后当过农业推广员、中学教员和图书管理员。1939 年春，因为日本侵略军迫近广州，梁家勉任教的肇庆湖山师范学校被迫停课，他只好举家避难到广西桂平大宣圩，一家 12 口，全靠他的微薄收入，节衣缩食，历尽沧桑。但梁家勉穷不失志，苦不离书，仍孜孜以求地研究农史。

1941 年受中山大学农学院丁颖院长之聘，到该院任教，并主管图书馆工作。从此便开始了他的所谓“四书堂”（读书、管书、教书、写书）式的生活。晨窗夜灯，辛苦耕耘，在公务之余坚持进行农史研究，并发表了《烟草史证》等论文多篇。其间，英国著名中国科技史专家李约瑟博士，曾到湖南栗源堡（当时中山大学农学院迁此）和梁家勉谈两次，非常欣赏梁家勉在农史研究方面的造诣，并建议校方给梁家勉创造条件，让其专心研究，可惜当时还是战争环境而未能实现。中华人民共和国成立后，他的工作得到党和政府的高度重视。

20 世纪 40 年代，李约瑟博士是英国驻华大使馆属下的科学联络局科学参赞，受英国政府派遣考察抗战中的中国科学教育的现状。他冒着危险于 1944 年 4 月 27 日来到避地粤北山区坚持办学的中山大学，并对分散在周边的各个学院进行访问。据梁家勉教授回忆，当年 5 月初，李约瑟到达在湖南宜章栗源堡办学的农学院，参观图书馆时，李约瑟得知梁家勉正致力于中国古农书研究并有相当收获时，表现出很大的兴趣。第一天交流、访问持续了 3 个多小时。次日，李约瑟意犹未尽，提出要与梁家勉继续访谈。连续两个半天的访谈，给双方都留下了深刻印象。李约瑟回到中大校本部，特意赞扬了梁家勉的研究，并建议学校多加支持（图 5-6，图 5-7）。

图 5-6　梁家勉（右）与李约瑟教授等研讨

图 5-7　1978 年 5 月，著名科技史学者李约瑟博士（右一）在梁家勉先生（左一）等陪同下参观华南农业大学农史室特藏书库

梁家勉教授在撰写《〈齐民要术〉的撰者、注者及撰期》时，查阅了最早著录《齐民要术》的《隋书·经籍志》等几十部目录学文献，还寻找北魏的有关碑文作为古籍资料的补充，得出令人信服的结论，日本研究中国农史的专家天野元之助教授读完这篇文章后曾写信给梁先生："四五天来，我每天反复拜读，体会尊著内容，并将尽量引入拙稿。"可见梁先生的研究得到国内外许多知名学者的推崇。

1952 年梁家勉任华南农学院图书馆馆长。面临历史上留下来的烂摊子，人手少、业务疏，缺乏管理大型图书馆的经验，任重而道远，他走访各大图书馆取经，带头组织职工学习图书管理方法，发动职工献计献策，制定出一套管理制度和条例。率先办起了开架书库、开架阅览，读者人数和图书馆流通量猛增，面貌焕然一新。1955 年获得高教部苏联专家组的高度评价。1960 年图书馆被评为先进集体，梁家勉被评为先进工笔者，光荣出席了广东省先进工笔者大会。

1954 年农业部主持召开学术座谈会，提出加强中国农业遗产研究的任务，梁先生欢欣鼓舞。1955 年就在图书馆创建了中国古代农业文献特藏室。"特藏室"的书由最初的 7 部发展到 6 万余册，有一批弥足珍贵的罕本、善本、稿本。"特藏室"的创立和发展，为国家、为华南农大征集和妥善保存了一大批古农书为主的珍贵典籍，同时有一批研究成果问世，在科研力量、图书资料、思想组织上为农史研究室的成立奠定了坚实基础。1978 年 3 月农史研究室正式成立。1980 年该室又成为农业部批准的重点研究室，梁老荣任主任。同年梁老当选为中国科技史学会常务理事。农史室已成为国内外著名的中国古农书藏书和研究中心之一。

以前我国从来没有培养农史专业人才的学校和机构，更没有专门的学术团体来领导和组织全国的学术研究工作。面临着老一辈农史学家越来越少、学术梯队后继乏人的困境，年逾古稀的梁老，多次在学术会议上联合与会专家积极向上级部门建议，"在有条件的大学创设农史专业的硕士点，培养高级专业人才。全国成立中国农业历史学会，领导和统筹全国的研究工作。"建议受到重视和采纳。经批准，1980 年华南农学院创设了第一个农史专业硕士点，面向全国招生。梁老成为中国第一位农史硕士导师。

全国第一部《农史专业研究生培养方案》和《农史专业硕士学位论文要求》就是梁家勉教授主持、会同其他农业大学在广州审定通过的。梁老培养研究生 6 人。如今有的已是教授、博导、硕导，有的担任了领导工作。1987 年中国农业历史学会在北京成立，梁老荣任名誉副主任。

1979 年 2 月农业部组织全国专家编著《中国农业科学技术史稿》，梁老任主编。他团结 40 多位专家迎难而上，五易其稿，历时 8 年，终于完成了中国第一

部农业科技史巨著。《中国农业科学技术史稿》堪称农史学界集大成之作。国际科学史研究院通讯院士胡道静教授称“巨型专业史填补了我国科学技术史的空缺”。美国加利福尼亚大学中国研究中心主任黄宗智教授把《史稿》定位为经济学博士必读书。《史稿》已成为我国农史专业研究生学位课程必读书。该书荣获国家、部、省 6 项重大成果奖励。

1980 年在农史出版社的支持下，梁老率先办起了十年动乱后第一份农史学术刊物《农史研究》，刊发了中外学者许多优秀的论文，办得有声有色，活跃了沉寂已久的农史学术界，在海内外产生了良好的影响。在 1980 年，华南农学院创立了全国第一个农史专业硕士点，梁家勉成为首位硕士生导师，并培养了中国第一位农史研究生。

1982 年在梁老的发动推动下，经过日本著名农史学者天野元之助教授和农业出版社大力帮助，把珍藏于日本内阁文库的我国古代植物学名著《全芳备祖》宋刻残本影印回国与本室书库的抄本配套出版，使古籍名著完整面貌重现于世，传为中日文化交流史上的佳话。

在梁家勉搜藏到的古籍中，珍本很多。如通过国内外友人和港澳同胞帮助而得到的珍贵书籍就有朱权著《臞仙神隐书》明抄本，被著名学者、藏书家郑振铎称之为“十年求之不得”的《农政全书》平露堂本，屠本畯的《闽中荔枝通谱》万历刻本，《齐民要术》金泽文库影印本以及《哈佛燕京学社引得》等。

1988 年梁家勉 80 寿诞，全国农史学界聚会广州举行学术讨论会，以示庆祝。梁家勉还曾担任广东省图书馆学会第一、第二届副会长兼秘书长，第三届会长；中国图书馆学会首届常务理事；广东省农史研究会第一、第二届理事长；中国农业历史学会首届名誉副主任委员；中国农业图书馆协会首届名誉理事长；中国科学技术史学会首届常务理事；1987—1988 年广东省图书资料专业人员高级职称评审委员会委员；农业出版社顾问等职务。

1989 年主编的《中国农业科学技术史稿》是迄今最全面、最系统的中国农业科技通史，获国家科技进步三等奖、农业部科技进步一等奖等 6 项大奖。

1992 年 3 月 12 日 20 时，梁家勉走出书房，落座于藤椅上小憩，片刻功夫后，竟悄然离世，平静安详，情状“如得道高僧之坐化”。这一年，梁家勉 84 岁，在亲友、学生眼中，他似乎选择了最契合自己个性和涵养的方式，告别有些洁癖、从未做过亏心事的一生。2008 年 11 月 21 日，《人民日报》“科技人物”，刊登梁家勉生平介绍。2011 年 7 月 8 日，《南方日报》头版刊登“世纪广东学人”评选，梁家勉入选。

梁家勉教授的主要相关论著有：《有关“齐民要术”若干问题的再探讨》《〈齐民要术〉的撰者、注者和撰期——对祖国现存第一部古农书的一些考证》

（《华南农业科学》1957年第3期）、《〈齐民要术〉成书时代背景试探》《有关“齐民要术”的几个问题答天野先生》《逐步丰富的祖国农业学术遗产——中国古代农业文献简述》《我国最早见于著录的几部古代农业文献探索》《中国农业科学技术史稿》（主编梁家勉，农业出版社，1989年）等。

四、王毓瑚

王毓瑚（1907—1980年），在中国农史研究界“东万”“西石”“南梁”“北王”赞誉中被称之为“北王”（图5-8），河北省高阳县人，原北京农业大学（现中国农业大学）农史研究室教授，著名农史研究专家，中国农史学科的开拓者和奠基人之一。王毓瑚1907年4月16日出生于河北省高阳县西田果庄。1915—1925年从河北高阳到北京，读小学、中学。1925—1929年赴德国留学，入波茨坦中学、慕尼黑工业大学经济系。1929—1933年转去法国，入巴黎大学经济系，获经济、统计、新闻3种大学毕业合格证书。1934—1935年河北省立法商学院经济系讲师。1935—1937年国立西北农林专科学校（现为西北农业大学）农业经济系讲师。1939—1944年任国立编译馆编审。1944—1946年国立复旦大学经济系教授。1946—1949年国立北平大学农学院农经系教授。1949—1980年北京农业大学农经系教授。1952—1980年兼任北京农业大学图书馆馆长。1980年11月27日病逝于北京。王毓瑚是我国著名农史学家、经济史学家、农书目录专家。早期从事经济思想史和中国经济史的研究、著译，后期致力于整理、校注古农书，推进农业经济史和农业技术史的研究，肇端于比较农业史、农学思想史、世界农业史的研究，并在培养农史研究人才方面做出重要贡献。

图5-8　王毓瑚教授

王毓瑚的父亲王树屏，清末毕业于北京京师大学堂译学馆，一生淡泊名利，青壮年时受维新思想的影响，曾经致力于提倡教育、妇女解放之类的工作。1911年后，一直在当时教育部任部员，也曾兼任中学教员。王毓瑚1915年离开河北高阳农村老家到北京上学，跟着依靠工薪为生的父亲生活。20世纪初的河北高阳，以远近闻名的高阳土布为主要输出品，当时以家庭为主的纺织业，已抗不住洋布的倾销而日益衰微，濒临破产，而当地从事贩运的商贾，仍在苦撑挣扎，遍迹南北以至海外。那时北京学界思想日趋活跃，他父亲又是京师大学堂译学馆毕业的新型知识分子，这些对少年王毓瑚有着耳濡目染的重要影响。同时对他发奋求学以及国学及外语基础的奠定也都有着良好的作用。青年的王毓瑚怀着求知救国的宏愿，于 1925 年奔赴欧洲，靠打工收入和亲友资助，先在德国波茨坦（Potsdam）市立高级中学学习，随后想学习工程技术，又感到当时中国经济方面困扰尤重，所以在进入慕尼黑（Munchen）工业大学时，便把攻读方向改为经济学。当时德国的经济学以逻辑严密和追求体系完整见长；而法国的经济学却以求实、深邃与自由活泼著称。为了更深入地领悟西欧经济思想的发展，加以维持求学经费上的原因，他于 1929 年转去法国，入巴黎（Paris）大学经济系。他强烈的愿望是在国外尽多寻找新知，来日以报效祖国。至 1933 年毕业时，已获取经济、统计、新闻三科的合格证书。

在德国、法国近 9 年的留学生活，王毓瑚对西欧数国经济发展特点与规律已有更深的了解。1933 年回国后，所见所闻对每况愈下的官僚政治完全丧失了信心，决定与鱼肉百姓的当政者保持距离，走自己学术研究的路子。1934—1935 年担任河北省立法学院经济系讲师，1935—1937 年任国立西北农林专科学校（西北农业大学的前身）经济系讲师。抗日战争期间，他几经辗转到了重庆，1939—1944 年任国立复旦大学经济系教授。1946 年返回当时的北平，被聘为北平大学农学院教授。他在几所大学和国立编译馆，曾致力于讲授中国农业史，欧洲土地制度、经济思想史、普通经济学、中国经济史课程，主持农业经济专题讨论。编辑中国经济史资料，翻译外国经济学著作。1949 年中华人民共和国成立后，北平大学农学院，清华大学农学院、华北大学农学院、辅仁大学农学系等院、系合并组建成北京农业大学。他被聘为北京农业大学农业经济系教授，曾开设政治经济学、农业史、中国近代农业经济史等课。从 1952 年起，至 1980 年逝世，长期兼任北京农业大学图书馆馆长，为北京农业大学图书馆的建设发展，做出过重要贡献。他在农书古籍整理及农史研究方面，做了大量工作，曾被推选为中国农业经济学会常务理事、中国科学技术史学会名誉理事，被聘任为农业出版社顾问。

王毓瑚的学术活动可以分为两个阶段：一是 1949 年以前从事经济思想史、中国经济史的研究；二是 1952 年全国农经系教师在北京农业大学卢沟桥农场参加农业经济讲习班之后，王毓瑚把研究重点转向古农书整理与农业史的研究，并在农史研究方面做出了突出的贡献。

王毓瑚首先发展了经济史、经济思想史的研究。王毓瑚熟谙西方经济思想史，回国后，取西方经济思想史研究方法的长处，结合对中国经济发展问题的探索阐释，把教学、科研的着力点放在中国经济思想史的研究上。曾发表《秦汉帝国之经济及交通地理》《唐代岭南产银与货币经济发展之关系》，出版了《管子传》，从德文翻译了《经济学解》《经济之四种基本形态》。1939—1944 年在国立编译馆，他和傅筑夫、史念海教授等从事中国经济史资料的编辑工作。仅就当时他和傅筑夫编辑 1982 年才由中国社会科学出版社出版的《中国经济史资料秦汉三国编》，即可窥见其工程之浩大，其中农业部分就包括约 7 000字的绪言，以及作物种植、附养蚕、耕作方法及生产效率、动力及工具、灌溉、农业经营、畜牧、附马政、屯田等内容。全书融经济与技术为一体，寓观点于材料，读起来显得实际生动、跌宕起伏，而不给人留下公式化的色彩。编者的见解很明确：中国经济史的研究，在中国学术界一直是一个薄弱的环节，而资料的缺乏和资料之不易搜集，又是造成这一学科长期以来不够繁荣的原因之一。王毓瑚等经过艰苦的搜索挖掘、淘汰取舍、分类排比、写作绪言等工作，给经济史学界研究参考做了修桥铺路的善事。

王毓瑚在经济史、经济思想史方面的贡献，在于他以深厚的西方经济思想史的研究为根基，倾力于中国经济思想史的探索，所描绘的中国经济史发展轮廓和中国农业经济演进格局，自成一家或属一种风格之作。所著《秦汉帝国之经济及交通地理》于经济史研究方面，颇有建树，就是治秦汉史的学者亦均能称道。他的经济史研究工作由于人所共知的原因未能绵延，但他作为成熟的经济史学者，思绪是不会歇息的。1978 年写成的《从〈史记货殖列传〉来推论中国古代历史发展阶段》。王毓瑚提到：马克思、恩格斯以至列宁，都不曾明白地规定过一个社会发展的绝对公式。从原始社会到共产主义五个阶段的发展规律是出于斯大林之手。它基本上应该说是以欧洲的历史为样板的。他认为中国的社会主义社会，并不是从像欧洲那样的真正的资本主义社会孕育出来的，这也如同在欧洲的历史上找不出来一个与中国近代史的半封建半殖民地相同的时期。他的主张是必须“异”中求“同”，而不应强求一致。即①中国的经济发展的社会变化与西方不同，虽有一定的共同规律，但不存在同一模式；②在论述司马迁《史记货殖列传》所叙从春秋末期到西汉中期经济领域的活动时，王毓瑚将中国历史上春秋以后的几个世纪各诸侯国实行变法，经济上土地私有被确认，工商业事实上得到了相当的自由，人各使其能，竭其力，以得所欲，出现百家争鸣局面，与欧洲封建制度从内部瓦解，知识的解放促进了对民主的要求，科学技术的发展和资本主义的滋生相比较，阐明它们间有极其相似之处；③论述了中国型的资产阶级与中国型的封建统治。王毓瑚认为秦始皇并不是真正的法家，而是个实用主义者。法家提倡变法，主张历史是有发展变化的。秦始皇却妄想建立万世不易的“家天下”。他只是有选择地采纳法家学说中有利于皇家政治利益的那一部分。秦始皇过于依赖自己的权威，觉得无需争取那般平民经济活动家们的支持。在他的统治之下，在影响整个社会发展上面，经济这个因素跟“政治”这个因素远远不能相比。王毓瑚认为这是与欧洲王权专制时期大不相同的一点。还指明中国早期历史上的工商业者，主流未趋向于真正的产业经营。这样的工商业者基本上活动在流通领域，不会发展成为欧洲那样的资产阶级。他认为中国资本主义尽管萌芽很早，在整个历史上确也几度颇有些表现，但直到鸦片战争，始终没有出现过一个欧洲那样的资本主义时期。在经济思想史领域，王毓瑚是以其著述中的真知灼见来显现其学术功力的。

其次，王毓瑚潜心整理校注农书推进农业经济史、农业技术史研究。在客观因素制约下，经济思想史不便研究的时候，王毓瑚把研究方向折转到过去做过大量资料积累与研究探索的农业领域。在农书古籍整理校注和农史研究方面，取得了具有开拓意义、颇受国内外同行称誉的学术成就。

1. 整理校注多种农书，撰写《中国农学书录》

王毓瑚提出：“中国农书……指的是没有受到近代西方农学影响以前中国人所撰写的那些有关农业生产知识的著作”这种颇有影响的观点。他在农书整理与农史研究的目的上，指明今天整理农学遗产的目的，主要在于把这份遗产中的有用部分清理出来，使之为当前的农业生产服务。

王毓瑚校注整理的中国古代农书有《区种十种》《农圃便览》《秦晋农言》《梭山农圃》《农桑衣食撮要》《郡县农政》《王祯农书》《先秦农家言四篇别释》等多种。他校注整理的多是北方的农书典籍，为弄清一些技术细节，常要阅读大量典籍和多方与从事各学科教学研究的专家教授切磋。1957 年出版、1964 年修订出版的《中国农学书录》，尤属治农史的国内外同行和农科、综合学科图书馆必备之册。王毓瑚提到：编写《中国农学书录》，是想清算一下我国作为一个古老的农业国，历来一共写下过多少种关于农业生产知识的书。他为此反复思忖，多方商讨，拟定了取舍标准。他对于农书线索确是苦苦搜寻。对过去目录典籍中的一书误为二书、有名无实、时代错移、著者不清、刊刻讹误，作了许多订正。《中国农学书录》确是切合实用的供查检中国农书文献的力作。日本研究中国农业史的学者天野元之助教授（1901—1980 年）对该书非常推崇。在天野教授的努力下，1975 年日本龙溪书舍将王毓瑚《中国农学书录》与天野元之助《中国古农书考》合刊，作为纪念中日友好交流的学术著作隆重出版。

2. 潜心祖国农业学术遗产的研究

1955 年北京农业大学召开首次学术讨论会，他作了《关于整理祖国农业学术遗产问题的初步意见》的学术报告。后来写出了《关于〈农桑辑要〉》《中国古代农业科学的成就》《近代后套开垦试论》《我国历史上农耕区向北面的扩展》《关于中国农书》《我国历史上的土地利用及经验教训》《我国古代的大田作物》

《中国农业发展中的水和历史上的农田水利问题》等多种论著，论文不仅发扬先贤在农学方面的成就，且多注意致力于实用。王毓瑚在农史上主要的学术观点是：中华民族历史上相当长的时期，主要生活在黄土地带，中国的农业是在水等自然条件很不利的情况下发展起来的。它是靠实行精耕细作，才养活着众多的人口。中国耕种区从黄河中下游平原开始，向低地扩展，从开沮洳沼泽地到与水争地；向高处扩展，与林、牧、山岭争地，在千方百计找地种中积累起丰富的经验教训。王毓瑚认为除牧区和军马外，中国历史上的农业中，动物生产与植物生产两个部门过于不平衡，实际上养畜作业只能说是种植作业的附庸。那时也谈不到发展森林，古农书中述说的，一般都是松、柏、杨、榆、柳适合小农经济需要的家常树的种植。关于中国畜牧的历史演进与评论，他是在辑录大量素材、编写《中国畜牧史资料》的基础上才形成结论性的认识的。这一观点为治畜牧史、农史的学者所乐于称道。

3. 肇端比较农业史、农学思想史和世界农业史的研究

1977 年以后，王毓瑚极力主张根据北京农业大学农史研究力量的条件，尽早着手安排世界农业史、比较农业史和农学思想史的研究工作。这是把他所长的经济思想史、经济史和多年研究探索农书文献、农史心得的有机结合。在这方面，他给农史比较研究方法以极大的重视。王毓瑚在诸病缠身的情况下，译出法国巴黎格林琼国立农学院比较农业教授马佐耶（Mazoyer，Marcel）《作为开发自然界的农作制——其演进与分化》的论文。此文用比较的方法和量化的析解，研究不同地区垦耕制度的演变，它们与器械、动力、技艺发展的关系，产量与人们衣食生活所需如何相互联结，种种见解，可以把人们眼界开阔。就法国学者来说，“比较农业研究”讲座所探索的内容也具新颖性。王毓瑚在该文 1976 年刊行一年后，即移译、印制供给国内同行学者参考，这在当时农史领域可能是介绍、吸取、参用欧美专业同行学术成果的最快速度。

王毓瑚很重视农学思想的研究，曾建议身边助手做逐项逐段的细致研究。他撰著《吕氏春秋四篇农论别释》，其中阐述部分就是在这方面的示范。可惜这项研究事未终竟，病魔已将他从人世夺走。他开拓的学术领域，已由助手和学生们加以继承和发展。1980—1990 年，北京农业大学在比较农业史、外国农业史、农学思想史有关方面已刊行论文 20 余篇。这方面的硕士研究生已毕业数人，比较农业史等研究生课已开设多门。

4. 博采众长、刻意求新、诲人不倦的治学作风

王毓瑚以独具匠心和功力深厚的农史与农书文献著述，不只在国内同行中享有崇高的声望，在国际农史学界也受到赞誉。1972 年在直肠癌手术后不久，就多次会见来访的日、英、法、德各国青老农学史学者，与客人们的交谈极其认

真。外国年轻农史学者曾提问，贾思勰是怎样成为一个农学家的？王毓瑚告诉他们：贾思勰是公元6世纪中国后魏时期职为太守官员，他那个时代没有机会受系统的农业科学培训，他是在认真搜集农书典籍、积累当时农事经验而撰著成《齐民要术》的。后世人们以这部传世著作尊称农学家。而随着时间的推移，越来越增加了他中国古代农业权威的分量。约略数语，提者心悦诚服，消释了积年的疑团。他从不以教诲者的面目炫耀一番，把观念强加给朋友，得到的却是良好、永恒的学术交流的效果。

在治学方面，王毓瑚主张贯通中西、相互比较、吸收多种学科成就。他常说："农业学科范围广阔，农史文献与材料绵亘千年万年，一个人什么都想研究透彻是不可能的，必须有自己的部分拿手工作。他提倡向校内外其他学科领域的行家多方求教，并身体力行。1975年前后，他就和本校农学系耕作教研室孙渠教授等一起组织《吕氏春秋》4篇农论，《氾胜之书》《马一龙农说》的研读会。他与气象、土化、园艺、畜牧、兽医许多系的青老教师切磋学术，都是双方受益的。他很注重研究近现代农业历史课题，着力于为当今农业建设寻求有益的借鉴。他提倡学术自由探讨，长于历史、长于农业技术、长于文献校勘、长于地区特点、长于国外情况、长于专项领域、长于综合概括等各种不同学术风格的人要互相尊重，彼此借助，共同推动农史研究。他屡屡和助手与学生们结合实例生动讲述"学无常师""择善而从""青出于蓝而胜于蓝"的道理。他常说：从事农史研究，有了心得，要讲给别人听和写成文章，目的是彼此交流，相互提高。你不要轻慢、也不要拘泥于前辈学者，你却更要为后来治学的人开拓通路，使他们更高一筹。写我们这种学科的文章书籍，最怕的是没人理会。虽是自己尽心尽力写的东西，但限于写作时的环境与条件以及自己的水平，总会有所疏漏。有人商榷、驳辩、加以增删、纠正和推展，应该认为是其乐无穷的好事。

他从事农史研究，坚持扎扎实实，一丝不苟，力主根据丰实材料得出合体的结论。他说，研究中外农业历史，忌讳先定框框套套，接着填充材料。这样的农史可能表面看起来颇有声色，但那不是农业经济、科学技术、农学思想历史。他的见解是：农业的历史是生动、曲折、多态的，不可能极其顺畅径直。古代中国的农业历史尤其如此，他说，中国的农史资料那么多，是要人们认真下刻苦功夫的。王毓瑚撰写论著，不书引文，这已是他为人们熟悉的风格特点。他的学术挚友傅筑夫教授等，这方面和他有相似的情形。他的主张是：把道理弄透，用自己的话表述看法。但也并不勉强别人，不约束助手和学生们也这样做。他要求助手与学生们的是：撰写文章，一定要有自己的材料或观点，千万不要长篇大套地"炒冷饭"。他说，宝塔顶部再提高一分也着实不易，但搞农史学问的人，要有为学科"添新"这样的心思和毅力。他很关心、支持农业考古研究，少数民族农史研究，热切鼓励中国农业博物馆早日成立并开展学术研究。

他自身经过无数次从搜集资料到写文章的甘苦，对1979年开始的《中国农业科学技术史》撰写工作，他态度十分明确，认为经过“文化大革命”，农史研究旷废多年，工作必须从逐段逐项的研究着手。应就农史专家学者的具体工作积累和治学所长，早上专史、地区史、阶段史。指明学者的劳动要紧的不是人数相加而是水平的高低等。他强调指出：此书学术观点和编撰要相应由主编裁决，以保持成书的水平风格。1979—1989年此书的编撰、审改、增删、定稿、印刷、发行历程，证明他的许多意见是中肯、切要的。他担任北京农业大学农经系教授，多年兼任北京农业大学图书馆馆长。他认为大学图书馆馆长要代表教师使用图书文献的利益和要求，同时要代表学校科学管理和长期使用图书文献的利益和要求。在图书馆工作中，他力主把图书馆办成一个为师生欢迎的图书馆，办成一个具有专业藏书特点的图书馆，办成一个具有较高学术水平的图书馆。他的学术研究一部分为农书古籍著录，与他兼长图书馆不无联系。他在《中国农学书录》方面的出色成就，为北京农业大学图书馆工作人员树立了远可景仰、近得学习的风范。

他生活简朴，性情刚直不阿，平易近人。他认为治农史是千秋百代的功业，个人只能擎一程火炬，他很愿意与人们悉心深入探讨学问。在国内同辈农史名家中，他从未给人以争强赢胜、锋芒直露的印象；而是以见地深湛、富于哲理的切磋获得人们的尊敬。学校各科的学者们称他为“饱学之士”，邻里老幼倍感他和蔼可亲。他熟谙德、法、英以及北欧若干语种，时有登门求教的人前来，他每次都能很耐心、认真地给予帮助。他十分爱惜人才，对助手、学生们谆谆善诱，指点他们撰写文章，数遍十数遍地修改文章，一般不予具体改动，而使之领悟了自己去完成，质量上把关从不放松，而态度上极其宽厚。他喜好京剧，对京剧科班从幼童进入到分别向生、旦、净、末、丑等不同方向发展因材而用的方法颇为欣赏。他认为培养青年是这样，同行间合作也是这样，有志趣的业余爱好者更是这样。要细心摸准自己所长和学科具体发展所需，这样才能自然茁壮地成长和彼此有机地配合，免得弄出与学术无关的闲事。作为一位农史学者多愿去他那里求教，而去造访的人每每感到收益良多。他对子女教育有方，严格要求，不准他们忽视业务学术，浮躁从事。他热爱祖国，忠于人民，常说：自己活着不搞科研，不为人民作贡献，是不可容忍的。就连临终前一天，还在和助手与学生们研究“世界农业史”“农学思想史”等论题的写作和翻译计划，并拟亲自主持动手完成这一功业。

王毓瑚献身学术的年代，有近30年是在反复折腾中度过的。但他追求真理，爱憎分明，相信人民群众确是始终如一的。他认为在农业经济史、技术史以及思想史的研究上，要给某一时某一事上为人民大众做过好事的人以应有的肯定，对做错事与做坏事的人要精心区分，抑扬褒贬讲求分寸，史家贵秉春秋之笔。他从不计较名位待遇，崇尚事物自然发展。太史公的“善者因之，其次利导之，其次教诲之，其次整齐之，最下者与之争”，是王毓瑚的座右铭。在对待学术业务上，他说：搞我们这种学科，要下决心做学问，不为利禄羁绊，不赶时髦，要肯坐冷板凳。撰文章、写书，准备它 10 年、20 年不被重视，得不到机会刊印。在“文化大革命”中，他把书稿用层层防潮油纸包裹寄藏在挚友处，埋在煤堆中，但他相信总有一天祖国会需要它。他的《王祯农书》校注稿，就是几经磨难，于 1982 年终于出版问世的一例。王毓瑚精心提炼的学术成果和他开拓的农史研究新道路一样，确是为后辈学人所乐于研读、吸取、沿行和将之往前推移。

王毓瑚主张治学要贯通中西，比较研究，汲取多种学科成果。由于他在中国古农书整理和农业史研究方面做了大量工作，因而他曾被选为中国农业经济学会常务理事和中国科学技术史学会名誉理事。在经济史和经济思想史研究方面，他将教学与研究的重点放在中国经济思想史上。他在经济史和经济思想史方面的贡献，表现为熟谙西方经济思想史，同时有很深的西方经济思想史研究的根底，并潜心于中国经济思想史的不断探索。其所著经济史的著作，独具一格。例如，专著《秦汉帝国之经济及交通地理》不仅是对经济史研究的重要贡献，而且就是从事秦汉史研究的学者也颇为称道。

关于中国经济的发展，王毓瑚明确指出中国早期历史上的工商业者基本上未真正从事产业经营，而是在流通领域活动。因此，中国社会不会发展成为资本主义。显而易见，他在经济思想史领域的独到见解，展现了其深厚造诣。他在中国古农书整理和农业史研究方面做出的开拓性贡献，进一步显现了其研究功力。自 20 世纪 50 年代开始，他整理、校注了多种中国古代农书，并撰写了《中国农学书录》一书。《中国农学书录》是研究中国农业史的必备之书。日本研究中国农业史的著名学者天野元之助先生对此书颇为推崇。1975 年，日本龙溪书舍将王毓瑚的《中国农学书录》与天野元之助的《中国古农书考》合刊，作为纪念中日友好交流的学术著作隆重出版。在中国农业史研究方面，他亦是硕果累累，撰写了 10 余篇学术论文，编写了《中国畜牧史料集》一书。20 世纪 70 年代后期，他又开始了比较农业史、农学思想史和世界农业史的研究。

王毓瑚兼任北京农业大学图书馆馆长近 30 年，作出过重要贡献。他认为，大学图书馆馆长要代表教师使用图书文献的利益和要求。关于图书馆的建设，他竭力主张应将图书馆办成一个师生皆欢迎的图书馆，办成一个具有专业藏书特点的图书馆，办成一个具有较高学术水平的图书馆。

王毓瑚以见解精深、哲理深邃并勤于切磋琢磨而闻名，并赢得农史界名家与后辈的尊敬。因而，学校其他学科的学者们称他为“饱学之士”。他在如何对待事业、如何对待工作、如何对待科研方面，为后人做出了榜样。

英国著名学者李约瑟对王毓瑚的研究成果非常重视。王毓瑚的许多著作论文李约瑟都有收存，其中《中国农学书录》更是SCC（中国科学技术史）研究重要参考书籍之一。1966年，他听说《中国农学书录》有一个经过修订的1964版时，专门写信给胡道静先生，请他代为购买。后来在《中国的科学与文明·生物卷》第二分册（农学）出版时，李约瑟又在扉页上题到：“谨以本分册纪念武功西北农学院的石声汉、北京农学院的王毓瑚及日本大阪城市大学的天野元之助，没有他们开拓性的中国农史学著作，本分册是无法完成的。”

王毓瑚教授主要相关论著有：《“齐民要术”选读本评价》（《中国农报》1962年第11期）、《总结祖国的农业学术遗产》、《中国古代农业科学的成就》（科学普及出版社，1957年）、《中国农学书目》（农业出版社，1957年，1964年）、《中国农学书录》（农业出版社，1964年）等。

第二节　著名专家与学者

一、栾调甫

栾调甫（1889—1972年），曾署名胡立初，山东蓬莱人（图5-9，图5-10）。少时从师学习国文和英文，成绩卓著。14岁随父去上海充格致书店学徒，业余翻译英文书籍，以其微薄收入购买书籍自学，潜心钻研先秦墨学和中国古文字学。1920年到济南任齐鲁大学博医会编辑，翻译多部医科书籍。业余仍苦心钻研墨学，对墨子研究提出“坚白离盈”说，深入阐发墨辩逻辑的丰富内容。对梁启超《墨经校释》一文提出自己的见解，写成《读梁公墨经校释》。梁启超誉之为“此种发明，可谓石破天惊”。他论及的墨子对光学的发明，引起学者们的极大重视。1924年著《梁任公五行说之商榷》。1925年受聘为齐鲁大学文学院教授兼国学研究所主任，撰写《墨子讲义》《论语研究》《历代书籍制度考》《如何承受西方科学》《守旧的中国》等著述。1936年转任山东大学教授。创立“字系说”，著“说文解字补正”（10册20万字），编印《中国语言百科全书》《中国语文学》。1947年，中央研究院第一届院士提名表上列名。1952年任职于山东博物馆。1957年受聘为山东省文史研究馆馆长；

图5-9　栾调甫教授

同年，人民出版社出版他的《墨子研究论文集》。1960 年受聘为中国科学院山东分院历史研究所研究员。1963 年被选为中国人民政治协商会议山东省委员会常务委员。栾调甫在对《齐民要术》研究上也非常独到，曾对《齐民要术》作了三大考证（笔者考、版本考、引用书目考，图 5-11，图 5-12，图 5-13，图 5-14），20 世纪 50 年代，被农学界称赞为"《齐民要术》研究开创之人""贾学第一功臣"。主要相关论著有：栾调甫：《齐民要术版本考》（1934 年，载于齐鲁大学《国学汇编》第 2 册）、栾调甫：（署名胡立初）《齐民要术引用书目考证》（1934 年，载于齐鲁大学《国学汇编》第 2 册）、《"齐民要术"笔者考》（山东省人民政府参事室、山东省文史研究编《文史资料》1990 年第 2 期）。1967 年将全部家藏古籍 4 705册捐献给国家。1972 年病逝，终年 83 岁。

图 5-10　2011 年 7 月笔者慕名参观栾调甫故宅山东蓬莱市紫荆山街道武霖社区 10 号

图 5-11　栾调甫《齐民要术考证》（文史哲出版社学集成）

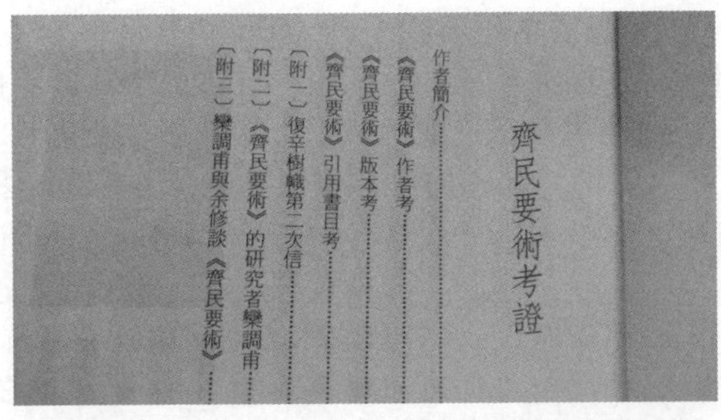

图 5-12　栾调甫《齐民要术考证》中的三大考证

图 5-13　栾调甫《齐民要术引用书目考》部分章节

图 5-14　栾调甫《齐民要术引用书目考》

栾调甫先生开《齐民要术》研究先河，研究内容后辑为《齐民要术考证》一书。《齐民要术》是我国古老的农业书籍，早在20世纪30年代栾调甫就对此书作了全面考证，被农学界称为“贾学第一功臣”。日本天野元之助教授、西山武一两位研究《齐民要术》名家的研究著作里，引用文献较多的就是栾调甫（笔名胡立初）的《齐民要术》三大考证，可见栾调甫的考证严谨，在外国人眼里也是一言九鼎。

著名农史学家石声汉在校注《齐民要术》时，因其文字古奥、奇字连篇，便写信至济南向栾调甫请教，当时老先生已经80高龄了，却为石声汉写了长达万言的长信，其中有一句说道“校勘不懂家法，就作不下去”。“家法”的含意是什么？后来石声汉四处查书，花费许多时间才从古代著名校勘学者的著作和方法中体会到，“家法”意指校勘工作必须尊重原书，不能妄加改动，有不同意见，可以多作注释，但不要改动原书。一个家法，透露了栾调甫治学的理念。

栾调甫研究《齐民要术》一丝不苟是出了名的。1934年在栾调甫在《齐民要术引用书目考证》中，列了一个著名的“齐民要术引用书目一览表”，从“序号”“部类”“书名（存）”“书名（亡）”到“引用条数”，清清楚楚，一应俱全，给后人继续研究提供了极大方便。从表可知，《齐民要术》共引用前人书籍162种，引用条数最多的是《郭璞尔雅注》（66条），其他较多的是郭义恭《广志》（64条）、崔寔《四民月令》（47条）、《食经》（36条）等，后3部书都已散失遗亡，多亏《齐民要术》大量引用，才保存了一些下来。

《齐民要术》现在存世的约有25个版本。栾调甫《齐民要术版本考》称：“按要术传刻之本，以宋崇文院校刊为鼻祖，龙舒重梓是其子本，元明翻刻，悉属云仍，而清儒校刊者，则又汲古之嗣续也。”晚近各家学者认为《齐民要术》现存世20余个版本，源自3个祖本：一是北宋崇文院原刻本，但到南宋时期，此本已属稀有名贵。现在我们在国内能见到的北宋系统本《齐民要术》，则是日本珍藏本的影印本。二是南宋绍兴本，又称龙舒本，现在国内最好的《齐民要术》的旧版本，是明代据龙舒本抄出的一种。国内传刻多以两宋系统本为祖本。三是明代嘉靖年间的湖湘本，转刻自南宋绍兴本。

二、缪启愉

缪启愉（1910—2003年），农史学家，农业古籍整理和研究专家，以校释《齐民要术》而蜚声海内外（图5-15）。对中国农业史研究矢志不渝，辛勤耕耘，特别是对古农书的整理研究作出重要贡献。《齐民要术校释》获得国家多种奖项。为弘扬中华民族文化遗产，贡献了自己的全部智慧和精力。

缪启愉1910年10月10日出生于人文荟萃的浙江省义乌县（现义乌市）农

村一个殷实家庭，父亲营农兼医（中医），母亲操劳家务。自幼受到良好的教育，好学多问，1923 年 6 月义乌县城绣湖小学毕业，1926 年 6 月杭州市宗文初中毕业，1928 年金华中学肄业，同年转入上海大厦大学预科学习，1929 年 8 月以优异成绩考入大厦大学经济系国学副系学习，1932 年 8 月毕业，从事地政工作。

图 5-15　缪启愉教授

1936—1937 年又在南京地政学院研究院学习。此后一直从事中国土地管理和地政工作，曾做过大量中国农村土地调查，积累不少地政管理资料，先后任过贵州、四川、河南、广西壮族自治区、浙江等省财政厅土地陈报处督导员、副主任，中国地政研究所副研究员，南京政治大学地政系副教授等职。先后在河南省勘测公司和郑州市城市建设学校从事土地测绘和教育工作，1957 年初由著名农史学家万国鼎举荐，从河南来到南京农学院中国农业遗产研究室（现中国农业科学院和南京农业大学中国农业遗产研究室），从事农史和农业古籍整理研究工作。“文化大革命”期间，缪启愉连遭迫害，并被遣返原籍“劳动改造”。他虽身居逆境，仍矢志不渝，把全部心血都倾注在古农书的整理研究上，读书、评书、写书，使他忘掉了一切痛苦和疲乏，取得了常人做不到的大量研究成果。

党的十一届三中全会以后，缪启愉的冤假错案得到了彻底纠正。1979 年 4 月，他迎着春风，噙着激动的泪花，欣喜地看到神州大地翻天覆地的变化，举家回到了整整阔别 10 年的中国农业遗产研究室。饱经风霜的他，决心在中国共产党的领导下，为祖国农业古籍整理研究，为弘扬中华民族文化，贡献自己全部智慧和力量。

缪启愉科学成就突出，数十年潜心研究，中国农业有悠久的历史，有着丰富的农业遗产，发掘、整理、研究中国农业遗产，为建设现代农业服务，是一项十分有意义的工作。缪启愉是研究中国农业遗产的先驱者之一，长期以来，一直潜心致力于中国农业历史的研究，他先治中国农田水利史，后治农业古籍整理研究，尤其在古农书的整理研究方面，成绩卓著，硕果累累。先后出版有《齐民要术校释》（图 5-16）《四时纂要校释》《四民月令辑释》《元刻农桑辑要校释》《汉魏六朝岭南植物“志录”辑释》《东鲁王氏农书译注》等学术专著，以及《陈旉农书选读》《齐民要术导读》《五谷史话》修订本等通俗性读物。他还参加中国农史研究里程碑式著作——《中国农学史》和《中国农业科学技术史稿》

的撰写和统稿工作。至今已出版各种专著16部，并发表了《〈齐民要术〉明代刻本的以讹传讹》(中国农史，1996年15卷4期91—96页)、《试论徐光启的治水营田见解》《南方草木状的诸伪迹》《纪元前中西农书之比较》《齐民要术中利用微生物的科学成就》《“马首农言”的种植特点和名物考索》等30余篇论文，总计出版专著论文达430余万言，可谓著作等身。

图5-16 《齐民要术校释》后魏贾思勰原著缪启愉校释

缪启愉治学严谨，他的专著和论文，史料丰富，旁征博引，考订翔实。尤在古农书整理、研究方面独具一格。农业古籍的校释不同于一般文史哲古籍的校释，因它具有农业科学技术的特定内涵，非一般整理者所能胜任，它必须具有古代农业科学技术和现代农业科学技术二者结合的知识，并兼具钩沉古籍的功力和其他相关知识，才能登堂入室，步入研究的殿堂。缪启愉由于对农事和农作物栽培技术的熟悉，以及对古农书专用术语理解深刻，所以在整理农业古籍的工作中游刃有余，发微祛疑，许多校释精辟、准确，使长期以来的一些谬误讹传得到正本清源，获得了同行的高度赞誉。

缪启愉态度严肃，思虑阐发严谨、引文严密不苟的“三严”原则是出了名的，在校释农业古籍时采用四种校法，即：“本校”，用本书不同处的文词自校，用其引书的原书来校；“对校”，不同版本对勘校正；“他校”，用他书引该书的文词来校；“理校”，即以事理来校。“三严”“四校”是他多年来潜心研究的经验结晶，也是他治学严谨的具体表现。

缪启愉屡受国家表彰，他的《齐民要术校释》（农业出版社，1982 年 11 月）1985 年获农牧渔业部科技进步二等奖，1992 年获国家新闻出版署全国首届古籍整理图书二等奖，1995 年获国家教委全国首届人文社科优秀成果二等奖。《齐民要术导读》（图 5-17）1990 年获首届科技史优秀图书二等奖，并被中国台湾五南图书出版公司以繁体字重新出版。《五谷史话》修订本 1984 年获中国史学会、中国出版协会优秀图书奖。《元刻农桑辑要校释》被国务院古籍整理出版规划领导小组评为优秀著作，认为该书具有较高学术水平，是整理古典农书的工作中呈现的奇葩。《南方草木状的诸伪迹》一文发表以后，引起读者强烈的反响，《中国史研究》全文予以转载。缪启愉的学术成就，不仅在国内学术界获得很高的评价，而且也受到国外同行的赞誉，日本东海大学文学院中国农业史研究教授渡部武，除了书信来往以外，还借每次访华机会专程来南京与缪启愉切磋中国水利史研究中的学术问题；日本研究中国水利史的教授佐藤武敏、森田明、长濑守等人也经常与缪启愉切磋中国水利史研究中的学术问题。

图 5-17　缪启愉《齐民要术导读》

中共十一届三中全会以后，浙江省义乌市人民政府为了表彰缪启愉中国农史和农业古籍研究取得的成就和为弘扬中华民族文化作出的贡献，1988 年特地请他回家乡参加全市性的书展，1998 年又将他的著作陈列到义乌市“义乌籍人士著作陈列馆”。缪启愉是中国屈指可数的《齐民要术》研究大家，缪启愉的“贾学”研究，可谓精益求精。《齐民要术校释》是缪启愉整理研究农业古籍深厚功底的见证。

《齐民要术》是中国现存最早、最完整的包括农林牧副渔的百科全书式的古农书，也是世界上最早、最系统的农业科学名著，贾思勰于6世纪30—40年代写成此书，历经隋唐到现代，都在广泛传抄翻刻和研究，尤其在古代，师法其中的农业技术进行生产，都取得良好效果。书中许多经验，至今仍可借鉴。该书内容丰富多彩早已蜚声中外，唐代已流传东邻日本，18世纪初在日本已有刻本行世，彼邦学者认为是指导农业生产的重要准绳。日本学者甚至推崇研究《齐民要术》为“贾学”，堪与“红学”媲美。

可是原书由于年代久远，经过历代辗转传抄翻刻，文字的错、脱、窜、衍很多，产生了种种误解和臆说，甚至以讹传讹，失其真谛，本来文词质朴明顺的一部科学著作，变得很难读，造成不良后果，不仅影响国内，而且国外更易失真。为了珍惜和保护祖国农业遗产名著，还其本来面目，免除谬种误传，免使国内外读者产生错误理解，整理校释出版该书成了一项十分迫切、十分重要的任务。1960年缪启愉在中国农业遗产研究室主任万国鼎的支持下，承担了该书的校释任务，经过3年的努力，于1963年完成了初稿，后又经3次修改订正，于1965年年底定稿，前后历时六载，翌年春交农业出版社付梓，后因“文化大革命”的影响，直到1982年才出版问世。

《齐民要术》一书，研究者众，研究成果多。当时石声汉的《齐民要术今释》，日本西山武一、熊代幸雄合译的《校订译注齐民要术》均已出版，国内外的一些报纸杂志也发表了不少研究《齐民要术》的文章，这都给缪启愉的研究提供了方便。他在总结前人研究的基础上，多方揭微探隐，严谨求证，共引证文献古籍300余种，并结合现代科学知识祛疑解惑，清源正本，去伪存真，使《齐民要术》一书基本上还其原貌而可读。如卷五《种蓝》引《四民月令》：“冬蓝，木蓝也”。从宋本《齐民要术》以来一直到今人的整理本，都是这样记载。按：木蓝为豆科常绿灌木，产于广东、福建等省，《唐本草》《本草图经》都说出岭南，《四民月令》所叙地区不可能种木蓝。而爵床科的马蓝，郭璞注《尔雅》说就是“大叶冬蓝”，《本草衍义》《救荒本草》称为“大叶蓝”或“大蓝”，这正是崔寔在《四民月令》中说的“冬蓝”，别名“大蓝”。元刻本《农桑辑要》转引崔寔《四民月令》说：“冬蓝，大蓝也”。缪启愉对此予以考注，确认“木蓝”显系“大蓝”之形误。又如卷六《养羊》，“羖羊”各本均作“羝羊”。按：羝羊是公羊。以“本校”校证，《要术》注文明说“其润益又过白羊”，郭璞注《尔雅·释畜》说“今人便以牂、羖为白黑羊名”。可见与白羊相对，不是公羊，应是羖羊，即黑羊。凡此所见，不一一列举。总计全书中有为前人所未及阐明的、与前人所见异其旨趣者达260多处，大大有利于广大读者的正确理解，避免以讹传讹。缪启愉所做《齐民要术校释》附载《宋以来〈齐民要术〉校勘始末述评》及《〈齐民要术〉主要版本的流传》，对千百年来的版本优劣、校勘功过及学术价值作了一次总的检阅和评议，对继续研究《齐民要术》很有帮助，有很大的学术参考价值。

缪启愉付出的艰辛劳动，引起了社会各界的关注。《齐民要术校释》出版后，引起了国内外学者的强烈反响。一致认为，校释者学力深湛，考校精审，注释严谨；《校释》在前人的基础上，博采众长，总其大成，脱其窠臼，推陈出新，纠正了千百年来的因袭谬误，新的见解、论断贯穿全书，并一致推崇为“迄今最完善的一部《齐民要术》校释本”。使得它包蕴的丰富的传统农业优良技术起到古为今用，乃至中为洋用的作用，是一部优秀的对农学史、技术史研究有重要参考价值的著作。国外专家学者也对《齐民要术校释》给予高度评价。

《齐民要术校释》定稿距今已30余年，社会和科学技术的发展突飞猛进。为此，缪启愉又在原书的基础上重新修订、编写和充实提高，写成《齐民要术校释》第二版，已于1998年8月由中国农业出版社出版。第二版附录增加《〈齐民要术〉的科学成就》一文，全书引用古今书籍460余种，内容更为丰富充实，多有前人所未了解者。

缪启愉的《齐民要术校释》在西方很有名，可以说仅次于石声汉的《齐民要术今释》。著名的维基百科在解说《齐民要术》（Qimin yaoshu）条目时，中国学者的代表性研究只有两部上选。一是“Shi Shenghan（石聲漢）：Qimin yaoshu jinshi（齊民要術今釋），Kexue chubanshe（科學出版社，Wissenschaftsverlag），1957—1958”；二是“Miao Qiyu（繆啓愉）：Qimin yaoshu jiaoshi（齊民要術校釋），Nongye chubanshe（農業出版社，Landwirtschaftsverlag），1982”。维基百科（英语：Wikipedia）是由吉米·威尔士和拉里·桑格于2001年创建的百科网站，是一个自称自由内容、公开编辑且多语言的网络百科全书协作项目。维基百科一字取自于本网站核心技术“Wiki”以及具有百科全书之意的“encyclopedia”共同创造出来的新混成词“Wikipedia”，截至2014年8月为止维基百科整个项目总共有285种各自独立运作的语言版本，且已经被普遍认为是成规模最大且最为流行的网络工具书。根据知名的Alexa Internet其网络流量统计数字指出全世界总共有近4亿名民众使用维基百科，且维基百科也是全球浏览人数排名第六高的网站（最高纪录是排名在第五名位置），同时也是全世界最大的无广告网站。根据估计，维基百科每个月便有将近2.7亿的美国人民前往该网站浏览。

三、李长年

李长年（1912—2006年），江苏扬州人，南京农业大学人文社会科学学院研究员、农业史研究专家，中国农业遗产研究室博士生导师（图5-18）。1934年就读于金陵大学，1938 年本科毕业后，先后从事过农业科研和教育工作。1945 从美国威斯康辛大学研究生毕业回国。新中国成立后，任农林部《华东农林》杂志主编、上海干部学校教师等职务。1956 年调中国农业科学院、南京农业大学中国农业遗产研究室工作，先后担任副研究员、研究员、室主任等职称职务，享受国务院政府津贴，1990 年退休。李长年先生是我国著名的农业历史学家，参与创建了我国第一个专业性农史研究机构，组建了一支农史研究团队。李长年先生学识渊博，治学严谨，在长期的科研工作中，取得了丰硕成果，他先后主编过《中国农学遗产集刊》《中国农史》等学术杂志，编著《〈齐民要术〉研究》（图 5-19，图 5-20）《中国农学遗产选集》《中国农业史发展纲要》《中国农学史》《农业史话》等著作。李长年先生是我国第一个农业史博士生导师，为我国培养了大批农史研究人才。相关论著有：《农业史话》//《中国科技史话丛书》（上海科学技术出版社，1981 年），《中国历史上的农业技术发展》《〈齐民要术〉研究》（农业出版社，1959 年），《贾思勰和〈齐民要术〉》（上海科学技术出版社，1981 年）。

图 5-18　李长年教授

图 5-19　李长年著《〈齐民要术〉研究》（农业出版社）

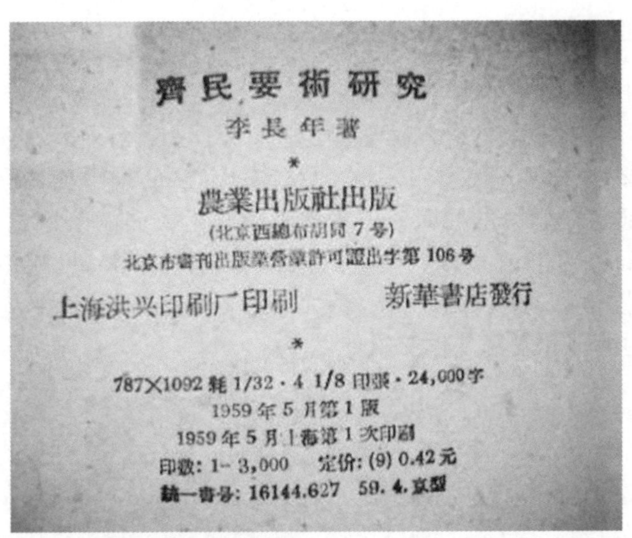

齊民要術研究
李長年著
*
農業出版社出版
(北京西總布胡同7号)
北京市書刊出版業營業許可證出字第106号
上海洪兴印刷厂印刷　　新華書店發行
*
787×1092 耗 1/32 · 4 1/8 印張 · 24,000字
1959年5月第1版
1959年5月上海第1次印刷
印數: 1-3,000　定价: (9) 0.42元
統一書号: 16144.627　59.4.京型

图 5-20　李长年著《〈齐民要术〉研究》(**1959** 年第一版，农业出版社)

四、王仲荦

王仲荦（1913—1986)，浙江余姚人，中国历史学家（图 5-21)。1937 年上海正风文学院毕业。曾任上海太炎文学院、中央大学、山东大学教授。新中国成立后，历任山东大学教授、历史系主任，《文史哲》编委会副主任，中国唐史学会副会长，山东省史学会理事长，国务院古籍整理出版规划小组成员。长期从事文史教学和研究，专于魏晋南北朝隋唐五代史。晚年致力于敦煌学和古代物价史的研究，写成《敦煌石室地志行记综录》。著有《魏晋南北朝史》上、下册，上海人民出版社 1979 年版；《隋唐五代史》；《关于中国奴隶社会的瓦解及封建关系的形成问题》《北周六典》。另有《（山昔）华山馆丛稿》《（山昔）华山馆丛稿续编》。王仲荦对《齐民要术》的研究也极有建树，相关论著有：《有关贾思勰〈齐民要术〉的几个问题》(《文史哲》1961 年第 3 期)、《谈〈齐民要术〉的历史背景》(《大众日报》1961 年 6 月 25 日）等。

图 5-21　王仲荦教授

五、胡道静

胡道静（1913—2003 年），安徽泾县人，著名科技史和古籍整理专家（图 5-22）。20 岁以前就出版了《校雠学》《公孙龙子考》等专著，还负责《万有文库》中两部重要农书《齐民要术》和《农政全书》的编辑工作（图 5-23）。胡道静在深入攻研各门学科的同时，于古典科学技术方面的兴趣愈加浓厚。其时，他父亲参加了商务印书馆“万有文库”的部分编辑工作，见胡道静对古典科学的兴趣比古典哲学的兴趣都高，便将“万有文库”选题中的《齐民要术》和《农政全书》的处理和发稿工作交给他做。

图 5-22　胡道静先生

图 5-23　万有文库《齐民要术》（1930 年）商务印书馆发行

于是胡道静借此初步熟悉了我国古代传统的农业技术情况及其文献，并对沈括古农书中涉及的农业生物学、农业气象学、耕作制度和农田水利学的许多条文得到了更进一步的理解。1981 年 3 月 20 日，院部设在巴黎的国际科学史研究院（International Academy of History of Science，IAHS），经世界著名科学史专家英国李约瑟、美国的席文和日本的宫下三郎三位博士联合提名，被一致推选他为通讯院士（序号 448）。自 1978 年起，胡道静先后担任农业出版社顾问、中国农业科学院主编的《中国农业科学技术史》顾问、国家农委领导主编的《中国农业百科全书》总编辑委员会委员、中国农业历史学会筹备会员、上海人民出版社编审、国务院古籍整理规划小组（科技史）组员、上海市古籍整理规划小组顾问、上海科技史学会第一届理事长、中国民主促进会会员等多项社会工作。同时还为上海师范大学、华东师范大学和复旦大学 3 所学校的研究生讲授古代文献、版本目录、古籍整理、古代科技史课程。相关论著有：《农书农史论集》（北京：农业出版社，1985 年）；《古代瓜类考》（《新建设》1954 年第 12 期）；《茭白园艺改革的时代和地点》《新建设》，1954 年第 12 期）；《山东的农学传统》（《文史哲》1962 年第 2 期）；《我国古代农学发展概况和若干古农学资料概述》（《学术月刊》，1963 年第 4 期）；《稀见古农书录》（《文物》，1963 年第 3 期）；《释菽篇——试论我国古代农民对大豆根瘤的认识》（《中华文史论丛》第 3 辑，1963 年 5 月）；《我国养猪业的历史》（《动物学报》1976 年第 1 期）；《农书、农史论集》（北京：农业出版社，1985 年）；《关于“农业史话”编写提纲（草案）的一些初步意见》《农书、农史论集》（北京：农业出版社，1985 年）；《中国古代農業博物誌考》（日本農山漁村文化協会，1990 年）。

六、游修龄

游修龄，1920 年生人，浙江省温州市人，中国农史学会名誉会长、浙江大学农学院农业历史研究室及图书馆教授，农史研究专家（图 5-24），相关论著有：《从“齐民要术”看我国古代的作物栽培》（《农业学报》1957 年第 7 期）；《古农书疑义考释（四则）》；《从“齐民要术”看我国古代的肥料科学》；《“齐民要术”成书背景小议》；《从“齐民要术”看我国古代的肥料问题》；《“齐民要术”疑义考释“作暴”解，解“麻菩”，试释“瓜笼”……等共十五则》；《我国农作物品种命名的历史发展》（《中国农业科学》1983 年第 3 期）；《〈齐民要术〉及其笔者贾思勰》（人民出版社，1976 年）；《中国农业百科全书·农业历史卷》主编及主要撰稿人（农业出版社，1995 年）；《中国农业通史·原始农业卷》主编及主要撰稿人，《中国大百科全书·农业卷》农史分支主编及主要撰稿人（上海中国大百科全书出版社），《中国科学技术史·农学卷》序。

图 5-24 游修龄教授

七、董恺忱

董恺忱，1929 年生人，中国农业大学农业经济学院教授，主要从事中国农业史和西方农业史研究。相关论著有：《中国传统农业的历史成就》（《世界农业》1983 年第 2 期）；《中国古代的地植物学》李约瑟、鲁桂珍著、董恺忱、郑瑞戈译（《农业考古》1984 年第 1 期）；《从世界看我国传统农业的历史成就》（《农业考古》1983 年第 2 期）；《关于中国农业技术史上的几个问题》（闵宗殿、董恺忱《农业考古》1982 年第 2 期）；《传统农业阶段的中西农书比较研究》（董恺忱香港大学中文系集刊，1987 年第 2 期）；《中国古代科技成就——历史悠久的中国园艺技术》（董恺忱著，中国科学院自然科学史研究所主编，中国青年出版社 1995 年 9 月）；《日本对中国古农书的研究概况》（渡部武著、董恺忱泽，《农业考古》1985 年第 2 期）；《论中国旱地农法中精耕细作的基础》（熊代幸雄著、董恺忱译，《中国农史》，1981 年第 1 期）；《东亚与西欧农法比较研究》，中国农业出版社，2007 年（图 5-25）；《中国科学技术史·农学卷》科学出版社，2000 年（图 5-26）；董恺忱，范楚玉主编：第十章《齐民要术》第一节贾思勰与《齐民要术》写作的若干问题，第二节《齐民要术》的内容，第三节《齐民要术》所反映的贾思勰的思想，第四节《齐民要术》在农学史上的地位及其流传和研究，《中国科学技术史·农学卷》（科学出版社，2000 年）。

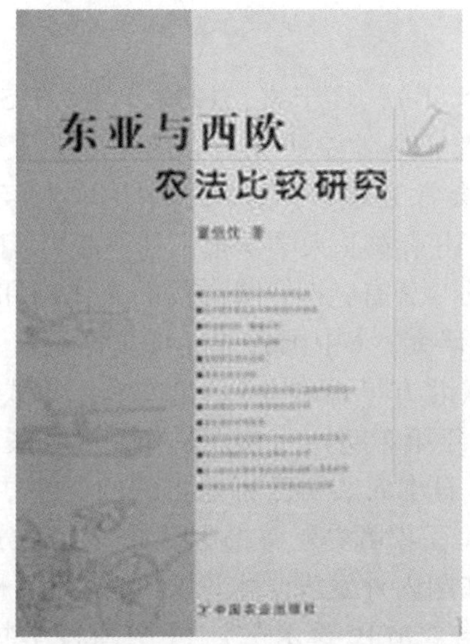

图 5-25　董恺忱著《东亚与西欧农法比较研究》

图 5-26　董恺忱，范楚玉主编
《中国科学技术史 · 农学卷》科学出版社，2000 年

八、郭文韬

郭文韬（1930—2005 年），辽宁人，1930 年生，1952 年毕业于吉林农业大学农学专业。历任中国农业科学院研究员、南京农业大学教授、博士生导师等职、另兼任农业历史学会常务理事、顾问，中国农业经济史研究会常务理事，《中国农史》杂志编委《南京农业大学学报 · 社科版》编委等职。系国际东亚科学史学会会员。已出版的专著有：《中国古代的农作制和耕作法》《中国大豆栽培史》《中国耕作制度史研究》《中国农业经济史论纲》。主编的著作有：《中国传统农业与现代农业》《北方旱地农业》；论文有：《试论中国古农书的现代价值》（《中国农史》2000 年第 2 期）；《中西耕作制度发展史的比较研究》（《古今农业》1994 年第 3 期）；日本农文协已将他主编的《中国传统农业现现代农业》一书和他的专著《中国大豆栽培史》一书翻译成日文，分别于 1989 年和 1999 年在东京出版。另外，还在国内外发表学术论文 60 多篇。相关论著有：《中国农业科技发展史略：贾思勰与“齐民要术”》（中国科学技术出版社，1988 年）；《贾思勰王祯评传——中国思想家评传丛书》（图 5-27）；《中国传统农业思想研究》（郭文韬）；《中国农业经济史论纲》（郭文韬、陈仁端）；《中国近代农业科技史》；《中国农业科技发展史略》（中国农业科学技术出版社，1988 年）等。

图 5-27　郭文韬、严火其著《贾思勰王祯评传》

九、杨直民

杨直民，男，1931 年生，河北唐山人，中国农业大学图书馆前馆长，图书馆研究馆员，农业科技史研究员，农史研究专家，原中国农业历史学会常务理事，《贾思勰志》（山东人民出版社，2001 年）编辑委员会顾问（图 5-28，图 5-29）。1953 年北京农业大学农学系毕业，留校任翻译室助教，1954 年调任图书馆秘书。同年学校确定杨直民师从经济思想史学家、农史学家、北京农业大学农经系教授兼图书馆馆长王毓瑚先生（1907—1980 年）从事农史学习研究。1960 年升副馆长，1978 年学校农史研究室建立，任主任。1980 年，王毓瑚先生逝世后，接任北京农业大学图书馆馆长。1992 年退休后，学校选聘为北京农业大学图书馆名誉馆长。曾被推选、聘任为：国家教委高校图书情报工作委员会常务委员、北京市高校图书馆学会理事、北京市高校图书情报工作委员会委员、中国农业图书馆协会副理事长、中国科学技术史学会常务理事、农业历史学会常务理事、《农业图书馆》杂志副主编、农业部农业高级职务评审委员会委员、农业部图书档案新闻出版系列高评委委员、北京市高等学校图书资料专业技术职务系列高级职务评审委员会委员、中国农村发展研究中心研究员、农业出版社特约编审。曾讲授过“科学技术史”“农业历史文献及选读”“农学思想史”“栽培植物起源”“中国农业史”“农业科学技术史”“科技文献检索”等课程。多年研究的重点和成果主要在近现代农业科学技术史与大学图书馆的现代化管理与建设领域。在任北京农业大学图书馆馆长期间，1983—1992 年成功地主持了由世界银行贷款支持的“北京农业大学模式图书馆”的兴建与运转。主要著作在农史方

图 5-28　杨直民教授

图 5-29 笔者（左）与参加 2006 年《齐民要术》与现代农业高层论坛的杨直民（右）教授合影

面有：《中国传统农学与实验农学的重要交汇》（香港第二届国际中国科学技术史学术会议参会论文）、《农业技术的历史演变》《中国农业科学技术史稿》中“宋辽金元农业科技史”部分、《世界农业科学技术史探索》《加拿大农业历史发展中的重大变化》《中国的畜力犁》（北京中国科学史国际学术研讨会论文）、《中国近代农业技术体系的形成与发展》《中国近代畜产技术述略》《农学思想史》等；在图书馆方面有：《关于北京农业大学图书馆发展战略的构思》《大学图书馆现代化管理与建设——1986、9—1987、3 赴加拿大圭尔夫大学访问研究报告》《北京农业大学图书馆建筑功能与造型分析》《构建符合国情的现代农业文献信息服务体系》《关于大学图书馆建筑、设备咨询》《农科大学图书馆非书信息载体的应用前景》《现代型农科大学图书馆建设探索》《加强检索咨询提高借阅服务水平》《图书馆的职称评审与业务建设》等。共撰著图书馆学、农史学科专著论文 80 余篇（册）。所撰著述重点围绕社会主义现代化建设项目，有鲜明的理论与实践相结合的特点。1992 年获国务院颁发的政府特殊津贴证书。退休后仍从事一些力所能及的学术、业务活动，多年为农史研究生讲授“农业历史文献及选读”“农学思想史”课程。相关论著有：《介绍“齐民要术”新校译本》（《农业图书馆杂志》1983 年第 9 期）；《从几部农书的传承看中日两国人民间悠久的文化技术交流》（《世界农业》1980 年 10 期、11 期；《中国古代科学家传记（上集）：“贾思勰”》（科学出版社，1992 年）；《一位杰出的古代农学家：贾思勰》（《农业技术》1963 年第 1 期）；《中日文化交流史大系科技卷：“农业著作的传流”》(浙江人民出版社，1996年12月)；《旱区农业技术发展和农业资源利用的历史》(上、下)，(《古今农业》2003年第3期)；《农业科学技术史研究的蓬勃发展》《我国保墒技术及有关农具的历史发展》《我国古代的地力说》《我国古代在栽培植物起源方面的贡献》《中国古代农业科技》《精耕细作是中国农业技术的优良传统》《传统农业向现代化农业转化与农业科学技术史研究的蓬勃发展》《农史研究》第7辑等。

十、范楚玉

范楚玉，1932年生人，1959年毕业于北京大学历史系（图5-30）。曾任中国科学院自然科学史研究所研究员、中国农史学会常务理事。相关论著有：《中国古代科学技术史稿》(合作)；董恺忱、范楚玉主编：《中国科学技术史·农学卷》(科学出版社，2000年，图5-31)；董恺忱，范楚玉主编：第十章《齐民要术》第一节贾思勰与《齐民要术》写作的若干问题，第二节《齐民要术》的内容，第三节《齐民要术》所反映的贾思勰的思想，第四节《齐民要术》在农学史上的地位及其流传和研究，《中国科学技术史·农学卷》(科学出版社，2000年)；范楚玉《贾思勰》，卢嘉锡总主编、金秋鹏分卷主编：《中国科学技术史》(人物卷)（科学出版社，1998年，第212页)；《中国古代人们对地的认识》《陈旉的农学思想》《中国古代科技成就——中国古代几部重要农书》，范楚玉著，中国科学院自然科学史研究所主编（中国青年出版社1995年9月)；《中国古代几本重要农书》自然科学史研究所；《贾思勰的农学思想》，(中国科学技术史学会第二次代表大会论文，1983年10月，西安）等40余种。

图5-30 范楚玉教授

图 5-31　董恺忱，范楚玉主编

《中国科学技术史·农学卷》科学出版社，2000 年

十一、闵宗殿

闵宗殿，1933 年生人，浙江湖州人，原中国农业博物馆研究员，农史研究专家，中国农业历史学会副会长，《贾思勰志》（山东人民出版社，2001 年）编辑委员会顾问（图 5-32）。相关论著有：《中国农业技术发展简史》（农业出版社，1983 年）；《〈齐民要术校释〉第二版读后感》；《中国古代科技名著译丛》；《中国农业文明史话：〈齐民要术〉》（中国广播电视出版社，1991 年 10 月）；

图 5-32　闵宗殿教授

《中国古代农业科技史图说》（农业出版社，1989 年）等。

十二、陈文华

陈文华（1935—2014 年），原江西省社会科学院研究员，《农业考古》杂志主编，农业考古研究中心主任，江西省社会科学院原副院长，著名考古专家、茶文化专家，1988 年被授予“国家级有突出贡献专家”，中国农业历史学会原副会长（图 5-33，图 5-34）。从 1978 年起，陈文华撰写了 300 多万字文章。先后应邀到日本、韩国、英国、法国、美国等国家讲学和交流，1986 年被日本考古学界誉为“中国农业考古第一人”。1981 年筹划和主编《农业考古》杂志，其中的“中国茶文化”专号，开辟了茶文化研究、茶话、茶诗、茶艺、茶俗、茶具、茶馆见闻、茶场记事、茶与名人等 10 多个栏目，成为我国研究茶文化的权威杂志。他的名字入选英国剑桥国际名人传记中心出版的《世界名人辞典》，并获得美国传记协会 1996 年杰出成就金奖。相关论著有：《中国农业考古图录》（南昌：江西科学技术出版社，1994 年）；《中国古代农业科技图谱》（北京：中国农业出版社，1990 年）；《中国古代农业科技史图谱》（农业出版社，1991 年）；《小葱拌豆腐——关于豆腐问题的答辩》（《农业考古》1998 年第 3 期）。

图 5-33　陈文华教授

图 5-34　笔者（右）与参加 2006 年《齐民要术》与现代农业高层论坛的陈文华（左）教授合影

十三、彭世奖

彭世奖，1936 年生，广东陆河人，华南农业大学农史研究室副主任、研究员，中国农业历史学会常务理事，广东省农史研究会副理事长（图 5-35）。1960 年毕业于华南师范大学历史系。主要研究方向：中国农业史。主要著作：《中国农业科学技术史稿》（合著，农业出版社 1989 年出版，获国家教委人文科学二等奖、农业部科技进步一等奖、国家科委科技进步三等奖）；《中国农业百科全书 · 农史卷》（合著，农业出版社 1995 年出版）；《中国古农书考》（译著，天野元之助著、彭世奖等译农业出版社 1992 年，获广东高校人文科学三等奖、广东省社会科学三等奖）；《中国农业传统要术集锦》（中国农业出版社，1998 年）等。主要论文：《〈似南方草木状〉撰者撰期的若干问题》（《农史研究》1980 年第 1 辑）；《中国古代农业优良传统之一——生物防治》（《中国农业科学》1983 年第 4 期，获华南农大科技进步三等奖）；《“火耕水镇”辨析》（《中国农史》1987 年第 2 期，获华南农大科技进步三等奖）；《从中国农业发展史看未来的农业与环境》；《我国古代杰出的农业科

图 5-35　彭世奖教授

学家贾思勰》（《中学历史教学》1980 年第 5 期）；《农史研究的又一丰碑——“中国科学技术史·农学卷”读后记》（《中国农史》2001 年第 2 期）；《我国传统农业何以会走上精耕细作道路》（《中国农展》1986 年中国农业博物馆开馆纪念特刊）；《试述我国传统农业的特点和优点》（《古今农业》1990 年第 1 期）；《试论农史研究与农业现代化》（《农业考古》1984 年第 1 期）；《中国古代的鲜花变色和催延花期法》（《中国科技史料》1990 年第 4 期）；《我国古代蔬菜生产的特殊技艺》（《中国农史》1989 年第 2 期）；《中国甘蔗栽培和加工制糖史探研》（《香港大学中文系集刊（香港）》1987 年第 2 期）；《关于中国的甘蔗栽培和制糖史》（《自然科学史研究》1985 年第 3 期）；《我国传统农业中对生物间相生相克因素的利用》（《农业考古》1992 年第 1 期）；《我国历史上的水利建设和农田开发》（《古今农业》1989 年第 1 期）；《略论中国古代农书》（《中国农史》1993 年第 2 期）；《我国古代农业害虫防治法》（《农业考古》1984 年第 2 期）；《论天野元之助博士对中国农史研究的杰出贡献》（《中国科技史料》1992 年第 4 期）。

十四、周肇基

周肇基，1937 年生人，现任华南农业大学人文学院农史研究室名誉主任，教授，中国农史学会常务理事，中国农史学会当代史委员会理事，中华学术研究会理事，广东农史研究会理事长，《中国科技史料》编委，《中国农史》编委（图 5-36）。毕业于西北大学生物系又经北京师范大学植物生理学研究进修班深造。主要研究方向为农业科技史、植物学史、植物生理学史、中国农业历史献研究、岭南花卉文化史等。先后主持农业部重点项目《中国农业通史·隋唐五代卷》，广东省社科重点立项项目《岭南花卉文化史研究》，广东省高教厅科研项目《岭南花文化的源流和历史经验的启迪》等科研课题。现已出版著作 9 部，其中个人专著 1 部，余为合著；现已公开发表学术论文 80 余篇；主要有《中国植物生理学史》（个人专著）、《中国生物学史》（合著）、《中国植物学史》（合著）等。7 次评为先进教师和先进科研工笔者；8 次获国家级学会、中国科学院、省厅级科研成果奖。1992 年获国务院政府特殊津贴。相关论著有：《从〈齐民要术〉看我国古代劳动人民在植物生理学方面的成就》（甘肃大学学报〈自然科学版〉1975 年 1 期）；《我国古代劳动人民对植物生理学的贡献（摘要）》（《植物学报》1976 年第 4 期）；《中国古代兰谱研究》（《自然科学史研究》1998 年第 1 期）；《中国古代对植物物质运输的认识和控制》（《自然科学史研究》1997 年第 3 期）；《古农书与植物生理学》（《农业考古》1990 年第 1 期）；《中国古代种大葫芦法的成就及指导思想》（《自然科学史研究》1996 年第 3 期）；《中国嫁接技艺的起源和演进》（《自然科学史研究》1994 年第 3 期）；《我国传统的种子处理》（《植物杂志》1982 年第 3 期）；《我国古代的植物抗性生理知识》（《中国农史》1984 年 3 期）；《中国古代“嫁枣”法的起源传承关系及技术演进》（《自然科学史研究》2000 年第 2 期）；《中国古农书中的植物生理学知识》（《植物生理学通讯》1991 年第 1 期）；《几种重要辞书“嫁枣”“嫁接”条目诠释之商榷》（《中国农史》2000 年第 4 期）；《我国古代植物生理学知识新探》（《中国农业科学》1982 年第 5 期）；《我国古代种子生理学的成就》（《植物生理学通讯》1985 年第 4 期）。

图 5-36　周肇基教授

十五、李根蟠

李根蟠，1940 年生，广东新会人，中国社会科学院经济研究所研究员、博士研究生导师，中国农业历史学会副理事长，农史研究专家，专长为古代经济史，《中国经济史论坛》主编（图 5-37，图 5-38，图 5-39，图 5-40）。相关论著有：《中国农业科学技术史稿》（农业出版社 1989 年，1990 年），《民族与物质文化史考略》（民族出版社 1991 年）；《中国古代农业》（天津教育出版社 1991 年）；《中国农业史》（台，文津出版社，1997 年）；《农业科技史话》（中国大百科出版社，1997）；《中国科学技术史・农学卷》（科学出版社，2000 年）；《中国大百科全书・经济卷》（中国大百科全书出版社 1989 年）；《中国农业百科全书・农业经济卷》（中国农业出版社）；《中国农业百科全书・农业历史卷》（中国农业出版社）；《中国经济史研究》1996—1997 年增刊（经济研究杂志社）；《从〈齐民要术〉看少数民族对中国科技文化发展的贡献》（《中国农史》2001 年第 2 期）；《〈陈旉农书〉与“三才”理论——与〈齐民要术〉比较》（《华南农业大学学报》2003 年第 2 期)；《试论中国古代农业史的分期和特点》；《“多元交汇”的中国传统农业》；《中国农史研究的回顾与展望》(《古今农业》2003 年第 3 期)；《〈齐民要术〉何以无养狗的论述——牧区文化对中原文化影响之一例》(《中国经济史论坛》2003 年在线论文)；《“三才”理论与中国传统农学论

图 5-37　李根蟠教授

图 5-38　2006 年 9 月在韩国水原参加第六届东亚农业史国际学术研讨会期间笔者（左）与李根蟠教授（右）合影

略》（2002 年中日韩农史研讨会论文）；《汉魏之际社会变迁论略》，《中国社会历史评论》第三辑，中华书局，2001 年 6 月；《古籍中的稷是粟非穄的确证》（《中国农业科学》2000 年第 5 期）；《稷粟同物，确凿无疑——千年悬案“稷穄之辨”述论》（《古今农业》2000 年第 2 期）。

图 5-39　2008 年 4 月李根蟠研究员（左三）参加 CCTV 电视纪录片《齐民要术》开机仪式暨 2008《齐民要术》研讨会

图 5-40　2008 年 4 月李根蟠教授（左三）与寿光市原《齐民要术》研究会原会长王焕新（右）共同为 CCTV 电视纪录片《齐民要术》开机仪式揭幕

十六、张波

张波，1948 年生人，西北农林科技大学副校长、博士生导师，教授，中国农业历史学会副会长（图 5-41，图 5-42）。相关论著有：《贾思勰与“齐民要术”》（《陕西农业》1980 年第 2 期）；《中国古代农业科学家小传：北魏农学家贾思勰和〈齐民要术〉》（陕西科技出版社，1984 年 6 月）；《我国农史研究的回顾与前瞻》（《中国农史》1986 年第 1 期）；《贾学之幸》（《西北农业大学学报》1992 年增刊）。

图 5-41 张波教授

图 5-42 2006 年 9 月在韩国水原参加第六届东亚农业史国际学术研讨会期间笔者（右）与张波教授（左）合影

十七、曹幸穗

曹幸穗，1952 年 4 月 6 日出生于广州市，祖籍广西桂平县。中国民主同盟盟员，第九、第十届民盟中央委员，第九、第十、第十一届全国政协委员，全国政协文史与学习委员会委员（图 5-43，图 5-44，图 5-45）。现任中国农业博物馆研究员，南京农业大学博士生导师。1982 年毕业于广西农学院农学系，1985 年毕业于中国农科院研究生院，获农业史专业硕士学位，1984—1987 年在农业遗产研究室工作，1990 年获南京农业大学农业史专业博士学位，曹幸穗研究员是我国培养的第一位农业史博士。先后在广西农学院（1977 级本科）、中国农业科学院研究生院（1981 级硕士研究生）、南京农业大学研究生院（1987 级博士研究生）学习，接受过系统的现代农学、历史学、经济学训练，专业基础理论扎实，学科知识面较宽，是目前我国农业史专业的学科带头人之一。曾任农遗室副主任、主任，现为研究员、博士生导师，中国农业展览馆研究所所长，中国农业博物馆研究所所长，教授，主要从事中国农业科技史和经济史研究。全国政协委员、中国农史学会秘书长，中国科学技术史学会副理事长，中国齐民要术研究会会长。

图 5-43　曹幸穗教授

图 5-44　2006 年 9 月在韩国水原参加第六届东亚农业史国际学术研讨会期间笔者（左）与曹幸穗教授（右）合影

图 5-45　中国齐民要术研究会会长曹幸穗研究员（左），中国工程院院士、潍坊科技学院名誉院长、特聘教授尹伟伦教授（右）为潍坊科技学院农业科学院士专家工作站揭牌

曹幸穗教授多年来先后参加和主持了多项国家级大型课题。在已出版的《中国农业现代化理论道路与模式研究》《中国农业发展史纲要》《中国农业实践概论》等大型学术专著中，他执笔完成了相关的中国农业史内容。他的代表作《旧中国苏南农家经济研究》从多角度论述了市场经济与小农经济的相互关系，获得了国内外学术界的好评和和广泛的学术引用。他主编的《民国时期的农业》一书填补了民国史研究的空白，成为这一研究领域的重要参考书之一。先后担任国家重大文化工程项目《中国馆藏满铁资料的整理与研究》（30 卷）、《中华大典·农业典》（共 54 卷）常务副主编以及国家文化遗产保护科学和技术发展"十一五"规划《指南针计划·农业科技史项目》项目主持人。此外，还负责中国农业博物馆的展览陈列编写内容的审定，是该馆的主要学术专家之一。

2006 年年初，曹幸穗教授受上级安排，参加中央党校《社会主义新农村建设理论》编写组，为"省部级主要领导干部学习班"编写学习参考资料。曹幸穗负责撰写了《中国历史上的重农思想与农政演变》，对我国历史上"三农"问题作了客观综合的理论阐述，凝聚了他多年研究的学术精华和史学见解，得到了领导和专家的好评。该文被编入《中央政治局集体学习资料》（上册，2007 年 9 月）。2006 年，为配合国家免除农业税的宣传，受聘参加中央电视台八集政论片《皇粮国税》的制作，是该片的主要撰稿人和受访专家之一。

曹幸穗教授作为全国政协委员和民盟中央委员，积极参加国家的政治生活，为国家的农业发展和农村建设建言献策。先后参加了关于减轻农民负担、农村基层农业科技推广队伍建设、农村生态环境建设、三峡库区移民、农业产业化建设、国家粮食安全、增加农业科研投入、加强农业转基因育种等专题视察和调研，得到国家有关部门的重视和采用。

由于在农业史研究方面的学术成就，曹幸穗教授在国内外农业史和经济史学界具有较高学术声望。他先后受聘为南京农业大学博士生导师以及中国科学院自然科学史研究所知识创新项目专家组成员。曹幸穗同志与日本、美国、荷兰、英国、法国、韩国及我国港台地区的许多农业史研究机构和专家学者具有密切的学术联系，为引进合作研究项目、联合培养专业人才和开展学术交流活动做出较大贡献。曹幸穗教授相关论著有：《口述史的应用价值、工作规范及采访程序之讨论》（《中国科技史料》2002 年第 4 期）；《中国农业经济史的主要学派及理论》等。

十八、张法瑞

图 5-46　张法瑞教授

张法瑞，1955 年生，河北高阳人，中国农业大学人文与发展学院教授，主要从事农业科技史、科技哲学等方面的研究（图 5-46，图 5-47）。历任校社科部副主任、主任、人文学院副院长及中国自然辩证法研究会农业哲学委员会秘书长、中国农史学会常务理事、中国农业科技管理研究会培训部主任等职。主编《世纪之交的中国农业和农村》《可持续农业的哲学基础》等著作 6 部，合著《世纪农业科技史》等著作 8 部，其中三部著作获中国图书奖和省级优秀成果二等奖各两项。主持研究课题项目：《中华大典 · 农业典 · 畜牧兽医分典》（国务院批准，新闻出版总署规划），国家重大科技项目，2006—2009。2003 年《世界农业科学技术史》（三人合著），中国自然辩证法研究会优秀成果二等奖。相关论著有：《中国农业可持续发展的理论思考》；《〈齐民要术〉与北魏的畜牧业生产》（王磊，张法瑞，中国生物学史暨农学史学术讨论会论文，2003 年 11 月，广州）；《论北魏的畜牧业》（王磊，张法瑞，柴福珍，《古今农业》2004 年第 1 期），黄英伟、张法瑞，《从〈齐民要术〉看北魏的养猪业与养羊业》《中国农史》2006 · 增刊，尹北直、张法瑞，《〈齐民要术 · 园篱〉评析及其史料价值初探》《中国农史》2006 · 增刊，杨直民、张法瑞，《从思想文化层次考量〈齐民要术〉研究》《中国农史》2006 · 增刊，王靖轩、张法瑞，《〈齐民要术〉中地主家庭经济管理思想形成背景》，《安徽农业科学》2008. 10，王靖轩、张法瑞，《〈齐民要术〉》中的地主“治生之学”产生背景研究》《古今农业》2008. 1，张法瑞，《20 世纪的贾思勰，〈齐民要术〉研究》，第六届东亚农业史国际学术研讨会论文集（韩国 · SUWON），2006. 9。讲授课程：《中国传统农业科学与生态农业》《世界农史研究》《科学技术史简明教程》《世界农业科学技术史》，主讲的硕士生和博士生的两门公共理论学位课均被评为校一类课程，获北京市优秀教学成果二等奖（排名第二）一项。

图 5-47　2006 年 9 月在韩国水原参加第六届东亚农业史国际学术研讨会期间笔者（右）与张法瑞教授（左）合影

十九、樊志民

樊志民，1957 年生，陕西洛川人，西北农林科技大学人文学院副院长，西北农林科技大学农业历史研究所所长，教授，博士生导师，农史研究专家，研究方向为中国农业经济史（图 5-48，图 5-49）。中国农业历史学会副会长、《贾思勰志》（山东人民出版社，2001 年）编辑委员会顾问、西北农林科技大学中国农业历史文化研究中心主任、中国农业历史博物馆馆长、兼任国家社科基金历史学科组评审专家、农业部全球重要农业遗产专家委员会委员、陕西省科技史学会副会长、陕西省社科规划办专家组成员、中央电视台十集电视纪录片《齐民要术》（2008 年）学术顾问。1981 年兰州大学历史系毕业，分配到西北农业大学古农学研究室工作。1996 年获南京农业大学农业史专业博士学位，1997 年进人西北农业大学农学博士后流动站农业经济及管理专业从事博士后科学研究。1997 年晋升为研究员并被送选为农业经济及管理专业（农业史方向）博士生导师。现任中国农业历史学会常务理事，陕西省科技史学会理事，西北农业大学人文学院副院长、古农学研究室主任等职。兼通农、史，知古鉴今。近年来以较大精力投入农史研究生指导、培养工作，先后承担研究生《中国通史》《中国农业经济史》《中国农业科技史》《地区与断代农业史研究》《农业考古学》等学位课程的教学工作。长期从事农业历史研究，率先倡导地区与断代农业史研究，并以陕西与周秦农业历史研究确立了自己的特色领域与学术地位。《秦农业历史研究》为国内第一部断代农业史专著，被学术界称为秦史研究由文献整理与概貌通览阶段迈入专门领域深入研究时期的重要标志。有关地区农业史的理论与实践研究，突破个案性局限，从科学与理论角度界定地区农业史的概念、范围与研究方法，对于地区农业史研究实践具有普遍指导意义。同时关注学科建设，拓展研究领域，举办农史学科理论探索、农业起源研究、钟鼎彝器农史文字考释、古代农业经济科技文化交流与传播等方面皆多创获与建树。其中《周金文中所见之关中农业》《试论中国中石器时代的原始农业萌芽》《关中历史上的旱灾与农业问题研究》《地区农业史的理论与实践》等论著多次获陕西自然科学优秀学术论著奖与有关学会优秀论著奖，收入国家教委高等院校重大科学成果汇编，并被国内外多家学术资料中心收藏、转载。1994 年获陕西省第三届优秀青年科技工笔者称号。1995 年当选陕西省跨世纪青年科技人才群英会代表。1997 年被评为西北农业大学（现西北农林科技大学）优秀科技工笔者。合计出版专著、合著学术著作 5 部，发表学术论文 40 余篇。目前在研项目有“中国传统农业商品化趋势研究”（博士后研究课题）、“中国农业通史 · 战国秦汉卷”（农业部课题）等。相关论著有：《中国古代农业区划研究》等。

图 5-48　2008 年，樊志民教授接受 CCTV《齐民要术》摄制组专题采访

2014 年，国家教育部组织国家哲学社会科学重大项目《中华农业文明通史》编撰工程，采用重大课题招标形式，经由严格评审，确定由西北农林科技大学农史所作为主编单位、樊志民教授作为项目首席专家。这既是农史科研项目管理体制的重大变革，也是对西北农林科技大学既有农史学术积累与研究能力的认可。由西北农林科技大学人文学院樊志民教授牵头，联合南京农业大学、中国农业展览馆、中国科学院、陕西师范大学等校内外专家学者共同参与，计划按照由古及

图 5-49　2006 年 9 月在韩国水原参加第六届东亚农业史国际学术研讨会期间笔者（左）与樊志民教授（右）合影

今的历史序列和通史体例，编撰一部十卷本约 400 万字的史学著作。通过对中华农业文明进行系统研究，对蕴含丰富的民族精神内涵进行挖掘和阐发，对中华农业文明在世界文明体系中的地位与贡献进行客观评价，是展示国家软实力、弘扬民族精神和传承中华优秀传统文化的重要载体。

2015 年 3 月，国家出版基金规划管理办公室公布了 2015 年国家出版基金项目评审结果，西北农林科技大学出版社申报的《中国农业史·图文版》出版项目获得立项。这是出版社首次获得该项目资助。本项目主要编撰者樊志民教授多年来潜心于农史学术研究，是地区与断代农业史研究的开创者和倡行者。编写团队成员均为西北农林科技大学“中国农业历史文化研究中心”具有多年农史研究经验的学者，该中心成立以来，一直致力于的农业史的研究，先后参与了《中国农业大百科全书》《中国农业大典》《中国农业通史》《中华农业文明通史》等国家重点项目的编纂工作，在全国农史研究领域处于领先水平。

二十、王思明

王思明，1961 年出生，湖南长沙人。南京农业大学人文社会科学学院院长，教授，博士研究生导师，农史研究专家（图 5-50，图 5-51，图 5-52）。研究方向：中国农业科技史、中国农业经济史、比较农业史及科技与社会研究，任中国农史学会副理事长、中华农业文明研究院常务副院长、中国农业科学院中国农业遗产研究室主任。先后获西北农业大学理学硕士和南京农业大学农学博士学位。1994 年，1999—2000 年分别赴美国国家历史博物馆、加州大学（Davis）和斯坦福大学从事客座研究。国家一级学会中国农业历史学会副理事长、江苏省农史研究会会长、中国科学技术史学会理事、江苏省哲学社会科学联合会理事、美国农史学会通讯会员。浙江宁波周尧昆虫博物馆副馆长；中国"吴学研究所兼职研究员"；农业部"神农计划"人选；江苏高校"青蓝工程"学术带头人；民进江苏省委委员、科技委员会副主任；民进南京市经济科技委员会主任委员；中国农业科学院学术委员会委员；南京农业大学学术委员会委员、学位委员会委员；《中国农史》杂志主编；《南京农业大学学报》（社科版）编委。曾经和目前正在主持的有国家科技部、教育部、农业部、国家社科基金、国务院古籍整理小组等国家及省部级科研课题 10 余项。研究成果：①《AHistory of Chinese Entomology》(英文译著，天则出版社，1990 年)；②《中国农业发展史》《农业概论》（中国农业出版社，1999 年 3 月）；③《中国近代农业改进史略》（中国农业科技出版社，2001 年）；④《中国农业科技史》 （中国农业科技出版社，2001 年）；⑤《中国农业古籍目录》(中国图书文献出版社，2002 年)。论文：《农史研究回顾与展望》(《中国农史》2002 年第 4 期)，《20 世纪农史研究的回顾与展望》(《农业考古》2003 年第 1 期)。承担的主要项目：①中国农业通史 · 近代农业卷 (农业部，主持，1996—2002 年)；②中国重大农业典籍的整理研究（国家科技部，主持，1999—2002 年)；③中国农业遗产选集（6 卷）（国务院古籍整理小

图 5-50　王思明教授

组，主持，2000—2006年）；④西部农业开发史（中国农业科学院科技基金，主持，2001—2003年）；⑤西部农业开发的历史反思（国家社科基金，2001—2004年）；⑥中国农业遗产信息数据库（中国农业科学院科技专项基金，主持，2002—2003年）；⑦中国传统农业科技数据库建设（国家科技部，主持，2003—2004年）。南京农业大学农史学科在王思明教授领导下，在史料收集、学科建设和人才培养方面取得了瞩目的成果，并吸引了李约瑟、白馥兰、天野元之助等世界级的学者前去切磋和交流，使原来的中国农业遗产研究室升格为中华农业文明研究院，现在已经发展成为中国特色和知名的学科，也是全国最知名、实力最强的农业历史学科博士点。

图5-51　2006年9月在韩国水原参加第六届东亚农业史国际学术研讨会期间笔者（右）与王思明教授（左）合影

图5-52　笔者（右）与参加2006年《齐民要术》与现代农业高层论坛的王思明（左）教授合影

二十一、倪根金

倪根金，1962年生人，华南农业大学人文科学学院农史研究室教授，农史专家，现任中国农史学会常务理事，广东农史研究会副理事长兼秘书长，《中国农史》编委（图5-53，图5-54）。毕业于中山大学历史系。主要从事中国林业史、农业科技史、农业经济史和古农书研究。参与《中国农业通史》《生物史与农史新探》等多部著作的编写和多项部、省级重点科研课题的研究。

图5-53 倪根金教授

图5-54 2006年9月在韩国水原参加第六届东亚农业史国际学术研讨会期间笔者（右2）与倪根金教授（左）合影

发表论文50多篇，多篇论文获国家级学会、省级学会和校级优秀论文奖。1997年被评为广东省“千百十工程”校级培养对象。相关论著有：《〈齐民要术〉农谚研究》（《中国农史》1998年第4期）。

二十二、曾雄生

曾雄生，1962年生，江西新干人，中国科学院自然科学史研究所研究员

(图 5-55，图 5-56)。大学毕业于江西师范大学历史学系，硕士研究生师从浙江大学农学院农业史研究室游修龄教授，专攻农业史。研究领域是中国农史、农业经济史。创办并主持“中国农业历史与文化网站”(agri-history. net)。相关论著有：《中国农业与世界的对话》(曾雄生等著)，贵州民族出版社，2014 年；《中国农学史》(曾雄生著)，福建人民出版社，2008 年；修订本，2012 年，《论小麦在古代中国的扩张》(《中国饮食文化》2005 年第 1 期)；《传统经济再评价中的农业技术和耕畜资本问题》(2004 年 12 月 7 日在首都师范大学中国传统经济再评价研讨会上的发言)；《译文：论〈齐民要术〉》(《法国汉学》2002 年)；《跛足农业的形成——从牛的放牧方式看中国农区畜牧业的萎缩》(《中国农史》1999 年第 4 期；中国人民大学书报资料中心《农业经济》2000 年第 3 期全文转载)；《中国传统文化与现代科学技术·传统农业的缺陷》(浙江教育出版社，1999 年)；《六道、首种、六种考》(《自然科学史研究》1994 年第 4 期)；《没有耕具的动物踩踏农业——农业起源的新模式》(《农业考古》1993 年第 3 期)；《二十世纪中国民俗经典·物质民俗卷》(北京：社会科学文献出版社，2002 年)；《中西方农业结构及其发展问题之比较》(《传统文化与现代化》1993 年第 3 期)；《科技发展的历史借鉴与成功启示》(《科学》1998 年)；《适应和改造：中国传统农学中的“天人关系”略论》(《中国经济史上的天人关系》，李根蟠、原宗子（日）、曹幸穗编，中国农业出版社，2002 年)；《中国历史上的反季节》(《科学时报》2001 年 11 月 25 日版)；《中国传统农学理论中的“人”》(《自然科学史研究》2001 年第 1 期，论点已入选《中国社会科学文摘》2001 年 3 期)；

图 5-55　曾雄生研究员

图 5-56　曾雄生研究员在 CCTV《百家讲坛》节目上

《第 7 届中国科学史国际讨论会论文集 · 天时与农时》（大象出版社，1999 年）；《民族学材料对古代农业文献的诠释举例》（《中国科技史料》1995 年第 3 期）；黄省曾，鲁明善，马一龙，张履祥，《中国古代科学家传记》（下集，科学出版社，1992，811—817，741—745，787—790，979—985）；《评李约瑟主编白馥兰执笔的“中国科学技术史”农业部分》（《农业考古》1992 年第 1 期，收入王钱国忠主编，国家九五重点图书，《李约瑟文献五十年：1942—1992 年》下册，贵州人民，1999 年）；《齐民要术》（原著：F. Bray〈白馥兰〉；翻译：曾雄生）。合著有：《中国科学技术史 · 通史卷》（科学出版社，2003 年 6 月）；《中国科学技术史 · 农学卷》（科学出版社，2000 年 6 月）；《中国历史大辞典 · 科技史》（上海辞书出版社，2000 年 4 月）；《中华科技五千年》（光盘，山东教育出版社，2000 年）；《图说中国古代科技成就》（浙江教育出版社，2000 年）；《图说中国科学技术史》（大象出版社，1999 年）；《中国科技史》（台湾文津出版社，1998 年）；《彩色插图中国科学技术史》（中国科学技术，祥云〈美国〉出版公司，1997 年）；《中华科技五千年》山东教育出版社，1997 年。1999 年第四届国家图书提名奖。1997—1998 年度山东省优秀图书特别奖）；《中国科技典籍通汇 · 农学》（河南教育出版社，1994 年）；《中华文献精诠》（广播电视出版社，1994 年）；《中国文化的基本文献 · 科技卷》（农学部分，湖北人民出版社，1994 年）；《中国古代文献精粹大典》（农学部分，学苑出版社，1990 年）；《儒学与中国传统农学》（《传统文化与现代化》1995 年第 6 期；《“数书九章”与农学》（《自然科学史研究》1996 年第 3 期）；《民族学材料对古代农业文献诠释举例》（《中国科技史料》1995 年第 3 期）。2006 年，笔者主编《〈齐民要术〉与现代农业高层论坛论文集》，向曾雄生教授索稿，曾教授非常支持，马上寄来《贾思勰的富民思想及启示》论文，刊载在论文集中，后编入《中国农史》2006年增刊，曾教授征得笔者同意，首先将薛彦斌论文《对20世纪以来〈齐民要术〉国内研究学者与成果的分类》挂在“中国农业历史与文化网站”上发表，点击率很高，先后被“新浪博客”“国学网”“大家论坛”“华夏文化传播网”等转载。

二十三、孙金荣

图5-57　孙金荣教授

孙金荣，1963年生，山东诸城人，山东农业大学文法学院副院长，教授，硕士研究生导师，中文系主任，山东农业历史学会秘书长（图5-57，图5-58）。“1512”人才工程第三层次，首届“教学名师”，首届“学生心目中的十大优秀教师”。山东大学古代文学专业博士研究生。国家教育部学位与研究生教育评审咨询专家，山东省古典文学学会理事，山东省写作学会常务理事，山东省委宣传部文化调研员，中国王维研究会会员，中国古代散文学会会员，公务员考试《申论》命题、阅卷、面试专家。为本科生、研究生共讲授《中国古代文学》《应用写作》《中国传统文化》等7门课程，历次评估均为优秀。参加完成国家“九五”“十五”课题5项，主持完成山东省社科规划课题等5项，主持在研国家重大委托研究项目子课题1项。主持完成厅级课题多项。在国内外重要学术期刊发表论文40余篇。出版著作《中国传统文化与当代文化构建》《应用文体写作》等6部。获山东省社科成果三等奖、中华农业科教基金会优秀教材奖等10余项（独立或主持）。获国家辞书奖二等奖、国家教学成果二等奖、省社科成果一、二等奖等多项（参加）。多次应邀在国内外主办的国际学术研讨会上做主题演讲或文化交流。孙金荣教授相关的研究成果有：山东大学博士论文《〈齐民要术〉研究》2014年获得山东大学古代文学专业博士学位，导师是徐传武教授；孙金荣：《2012中国·临淄〈齐民要术〉研究高层论坛综述》（《农业考古》2013年第1期）；孙金荣：《贾思勰为官“高阳”郡治考》（《山东社会科学》，2014年第1期）；孙金荣：《籍贯与故里——贾思勰生平事迹考略》（第12届东亚农业史国际学术研讨会，2012年5月，韩国春川）；孙金荣：《〈齐民要术〉引存亡佚〈异物志〉资料的文献史料价值》（第六届中华农圣文化国际学术研讨会，2015年4月，中国，寿光）。

图 5–58 孙金荣教授（左）与笔者（右）
参观 2015 年第十六届中国（寿光）国际蔬菜科技博览会

除了以上这 23 位知名专家之外，研究《齐民要术》和农业历史的中青年力量正在成长壮大，取得了可喜的研究业绩。西北农林科技大学中国农业历史文化研究中心和古农学研究室的力量强大，阵容整齐，除了研究区域与断代农业史的樊志民博士、教授、博导及研究农业灾害史的张波教授、博导外，还有农业灾害史的卜风贤博士、教授、博导；农业与农村社会发展的王征兵博士、教授、博导；农业科技文化交流史的朱宏斌博士、副教授；粮食经济史的吴宾博士、副研究员；园林史的郭风平硕士、教授；农业与农村社会发展的邹德秀教授、博导；农业历史文献的冯风副研究馆员；农村社会学的付少平硕士、教授；农业思想文化的张磊博士、教授；农村社会学的张红硕士、副教授；农村经济与社会发展的李世平博士、教授、博导；资源开发与区域发展的王礼力博士教授、博导；民俗文化的安鲁硕士、讲师；制度史的卫丽博士、讲师；生态史的李荣华博士、讲师；经济史的杨乙丹博士、讲师等。

第三节　港澳台专家与学者

一、香港

早在 20 世纪 60 年代，香港报刊就刊载过贾思勰与《齐民要术》研究方面的文章。《大公报》（英语：Ta Kung Pao），是中国发行时间最长的中文报纸之一，创刊至今已有过百年历史，在中华民国统治大陆时期，是当时最具影响力的报纸之一。现今的《大公报》的政治色彩浓厚。1949 年后，在中共港澳工委的领导下，《大公报》在香港出版发行，立场靠近中国共产党。在两岸方面，该报也明显站在中共一方。因此，《大公报》《文汇报》《香港商报》《香港经济导报》，被香港市民称为“四大左报”，大公报是迄今中国发行时间最长的中文报纸，也是 1949 年以前影响力最大的报纸之一。1902 年（壬寅年）由英敛之在天津创办，是中国迄今发行时间最长的中文报纸。1936 年 4 月 10 日上海版发刊，1966 年 9 月 10 日停刊。版本包括：泰兴《大公报》、香港《大公报》、天津《大公报》、上海《大公报》。中华人民共和国成立后，《大公报》重庆版、上海版先后停刊。天津版改名《进步日报》，旋又恢复原名，迁至北京出版，主要报导财政经济和国际问题，1966 年 9 月 10 日停刊。香港版出版至今。1962 年 10 月 18 日，香港《大公报》北京版曾刊登羽白的文章《贾思勰与〈齐民要术〉》。

刘殿爵（1921—2010 年），原香港中文大学中文系讲座教授、原中国文化研究所荣誉教授（图 5-59），2001 年主编出版《〈齐民要术〉逐字索引》（图 5-60），笔者：刘殿爵，陈方正，何志华，出版社：香港中文大学出版社出版日期：2001 年 12 月 1 日。

图 5-59　刘殿爵教授

《齐民要术逐字索引》是《魏晋南北朝古籍逐字索引丛刊》计划第一辑子部第二种书。《魏晋丛刊》由香港中文大学中国文化研究所刘殿爵教授、陈方正博士、何志华教授主编，中文大学出版社分阶段陆续出版，首三辑索引共 24 册，主要为子部及别集类文献，已出版《谢灵运集逐字索引》《谢朓集逐字索引》

《齐竟陵王萧子良集逐字索引》《庾信集逐字索引》《沈约集逐字索引》及《徐陵集逐字索引》等书。

图 5-60　《齐民要术逐字索引》

《齐民要术逐字索引》共 92 篇。全书正文据《四部丛刊》影上元邓氏群碧楼藏明钞本《齐民要术》。现在除别本、类书外，并据其它文献所见之重文，加以校改。校改只供读者参考，故不论在“正文”或在“逐字索引”，均加上校改符号，以便恢复底本原来面貌。本索引并附有“增字、删字、误字改正说明表”“汉语拼音检字表”等，便于读者查阅。全书结构严谨，出版说明、凡例、主编简介、汉语拼音检字表、威妥码-汉语拼音对照表、笔画检字表、征引书目、增字、删字、误字改正说明表等层次分明。

刘殿爵教授（Prof. D. C. Lau）早岁肄业于香港大学中文系，嗣赴苏格兰格拉斯哥大学攻读西洋哲学，毕业后执教于伦敦大学达 28 年之久，1978 年应邀回港出任香港中文大学中文系讲座教授。刘教授于 1989 年荣休，随即出任中国文化研究所荣誉教授至今。刘教授兴趣在哲学及语言学，是香港语言学家、翻译权威和哲学家，以准确严谨的态度翻译古代典籍，其中《论语》《孟子》《老子》三书之英译本，已成海外研究中国哲学必读之书。

香港科技大学历史系吕宗力教授研究《齐民要术》的角度非常新颖。2014 年 10 月 12—15 日，由中国魏晋南北朝史学会、中国社会科学院历史研究所主办，中国社会科学院历史研究所秦汉魏晋南北朝史研究室承办的中国魏晋南北朝史学会第十一届年会暨国际学术研讨会在北京举行（图 5-61）。本次会议主题为

“魏晋南北朝史研究的新探索”，具体包括魏晋南北朝国家、制度与社会；魏晋南北朝时期社会思潮与社会变迁；魏晋南北朝时期的民族与国家；魏晋南北朝史研究的新资料、新视野、新方法。来自世界各地的130余名学者出席此次会议，提交论文近百篇，全面展示了国内外魏晋南北朝史研究领域的繁荣景象。香港科技大学历史系吕宗力教授（图5-62）作了《谶纬与〈齐民要术〉》的学术报告，谶纬（chèn wěi）是古代汉族民间的神学预言，谶书和纬书的合称。谶是秦汉间巫师、方士编造的预示吉凶的隐语，后来汉族民间发展为庙宇或道观裹求神问卜，渐渐地更加简化为求签。纬是汉代附会儒家经义衍生出来的一类书，被汉光武帝刘秀之后的人称为“内学”，而原本的经典反被称为“外学”。谶纬之学也就是对未来的一种政治预言。吕宗力教授的《谶纬与〈齐民要术〉》，与2003年日本小林清市的《〈斉民要術〉にみる醸造の呪術》（《从〈齐民要术〉看酿造的巫术》），有很大的相似之处。

图5-61　中国魏晋南北朝史学会第十一届年会暨国际学术研讨会

图5-62　吕宗力教授

二、台湾

《台湾味道》一书由中国台湾省饮食文化协会理事长焦桐（图 5-63）编著，由台湾三联书店 2011 年 1 月 1 日出版，详细分析了卤肉饭、酱油膏、绿竹笋、吴郭鱼、虱目鱼、自然猪、米粉汤、担仔面、沏仔面、川味红烧牛肉面、鳝鱼意面、大肠蚵仔面线、泡面、炒米粉等台湾地产名菜的特性，《台湾味道》所记录的，不仅是四十余道台湾本地菜的味道和特色，更是其背后的历史往事、多元文化、生活习惯，以及属于台湾人的独特情感体验。其中，卤肉饭与《齐民要术》的渊源最深。《齐民要术》中记载了“露鸡”的制作方法，专家根据这些记载将其解作“卤鸡”。而此后红卤的烧鸡、白卤的白斩鸡都是根据“露鸡”发展得来的，烹饪技法多元化，魏晋南北朝时“甑”“蒸”“炸”“瀹”“烙”等法先后产生，从这种种原始烹调方法，逐渐发展到《齐民要术》中介绍的“绿肉法”，也就是“卤”与“浸”的当然鼻祖。

图 5-63　台湾饮食文化协会焦桐理事长

焦桐，台湾《饮食》杂志创办人，“二鱼文化”事业有限公司负责人，台湾饮食文化协会理事长，台湾“中央大学”中文系教授。1956 年生于台湾高雄市，曾习戏剧，喜诗歌，著有《蕨草》《咆哮都市》《完全壮阳食谱》《台湾味道》《暴食江湖》等诗歌散文集二十余种，编有《台湾饮食文选》、《星级名厨的料理秘诀》等。任台湾“年度餐馆评鉴”专家团召集人，曾策划主持过“随园晚宴”“印象主义晚宴”“文学宴”等多种主题宴会，酷爱美食，认为享受美食是人生中最绝妙的美学体验。

焦桐教授说：“台湾的卤肉饭，确实好吃，我们几个男人都干掉几碗，还频频要求店家在碗里添加卤汁，行止宛如奋不顾身的神风特攻队。

过几天换我带他们到“富霸王”，也是吃卤肉饭。“富霸王”向以卤猪脚闻名，其卤肉饭以猪脚卤汁取代了一般的五花肉卤汁，以碎腿肉取代肉臊，胶质满溢，符合经济效益，也开创了想象空间，是全台北我最心仪的卤肉饭”。

焦桐教授说：“我总觉得最能表现台湾人创意的，莫过于花样繁复的米食。台湾虽小，南北还是有些微的饮食差异，例如北部人叫‘卤肉饭’，南部人多叫‘肉臊饭’。其实此物是卤制肉丁作为浇头，淋在白米饭上，故‘肉臊饭’较为准确。

上次复旦大学陈思和教授访台，见街头店招‘鲁肉饭’，不解地问：台湾鲁肉饭的‘鲁’字，是否即‘卤’？我说‘鲁’字用于此确是错字，然则因袭日久，有些店家遂以讹承讹。盖‘卤’乃将原料放进卤汁里，经过长时间加热煮熟，属中华料理的传统工艺，北魏贾思勰《齐民要术》即已记载卤制技法，到了清代《随园食单》《调鼎集》更有了卤汁的配方和卤制方法。卤肉饭是台湾寻常的庶民食物，普遍的程度可谓有人烟处即有卤肉饭，带着粗犷而随意的性格”。

焦桐教授说：“中国的面条起源于汉代。那时面食统称为饼，因面条要在‘汤’中煮熟，所以又叫汤饼。早期的面条有片状的、条状的。片状的是将面团托在手上，拉扯成面片下锅而成。到了魏、晋、南北朝，面条的种类增多。著名的有《齐民要术》中收录的‘水引’“馎饦’‘水引’是将筷子般粗的面条压成‘韭叶’形状；‘馎饦’则是极薄的‘滑美殊常’的面片”。

中国台湾海洋大学生命科学院教授陈锡秋（图 5-64）是研究《齐民要术》和酱油的专家。台湾的黑豆酱油也是很出名的，据考证，《齐民要术》中的“豉”就是今天的黑豆酱油。1661 年郑成功光复台湾后广东省居民去台湾，将华南地区的黑大豆单独制曲固体投料的方法传入台湾，至今仍为黑豆酱油的基本工艺。著名营养学专家、台湾海洋大学生命科学院教授陈锡秋对《齐民要术》和台湾酱油都很有研究，陈锡秋教授现年 78 岁，早年毕业于日本近畿大学并取得硕士学位，长期从事食品科学教学与研究，在台湾食品营养学领域有着极高的声望，还开发了一种用海鱼或淡水鱼加发酵大豆制作的鱼鲜酱油，市场前景广阔。

图 5-64　陈锡秋教授

中国台湾黑豆酱油是以黑豆为原料，黑豆原料全氮 6. 2%、水分 16%以下为好，由于台湾地区所产黑豆产量有限，多从大陆及泰国进口。但泰国产黑豆皮较硬，大陆大连产黑豆略胜一筹，是酿制黑豆酱油的优良原料。黑豆酱油别名荫油。“荫”是指洗曲后将曲包在布里，洗曲的目的是除去曲菌孢子。黑豆酱油的投料是将料投入陶土缸里，能产生独特的芳香气。黑豆酱油的制作工艺流程如下：黑豆→洗净→浸泡（3～6h）→蒸煮（116℃，30min）→放置（30min）→冷却米曲霉菌种接种→制曲（培养4d）→出曲→洗曲（温水洗涤）→加盖保温（55℃，3～5h，徐徐升温）→添加食盐（总量的20%）→投入陶土缸→加盖→放置室外发酵（6～9周，酱醪品温必须控制在40℃以下）→豆豉和液汁分离或压榨→液汁→加热→静置→自然冷却→过滤→原油→规格调整→加热→冷却→澄清→包装→成品。

酿制黑豆酱油的工艺特点是不采用金属制发酵罐，可避开环氧树脂等合成树脂材料，否则会因发酵温度、保温温度、水分蒸发及环境微生物条件不同，而影响黑豆酱油香气的生成及其成分组成。黑豆酱油香气浓厚，在台湾视作高档调味品。和普通酱油相比，黑豆酱油中的酒精含量并不高，但乳酸含量较高，而且枯草芽孢杆菌数较少，这是普通酱油难以做到的。由于黑豆酱油黏度较高，烹饪红烧肉时，能黏附在肉的表面，使红烧肉红亮，晶莹，香味扑鼻。

三、澳门

澳门大学社会科学学院历史系教授李凭（图5-65），是中国魏晋南北朝史学会会长，对魏晋南北朝史和《齐民要术》有独到的研究，特别是魏晋南北朝时期政治、经济、社会、思想、文化、出土资料。李凭1948年生，江苏省江阴市人，1989年7月毕业于北京大学中国古代史专业，获历史学博士学位，原是华南师范大学历史文化学院教授、博士生导师，退休后应邀来到澳门大学任教，代表作为《北魏平城时代》。2014年10月12—15日，由中国魏晋南北朝史学会、中国社会科学院历史研究所主办，中国社会科学院历史研究所秦汉魏晋南北朝史研究室承办的中国魏晋南北朝史学会第十一届年会暨国际学术研讨会在北京举行。本次会议主题为“魏晋南北朝史研究的新探索”，李凭教授第一位发言，报告题目是《〈魏书〉与〈史记〉的对比研究》。

图5-65 李凭教授

李凭教授研究方向为魏晋南北朝史、民族史。主持此领域科研项目多项，如《北魏京畿考察与研究》，国家社会科学基金 1997 年度项目，中国社会科学院 1999 年度出版基金项目；《北魏洛阳政权研究》，广东省 2006 年哲学社会科学“十一五”规划一般项目；《北史研究》，教育部全国高校古籍整理研究委员会 2006 年度重点资助项目；《北魏龙城诸后研究》，教育部 2007 年度后期资助项目；“北魏洛阳时代文明研究”，2010 年度国家社科基金项目立项。著作与教材主要有《北魏平城时代》，社会科学文献出版社，2000 年 1 月；《百年拓跋》，山西古籍出版社，2004 年 1 月；《古文名篇》（中华传统经典系列，编著），中国发展出版社，2005 年 1 月；《北朝研究存稿》，商务印书馆，2006 年 12 月；《魏晋南北朝史研究：回顾与探索（中国魏晋南北朝史学会第九届年会论文集》（主编），湖北教育出版社，2009 年 8 月；《拓跋春秋》（读史馆丛书），浙江文艺出版社，2010 年 1 月。李凭教授的论著中对《齐民要术》有深入的引证和研究。

澳门的报刊常常可以看到引用《齐民要术》的报道，例如 2015 年 3 月 22 日《澳门日报》电子版（Macao Daily News，http：//www.macaodaily.com），就有钱婉约写的“撒子与寒具”一文，读之饶有兴趣。节选如下。

雜談：饊子與寒具（笔者錢婉約）

“饊子是一種小時候常吃到的麵食零點。麵粉和揉成細條，排列環繞成扇形，入油鍋炸成金黃色。待涼可食，久放不壞。食時，從扇面折取根根條條入口，鬆脆鹽鮮。亦可將之投入蛋湯稍煮，成一碗比麵條筋道而多油香的下午點心。

饊子由來已久，它有一個古典的名稱曰“寒具”，因寒食節禁火斷炊，古人事先製備此物，以備寒食食用。不過，寒具與今饊子稍有不同：據《齊民要術·餅法》記載，寒具乃以糯米粉摻入麵粉和揉，調以蜜汁或煮棗取汁，入油煎成。蘸糖食之，裡外都是甜食”。

第六章

20世纪以来中国学者《齐民要术》研究代表性成果

第一节 按研究时间带划分法

一、1901—1948年，清末至民国时期

这一时期的研究具有开拓性和创新性，开始了对贾思勰和《齐民要术》全面的具体解析与科学探索。1927年陆费执发表《中国农书提要：〈齐民要术〉》（中华农学会丛刊，1927，总54）。1928年万国鼎发表《农业书报解题：〈齐民要术〉》（《农林新报》1928年第138期）；《〈齐民要术〉解题》（《图书馆学季刊》1928年第3期）。1934年栾调甫发表《齐民要术版本考》（1934）（载于齐鲁大学《国学汇编》第2册）；《齐民要术引用书目考证》（署名胡立初，1934）；（载于齐鲁大学《国学汇编》第2册）。1936年陶希圣发表《〈齐民要术〉中的田器及主要用法》（《国学季刊》1936年第2期）和《〈齐民要术〉里的田园生产》（《食货》1936年第4期）。1944年刊印了刘春麟和日本学者西山武一共同执笔完成《校合〈齐民要术〉》卷一。1944年何若鼎发表《读〈齐民要术〉》（《风雨谈》1944年第12期），1947年曲直生发表《〈齐民要术〉：中国古代一部重要农书》（《中央日报》1947年10月1日）。

二、1949—1965年中华人民共和国成立初期和建设时期

这一时期为相关研究的最辉煌时期之一。虽然在新中国成立前6年研究似有间断，但在1955年后进入一个研究高峰期，可以设想这一时期的后期如果不发

生“文化大革命”，研究成果会更加全面和显著。这一时期产生了相关研究的许多名人和“大家”，是“东万”“西石”“南梁”“北王”形成的最重要时期。影响力较大的成果有：

1955年万国鼎发表《贾思勰与〈齐民要术〉》（《光明日报》，1955年4月15日）。1956年万国鼎发表了《〈齐民要术〉所记我国一千四百多年前的农业技术水平》（《南京农学院学报》1956年第1期）；《论〈齐民要术〉——我国现存最早的完整农书》（《历史研究》1956年第1期）；《〈齐民要术〉所记农业技术及其在中国农业技术史上的地位》（中国科学院中国自然科学史第一届科学讨论会学术报告，1956年）；《〈齐民要术〉是怎样的一部书》（《历史教学》1956年第11期）；1962年万国鼎发表《贾思勰〈齐民要术〉》（《中国农报》1962年第4期）。

1956年王毓湖发表《〈齐民要术〉：一千四百多年前我国的一部完整农书》（《读书月报》1956年第5期）；1962年发表《〈齐民要术〉选读本评价》（《中国农报》1962年第11期）。

1957年石声汉发表《〈齐民要术〉今释》（科学出版社，1957）；1958年发表《齐民要术概论》（英文版，科学出版社，1958）是这一时期的突出成果，缪启愉认为前者“有很高的启导和借鉴价值”。石声汉还发表了《探索〈齐民要术〉中的生物学知识》（《生物学通报》1957年第1期）；《从〈齐民要术〉看中国古代农业科学知识：整理〈齐民要术〉的初步总结》，（科学出版社，1957年）；《试论我国几部大型农书的整理》（《中国农业科学》1963年第10期），石教授的杰出研究成果受到国内外的高度评价和重视，日本学者称之为“贾学之幸”。

1957年游修龄发表《从〈齐民要术〉看我国古代的作物栽培》（《农业学报》1957年第1期）。

1957年梁家勉发表《〈齐民要术〉的撰者、注者和撰期：对祖国现存第一部农书的一些考证》（《华南农业科学》1957年第3期），是相关考证学的经典之作。

1959年李长年发表《〈齐民要术〉研究》（农业出版社，1959年），在国内外影响深刻，李教授因此有很高的知名度，在日本很受尊重，代表日本研究《齐民要术》最高水平的天野元之助教授在1978年出版《后魏贾思勰〈齐民要术〉的研究》后，将书赠与李长年教授，封面上书写有“敬呈李长年学兄，天野元之助”的字样，实际上天野先生年长于李先生近20岁。

1963年缪启愉发表《〈齐民要术〉十种校宋本题记》（《图书馆》1963年第2期）；同年发表《读〈齐民要术〉札记》（《文史哲》1963年第2期），均有非常大的影响。

1963年杨直民发表的《一位杰出的古代农学家：贾思勰》（《农业技术》1963年第1期）也很有名。

此外，王仲荦的《谈〈齐民要术〉的历史背景》（《大众日报》1961年6月25日）；《有关〈齐民要术〉的几个问题》（《文史哲》1961年第3期）也很有见地。另外胡道静的相关研究也非常出色。

三、1966—1978年“文化大革命”时期至改革开放前期

“文化大革命”初期和中后期的8年间由于“动乱”研究难以开展，但后期及其以后文章稍多。这一时期的研究受政治和形势影响较深，带有明显的“左倾”烙印，贾思勰被冠以“法家”的光环，《齐民要术》被作为“儒法斗争”中“法家思想”的重要组成部分，而且隐去实名的笔名笔者和集体单位笔者较多。如：《〈齐民要术〉和法家思想》（李群，《人民日报》1974年9月16日）；《从贾思勰的〈齐民要术〉看法家的重农路线》（吉林农业大学理论学习小组，《吉林日报》1974年12月19日）；《贾思勰的法家思想和〈齐民要术〉》（甘肃农大林果系学习批判组，《甘肃农业大学学报》1974年第3期）；《〈齐民要术〉与儒法斗争》（北京市海淀区东升人民公社北京经济学院三结合理论小组，《农业科技通讯》1975年第2期）；《齐民要术选释》（北京大学生物系注释组，1975年）；《〈齐民要术〉及其笔者贾思勰》（浙江农业大学理论学习小组，人民出版社，1976年）；《〈齐民要术〉选注》（广西农学院注释组，广西人民出版社，1976年）等。

1975年，周肇基的《从〈齐民要术〉看我国劳动人民在植物生理学方面的成就》被认为是该时期的规范之作。

四、1979—2000年改革开放至20世纪后期

改革开放和经济形势的好转为相关研究带来新的生机和活力。1979年，方立天发表《贾思勰的朴素的唯物主义真理观》（《哲学研究》1979年第4期）。1980年石声汉的《齐民要术》（《中国古代农书评价》，农业出版社，1980年）出版。1980年，张波发表《贾思勰与〈齐民要术〉》（《陕西农业》1980年第2期）；1984年同笔者的《中国古代农业科学家小传：北魏农学家贾思勰和〈齐民要术〉》（陕西科技出版社，1984年6月）；《我国农史研究的回顾与前瞻》（《中国农史》1986年第1期）；《贾学之幸》（《西北农业大学学报》，1992年增刊）等也相继发表和印行。1980年彭世奖发表《我国古代杰出的农业科学家贾思勰》（《中学历史教学》1980年第5期）。1981年李长年的《贾思勰和〈齐民

要术〉》由上海科技出版社印行。

比较突出的成果是缪启愉的相关研究：1982 年缪启愉的《齐民要术校释》由农业出版社印行；1987 年同笔者发表《〈齐民要术〉中利用微生物的科学成就》（《古今农业》1987 年第 1 期），1998 年，中国农业出版社出版同笔者《齐民要术校释》第二版，1989 年巴蜀书社出版同笔者《〈齐民要术〉导读》，使《齐民要术》的影响进一步扩大。

特别值得提及的是杨直民的相关研究。1980 年杨直民发表《从几部农书的传承看中日两国人民间悠久的文化技术交流》（《世界农业》1980 年第 10、11 期）；同笔者的《介绍〈齐民要术〉新校译本》（《农业图书馆杂志》1983 年第 9 期）；《中国古代科学家传记（上集）：“贾思勰”》（科学出版社，1992 年）；《中日文化交流史大系科技卷：“农业著作的传流”》，（浙江人民出版社，1996 年 12 月）等经典之作使杨教授蜚声国内外，其代表作《中国古代科学家传记（上集）：“贾思勰”》被认为后来相关研究引用最多的文献之一。

1982 年梁家勉的《有关”齐民要术“若干问题的再探讨》由农业出版社印行。

1983 年闵宗殿的《中国农业技术发展简史》由农业出版社印行；其他还有同笔者的《〈齐民要术校释〉第二版读后感》；《中国古代科技名著译丛》；《中国古代农业科技史图说》（农业出版社，1989 年）；《中国农业文明史话：〈齐民要术〉》（中国广播电视出版社，1991 年）等在国内外有很深刻的影响。

1985 年，张湘琴发表《贾思勰》（《科学家论方法》第二辑。内蒙古人民出版社，1985 年）。

王思明的《A History of Chinese Entomology》（英文译著，天则出版社，1990 年），《中国农业发展史》《农业概论》（中国农业出版社，1999 年）刊行使南京农业大学的研究中心地位得到进一步增强。

值得称道的是李根蟠的相关研究，相关论著有：《中国农业科学技术史稿》（农业出版社，1989 年，1990 年）；《民族与物质文化史考略》（民族出版社，1991 年）；《中国古代农业》（天津教育出版社 1991 年）；《中国农业史》（台，文津出版社，1997 年）；《农业科技史话》（中国大百科出版社，1997 年）；《中国大百科全书·经济卷》（中国大百科全书出版社，1989 年）；《中国农业百科全书·农业经济卷》（中国农业出版社）；《中国农业百科全书·农业历史卷》（中国农业出版社）；《中国经济史研究》（1996—1997 年增刊经济研究杂志社）；《中国科学技术史·农学卷》（科学出版社，2000 年）等都是该时期的重要成果。

1993 年郑学益发表《中国封建地主家庭经济学的产生：论贾思勰的〈齐民要术〉》（《经济学家》，1993 年第 2 期）。

此外，郭文韬、叶依能、董恺忱、范楚玉、马宗申、樊志民、彭世奖、倪根金、曾雄生、吴存浩、马万明、金秋鹏、缪祥桐、高振铎、路兆丰、潘吉星等学者的研究都具有很高水平和特色。

五、2001—现在 21 世纪最新时期

这一时期名人成果不断，后来新人辈出，研究队伍日益年轻化并且老中青年结合，研究者学历层次进一步提升，研究成果涉及面更加广泛，研究内容更与现代科技和脉搏相融合，研究空间进一步缩小，呈现“百花齐放，百家争鸣”的良好态势和繁荣景象。

李根蟠的研究论文在网站上有很好的开放性和公开性，赢得了众多读者。如：《从〈齐民要术〉看少数民族对中国科技文化发展的贡献》（《中国农史》2001 年第 2 期）；《〈陈旉农书〉与“三才”理论——与〈齐民要术〉》比较》（《华南农业大学学报》2003 年第 2 期）；《试论中国古代农业史的分期和特点》（“中国农业历史与文化”网站在线论文）；《“多元交汇”的中国传统农业》（“中国农业历史与文化”网站在线论文）；《中国农史研究的回顾与展望》（《古今农业》2003 年第 3 期）；《〈齐民要术〉何以无养狗的论述——牧区文化对中原文化影响之一例》（《中国经济史论坛》在线论文）；《“三才”理论与中国传统农学论略》（2002 年中日韩农史研讨会论文）；《汉魏之际社会变迁论略》（《中国社会历史评论》第三辑，中华书局，2001 年 6 月）；《古籍中的稷是粟非穄的确证》（《中国农业科学》2000 年第 5 期）；《稷粟同物，确凿无疑——千年悬案“稷穄之辨”述论》（《古今农业》2000 年第 2 期）等论著有非常深刻的影响力。

其他如：王玲：《〈齐民要术〉的成书背景再论》（《中国农史》2002 年第 2 期）；《魏晋北朝时期内迁胡族的农业化与胡汉饮食交流》（《中国农史》2003 年第 4 期）。阚绪良：《〈齐民要术〉札记三则》（《中国农史》2003 年第 4 期）；《〈齐民要术〉卷前“杂说”非贾氏所作新证》（《安徽广播电视大学学报》2003 年第 4 期）。严火其：《农本与求利：〈齐民要术〉农业经营思想研究》（《中国农史》2001 年第 1 期）；《宁可少好，不可多恶——传统农业经营观念的现代化诠释》（新华文摘论点摘编，《江海学刊》2001 年第 6 期）；《我国农业以种植业为主原因探析》（《中国农史》2001 年第 4 期）；《贾思勰王祯评传》，南京大学出版社 2001 年 12 月，第二笔者。盛邦跃：《试论〈齐民要术〉的主要哲学思想》（《中国农史》2001 年第 3 期）；《试论中国古代农业思想中的“人本意识”的启示》（《科学技术与辩证法》2001 年第 2 期）；《从“三才论”到“可持续农业”》（《江苏社会科学》2001 年第 3 期）；《中国古代农业思想中的“民本意识”及启示》（《南京农业大学学报》2001 年第 1 期）；《中国古代名著导读》

（安徽教育出版社 2003 年 3 月）。杨坚：《古代大豆及其制品的药用》（《古今农业》2001 年第 2 期）；《我国古代大豆酱油生产初探》（《中国农史》2001 年第 3 期）；《〈齐民要术〉中的肉食初探》（《南宁职业技术学院学报》2004 年第 2 期）；《中国豆腐的起源与发展》（《农业考古》2004 年第 1 期）；《〈齐民要术〉所记载的肉食加工与烹饪方法初探》（《中国农史》2004 年第 3 期）。王志刚：《中国传统经济史学视野下的〈齐民要术〉》（中华文史网在线论文）。郭风平：《〈齐民要术〉的林副产品贮藏加工与利用的整理研究》（《农业考古》2003 年第 3 期）。刘磐修：《魏晋南北朝时期北方农业的进与退》（《史学月刊》2003 年第 2 期）。李庆典：《中国古代种芋法的技术演进及其对现代农学的贡献》（《中国农史》2004 年第 4 期）；《食用芋类的进化、分类与遗传资源保存》（《作物研究》2002 年第 6 期）；《芋（Colocasia esculenta）的民族植物学》（《植物资源与环境学报》2005 年第 1 期。曾雄生：《译文：论〈齐民要术〉》（《法国汉学》2002 年）。蒋福亚：《〈齐民要术〉所见农民和市场的关系》（《首都师范大学学报〈社会科学版〉2002 年第 2 期。程志兵：《〈齐民要术〉与汉语词汇史研究》，《伊犁教育学院学报》2004 年第 3 期；《〈齐民要术〉新词新义简论》（《伊犁师范学院学报》2005 年第 4 期）；《〈齐民要术〉中所见词源举隅》（《伊犁师范学院学报》2001 年第 4 期。刘洁：《中古时期一部重要的文献—〈齐民要术〉》（《古籍整理研究学刊》2004 年第 3 期）。汪维辉：《试论〈齐民要术〉的语料价值》（《古汉语研究》2004 年第 4 期）；《〈齐民要术〉“喜烂”考辨的方法论》（《古籍整理研究学刊》2002 年第 5 期）；《〈齐民要术〉校释商补》（《文史》2003 年第 4 期）。蒋绍愚：《〈世说新语〉〈齐民要术〉〈洛阳伽蓝记〉〈贤愚经〉〈百喻经〉中的“已”“竟”“讫”“毕”》（《语言研究》2001 年第 1 期）。乐爱国：《从〈齐民要术〉看古代农学与儒学的关系》（《儒家文化与中国古代科技》，中华书局 2002 年 12 月版）。周敏：《〈齐民要术〉中的林业思想和林业技术探讨》（《浙江林业科技》2004 年第 1 期）。梁燕君：《贾思勰和〈齐民要术〉》（《粮食科技与经济》2003 年第 3 期）。赵建民：《〈齐民要术〉之饼食文化》（《扬州大学烹饪学报》2003 年第 1 期。欧阳韶晖：《〈齐民要术〉对开发中国传统食品的启示》（《西北农林科技大学学报》〈自然科学版〉2002 年第 1 期）。曾昭聪：《〈齐民要术〉有关“得名之由”的探讨》（《华南农业大学学报（社会科学版）》2005 年第 2 期）。张炯炯：《“齐民要术”中的药用植物学知识》（《中医文献杂志》2002 年第 3 期）。孙一慰：《〈齐民要术〉部分饮食品溯源》（《扬州大学烹饪学报》2004 年第 4 期）。储泰松：《〈齐民要术〉特殊注音浅论》（《南京师范大学文学院学报》2005 年第 2 期。张舸：《〈齐民要术〉双音节词在汉语史中的承传》（《社会科学辑刊》2005 年第 6 期。陈苍林：《探方法本源、明造化机理——〈齐民要术〉(豆酱法)步韵》(《中国酿造》2005 年第 4 期)。骆业巧，淮虎银：《〈齐民要术〉中酿造用植物资源及其相关传统知识的整理》(内蒙古师范大学学报自然科学汉文，2010 年第 2 期)。《〈齐民要术〉“杷”“劳”关系考——〈齐民要术〉“耕—杷—劳”耕作技术体系申论》(《古今农业》2014 年第 2 期)。李荣华：《从〈齐民要术〉看南方饮食文化的北传》(《中国农史》2014 年第 3 期)。孙金荣：《贾思勰为官“高阳”郡治考》(《山东社会科学》2014 年第 1 期)等都是 21 世纪优秀新作。

如果将 1996—2015 年连续起来总结，结论是研究成果一“新”二“丰”。“国昌盛，史研兴”，可以说 1996—2015 年是《齐民要术》研究的又一新的辉煌时期。在《贾思勰志》(山东人民出版社，2001 年)中，中国农业博物馆闵宗殿研究员提供的《20 世纪 20 年代至 90 年代“齐民要术”研究文献目录》中的论文尚限于 1996 年之前，本研究对其进行了补充，对 1996—2015 年的新人和新成果进行了重点收集和分类，结果是令人兴奋的。

第二节　按研究成果形式划分法

一、著作

有影响力的代表作有：

石声汉：《齐民要术今释》(科学出版社 1957 年)；《齐民要术概论》(英文版)，(科学出版社 1958 年)；《从〈齐民要术〉看中国古代农业科学知识》(科学出版社，1957 年)；《中国古代农书评介》(农业出版社，1980 年)。

梁家勉：《中国农业科学技术史稿》(梁家勉主编，农业出版社，1989 年)。

王毓瑚：《中国古代农业科学的成就》(《科学普及出版社》，1957 年)；《中国农学书目》(农业出版社，1957 年，1964 年)。

缪启愉：《齐民要术校释》(《农业出版社》，1982 年，1998 年修订再版)；《齐民要术导读》(巴蜀出版社，1989 年)。

李长年：《齐民要术研究》(农业出版社，1959 年)；《农业史话》(中国科技史话丛书，上海科学技术出版社，1981 年)；《中国历史上的农业技术发展》；《贾思勰和〈齐民要术〉》(上海科学技术出版社，1981 年)。

杨直民：《中国古代科学家传记(上集)：“贾思勰”》，(《科学出版社》，1992 年)；《中日文化交流史大系科技卷：“农业著作的传流”》，(《浙江人民出版社》，1996 年)。

郭文韬：《中国农业科技发展史略：贾思勰与〈齐民要术〉》(《中国科学技术出版社》，1988)；《贾思勰王祯评传——中国思想家评传丛书》(《南京大学出版社》，2003 年）。

张熙惟：《贾思勰与〈齐民要术〉》（《山东文艺出版社》，2004 年，图 6-1）。

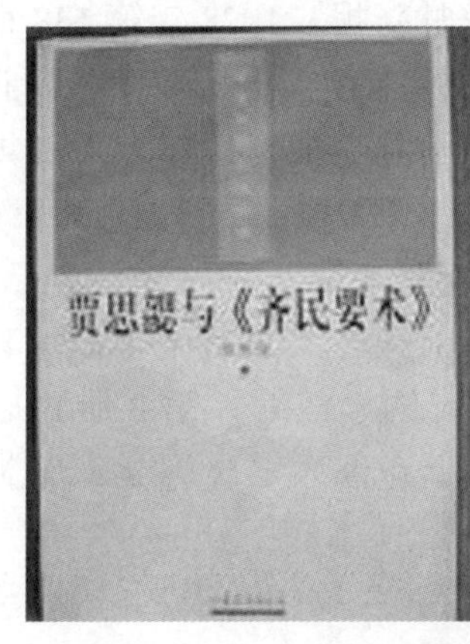

图 6-1　《贾思勰与〈齐民要术〉》（山东文艺出版社，2004 年）
山东大学历史文化学院张熙惟教授

刘德成、刘克强主编，《山东省志·诸子名家志》编纂委员会编：《贾思勰志》（《山东人民出版社》，2001 年，图 6-2）。

图 6-2　刘德成、刘克强主编，《山东省志/诸子名家志》编纂委员会编：
《贾思勰志》（《山东人民出版社》，2001 年）

二、期刊发表论文以及论文集

有影响力的代表作有：

万国鼎：《农业书报解题：〈齐民要术〉》（《农林新报》1928年第138期）；《〈齐民要术〉解题》（《图书馆学季刊》1928年第3期）；《〈齐民要术〉所记农业技术及其在中国农业技术史上的地位》（《南京农学院学报》1956年第1期）；《论〈齐民要术〉——我国现存最早的完整农书》（《新华半月刊》1956年第7期；《贾思勰〈齐民要术〉》，（《中国农报》1962年第4期）。

栾调甫：发表《齐民要术笔者考》（1934）（载于齐鲁大学《国学汇编》第2册）；《齐民要术版本考》（1934）（载于齐鲁大学《国学汇编》第2册）；《齐民要术引用书目考证》（署名胡立初，1934）；（载于齐鲁大学《国学汇编》第2册）。

石声汉：《探索〈齐民要术〉中的生物学知识》（《生物学通报》，1957年第1期；《试论我国几部大型农书的整理》（《中国农业科学》，1963年第10期）。

梁家勉：《有关〈齐民要术〉若干问题的再探讨》《"齐民要术"的撰者、注者和撰期——对祖国现存第一部古农书的一些考证》《华南农业科学》1957年3期；《〈齐民要术〉成书时代背景试探》《有关〈齐民要术〉的几个问题答天野先生》《逐步丰富的祖国农业学术遗产——中国古代农业文献简述》《我国最早见于著录的几部古代农业文献探索》。

王毓瑚：《〈齐民要术〉选读本评价》（《中国农报》1962年第11期）。

杨直民：《介绍〈齐民要术〉新校译本》（《农业图书馆杂志》，1983年第9期）；《从几部农书的传承看中日两国人民间悠久的文化技术交流》（《世界农业》，1980年第10期；第11期）；《一位杰出的古代农学家：贾思勰》（《农业技术》1963年第1期）；《旱区农业技术发展和农业资源利用的历史》（上、下）（《古今农业》2003年第03期）；《农业科学技术史研究的蓬勃发展》（《农史研究》第7辑）；《我国保墒技术及有关农具的历史发展》《我国古代的地力说》《我国古代在栽培植物起源方面的贡献》《中国古代农业科技》《精耕细作是中国农业技术的优良传统》《传统农业向现代化农业转化与农业科学技术史研究的蓬勃发展》《农史研究》第7辑等。

三、会议论文与学术报告

有影响力的代表作有：

万国鼎：《〈齐民要术〉所记农业技术及其在中国农业技术史上的地位》（中国科学院中国自然科学史第一届科学讨论会学术报告，1956年，北京）。

李根蟠：《“三才”理论与中国传统农学论略》（2002年中日韩农史研讨会论文，2002年，南京）。

王思明：《20世纪农史研究的回顾与展望》（中国农业历史学会第九次学术研讨会论文集，2002年，南京）。

范楚玉：《贾思勰的农学思想》（中国科学技术史学会第二次代表大会论文，1983年10月，西安）。

汪维辉：《六世纪汉语词汇的南北差异——以〈齐民要术〉与〈周氏冥通记〉为例》（第四届中古汉语国际学术研讨会会议论文，2004年10月，南京）。

刘磐修：《〈齐民要术〉中的魏晋南北朝农业》（北朝史国际学术研讨会暨中国魏晋南北朝史学会第七届年会论文，2001年8月，大同）。

史光辉：《温州图书馆藏孙诒让批校本〈齐民要术〉述略》（纪念《周礼正义》出版百年暨陆宗达先生百年诞辰学术研讨会论文，2005年10月，杭州）。

王磊，张法瑞：《〈齐民要术〉与北魏的畜牧业生产》（中国生物学史暨农学史学术讨论会论文集，2003年，广州）。

孙金荣：《籍贯与故里——贾思勰生平事迹考略》（东亚农业史国际学术研讨会，2012年，韩国春川）。

四、学位论文

高等院校近年来出现了以研究《齐民要术》为专题的博士和硕士论文。如北京大学汉语言文字学专业2004届博士刘洁，博士论文题目是《〈齐民要术〉词汇研究》，指导教师是张双棣教授，是我国综合性大学第一位以《齐民要术》为专题完成博士论文的汉语言文字学博士生。再如南京农业大学副教授，硕士生导师杨坚，其博士论文题目是《〈齐民要术〉中农产品加工的研究》，2004年毕业，毕业系部为南京农业大学科学技术史研究所，导师为2005年故去的张芳教授，学位授予单位是南京农业大学，学科专业名称是科学技术史，是我国农业高等院校第一位以《齐民要术》为专题完成博士论文的博士生。南京信息工程大学经济管理学院信息管理与信息系统系副教授曹玲，其博士论文题目是《农业古籍数字化整理研究》，2006年毕业，毕业系部为南京农业大学科学技术史研究所，导师为侯汉清教授，学位授予单位是南京农业大学。山东农业大学文法学院孙金荣教授，2014年获得山东大学古代文学博士学位，博士论文题目是《〈齐民要术〉研究》，导师是徐传武教授（图6-3）。

郑州大学王星光教授指导的硕士生司庆达的选题也与《齐民要术》密切相关，题目是《〈齐民要术〉与精耕细作体系研究》，收录在郑州大学硕士论文统计之中，司庆达因此于2005年获得郑州大学历史学院古代史专业硕士学位。还

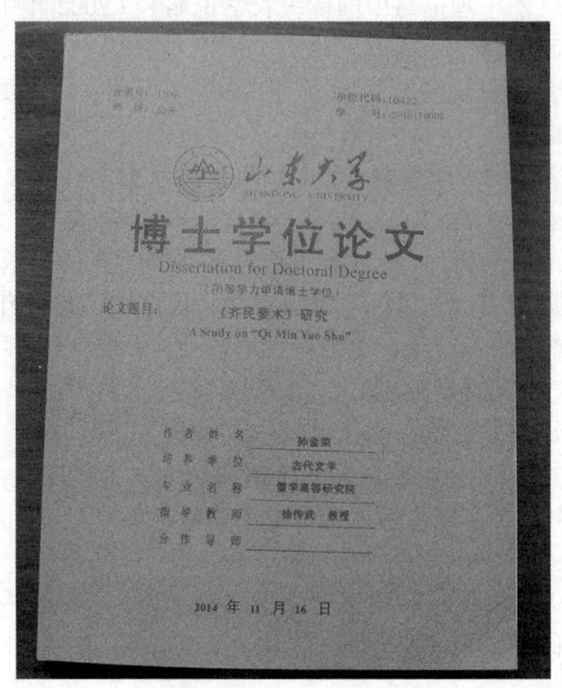
单位代码：10422

山东大学
SHANDONG UNIVERSITY

博士学位论文
Dissertation for Doctoral Degree
（同等学力申请博士学位）

论文题目：《齐民要术》研究
A Study on "Qi Min Yao Shu"

作者姓名 孙金荣
培养单位 古代文学
专业名称 儒学高等研究院
指导教师 徐传武 教授
合作导师

2014年11月16日

图6-3　2014年，孙金荣教授获得山东大学古代文学博士学位，博士论文题目是《〈齐民要术〉研究》，导师是徐传武教授

有首都师范大学历史系2003届研究生那晓凌，硕士论文题目是《〈齐民要术〉所见抗御灾害的思想及措施》，收录在首都师范大学2003年硕士论文统计之中，导师为蒋福亚教授，学位授予单位为首都师范大学，学科专业名称为专门史。王莉群《〈齐民要术〉农作物名物词研究》，重庆师范大学汉语言文字学专业2012年硕士论文，导师徐流教授。白琳《〈齐民要术〉介词研究》，四川师范大学汉语言文字学专业，2013年硕士论文，导师管锡华教授。张志鹏《〈齐民要术〉介词研究》，山东大学汉语言文字学专业，2014年硕士论文，导师丁秀菊教授。

五、报纸载文

报纸载文读者群广泛，影响力强，发表相关研究较多的报纸有：《人民日报》《光明日报》《中国青年报》《农民日报》《大公报》《大众日报》《寿光日报》等。如万国鼎：《贾思勰与〈齐民要术〉》（光明日报，1955年4月11日）；《杰出的古农学家贾思勰》（《中国青年报》，1961年10月26日）；王仲荦：《谈〈齐民要术〉的历史背景》（大众日报，1961年6月25日）；李家文：《从〈齐民要术〉看古代蔬菜生产》（大众日报，1961年12月9日）；王永厚

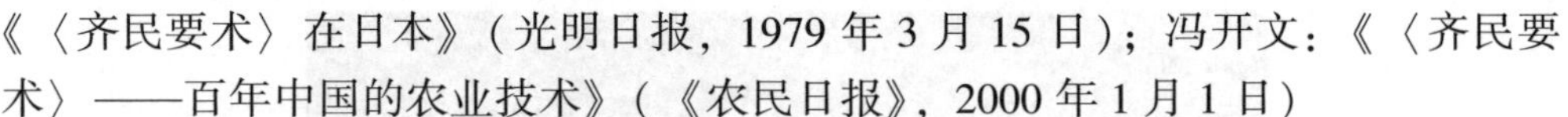

《〈齐民要术〉在日本》（光明日报，1979 年 3 月 15 日）；冯开文：《〈齐民要术〉——百年中国的农业技术》（《农民日报》，2000 年 1 月 1 日）

六、网站公布论文

典型的当属李根蟠的《〈齐民要术〉何以无养狗的论述——牧区文化对中原文化影响之一例》，最初发表于“中国农业历史与文化网站”，后经笔者修改，2002 年 12 月 12 日在“中国经济史论坛网站”上传。此外李教授的《中国农业史上的“多元交汇”》《从“齐民要术”看少数民族对中国科技文化发展的贡献》《“天人合一”与“三才”理论》《“中国农业史”结束语》，《精耕细作的传统农业的形成和发展》《中国农史研究的回顾与展望》等被“中国农业历史与文化网站”列为在线文章，浏览非常方便，特别是网上首发论文点击率很高。王玲的《〈齐民要术〉与北朝胡汉饮食文化的融合》也被“国学网站”和“中国学术论坛”列为在线论文。

七、研究基金课题及成果报告

1. 专项基金课题研究

高等院校中已将《齐民要术》研究正式列为专项基金课题研究，如南京大学中文系博士生导师，南京大学中文系博士后出身的汪维辉教授，目前已经完成的研究课题为国家社科基金项目《〈齐民要术〉词汇语法研究》。内容包括：词汇研究：常用词研究；新词新义研究；专业词汇研究；疑难词语考释；语法研究：虚词研究；句式研究。课题的重点是从语言史的角度揭示《齐民要术》中具有时代和地域特色的新兴语言现象以及它们对后世语言特别是近代汉语的影响，落脚点是汉语词汇史和汉语语法史。汪维辉教授将课题成果报告系统整理后，已于 2007 年 8 月由上海教育出版社正式出版发行（图 6-4，图 6-5，图 6-6）。本书出版后，受到学术界同道的广泛关注和好评，已经产生了较大的学术影响，曾获得 2009 年国家教育部高等学校科学研究人文社会科学优秀成果二等奖。著名中古汉语研究专家、浙江大学汉语史研究中心主任方一新教授撰文给予了较高的评价；2008 年 12 月汪维辉教授应邀访问日本早稻田大学，著名汉学家古屋昭弘教授阅读过本书，特别要求汪维辉教授作关于《齐民要术》的学术报告。

南京农业大学副教授，硕士生导师杨坚曾主持完成南京农业大学青年科技创新基金（人文社科）项目：《“齐民要术”中农产品加工的研究》。

新疆伊犁师范学院人文学院副教授程志兵，2004 年承担该院中青年教师科研课题《“齐民要术”新词新义研究》。

图 6-4　汪维辉教授

图 6-5　汪维辉著《〈齐民要术〉词汇语法研究》上海教育出版社

扬州大学生物科学与技术学院淮虎银教授，2009 年承担全国高等院校古籍整理研究工作委员会重点科研项目基金《〈齐民要术〉中酿造用植物资源及其相关传统知识的整理》。

图6-6　笔者（右）与参加2006年寿光《齐民要术》与现代农业高层论坛的汪维辉（左）教授合影

2. 综合性基金课题研究

如南京农业大学王思明教授主持的课题：①中国农业通史·近代农业卷（农业部，主持，1996—2002年）；②中国重大农业典籍的整理研究（国家科技部，主持，1999—2002年）；③中国农业遗产选集（6卷）（国务院古籍整理小组，主持，2000—2006年）；④中国农业遗产信息数据库（中国农业科学院科技专项基金，主持，2002—2003年）⑤中国传统农业科技数据库建设（国家科技部，主持，2003—2004年）。

西北农林科技大学农史研究所副研究员颜玉怀博士，曾主持国家自然科学基金资助项目“中国古代农业管理思想研究”（79270094）。

山东农业大学文法学院孙金荣教授承担了国家社科基金重大委托研究项目“《子海》整理与研究”（项目编号：10@ZH011），其子项目“《齐民要术》研究”，山东省社科规划项目“《齐民要术》研究”（项目编号：13CWXJ10）取得了重要成果。

八、获奖项目或成果

南京农业大学人文社会科学学院的《中国农业技术史稿》获农业部科技进步一等奖、国家优秀科技著作三等奖；《〈齐民要术〉校释》获首届国家教育部人文社会科学优秀成果二等奖、中国优秀图书二等奖。郑州大学历史学院古代史教研室主任、博士生导师王星光教授的《中国科技史求索》1997年获河南省社联优秀成果一等奖、河南省社会科学优秀成果三等奖。南京大学中文系汪维辉教授的《〈齐民要术〉词汇语法研究》获得2009年国家教育部高等学校科学研究人文社会科学优秀成果二等奖。

九、学术性书信

如石声汉教授1957年4月29日致日本天野元之助教授的信；石声汉教授1958年1月20日致日本西山武一教授的信；梁家勉教授1985年重阳节致日本天野元之助教授的信（有关《齐民要术》的几个问题答天野先生）；栾调甫教授与石声汉教授的通信以及游修龄教授与曾雄生等学生的大量学术性通信等。

十、文学作品

刘天剑：长篇人物传记《贾思勰》（中国文联出版公司，1998年12月，北京，图6-7）。

图6-7　长篇人物传记《贾思勰》

长篇章回体小说《贾思勰逸史》（图6-8），由寿光市作家协会会员，诗词楹联协会会员国乃全编著，远方出版社2010年3月正式出版。全书共46回，19万字，并荣获“全国第二届中山图书奖”。

图 6–8　长篇章回体小说《贾思勰逸史》

十一、影视音像作品

此类作品较少，制作费用很高，但视觉冲击力和影响力强。

1. 电台专题节目

《魏晋南北朝时期的农业》，CCTV 央视国际 2004 年 4 月 5 日播出。《考古专家在山东寿光发现罕见的“千年粮仓”》CCTV 央视国际 2004 年 9 月 6 日播出。

“每日农经”是 CCTV 第七套节目在 2004 年创办的一档收视率较高的涉农经济生活服务类电视节目，以农产品为报道主角，以“促进生产发展、引导健康消费、关注食品安全、塑造农业品牌”为宗旨，关注农产品的安全生产和百姓健康消费，关注农产品带来的绿色经济，探寻农产品在市场上的成功奥秘。被媒体赞誉为“用影像书写现代农业的《齐民要术》”。

公元 6 世纪，农学家贾思勰遍访民间有经验的老农，亲身验证顺应四季变化的农作方法，为后世留下一部惠泽千古的农经宝书《齐民要术》。《齐民要术》记载了百姓在农业生产中的宝贵经验，然而，这部农书的巨大价值并不止于经验之术，更在其“农为邦本，食为政首”之道。

1 500 年后，“食为政首”依然是中国农业发展的核心问题，因而成就了

《每日农经》栏目，也成就了一部新时代的“农经宝典”。以“推广名优特新农产品”为诉求，《每日农经》摄制组就像是当年的贾思勰，深入田野乡间，踏遍渔村雪地，萃取生产精要。栏目开播12年来，已经播出了3500多期节目，从生产到消费，内容涉及了农产品的整个产业链。

然而，相比于致富故事的丰富多彩，农产品报道似乎显得分量不足，且易流于一板一眼的知识介绍或讯息发布。倘若真的如此，就作物说作物，就经验论经验，报道势必枯燥乏味。令人欣喜的是，《每日农经》近年来锐意改进，收视率逐年攀高。在不断改进中，“引导消费、促进生产”的宗旨化成了发现者的目光和足迹，化成了鲜活朴实的生活故事，化成了体贴入微的需求服务，化成塑造农业品牌的坚定方向。乡村百姓在这里找到了适合致富的农业项目，城市观众在这里看到餐桌上食品的生命历程。人们的喜闻乐见，折射出《每日农经》对于自身定位越来越清晰的认识，对于电视传播规律越来越深刻的理解，对于中国农业的现实与未来越来越到位的把握。而这些变化也直接体现在栏目的“有用”“有味”“有品”的“三有”进步中。

食品安全是民生工程、民心工程，当前，中国食品安全形势依然严峻，人民群众热切期盼吃得更放心、吃得更健康，要切实保障人民群众“舌尖上的安全”，治理“餐桌污染”。中国农业的快速发展虽然解决了13亿人的温饱问题，却代价沉重：过量化肥，造成严重污染；过密养殖，带来动物疫病爆发；滥用添加剂，导致重大食品隐患。农产品质量安全的强烈诉求，国民消费结构的升级换代，这一切都决定了《每日农经》塑造中国农业品牌、传播社会正能量之大有可为。12年来，《每日农经》栏目以活跃的创造力，用影像书写中国现代农业的《齐民要术》。

2. 电视纪录片

中央电视台2006年开始和地方酝酿联合投资200万元，开拍《齐民要术》专题片。2006年1月4日，中央电视台记者、中国电视纪录片学会副秘书长郭西昌受上级委托，在山东省寿光市温泉大酒店与寿光市《齐民要术》研究会会员座谈，为10集专题片《齐民要术》前期撰稿做准备。座谈会上，寿光市专家从贾思勰生平家世、《齐民要术》成书背景及其对中国乃至世界近现代农业的贡献等方面讲述分析，尤其是对近几年寿光市蔬菜业的兴起与发展作了重点介绍。2008年4月26日，电视纪录片《齐民要术》开机仪式暨2008年《齐民要术》研讨会在寿光市温泉大酒店隆重召开，出席开机仪式的专家教授共计46人，中国农业历史学会副理事长、中国社会科学院经济研究所研究员、博士生导师李根蟠教授和原寿光市齐民要术研究会会长王焕新揭牌，中国电视纪录片学会副秘书长郭西昌主持仪式并开机拍摄。据介绍，该专题片是央视重大策划节目之一，摄制历时一年，摄制组走访全国 7 个省区市，采访人员 600 多位，2009 年 4 月 20 日至 30 日，10 集电视纪录片《齐民要术》中央电视台第七频道播出，反响强烈，受到观众好评（图 6-9）。这部为中国农业、农村、农民树碑立传的电视纪录片荣获潍坊市“风筝都文化奖”。笔者曾应邀担任该纪录片的撰稿人和史料统筹主编。

图 6-9　中央电视台 10 集电视纪录片《齐民要术》

3. 动漫动画片

（1）动画片《农圣贾思勰》。寿光是贾思勰的故里，寿光市软件园挂靠在潍坊科技学院，自 2009 年以来，北京中视彩卡、山东蓝狐动漫、山东渤海文化创意、潍坊科苑等多家动漫影视制作公司先后入驻寿光市软件园动漫大厦，韩国东西大学也在软件园内筹建了动漫公司，自建园以来，寿光市软件园已制作完成了《农圣贾思勰》等四部动画片。由山东寿光市中印软件园发展中心投资、潍坊科技学院与杭州悦喜动画有限公司策划、李兴军编剧、公长生、薛慧丽导演的历史题材原创动画片《农圣贾思勰》共 52 集，每集 15 分钟，2012 年 9 月开拍，2013 年 6 月完成（图 6-10，图 6-11）。根据山东省政府和米兰世博会中国馆组委会要求，山东省贸促会对在 2015 年 5 月举办的意大利米兰世博会山东活动周进行了认真筹备，中国馆组委会确定山东省的《齐民要术》作为山东省唯一列入中国馆“农业文明”部分展项的元素，在世博会上进行了 184 天的长期展示，代表团携带动漫片《农圣贾思勰》一道进行了展示，收到良好展示效果。中央电视台（CCTV）少儿频道也与潍坊科技学院接洽，准备在适当时期播出。

动画片《农圣贾思勰》以其原著《齐民要术》为创作素材，将枯燥的农业科学知识和贾思勰成人成才成书故事全新演绎，将科学、知识、机智、幽默、励志融为一体，是一部波澜起伏、迷象迭生、启智感人的励志动画片，是一部充满激情和教育意义的大型历史人物传奇，剧情大致是：

图 6-10　五十二集大型原创动画片《农圣贾思勰》

图 6-11　动画片《农圣贾思勰》海报

贾思勰出生于山东寿光，少年在家时，博览群书，勤奋好学，富有爱心、好奇心，对不明白的事屡生怀疑却屡遇尴尬，闹了很多笑话。虽生活艰难、社会动荡、世风日下，却不改少年之志，收留难民，虚心向他们学习，与粟儿、憨憨成为好朋友。

贾思勰成年后遍历青州、西安、广饶、井陉等地，历时一年多，最终来到了北魏京师平城。贾思勰坚持躬身向当地老百姓虚心学习农业知识，作了大量笔记，为日后的著书立说奠定了基础。

“杜葛之乱”后社会处在极不稳定之中，盗匪四起，田地大量荒芜，人民流离失所，贾思勰心急如焚，重农桑起农事，百姓基本安定下来，贾思勰也赢得了当地群众的爱戴。不断地战火烽烟，加上朝廷的荒淫无度不事国事，贾思勰最终对朝廷失去了信心，他决心离开官场著书立说造福天下百姓。回到老家寿光后，贾思勰一面著书立说，一面亲事农桑。11个春秋过去，贾思勰最终完成自己的著作《齐民要术》。

该动画片由潍坊科技学院投资，潍坊科技学院与杭州悦喜动画有限公司策划、潍坊科技学院宣传部长李兴军副教授编剧，艺术与传媒学院动画系薛慧丽副教授等师生参与制作。

（2）动画片《齐民要术》。目前，动画片《齐民要术》正在制作之中，2016年3月7日，青岛农业大学举行五十二集农典系列动画片《齐民要术》剧本创作研讨会。副校长杨同毅主持会议，上海美术电影厂导演、青岛农业大学客座教授邢国金参加创作研讨（图6-12）。

图6-12　青岛农业大学举行五十二集农典系列动画片《齐民要术》剧本创作研讨会

会上，杨同毅强调，《齐民要术》是对古代农耕技术农耕文化写实性的表述，剧本要紧紧围绕“上顺天时，下应地利”，弘扬正能量，符合现代社会主义价值观。要有明确的地域特征，体现山东在整个农耕文明中的价值和地位。要围绕现代农业和古代农业的关系，体现农典本身的价值和精神思想。与会人员站在时代和历史的高度，以深厚的积累和独特的视角，提出了建议，为剧本的深度创作提供了思路。邢国金教授表示，剧本创作要具有一定的卡通化，要有矛盾冲突，更好的吸引观众。动漫与传媒学院赵晓春提出要尝试新的表现形式，融入更多的中国元素。《齐民要术》是北朝北魏时期，南朝宋至梁时期，中国杰出农学家贾思勰所著的一部综合性农学著作，也是世界农学史上最早的专著之一，是中国现存最早的一部完整的农书。动画片《齐民要术》将紧紧围绕农典本身进行创作，展现古代人民的农耕智慧结晶。

4. VCD、DVD 光盘

曾雄生：《中华科技五千年》（合著，光盘，山东教育出版社，2000 年）。

十二、美术绘画作品

1. 国画

（1）范曾笔下的贾思勰。范曾的“贾思勰察农图”（图 6-13）很有名，画出了贾思勰的风范和气概，网上拍卖估价不低。范曾，1938 年出生，江苏南通人，中国当代大儒、思想家、国学大家、书画巨匠、文学家、诗人。现为北京大学中国画法研究院院长，中国艺术研究院终身研究员，南开大学、南通大学惟一终身教授，联合国教科文组织“多元文化特别顾问”，英国格拉斯哥大学名誉文学博士，加拿大阿尔伯塔大学荣誉文学博士。是当代中国集诗书画、文史哲、儒释道于一身的文化大家，平生著作等身，有约 150 种诗、书画、哲学之著述，国家图书馆珍藏其中 119 种。提倡“回归古典、回归自然”，

图 6-13　范曾作贾思勰察农图

身体力行“以诗为魂、以书为骨”的美学原则，对中国画的发展厥功至钜，开创了“新古典主义”艺术的先河。有24字自评：痴于绘画，能书；偶为辞章，颇抒己怀；好读书史，略通古今之变。1982年获日中文化交流功劳纪念杯。“贾思勰察农图”作于1980年，质地为设色纸本，尺寸为95cm×57cm，估价价格为70 000~100 000元，钤印为：范三、范曾之印、情貌略似款识：贾思勰察农图。庚申，江东范曾用宋人法写意，略得梁风子牧溪遗韵。

（2）陈立言教授笔下的贾思勰。陈立言，1996年任湖北省美术院院长。1998年任湖北省人大代表，湖北省政协委员。2001年任湖北省美术家协会副主席。2002年退休，全力投入《中国历代文星图赞》创制。2007年《中国历代文星图赞》精装本出版。2009年《中国历代文星图赞》由湖北美术出版社出版简装普及本。在贾思勰图赞上的题咏是：齐鲁自古芳菲地，麦生双穗果连枝。贾公千虑集要术，耕云播雨应天时（图6-14）。

图6-14　陈立言作赞贾思勰

（3）孙敬会教授笔下的贾思勰。孙敬会教授1939年生于山东潍坊市。1963年毕业于中央工艺美术学院。现为山东艺术学院教授、主任、硕士研究生导师，国家教委人文社会科学评委会评委，中国美术家协会会员，中央文史研究馆书画院研究员，山东省文史研究馆馆员，山东圣邦美术院常务副院长，山东老年书画研究会常务副会长。

我国著名人物画家孙敬会先生从弘扬地域性文化的角度出发，历时20年，系统挖掘整理了齐鲁圣贤人物的业绩资料，遴选出12位圣贤人物，并撷取了最能体现每位圣贤人物思想业绩的典型情节，精心地进行构思并付诸笔端，使圣贤人物及其丰功伟绩以美术作品的形式，形象直观地展现在世人面前。农圣贾思勰是孙教授笔下12位齐鲁圣贤之一（图6–15），历史上和人们心中的圣贤人物从画家充满激情的笔底走出，形神兼备，诗情并举，使人观之既有庄严肃穆之感，又有鲜活生动之妙。充分显示出画家在齐鲁圣贤文化上的丰厚底蕴以及在写意人物画的表现形式和水墨技法上新的探索成果。

（4）李学辉先生笔下的贾思勰。李学辉，中国孙子兵法研究会特聘画家，济南市华夏文化促进会副会长。现就职于中国长城资产管理公司。先后就读于青岛美校、清华大学美术学院孔维克高端创作研修班。20世纪90年代，历时两年创作的长卷作品《长江》《黄河》得到了国学大师季羡林、冯其庸、著名书画家刘九庵、于希宁、魏启后等先生的高度赞誉并先后题字题词。其作品以及作品丝绸复制品等艺术衍生品广为海内外友人、藏家收藏。李学辉创作了以黄河、泰山为背景，囊括文圣孔子、武圣孙子、智圣诸葛亮、书圣王羲之、医圣扁鹊、农圣贾思勰（图6–16）、科圣墨子、算圣刘洪、工圣鲁班在内的《齐鲁九圣图》，他的水墨人物和山水画的功力在作品中集中展现。

图6–15　孙敬会作农圣贾思勰

图6–16　李学辉作贾思勰

（5）其他美术作品（图 6-17）。

图 6-17　北魏杰出的农学家贾思勰

2. 连环画

上海人民美术出版社 1977 年出版了《中国古代科学家的故事》系列连环画，其中有颜梅华、沈宝发绘的《贾思勰》（图 6-18）。

贾思勰

绘画 颜梅华
沈宝发

1.我国是世界上最大的农作物起源中心之一，有悠久的农业历史，有独特的优良传统。在丰富的农学遗产宝库中，有一部著名的农业科学巨著——《齐民要求》,它的作者是北魏时期的贾思勰

2.贾思勰是五世纪末至六世纪中杰出的农业科学家。他曾当过高阳郡（今山东临淄）太守，平生推崇西汉时重视农业的龚遂、召信臣和东汉的治河专家王景等人，向往当一个对发展生产有贡献的地方官吏

图 6-18　颜梅华、沈宝发绘《贾思勰》连环画

第三节　按研究者身份划分法

一、高等院校教学及研究人员

高等院校是相关研究者最为集中、力量最为雄厚的机构之一。农史类研究者主要集中在以下五大农业院校，其他农业院校也多有涉及。

（1）南京农业大学人文社会科学学院、中华农业文明研究院、中国农业遗产研究室，是我国目前相关研究力量最集中、研究资金最雄厚的研究机构之一，代表性学者有王思明教授，盛跃邦教授、惠富平教授、严火其教授、李群副教授、陈少华副教授、杨坚副教授等。

（2）西北农林科技大学人文学院及西北农林科技大学农业历史研究所，代表性学者有张波教授、樊志民教授、郭风平教授、卜凤贤教授等。

（3）华南农业大学人文科学学院农史研究室，代表性学者有倪根金教授等。

（4）中国农业大学人文与发展学院及农史研究室，代表性学者有张法瑞教授、柴福珍教授等。

（5）浙江大学农学院农业历史研究室，代表性学者有游修龄教授等。

其他如历史类、哲学类、语言文学类的研究者主要有：北京大学人文社会学院中国语言文学系张双棣教授、蒋绍愚教授，北京大学经济学院郑学益教授，清华大学人文社会学院历史系李重伯教授，中国人民大学哲学系方立天教授，首都师范大学人文社会学院历史系蒋福亚教授，南京大学人文社会学院中文系柳士镇教授、汪维辉教授，浙江大学人文社会学院古籍研究所王云路教授，四川大学文学院中国语言文学系董志翘教授，郑州大学历史学院古代史教研室王星光教授，郑州大学中原文化与发展研究中心薛瑞泽教授，陕西师范大学人文社会学院历史系萧正洪教授，山东大学历史文化学院张熙惟教授，山东大学文史哲研究院徐传武教授，山东农业大学文法学院中文系孙金荣教授，潍坊学院政史系吴存浩教授，徐州师范大学社会发展学院历史系刘磐修副教授，安徽大学人文社会学院中文系阚绪良副教授等。

二、研究院所研究人员

研究院所研究人员是相关研究的极其重要力量和专业队伍，属于《齐民要术》研究的“国家队”。如中国农业博物馆研究员、中国农业历史学会副会长闵宗殿；中国农业展览馆研究所所长，中国农业博物馆研究所所长，教授、博士生导师曹幸穗，中国社会科学院经济研究所研究员、博士研究生导师，中国农业历史学会副理事长李根蟠；中国农科院研究员、中国农业历史学会、中国自然科学史学会、中国农业经济史学会会员马万明；原浙江农业科学院蚕桑研究所情报研究室主任、研究员，中国丝绸博物馆顾问，浙江省蚕桑学会顾问蒋猷龙；中国科学院自然科学史研究所研究员荀萃华；中国社会科学院经济研究所经济思想史研究室研究员路兆丰；中国科学院自然科学史研究所研究员、“中国农业历史与文化网站”创办人和主持人曾雄生等。

地方一些研究所的成果也极具特色，不可忽视。山东省济宁市农业机械研究所高级工程师周昕，主要从事当代农业机械及农业机械历史的研究，是《齐民要术》中农具的研究专家，被誉之为中国农具史学科的主要开拓者和奠基人，成为国内为数不多的、当之无愧的农具史专家。著有《耒耜经校注》《耒耜经和它的笔者》《独一无二的古农具专志——耒耜经》《农具史话》《耒耜经与陆龟蒙》《试论古农具图谱的范围及沿革》《古农具图谱正误》《中国古农具图鉴》等论著。近年发表《耧车初考》（《中国农史》2001年第3期）；《“耩”字试析》（《古今农业》2002年第1期）；《“锋”考》（《中国科技史料》2003年第1期）；《中国农具发展史》（山东科学技术出版社，2004年12月）。

三、博士硕士研究生

博士硕士研究生是相关研究的生力军。南京农业大学党委宣传部副部长，南京农业大学人文学院博士生毕业的丁晓蕾的相关论著有：《〈齐民要术〉中的蔬菜科技述评》（《南京农业大学学报〈社会科学版〉》2005 年第 1 期）。陕西商洛师范专科学校校长、党委副书记张景书教授毕业于西北农林科技大学经济管理学院农业教育管理专业，博士论文题目是《中国古代农业教育研究》（西北农林科技大学 2003 年博士论文），此论文用大量篇目讨论了《齐民要术》的相关问题。安徽师范大学文学院教授储泰松，在南京大学获得博士学位，后在复旦大学从事博士后研究。研究领域和方向是汉语语音史和汉语方音史，相关论著有：《〈齐民要术〉特殊注音浅论》（《南京师范大学文学院学报》2005 年第 2 期。现任国务院三峡工程建设委员会移民开发局办公室主任的倪莉，1997 年于中国科学院自然科学史研究所研究生毕业，获硕士学位。相关论著有：《〈齐民要术〉中制醋工艺研析》（《自然科学史研究》1997 年第 4 期）。

四、图书馆工作人员

图书馆工作人员在相关研究上占有“天时”和“地利”。如中国农业大学图书馆前馆长，中国农业历史学会常务理事杨直民教授既在图书馆做馆长工作，又是农史研究室教授，发表的论文文风高古，学贯东西，至今还被许多新出论文广泛引用，知名度很高。杨教授的经典论著有：《介绍〈齐民要术〉新校译本》（《农业图书馆杂志》1983 年第 9 期）；《从几部农书的传承看中日两国人民间悠久的文化技术交流》（《世界农业》1980 年 10、11 期）；《中国古代科学家传记（上集）：“贾思勰”》（科学出版社，1992 年）；《一位杰出的古代农学家：贾思勰》（《农业技术》1963 年第 1 期）；《中日文化交流史大系科技卷：“农业著作的传流”》（浙江人民出版社，1996 年第 12 期）；《旱区农业技术发展和农业资源利用的历史〈上、下〉》（《古今农业》2003 年第 3 期）；《传统农业向现代化农业转化与农业科学技术史研究的蓬勃发展》（《农史研究》第 7 辑）等。此外，《农业科学技术史研究的蓬勃发展》《我国保墒技术及有关农具的历史发展》《我国古代的地力说》《我国古代在栽培植物起源方面的贡献》《中国古代农业科技》《精耕细作是中国农业技术的优良传统》等也是杨教授的重要论著。

原中国农业大学农史研究室教授、著名农史研究专家、中国农史学科的开拓者和奠基人之一的王毓瑚教授，早于杨直民教授曾任中国农业大学图书馆前馆长。

中国农史学会名誉会长、浙江大学农学院农业历史研究室游修龄教授也有在浙江大学农学院图书馆工作的经历。

张欣毅，宁夏回族自治区图书馆副馆长，研究馆员，宁夏图书馆学副理事长兼秘书长，相关论文有：《跨越时空的文明——中华五千年的文化记录与记录文化1~9集》（《图书馆理论与实践》1997年第2期至1999年第2期）。

五、信息中心、出版社、编辑部工作人员

中国农业科学院科技文献信息中心研究馆员王永厚的相关论著有：《〈齐民要术〉在日本》（《光明日报》1979年3月15日），影响面广并且被引用次数多。《中国农书在国外》（《农业考古》1983年第1期）；《打开我国农学遗产宝库的钥匙——喜读“中国农业古籍目录”》（《中国农史》2003年第4期）；《探索农史研究新领域的新成果——“中国西部农业开发史研究”读后》（《中国农史》2004年第4期）。

曾少潜，曾任国家科技部科技情报研究所办公室主任。相关论著有：《贾思勰//世界著名科学家简介》（科技文献出版社，1981年）；《科技名人词典》（中国青年出版社，1982年）；《科学史学导论//北京大学科技哲学丛书》（科技文献出版社，1981年）。

中国农业出版社编审穆祥桐，是2004年度第三届“全国百佳出版工笔者”获奖者，《中国农业科学技术史稿》主要完成人之一，获奖名称：农业部科技进步奖一等奖获奖时间：1996年8月。相关论文有：《从〈齐民要术〉看魏晋南北朝时期的烹饪技术》（《农业考古》1987年第2期）。

中国农业出版社副编审白洪信，曾任《贾思勰志》//《山东省志·诸子名家志》编辑委员会顾问（山东人民出版社，2001年，济南）。

《江西农业大学学报》社长、编辑部主任、编审柳志慎的相关论文有：《我国古代农学家和农书》（《江西农业大学学报》1986年第3期）。

《文物》出版社编辑张征雁，相关论文有：《穿越时空——中国重大考古发现》（四川教育出版社1996年）；《〈齐民要术〉中的烹调术》（《昨日盛宴：中国古代饮食文化——中华文明之旅》四川人民出版社，2004年1月）。

张润生，《天津大学学报》编辑部编审，天津市高校自然科学学报研究会理事长。相关论著有：《贾思勰和〈齐民要术〉//中国古代科技名人传》（中国青年出版社，1983年出版）。

陆宜新，《河南南阳师范学院学报》副主编，主要从事编辑学研究。相关论文有：《〈齐民要术〉的编撰特色》（《河南商丘师范学院学报》2004年第1期）。

六、报社、电台、电视台记者或通讯员

记者或通讯员所发表的相关报道和通讯，影响面宽，读者群广泛。

孙建在1962年6月19日《陕西日报》发表《一位治学谨严的科学家：访石声汉教授校释〈齐民要术〉的经过》报道。

中央人民广播电台中国之声《中国农村报道》工作室记者、《今日农村》节目编辑纪曙春，相关论著有：《中国农业文明史话》（第二笔者，中国广播电视出版社，1991年10月）。

原《大众日报》胶州站记者，《大众日报》编辑部担任记者、编辑李永先，致力于文史研究。研究课题多次获得过山东科学联合会的奖励，相关论文有：《山东历史上的三大农书》（《齐鲁晚报》2005年3月26日），流转较广，被相关书刊和网站多次引用和登载。

滕敦斋，《大众日报》记者。相关报道有：《心血凝成的当代〈齐民要术〉——写在十部山东农学专著出版之际》（《大众日报》2002年12月17日）。

范兴川，《科技日报》记者。相关报道有：《启齐民要术，开遗传先河》（《科技日报》2004年12月28日）。

宏斌，《中国产经新闻报》记者。相关报道有：《今日贾思勰——记冬暖式大棚蔬菜之父王乐义》（《中国产经新闻报》2005年2月28日）。

七、领导干部

许多党政干部，包括中高级领导在百忙之中纷纷著书立说，积极研讨《齐民要术》，为我们树立了榜样。如已故原北京市副市长、中国科学院哲学社会科学部委员、著名学者吴晗早在1956年4月的人民日报上就发表了《古代的农书：〈齐民要术〉》，文笔极有特色。现任山东省委常委、山东省青岛市委书记、曾任山东省寿光市人民政府市长的李群，也在1997年2期《自然辩证法研究》上发表过有影响力的《贾思勰与〈齐民要术〉》论文。还有许多基层行政领导近年来也注意研究“贾学”，钻研“齐民要术”，如安徽省庐江县政协常委，县劳动和社会保障局副局长，安徽省科普作家协会会员夏冬波的相关论著有：《〈齐民要术〉中的医药文化内容》，（《家庭中医药》2005年第6期），《〈齐民要术〉中的药物非治疗作用》《药物与书画装裱》，（中医古籍出版社，2001年8月）。

八、企业技术人员

企业技术人员长期奋斗在生产第一线，实践经验丰富，发表的论文往往就某一专业领域阐明针对性很强的观点，发挥了史学家有时所不具备的专业优势。如已故的原东北烟酒总公司高级工程师周恒刚是全国白酒行业著名专家、被誉为“中国酒界泰斗”，中国白酒专业委员会名誉会长，全国第二、第三、第四届评酒专业专家组组长等职。相关论著有：《试论〈齐民要术〉制曲原料处理的合理性》(《酿酒科技》2001 年第 4 期)；《〈齐民要术〉记载老水万鞠的微生物学的特性》(《酿酒》2001 年第 1 期)；《制曲用药》(《酿酒科技》2004 年第 2 期)。以及《麸曲·酵母》《糖化曲》《白酒生产微生物》《窖泥培养》《酿酒大曲》《白酒品评与勾兑》《白酒生产指南》《白酒生产工艺学》《古今酿酒技术》等专业性较强的论著。

原北京市菜蔬公司高级工程师张平真的相关论文有：《〈齐民要术〉取材地域北方说》(《中国酿造》1999 年第 1 期)。

福建省福州市蔬菜公司副总工程师张发柱的相关论文有：《对〈齐民要术〉中腌渍技术的探讨》(《调味副食品科技》1981 年 5 期)。

陈苍林，福建漳州市酱油厂高级工程师。相关论文有：《探方法本源、明造化机理——〈齐民要术〉(豆酱法) 步韵》(《中国酿造》2005 年第 4 期)。

九、业余爱好者

业余爱好者的特点是对贾思勰和《齐民要术》研究的兴趣浓厚，并且比较执著，经常主动请教有关专家。如已故的原沈阳市于洪区北陵乡农业技术员孟方平，1973 年春天为发现沈阳一处新石器时期的古人类文化遗址提供了重要线索，考古界把该遗址命名为新乐遗址。之后孟方平成为业余文物考古爱好者。晚年潜心研究《齐民要术》等农书，与著名学者石声汉教授通信、交谊甚多。相关论文有：《〈齐民要术〉·种胡荽第二十四试校》《说荞麦》《农业考古》《〈齐民要术〉畜牧篇疑文试析》等。

十、地方及地域研究者

1. 寿光地域研究者

寿光是贾思勰的故乡，有研究贾思勰和《齐民要术》的基础和传统，寿光市《齐民要术研究会》自 2005 年成立起已经整整 12 周年。寿光市当地的 60 余名学者，利用对贾思勰和《齐民要术》的研究的独特地理优势和环境优势，取得了不可小觑的研究成果，应当说这部分研究者带有对先贤的浓厚真挚的感情和崇敬色彩。如：寿光市原市长李群的《贾思勰与〈齐民要术〉》(自然辩证法研究，1997 年第二期)；寿光市《齐民要术》研究会名誉会长王乐义的《〈齐民要术〉给我的启示》(《中国农史》2006 年增刊)、王乐义的《艰难的探索历程》(在《齐民要术》与现代农业高层论坛上的发言)；王乐义、王焕新的《关于建立〈齐民要术〉博览园的建议》(徐莹、李昌武主编《贾思勰与〈齐民要术〉研究论集》，山东人民出版社，2013 年)；李志刚、王焕新、王传勇的《齐民要术》饮食研究与实践》(徐莹、李昌武主编《贾思勰与〈齐民要术〉研究论集》，山东人民出版社，2013 年）；王焕新的《〈贾思勰逸史〉前言》（徐莹、李昌武主编《贾思勰与〈齐民要术〉研究论集》，山东人民出版社，2013 年）；王教法、周衍庆的《继承和发展贾思勰农学思想，大力推进寿光以蔬菜产业为主导的农业产业化》（徐莹、李昌武主编《贾思勰与〈齐民要术〉研究论集》，山东人民出版社，2013 年）；徐莹、李昌武任主编，刘效武、薛彦斌、孙有华、赵守祥任副主编的《徐莹、李昌武主编贾思勰与〈齐民要术〉研究论集》（山东人民出版社，2013 年 8 月）；李昌武，刘金同的《由〈齐民要术〉探究贾思勰商品经济思想》（徐莹、李昌武主编《贾思勰与〈齐民要术〉研究论集》，山东人民出版社，2013 年）；寿光市《齐民要术》研究会会长刘效武的《应当继承和弘扬〈齐民要术〉农业悠久历史文化》（2001 年 6 月 2 日《寿光日报》）、《从〈齐民要术〉的用词特点看寿光方言的历史传承》（徐莹、李昌武主编《贾思勰与〈齐民要术〉研究论集》，山东人民出版社，2013 年）、《“食政为首”与“惠民富民”——〈齐民要术·序〉的新时代意义》（徐莹、李昌武主编《贾思勰与〈齐民要术〉研究论集》，山东人民出版社，2013 年）、《〈齐民要术〉农学思想对现代农业发展的启示》（徐莹、李昌武主编《贾思勰与〈齐民要术〉研究论集》，山东人民出版社，2013 年）、《探求“贾学”真谛，助推“会企”合作——有感于中国（寿光）农圣文化高峰论坛暨齐民思新品上市品鉴酒会的成功召开》（徐莹、李昌武主编《贾思勰与〈齐民要术〉研究论集》，山东人民出版社，2013 年）；寿光市《齐民要术》研究会副会长赵守祥的《中国（寿光）农圣文化高峰论坛暨齐民思新品上市尊享品鉴酒会揭语》（徐莹、李昌武主编《贾思勰与〈齐民要术〉研究论集》，山东人民出版社，2013 年）、《〈宏源酒〉：寿光灿烂文明史的传承与见证——兼及〈齐民要术〉所记酿酒技术》（徐莹、李昌武主编《贾思勰与〈齐民要术〉研究论集》，山东人民出版社，2013 年）、《关于充分重视挖掘和利用好贾思勰与〈齐民要术〉这一历史文化资源的六次建议和提案》（徐莹、李昌武主编《贾思勰与〈齐民要术〉研究论集》，山东人民出版社，2013 年）；寿光市《齐民要术》研究会副会长薛彦斌主编的《第一、第二、第三、第四、第五届中华农圣文化国际研讨会论文集》（中国农业科学技术出版社 2010—2013 年第 1 集至第 4 集，中国农业出版社 2014 年第 5 集）、薛彦斌主编《〈齐民要术〉与现代农业高层论坛论文集》（《中国农史》2006 年增刊）、薛彦斌的《对 20 世纪以来〈齐民要术〉国内研究学者与成果的分类》（《中国农史》2006 年增刊）、薛彦斌的《世界性巨著〈齐民要术〉在日本的影响》（徐莹、李昌武主编《贾思勰与〈齐民要术〉研究论集》，山东人民出版社，2013 年）；王冠三的《贾思勰籍贯辨误》（徐莹、李昌武主编《贾思勰与〈齐民要术〉研究论集》，山东人民出版社，2013 年）；贾效孔的《贾思勰》在潍坊市获社会科学出版一等奖、主编出版《寿光考古与文物》（中国文史出版社，2005 年）、《山东寿光北魏贾思伯墓》（《文物》1992 年第 8 期）、《书法瑰宝贾思伯夫妇墓志》《潍坊文化通鉴》（山东友谊出版社，1992 年 9 月）、《贾思勰其人》（《国际成人教育学术及期刊工作研讨会论文集》1995 年 10 月）、《贾思勰籍里考证及其农学巨著〈齐民要术〉》（徐莹、李昌武主编《贾思勰与〈齐民要术〉研究论集》，山东人民出版社，2013 年）；孙仲春的《农学家贾思勰高阳太守考》（《寿光日报》2005 年 10 月 17 日）、《寿光探微》（1991 年 10 月出版）、《寿光史略》（中国文史出版社 2005 年 6 月出版）、《贾思勰考》（徐莹、李昌武主编《贾思勰与〈齐民要术〉研究论集》，山东人民出版社，2013 年）、孙仲春，葛怀圣的《农学家贾思勰高阳太守考》（徐莹、李昌武主编《贾思勰与〈齐民要术〉研究论集》，山东人民出版社，2013 年）；孙仲春的《试谈〈齐民要术〉创作的历史背景》；《〈齐民要术〉的时代精神——要在安民富而教之》（徐莹、李昌武主编《贾思勰与〈齐民要术〉研究论集》，山东人民出版社，2013 年）；朱振华的《"胡葸"实应为"胡葱"——关于〈齐民要术〉中"胡葱"名之辨析》（徐莹、李昌武主编《贾思勰与〈齐民要术〉研究论集》，山东人民出版社，2013 年）；朱振华的《我国古代普遍栽培的葵是当今的冬寒菜——对〈齐民要术〉卷三种葵篇的题释》（徐莹、李昌武主编《贾思勰与〈齐民要术〉研究论集》，山东人民出版社，2013 年）；朱振华的《〈齐民要术〉的蔬菜题释》（徐莹、李昌武主编《贾思勰与〈齐民要术〉研究论集》，山东人民出版社，2013 年）；朱振华的《〈齐民要术〉与贾思勰以大农业为本的思想观念和体系》（徐莹、李昌武主编《贾思勰与〈齐民要术〉研究论集》，山东人民出版社，2013 年）；朱振华的《对于寿光蔬菜发展的前瞻性思考》（徐莹、李昌武主编《贾思勰与〈齐民要术〉研究论集》，山东人民出版社，2013 年）、朱振华的《日光温室瓠瓜高产高效栽培技术——〈齐民要术〉卷二种瓠给菜农的启示》（徐莹、李昌武主编《贾思勰与〈齐民要术〉研究论集》，山东人民出版社，2013 年）；胡国庆的《寿光农业与〈齐民要术〉》《寿光蔬菜》（人民出版社，2001 年 4 月）、胡国庆的《现代农业与〈齐民要术〉》（徐莹、李昌武主编《贾思勰与〈齐民要术〉研究论集》，山东人民出版社，2013 年）、《寿光农业对〈齐民要术〉的传承和发展》（徐莹、李昌武主编《贾思勰与〈齐民要术〉研究论集》，山东人民出版社，2013 年）、《弘〈齐民要术〉之魂，走后现代农业之路》（徐莹、李昌武主编《贾思勰与〈齐民要术〉研究论集》，山东人民出版社，2013 年）、《城市农业的创意与研发》（徐莹、李昌武主编《贾思勰与〈齐民要术〉研究论集》，山东人民出版社，2013 年）、《农圣文化在寿光的延续和发展》（《贾思勰与〈齐民要术〉研究论集》，山东人民出版社，2013 年）；崔英魁、焦方增的《编纂〈贾思勰志〉暨济南泉城广场贾思勰籍贯订正的有关情况》（徐莹、李昌武主编《贾思勰与〈齐民要术〉研究论集》，山东人民出版社，2013 年）；夏光顺的《由〈齐民要术〉看畜牧业在经济社会中的重要地位》（徐莹、李昌武主编《贾思勰与〈齐民要术〉研究论集》，山东人民出版社，2013 年）；刘冠义的《〈齐民要术〉与果树的早果丰产技术分析》（徐莹、李昌武主编《贾思勰与〈齐民要术〉研究论集》，山东人民出版社，2013 年）；李瑞成的《〈齐民要术〉的产生及其文化背景》（徐莹、李昌武主编《贾思勰与〈齐民要术〉研究论集》，山东人民出版社，2013 年）；魏涌汉的《贾思勰籍贯及其农业观》（徐莹、李昌武主编《贾思勰与〈齐民要术〉研究论集》，山东人民出版社，2013 年）；侯如章的《贾思勰与〈齐民要术〉》（徐莹、李昌武主编《贾思勰与〈齐民要术〉研究论集》，山东人民出版社，2013 年）；刘金同、薛彦斌《由〈齐民要术〉探讨贾思勰的“农本”思想》（徐莹、李昌武主编《贾思勰与〈齐民要术〉研究论集》、山东人民出版社，2013 年）、刘金同的《试论〈齐民要术〉中的勤俭节约思想》（徐莹、李昌武主编《贾思勰与〈齐民要术〉研究论集》，山东人民出版社，2013 年）、刘金同的《贾思勰“政府引导思想”对寿光蔬菜产业发展的启示》（李昌武、薛彦斌主编《面向绿色未来，发展现代农业·第五届中华农圣文化国际研讨会论文集》，中国农业出版社，2014 年）、王双同、刘金同的《浅谈〈齐民要术〉中的农业生产和谐思想》（李昌武，薛彦斌主编《弘扬世界农业文明，发展现代绿色农业，第四届中华农圣文化国际研讨会论文集》，中国农业出版社，2013 年）；杨现昌的《〈齐民要术〉版本述要》（徐莹、李昌武主编《贾思勰与〈齐民要术〉研究论集》，山东人民出版社，2013 年）、杨现昌的《由〈齐民要术〉卷八解读海盐的制作方法》（徐莹、李昌武主编《贾思勰与〈齐民要术〉研究论集》，山东人民出版社，2013 年）；郎德山、李讳的《〈齐民要术〉可持续发展农业思想的研究》（徐莹、李昌武主编《贾思勰与〈齐民要术〉研究论集》，山东人民出版社，2013 年）、郎德山的《〈齐民要术〉对我国农业职业教育的启示》（李昌武，薛彦斌主编《面向绿色未来，发展现代农业，第五届中华农圣文化国际研讨会论文集》，中国农业出版社，2014 年）；王培义的《教导农耕，强国富民——贾思勰农业思想浅析》（徐莹、李昌武主编《贾思勰与〈齐民要术〉研究论集》，山东人民出版社，2013 年）；周衍庆、王嘉、张东华的《弘扬农圣农学思想，大力发展寿光以蔬菜产业为主导的农业旅游》（徐莹、李昌武主编《贾思勰与〈齐民要术〉研究论集》，山东人民出版社，2013 年）；刘林松、朱天森的《寿光市农业产业化的实践与探索》（徐莹、李昌武主编《贾思勰与〈齐民要术〉研究论集》，山东人民出版社，2013 年）；李学森的《寿光建设贾思勰祠始末》（徐莹、李昌武主编《贾思勰与〈齐民要术〉研究论集》，山东人民出版社，2013 年）；葛汝凤的《〈齐民要术〉生态农业观光园文化柱述略》（徐莹、李昌武主编《贾思勰与〈齐民要术〉研究论集》，山东人民出版社，2013 年）；刘天剑的《〈贾思勰〉自序》（徐莹、李昌武主编《贾思勰与〈齐民要术〉研究论集》，山东人民出版社，2013 年）；刘天剑的长篇人物传记《贾思勰》（中国文联出版公司，1998 年 12 月，北京）；邱家兴的《寿光今人写古人的书——读长篇传记文学〈贾思勰〉》（徐莹、李昌武主编《贾思勰与〈齐民要术〉研究论集》，山东人民出版社，2013 年）；国乃全的长篇章回体小说《贾思勰逸史》（远方出版社，2010 年 3 月，北京）、国乃全的《写作〈贾思勰逸史〉依据的几个学术观点》（徐莹、李昌武主编《贾思勰与〈齐民要术〉研究论集》，山东人民出版社，2013 年）；王纯中的《从贾思勰的任职看他的郡望里籍——贾思勰隶籍寿光的再考证》（《寿光日报》2005 年 12 月 11 日）；郝荣勋的《名人名著与齐民思酒》（《华夏酒报》2004 年 11 月 16 日）；苗西收的《央视将开拍〈齐民要术〉》（《寿光日报》2006 年 1 月 6 日）；曹光华的《蜚声中外的农学家——贾思勰》《寿光古代名人（1）（寿光文史资料选辑第 20 集），政协寿光市文史资料委员会编辑，2005 年 12 月，寿光》等。

2. 山东地域研究者

除了寿光以外，潍坊及其周边地区的相关研究者也值得关注，山东省内大学有许多研究者，原籍为寿光或工作地点与寿光临近，如地处青州市的山东潍坊教育学院政史系讲师，山东大学历史文化学院 2005 届博士研究生李森是山东省五莲县人，所著《贾思勰应为今山东寿光人》（《中国史研究》1999 年第 3 期）非常值得一读。石油大学（华东）政法系副教授，社科系副主任李元卿现住东营市，原籍是山东寿光，相关论文《贾思勰故里考》（《石油大学学报（社会科学版）》1993 年 4 期）也很有见地。山东农业大学文法学院教授孙金荣博士的《籍贯与故里——贾思勰生平事迹考略》（《农业考古》2013 年第 2 期）；孙金荣教授的《贾思勰为官“高阳”郡治考》（《山东社会科学》2014 年第 1 期）也都阐述了最新研究观点。

3. 地方宣传文化系统研究者

柳学青曾任山东省青州市委宣传部新闻干事，并兼党史工作。相关论文有：《贾思勰和他的〈齐民要术〉》（《农业知识》1980 年第 10 期）。

4. 地方科学技术系统研究者

浙江省温岭市科学技术委员会高级畜牧兽医师，温岭市科学技术协会名誉主席冯洪钱的相关论著有：《齐民要术兽医方考注》（《古今农业》1998 年第 4 期；《我国古代的畜禽饲料添加剂考注》（《农业考古》2000 年第 1 期）。

5. 地方农林系统研究者

河北省昌黎县农业局办公室主任吕占彬的相关论文有：《读古书〈齐民要

术〉有感》(《河北农业》2003 年第 12 期)。

6. 地方其他系统

江西省吉安市交通局办公室副主任龙顺林的相关论著有:《劝君学学〈齐民要术〉——读书杂感录》(《江西农业经济》1998 年第 5 期);安徽省庐江县政协常委,县劳动和社会保障局副局长的相关论著有:《〈齐民要术〉中的医药文化内容》(《家庭中医药》2005 年第 6 期);《〈齐民要术〉中的药物非治疗作用》《药物与书画装裱》(中医古籍出版社,2001 年 8 月)。

十一、中学历史、地理、生物、政治等学科教师

此类研究人员能结合教学实际,突出一两个中心问题加以分析,论文观点明确,短小精悍,可读性强。安徽省滁州市第二中学历史教师林桂平,毕业于安徽大学历史系,研究方向为中学历史教学,《中学历史在线》网站常务编辑,主要负责高中版栏目的组织和管理工作。相关论文有:《〈齐民要术〉中两句谚语的出处与解释》(《历史学习》2004 年第 11 期)。

四川省阿坝州卧龙特区中学生物教研室教师周利阔的相关论文有:《浅谈农学巨著〈齐民要术〉在生物学上的成就》(《四川教育学院学报》2004 年第 1 期)。

江苏省无锡市梅村高级中学教师吴红亚的相关论文有:《有关〈齐民要术〉的一道选择题》(《历史学习》2004 年第 2 期)。

福建省永安一中政治教研室教师张一仪的相关论文有:《浅谈〈齐民要术〉的富民思想》(《农业考古》1999 年第 1 期);《对〈齐民要术〉的哲学思考》(《农业考古》,1998 年第 3 期)。

第四节　按研究内容划分法

一、贾思勰里籍、身世、官职、活动考证

栾调甫:《〈齐民要术〉笔者考》(山东省人民政府参事室、山东省文史研究编《文史资料》1990 年第 2 期)。曲直生:《〈齐民要术〉考证》《中国粮政》1961 年第 1 期。贾效孔:《山东寿光北魏贾思伯墓》(《文物》1992 年第 8 期)。李元卿:《贾思勰故里考》(《石油大学学报〈社会科学版〉》1993 年 4 期)。李森:《贾思勰应为今山东寿光人》(《中国史研究》1999 年第 3 期)。孙仲春:《农学家贾思勰高阳太守考》(《寿光日报》2005 年 10 月 17 日)。王纯中:《从贾思勰的任职看他的郡望里籍——贾思勰隶籍寿光的再考证》(《寿光日报》2005 年 12 月 11 日)。孙金荣:《籍贯与故里——贾思勰生平事迹考略》(《农业

考古》2013 年第 2 期)；孙金荣：《贾思勰为官“高阳”郡治考》(《山东社会科学》2014 年第 1 期)

二、《齐民要术》的流布和版本传承

栾调甫：《齐民要术版本考》(1934 年，载于齐鲁大学《国学汇编》第 2 册)；《齐民要术引用书目考证》(署名胡立初，1934 年，载于齐鲁大学《国学汇编》第 2 册)。缪启愉：《〈齐民要术〉明代刻本的以讹传讹》；缪启愉：《〈齐民要术〉十种校宋本题记》(《图书馆》1963 年第 2 期；杨直民：《从几部农书的传承看中日两国人民间悠久的文化技术交流》(《世界农业》，1980 年第 10 期；第 11 期)；《中日文化交流史大系科技卷：“农业著作的传流”》，(《浙江人民出版社》，1996 年)。肖克之：《〈齐民要术〉的版本》(湖南师范大学文献学，1997 年第 3 期)。缪启愉：《第二章重要版本》·刘德成、刘克强主编，《山东省志/诸子名家志》编纂委员会编：《贾思勰志》(山东人民出版社，2001 年)。

三、《齐民要术》的校勘、注释、今译

石声汉：《〈齐民要术〉今释》(科学出版社，1957 年)；《〈齐民要术〉概论》(英文版，科学出版社 1958 年)。缪启愉：《〈齐民要术〉校释》(农业出版社，1982 年，1998 年修订再版)。杨直民：《介绍“齐民要术”新校译本》(《农业图书馆杂志》1983 年第 9 期)。游修龄：《〈齐民要术〉疑义考释》(游修龄编著《农史研究文集》，中国农业出版社，1999 年 7 月)。

四、《齐民要术》的撰期、成书年代和背景

梁家勉：《“齐民要术”的撰者、注者和撰期：对祖国现存第一部农书的一些考证》(《华南农业科学》1957 年第 3 期)。梁家勉：《“齐民要术”成书时代背景试探》(《梁家勉农史文集》，中国农业出版社，2002 年 12 月)。游修龄：《“齐民要术”成书背景小议》(游修龄编著《农史研究文集》，中国农业出版社，1999 年 7 月)。王仲荦：《有关贾思勰“齐民要术”的几个问题》(《文史哲》1961 年第 3 期)；《谈“齐民要术”的历史背景》(《大众日报》1961 年 6 月 25 日)。王玲：《“齐民要术”的成书背景再论》(《中国农史》2002 年第 2 期)。张平真：《“齐民要术”取材地域北方说》(《中国酿造》，1999 年第 1 期)。

五、《齐民要术》与农林科学思想和技术

1. 种植业

(1) 农作物。游修龄：《从〈齐民要术〉看我国古代的作物栽培》（《农业学报》1957 年第 7 期）。古世禄：《〈齐民要术〉中记载的谷子品种不是 86 个》（《山西农业科学》1981 年第 10 期）。孟方平：《说荞麦》（《农业考古》1983 年第 2 期）。

(2) 蔬菜。李家文：《从〈齐民要术〉看古代蔬菜生产》（《大众日报》1961 年 12 月 9 日）。孟方平：《〈齐民要术〉· 种胡荽第二十四试校》（《中国农史》1987 年第 2 期）。彭世奖：《我国古代蔬菜生产的特殊技艺》（《中国农史》1989 年第 2 期）。丁晓蕾：《〈齐民要术〉中的蔬菜科技述评》（《南京农业大学学报〈社会科学版〉》2005 年第 1 期）。李庆典：《中国古代种芋法的技术演进及其对现代农学的贡献》（《中国农史》2004 年第 4 期）。

(3) 果树。许荣义：《〈齐民要术〉中有关果树的栽培技术》（《农业考古》1985 年第 1 期）。匡明纲：《〈齐民要术〉中的果树遗传育种》（《中国农史》1985 年第 1 期）。

(4) 肥料。游修龄：《从〈齐民要术〉看我国古代的肥料科学》（游修龄编著《农史研究文集》，中国农业出版社，1999 年 7 月）。桑润生：《我国早期对于栽培绿肥的认识及其经验》（《中国农业科学》1962 年第 6 期）。胡家祺：《中国古代的传统施肥法》《世界农业》（1985 年 4 期）。

(5) 农业技术与耕作技术。万国鼎：《〈齐民要术〉所记农业技术及其在中国农业技术史上的地位》（《南京农学院学报》1956 年第 1 期）。王潮生：《浅析我国古代旱作栽培管理技术》（中国农业博物馆建馆十周年论文选集，中国农业科技出版社，1996 年，北京）。严火其：《我国农业以种植业为主原因探析》（《中国农史》2001 年第 4 期）。

2. 养殖业

蒋猷龙：《关于〈齐民要术〉所载桑、蚕品种的研究》（《蚕业科学》1979 年第 1 期）；《中国古代农业科技——关于〈齐民要术〉所载桑、蚕品种的初步研究》（农业出版社，1980 年）；李根蟠：《〈齐民要术〉何以无养狗的论述——牧区文化对中原文化影响之一例》（《中国经济史论坛网站》2002 年 12 月 12 日在线论文）。

3. 畜牧兽医业

刘龙驹：《对〈齐民要术〉畜牧部分若干问题的浅探》（《山东农学院学报》1962 年第 7 期）。王潮生：《浅谈我国古代饲养耕牛的经验》（《中国农史》1986

年第1期)；李群：《中国古代畜牧兽医史》(编者，中国农业科技出版社1994年出版)；《中国驴骡发展史概述》(《中国农史》1986年第4期)；《湖羊的来源和历史研究》(《农业考古》1987年第1期)；《我国古代的养马技术》(《古今农业》1996年第3期)。余孚：《中国古代的养羊技术》(《古今农业》1991年第3期)。王磊，张法瑞：《〈齐民要术〉与北魏的畜牧业生产》(中国生物学史暨农学史学术讨论会论文，2003年11月，广州)；王磊，张法瑞，柴福珍《论北魏的畜牧业》(《古今农业》2004年第1期)。冯洪钱：《齐民要术兽医方考注》(《古今农业》1998年第4期)；《我国古代的畜禽饲料添加剂考注》(《农业考古》2000年第1期)。于船：《〈齐民要术〉中的畜牧兽医专卷和我国古代的兽医科学技术》(《内蒙古兽医科技情报》1957年)；孟方平：《〈齐民要术〉畜牧篇疑文试析》(《中国农史》1991年第3期)。

4. 生态、植物保护、可持续发展观

周明牂：《植物抗虫性研究利用的进展》(《世界农业》1985年第6期)。陈良文：《〈齐民要术〉一书中的生态学知识》(《农业考古》1985年第2期)。莫翼翔：《中国古农学中的生理生态学思想》(《农业考古》1994年第1期)。严火其：《借鉴传统的病虫防治理论和技术》，(《农业考古》2000年第1期)。杨同卫：《〈齐民要术〉所体现的中国古代农业朴素的可持续发展系统观》(《科学技术与辩证法》1998年第5期)。

5. 种子繁育、保纯与处理

王潮生：《我国古代农作物选种及种子处理技术成就》(中国农业博物馆建馆十周年论文选集，中国农业科技出版社，1996年，北京)。李群：《种子处理》《贾思勰与〈齐民要术〉》(《自然辩证法研究》1997年第2期)。胡国庆：《种子繁育技术》《寿光农业与〈齐民要术〉》(《寿光蔬菜》人民出版社，2001年4月)。

6. 林业科学与技术

熊大桐：《〈齐民要术〉所记林业技术的研究》(《中国农史》1987年第1期)；《中国古代竹类栽培利用史略》(《中国农史》1986年第2期)；《中国林业科学技术史》(中国林业出版社，1995年2月)。周敏：《〈齐民要术〉中的林业思想和林业技术探讨》(《浙江林业科技》2004年第1期)。余孚：《从〈齐民要术〉看我国古代树木栽培管理技术经验》(《古今农业》1990年第1期)。王潮生：《〈齐民要术〉中树木栽培管理技术初探》(中国农业博物馆建馆十周年论文选集，中国农业科技出版社，1996年，北京)。王潮生：《说楮》(《中国农史》1994年第2期)。刘建荣：《从〈齐民要术〉看我国古代林业科学技术》(《甘肃林业》1996年第4期)。

7. 药用植物及经济作物

张炯炯：《〈齐民要术〉中的药用植物学知识》(《中医文献杂志》2002 年第 3 期)。陈推诚：《〈齐民要术〉·雩都……甘蔗资料来源小考》(《农业考古》1986 年第 2 期)。

8. 农谚、民谣、成语、典故

缪启愉：《〈齐民要术〉谚语的解释问题》(《中国农史》1985 年第 4 期；《再说〈齐民要术〉农谚》(《中国农史》1986 年第 4 期)。马宗申：《〈齐民要术〉农谚辨疑，答缪启愉先生》(《中国农史》1986 年第 2 期)；《〈齐民要术〉征引农谚注释并序》(《中国农史》1985 年第 3 期)。倪根金：《〈齐民要术〉农谚研究》(《中国农史》，1998 年第 4 期)。张允中：《〈齐民要术〉谚语三则释义管见》(《中国农史》1993 年第 2 期)。林桂平：《〈齐民要术〉中两句谚语的出处与解释》(《历史学习》2004 年第 11 期)。葛能全：《〈齐民要术〉谚语民谣成语典故浅释》(科学普及出版社，1988)。韩忠治：《〈农政全书〉与〈齐民要术〉农谚异文考辨》(河北师范大学学报哲学社会科学版，2015 年第 1 期)。

9. 农业、农学思想

石声汉：《从〈齐民要术〉看中国古代农业科学知识》(科学出版社，1957 年)；金秋鹏：《从〈齐民要术〉看贾思勰的著书目的和农学思想》(科技史文集第 14 辑，上海科学技术出版社，1985 年)。刘枫：《简论〈齐民要术〉农业思想的借鉴意义》(《农业经济效果》1988 年第 5 期)。汤标中：《贾思勰的〈齐民要术〉与“食为政首”的思想》(《广西粮食经济》2000 年第 2 期)。张秀平：《〈齐民要术〉——“惠民之政，训农裕国之术”》《影响中国的 100 本书》(广西人民出版社，2004 年 5 月)。康传勇：《〈管子〉与〈齐民要术〉生态农业思想比较》(青岛农业大学学报社会科学版 2013 年 02 期)。

10. 田园生产、田器、农业规制

陶希圣：《〈齐民要术〉中的田器及主要用法》(《国学季刊》1936 年第 2 期)；《〈齐民要术〉里的田园生产》(《食货》1936 年 4 期)；傅举有：《从〈齐民要术〉看北魏对桑田的规定》(《光明日报》1964 年 7 月 29 日)。

六、《齐民要术》与农产品、食品加工

门大鹏：《〈齐民要术〉中的酿醋》(《微生物学报》1976 年第 2 期)；《〈齐民要术〉中的豆豉》(《微生物学报》1977 年第 1 期)；《〈齐民要术〉中的乳酸发酵》(《微生物学报》1977 年第 2 期)；《〈齐民要术〉中的酿醋》(《中国调味品》1979 年第 3 期)。罗志腾：《试论贾思勰的思想和他在酿酒发

酵技术上的成就》(《西北大学学报》, 1976 年第 1 期); 李亚东:《中国古代酿酒专家贾思勰与酿酒技术》(《酿酒科技》1984 年第 2 期)。王永厚:《我国古代对食物资源的开发利用》(《中国农史》1989 年第 2 期)。杨坚:《古代大豆及其制品的药用》(《古今农业》, 2001 年第 2 期);《我国古代大豆酱油生产初探》(《中国农史》2001 年第 3 期)。《〈齐民要术〉中的肉食初探》(《南宁职业技术学院学报》2004 年第 2 期);《中国豆腐的起源与发展》(《农业考古》2004 年第 1 期); 《〈齐民要术〉所记载的肉食加工与烹饪方法初探》(《中国农史》2004 年第 3 期)。郭风平:《〈齐民要术〉的林副产品贮藏加工与利用的整理研究》(《农业考古》2003 年第 3 期)。白君礼:《〈齐民要术〉中酿醋技术的研究》(《西北农业大学学报》1995 年第 6 期)。倪莉:《〈齐民要术〉中制醋工艺研析》(《自然科学史研究》1997 年第 4 期)。陈苍林:《探方法本源、明造化机理——〈齐民要术〉(豆酱法)步韵》(《中国酿造》2005 年第 4 期)。金内诚:《〈齐民要术〉记载老水万鞠的微生物学的特性》(《酿酒》2001 年第 1 期)。卫民:《〈齐民要术〉中的黄衣、黄蒸和制酱》(《微生物学通报》1975 年第 1 期)。

七、《齐民要术》与饮食文化

穆祥桐:《从〈齐民要术〉看魏晋南北朝时期的烹饪技术》(《农业考古》1987 年第 2 期)。赵雷:《〈齐民要术〉与中国饮食文化》(《中国农史》1992 年第 1 期)。陈金标:《〈齐民要术〉中的“饼法”》(《扬州大学烹饪学报》1994 年第 3 期)。肖克之:《〈齐民要术〉中反映的南北朝饮食文化》(《古今农业》1996 年第 1 期)。欧阳韶晖:《〈齐民要术〉对开发中国传统食品的启示》(《西北农林科技大学学报》〈自然科学版〉2002 年第 1 期)。赵建民:《〈齐民要术〉之饼食文化》(《扬州大学烹饪学报》2003 年第 1 期)。王玲:《魏晋北朝时期内迁胡族的农业化与胡汉饮食交流》(《中国农史》2003 年第 4 期);《汉唐时期北方胡汉饮食原料之交流》(《南宁职业技术学院学报》2004 年第 3 期)。孙一慰:《〈齐民要术〉部分饮食品溯源》(《扬州大学烹饪学报》2004 年第 4 期)。裴开江:《〈齐民要术〉中的色香味形之论》(《鸢都之光》//成果篇, 潍坊市社会科学研究院主编, 青岛出版社, 2000 年)。王尚殿: 《〈齐民要术〉与饮食文化》//《中国食品工业发展简史》(山西科学教育出版社, 1987 年版)。李生春:《〈齐民要术〉在中国酒文化史上的意义》(《甘肃轻纺科技》1994 年第 3 期)。

八、《齐民要术》与农业经济、农业经营及理财思想

高振铎:《要在安民富民教之: 从〈齐民要术〉序看贾思勰的经济思想》//

中国古代经济论丛（黑龙江人民出版社，1983 年）。陈秀娟：《贾思勰经济思想初探》（长春师范学院学报〈社科版〉1988 年第 5 期）。路兆丰：《〈齐民要术〉的经济思想》（《江西社会科学》1990 年第 2 期、第 3 期连载）；路兆丰：《中国古代农书的经济思想》（新华出版社，北京，1991 年）。郑学益：《中国封建地主家庭经济学的产生：论贾思勰的齐民要术》（《经济学家》1993 年第 2 期）。吴存浩：《简析贾思勰农业经济思想》（《古今农业》，1998 年第 2 期）。严火其：《农本与求利：〈齐民要术〉农业经营思想研究》（《中国农史》2000 年第 1 期）；《宁可少好，不可多恶——传统农业经营观念的现代化诠释》（《江海学刊》2001 年第 6 期）。王志刚：《中国传统经济史学视野下的〈齐民要术〉》（中华文史网在线论文）。颜玉怀：《〈齐民要术〉农业经济管理思想探析》（《西北农业大学学报》1997 年第 4 期）；张一仪：《浅谈〈齐民要术〉的富民思想》（《农业考古》1999 年第 1 期）；蒋福亚：《〈齐民要术〉所见农民和市场的关系》（《首都师范大学学报〈社会科学版〉2002 年第 2 期》。刘刚强：《贾思勰的理财思想及其借鉴》（《黑龙江财会》2002 年第 11 期）；李继华：《〈齐民要术〉中的商品生产和商贾经》（《农业考古》1994 年第 3 期）。王星光：《〈齐民要术〉与商品生产探析》（《古今农业》2005 年第 1 期）。

九、《齐民要术》与农业哲学思想和方法论

方立天：《贾思勰的朴素唯物主义真理观》（《哲学研究》1979 年第 4 期）。袁弘毅：《从〈齐民要术〉试论贾思勰的世界观》（《湖南农学院学报》1979 年第 3 期）。盛邦跃：《试论〈齐民要术〉的主要哲学思想》（《中国农史》2000 年第 3 期）；《试论中国古代农业思想中的“人本意识”的启示》（《科学技术与辩证法》2001 年第 2 期）；张一仪：《对〈齐民要术〉的哲学思考》（《农业考古》1998 年第 3 期）。

十、《齐民要术》与生物学及生物工程

石声汉：《探索〈齐民要术〉中的生物学知识》（《生物学通报》1957 年第 1 期）；缪启愉：《〈齐民要术〉中利用微生物的科学成就》（《古今农业》1987 年第 1 期）；王正周：《〈齐民要术〉在植物学上的成就》（《植物学杂志》1975 年第 2 期）。周肇基：《从〈齐民要术〉看我国古代劳动人民在植物生理学方面的成就》（《甘肃大学报》〈自然科学版〉1975 年 1 期）；《我国古代劳动人民对植物生理学的贡献》（《植物学报》1976 年第 4 期）；《古农书与植物生理学》（《农业考古》1990 年第 1 期）；《中国古代种大葫芦法的成就及指导思想》（《自然科学史研究》1996 年第 3 期）；《中国嫁接技艺的起源和演进》（《自然科学史研

究》1994年第3期)；《我国传统的种子处理》(《植物杂志》1982年第3期)；《我国古代的植物抗性生理知识》(《中国农史》1984年第3期)；《中国古农书中的植物生理学知识》(《植物生理学通讯》1991年第1期)；《我国古代植物生理学知识新探》(《中国农业科学》1982年第5期)；《我国古代种子生理学的成就》(《植物生理学通讯》1985年第4期)。门大鹏：《中国古代科技成就——中国古代认识和利用微生物的成就》(中国科学院自然科学史研究所主编，中国青年出版社，1995年9月)。梁光商：《〈齐民要术〉中的生物学知识》(《农史研究》第一辑，农业出版社，1980年)。刘昭民：《从〈齐民要术〉看古代生物学》(《科学月刊杂志》1992年第8期)。周利阔：《浅谈农学巨著〈齐民要术〉在生物学上的成就》(《四川教育学院学报》2004年第1期)。柯为民：《〈齐民要术〉中的生物进化思想》(《遗传学报》1975年第3期)。

十一、《齐民要术》与语言学、文化学

语言学、文化学的相关研究是一大分支，研究力量强，研究篇目多。如于建华：《〈齐民要术〉的助动词》(《泰安师专学报》1996年第2期)。阚绪良：《〈齐民要术〉卷前"杂说"非贾氏所作新证》(《安徽广播电视大学学报》2003年第4期)。程志兵：《〈齐民要术〉与汉语词汇史研究》(《伊犁教育学院学报》2004年第3期)；《〈齐民要术〉新词新义简论》(《伊犁师范学院学报》2005年第4期)；《〈齐民要术〉中所见词源举隅》(《伊犁师范学院学报》1999年第4期)。刘洁：《中古时期一部重要的文献—〈齐民要术〉》(《古籍整理研究学刊》2004年3期)。汪维辉：《试论〈齐民要术〉的语料价值》(《古汉语研究》2004年第4期)；《〈齐民要术〉"喜烂"考辨的方法论》(《古籍整理研究学刊》2002年第5期)；《〈齐民要术〉校释商补》(《文史》2003年第4期)。蒋绍愚：《〈世说新语〉〈齐民要术〉〈洛阳伽蓝记〉〈贤愚经〉〈百喻经〉中的"已""竟""讫""毕"》(《语言研究》2001年第1期)。曾昭聪：《〈齐民要术〉有关"得名之由"的探讨》(《华南农业大学学报》〈社会科学版〉2005年第2期)。储泰松：《〈齐民要术〉特殊注音浅论》(《南京师范大学文学院学报》2005年第2期)。张舸：《〈齐民要术〉双音节词在汉语史中的承传》(《社会科学辑刊》2005年第6期)。陆宜新：《〈齐民要术〉的编撰特色》(《河南商丘师范学院学报》2004年第1期)。史光辉：《〈齐民要术〉偏正式复词初探》(《广播电视大学学报》〈哲社版〉1999年第1期；史光辉：《温州图书馆藏孙诒让批校本〈齐民要术〉述略》(纪念《周礼正义》出版百年暨陆宗达先生百年诞辰学术研讨会论文，杭州，2005年10月)；史光辉：《从〈齐民要术〉看"汉语大词典"编纂方面存在的问题》(《东南学术》1998年第5期)。董志翘：《〈齐民要

术〉中说"椅""椅子"》(《语文建设》1999年第3期)。丁锋:《〈齐民要术〉特殊注音浅论》(新世纪汉语史发展与展望国际研讨会,杭州,2004年2月);张志鹏:《〈齐民要术〉介词研究》(山东大学2014年硕士论文)。

十二、《齐民要术》与数学

刘建荣:《从〈齐民要术〉看古人对指数的认识》(《甘肃林业职业技术学院教学与研究杂志》1994年第6期)。

十三、《齐民要术》与少数民族

李根蟠:《从〈齐民要术〉看少数民族对中国科技文化发展的贡献——〈齐民要术〉研究的一个新视角》(《中国农史》2002年第2期)。王玲:《魏晋北朝时期内迁胡族的农业化与胡汉饮食交流》(《中国农史》2003年第4期)。

十四、贾思勰与《齐民要术》的历史地位

杨直民:《中国古代科学家传记(上集):"贾思勰"》,(科学出版社,1992年);《一位杰出的古代农学家:贾思勰》(《农业技术》1963年第1期)。郭文韬:《中国农业科技发展史略:贾思勰与"齐民要术"》(中国科学技术出版社,1988)《贾思勰王祯评传——中国思想家评传丛书》(南京大学出版社,2003年)。张熙惟:《贾思勰与〈齐民要术〉》(山东文艺出版社,2004年)。刘德成、刘克强主编,《山东省志/诸子名家志》编篡委员会编:《贾思勰志》(山东人民出版社,2001年)。李迪:《中国历史上杰出的科学家和能工巧匠——农业科学家贾思勰》(内蒙古人民出版社,1978年)。解恩泽:《贾思勰对农业科学的巨大贡献》//在科学的征途上:中外科技史例选(科学出版社,1979年)。潘吉星:《达尔文与〈齐民要术〉》(《农业考古》1990年第2期)。

第五节　按研究者年龄段划分法

一、80~100岁高龄研究者

这一年龄段的学者是研究上的"常青树"。如浙江大学游修龄教授,本身就是长寿老人,现年97岁。在游教授70~80岁退休的阶段,笔耕不辍,文章累累,自称从70~80岁,脑力活动创造力反而比60~70年龄段活跃,笑称这一年龄段为老年人的"小青春期"。他把1980—2000年发表的文章95篇,分成1980—1990年及1991—2000年两个阶段,1980—1990年为35篇,1991—2000年为60篇,后者占63.15%,前者为36.84%。在2005年仍写出文笔清新的《怀念万国

鼎先生》文章（载《万国鼎文集》）。82岁的中国农业博物馆研究员、农史研究专家，中国农业历史学会副会长闵宗殿教授身体非常健康，思维非常敏锐，近年来积极著书立说，经常到外地做相关报告和发表精彩讲演。

已经辞世的著名学者在高龄阶段都焕发了研究青春。原济南齐鲁大学国学研究所的栾调甫教授享年83岁，1963年石声汉教授向山东济南栾调甫先生请教，这位75高龄的学者思路敏捷，写了长达万言的长信，对石声汉教授的研究帮助很大。再如原南京农学院农史研究室、中国农业遗产研究室教授缪启愉，在79岁出版《“齐民要术”导读》，(巴蜀出版社，1989)；86岁发表《“齐民要术”明代刻本的以讹传讹》(《中国农史》1996年第4期)，88岁时发表《一世纪至十六世纪中西农业典籍的比较研究》(《古今农业》1998年第3期)。华南农业大学的梁家勉教授享年84岁，在高龄阶段完成大量《齐民要术》相关研究论著。类似的专家还有已故的南京农业大学张芳教授、郭文韬教授等。

二、60~79岁上龄研究者

笔者认为这一年龄段的学者是研究上的“国宝级人物和重量级人物”，正处于学术研究的“黄金阶段”。现年75岁的中国社会科学院经济研究所研究员、博士研究生导师，中国农业历史学会副理事长《中国经济史论坛》主编李根蟠教授，现年78岁的华南农业大学农史研究室副主任、研究员，中国农业历史学会常务理事，广东省农史研究会副理事长彭世奖教授；现年77岁的首都师范大学历史系博士生导师，中国魏晋南北朝史学会理事蒋福亚教授，现年71岁的北京大学中国语言文学系汉语言文字学研究室博士研究生导师张双棣教授等，长期都有大量的、精彩的、高水平的、有影响力的相关论著发表。

三、30~59岁中年研究者

笔者认为这一年龄段的学者是研究上的“中坚和骨干力量”，往往承担着繁重的教学、科研、指导研究生、课题基金项目和领导岗位的多副重担，虽异常忙碌，但成果甚丰。现年54岁的南京农业大学人文社会科学学院院长，博士研究生导师，农史研究专家，中国农史学会副理事长中华农业文明研究院常务副院长中国农业科学院中国农业遗产研究室主任王思明教授领导的南京农业大学人文社会科学学院和中华农业文明研究院是全国相关研究的中心和重要基地；现年58岁的西北农林科技大学人文学院副院长，西北农林科技大学农业历史研究所所长，教授，博导，农史研究专家樊志民教授；现年60岁的中国农业大学人文与发展学院副院长、农史研究室主任、中国农史学会常务理事张法瑞教授；现年53岁的华南农业大学人文科学学院农史研究室主任、中国农史学会常务理事，广东农史研究会副理事长兼秘书长倪根金教授；现年 53 岁的中国科学院自然科学史研究所研究员、“中国农业历史与文化网站”创办人和主持人曾雄生教授；现年 57 岁的南京大学中文系博士生导师汪维辉教授；现年 58 岁的郑州大学历史学院古代史教研室主任博士生导师王星光教授等都是中年研究者的优秀代表。

新毕业的博士硕士研究生中 30 刚刚出头的、年龄偏下的中年学者也不断涌现，如北京大学汉语言文字学专业 2004 届博士刘洁（博士论文题目是《〈齐民要术〉词汇研究》）毕业时 31 岁，南京农业大学副教授，硕士生导师杨坚，其博士论文题目是《〈齐民要术〉中农产品加工的研究》，2004 年毕业时 34 岁。

其实，已故的石声汉教授是 48 岁接受上级任务开始研究《齐民要术》等古农书的，笔者认为这在中年研究者分类中属于偏上年龄段，1955 年 4 月他参加中央农业部召开的“整理祖国农业遗产座谈会”之后，以极大的热忱投入了整理《齐民要术》的研究工作。48 ~ 59 岁是他研究的高峰期和黄金期。1955—1966 年，由于政治运动。他实际上用于古农学研究的时间还不到 7 年，而且在这段时间里他还肩负着培养植物生理和植物生化研究生以及培养中青年教师的繁重任务，他常常抱病工作到深夜。3 年完成 97 万字《齐民要术今释》，7 年完成出版近 300 万字的古农学论著，效率之高可谓罕见，石声汉教授逝世时仅 64 岁。

四、20 ~ 29 岁青年研究者

如原中国农业大学人文与发展学院农史 2002 级研究生现为大连水产学院研究生部讲师的王磊，2003 年 11 月到广州参加了中国科学技术史学会、华南农业大学联合主办的中国生物学史暨农学史学术讨论会，提交了论文《〈齐民要术〉与北魏的畜牧业生产》时仅 23 岁，硕士论文答辩时仅 24 岁。首都师范大学历史系 2003 届研究生那晓凌，硕士论文题目是《〈齐民要术〉所见抗御灾害的思想及措施》，2003 年获得硕士学位时仅 25 岁。还有厦门大学人文学院历史系古代史专业博士生王玲，发表《〈齐民要术〉的成书背景再论》（《中国农史》2002 年第 2 期）；《魏晋北朝时期内迁胡族的农业化与胡汉饮食交流》（《中国农史》2003 年第 4 期）；《汉唐时期北方胡汉饮食原料之交流》（《南宁职业技术学院学报》2004 年第 3 期）时在 25 ~ 27 岁之间。

第六节　按研究者性别、姓氏、家庭划分法

一、女性研究者

范楚玉，女，曾任中国科学院自然科学史研究所研究员，中国农史学会常务理事。相关论著有：《中国古代科学技术史稿》（合作，董恺忱，范楚玉主编：

《中国科学技术史·农学卷》科学技术出版社，2000年）；董恺忱，范楚玉主编：第十章《齐民要术》第一节贾思勰与《齐民要术》写作的若干问题，第二节《齐民要术》的内容，第三节《齐民要术》所反映的贾思勰的思想，第四节《齐民要术》在农学史上的地位及其流传和研究，《中国科学技术史·农学卷》（科学技术出版社，2000年）；范楚玉：《贾思勰》，卢嘉锡总主编、金秋鹏分卷主编：《中国科学技术史》（人物卷），科学出版社，1998年）；《中国古代人们对地的认识》《陈旉的农学思想》、《中国古代科技成就——中国古代几部重要农书》（范楚玉著，中国科学院自然科学史研究所主编，中国青年出版社1995年9月）；《中国古代几本重要农书》（自然科学史研究所）；《贾思勰的农学思想》（中国科学技术史学会第二次代表大会论文，1983年10月，西安）等40余种。

王云路，女，浙江大学汉语言文字学博士点汉语史方向学术带头人，教育部人文社科重点研究基地浙江大学汉语史研究中心副主任，浙江大学古籍研究所副所长，教授、博士生导师。兼任中国语言学会理事、中国训诂学会副会长、浙江省语言学会常务理事、北京师范大学兼职教授，福建师范大学特聘教授等。主要研究中古汉语和训诂学，发表学术论文80余篇，出版著作多部，其中专著《中古汉语语词例释》（与方一新合著）获第三届北京大学王力语言学奖。先后主持或参与国家社科基金项目、教育部人文社科基金重大项目、一般项目等多项。相关论著有：王云路，方一新编《中古汉语研究》（第二章：从语言角度看《齐民要术》卷前《杂说》非贾氏所作）商务印书馆；方一新，王云路编《中古汉语读本》。

刘洁，女，北京大学汉语言文字学专业2004届博士，博士论文题目是《〈齐民要术〉词汇研究》，指导教师为张双棣教授，是我国综合性大学第一位以《齐民要术》为专题完成博士论文的汉语言文字学博士生。相关论著有：《中古时期一部重要的文献——〈齐民要术〉》（《古籍整理研究学刊》2004年第3期）。

王玲，女，厦门大学人文学院历史系古代史专业博士生，曾任华中师范大学历史文献研究所讲师，相关论著有：《〈齐民要术〉的成书背景再论》（《中国农史》2002年第2期）；《〈齐民要术〉的成书背景再论》（《农业考古》2003年第3期）；《魏晋南北朝时期北方地区的胡汉饮食文化交流》（华中师范大学2002年硕士论文）；《魏晋北朝时期内迁胡族的农业化与胡汉饮食交流》（《中国农史》2003年第4期）；《汉唐时期北方胡汉饮食原料之交流》（《南宁职业技术学院学报》2004年第3期）。

其他如2005年逝世的原南京农业大学农业遗产研究室博士生导师张芳教授亦为女性。

二、男性研究者

因大部分研究者为男性，不一一赘述，在此容略。

三、同一姓名 3 位研究者

同一姓名的李群共有 3 位，一位在“文革”中在北京大学学报（首届理科工农兵学员毕业实践专辑，1974 年）发表《从“齐民要术”看法家路线对自然科学的促进作用》的李群；另一位是现任山东省临沂市委书记、曾任山东省寿光市人民政府市长、在 1997 年 2 期《自然辩证法研究》上发表过《贾思勰与〈齐民要术〉》论文的李群；再一位是发表《中国驴骡发展史概述》《湖羊的来源和历史研究》《我国古代的养马技术》的南京农业大学人文社科院中国农业遗产研究室教授李群博士。

四、夫妻共同研究者

王云路教授浙江大学古籍研究所副所长，博士生导师。其丈夫方一新教授为浙江大学人文学院中文系副主任，汉语史研究中心主任、博士生导师，被称为浙大“比翼双飞的博导夫妻”。相关论著有：王云路，方一新编《中古汉语研究》(第二章：从语言角度看《齐民要术》卷前《杂说》非贾氏所作，商务印书馆，2000 年)；《东汉魏晋南北朝史书词语笺释》(黄山书社 1997 年)。

第七节　按研究者资格、履历划分法

一、有博导资格研究者

南京农业大学人文社会科学学院院长、博士研究生导师王思明教授；中国社会科学院经济研究所研究员、博士研究生导师李根蟠教授；西北农林科技大学副校长、中国农业历史学会副会长、博士生导师张波教授；西北农林科技大学人文学院副院长，西北农林科技大学农业历史研究所所长、博士研究生导师樊志民教授；中国农业展览馆研究所所长，中国农业博物馆研究所所长、博士生导师曹幸穗教授；南京农业大学人文社科院农业遗产研究室博士研究生导师惠富平教授；北京大学中国语言文学系汉语言文字学研究室，博士研究生导师张双棣教授；北京大学中国语言文学系博士生导师蒋绍愚教授；北京大学经济学院博士生导师郑学益教授；中国农业大学人文社会学院博士生导师、中国自然辩证法研究会农业哲学委员会主任张湘琴教授；首都师范大学历史系博士生导师、中国魏晋南北朝史学会理事蒋福亚教授；南京大学中国语言文学系汉语言文字学研究室博士研究生导师柳士镇教授；南京大学中国语言文学系博士生导师汪维辉教授；浙江大学古籍研究所副所长王云路教授；郑州大学历史学院古代史教研室主任、博士生导师王星光教授；山东大学文史哲研究院博士生导师徐传武教授等。

二、有留学经历或与国外曾合作研究的研究者

南京农业大学人文社会科学学院院长，博士研究生导师王思明教授1994年，1999—2000年分别赴美国国家历史博物馆、加州大学（Davis）和斯坦福大学从事客座研究。

清华大学人文社会科学学院历史系主任李伯重教授，曾在美国加利福尼亚大学洛杉矶分校（1988年）、法国国家社会科学高等研究院（1989年）、日本东京大学（1990年）、美国密西根大学（1991年）、美国国会伍德罗·威尔逊国际学者中心（1993年）、英国剑桥大学（1996年）、美国麻省理工学院（1997年）、日本庆应义塾大学（2000年）等海外著名学府和学术机构任客座教授、客座研究员。

2014年年底刚刚辞世的江西省社会科学院原研究员、《农业考古》编辑部主编，农业考古研究中心主任，江西省社会科学院原副院长陈文华，先后应邀到日本、韩国、英国、法国、美国等国家讲学和交流，1986年被日本考古学界誉为“中国农业考古第一人”。

已故的原西北农学院的石声汉教授是早年留英学人。1933年11月，石声汉考取了第一届中央庚款留英公费生，入伦敦大学理学院植物生理研究班学习。在英国的3年里，他在著名植物生理学家布莱克曼的指导下，主要学习与研究植物生理学，其间曾到英罗森士达农事试验场作实验工作。1936年4月，获伦敦大学植物生理哲学博士及理工学院的学侣荣誉证书。

1969年逝世的原中山大学教授、著名历史学家，魏晋南北朝史学界研究专家陈寅恪先生，留学经历丰富。1902年东渡日本，入巢鸭弘文学院，1910年考取官费留学，先后到德国柏林大学、瑞士苏黎世大学、法国巴黎高等政治学校学习，1914年回国。1918年冬获得江西官费资助，再渡出国深造，先在美国哈佛大学随篮曼教授学梵文和巴利文。1921年转往德国柏林大学，随路德施教授攻读东方古文字学。陈寅恪对魏晋南北朝史研究的成果，不仅在许多方面都有开拓创建，而且有许多方法、结论至今仍发人深思，给人启迪。被誉为“中国史学界泰斗”“教授的教授”“通儒绝鲜”。相关论著有：《魏晋南北朝史略论稿》《陈寅恪魏晋南北朝史讲演录》《陈寅恪学术文化随笔》《陈寅恪文集》《陈寅恪集》。

2001年逝世的原北京大学历史系教授，中国历史学家周一良先生，1939年留学美国哈佛大学研究院，1944年获博士学位。在魏晋南北朝史领域用功颇深，

为推进和深入魏晋南北朝史的研究作出了重要贡献。1981 年以近古稀之年应聘担任《中国大百科全书·中国历史》编辑委员会委员，后任常务副主任，并兼任分支学科三国两晋南北朝史主编。相关论著有：《齐民要术》//《中国大百科全书·中国历史》（北京，中国大百科全书出版社，1993 年）；《魏晋南北朝史论集》（周一良，中华书局，1961 年）；《魏晋南北朝史札记》（周一良，中华书局，1985 年）；《魏晋南北朝史论集续编》（周一良，中华书局，1986 年）；《周一良集》（第 1、第 2、第 3、第 4、第 5 卷，周一良，辽宁教育出版社，1998 年）。

三、自学成才研究者

自学成才研究者典型当属 1972 年逝世的栾调甫先生。虽出身"小伙计"，有不足 5 年的学历，却一跃而成为大学教授，有许多奇闻轶事，有的书上说他是"一应奇特之士"。14 岁随父去上海充格致书店学徒，业余翻译英文书籍，以其微薄收入购买书籍自学，潜心钻研先秦墨学和中国古文字学，1925 年受聘为齐鲁大学文学院教授兼国学研究所主任。1936 年转任山东大学教授。1952 年任职于山东博物馆。1957 年受聘为山东省文史研究馆馆长。1960 年受聘为中国科学院山东分院历史研究所研究员。1963 年被选为中国人民政治协商会议山东省委员会常务委员。栾调甫在对《齐民要术》研究上非常独到，曾对《齐民要术》作了三大考证，50 年代，被农学界称赞为"《齐民要术》研究开创之人""贾学第一功臣"。主要相关论著有"三大考证"：栾调甫：《〈齐民要术〉版本考》（1934 年，载于齐鲁大学《国学汇编》第 2 册）；栾调甫：（署名胡立初）《〈齐民要术〉引用书目考》（1934 年，载于齐鲁大学《国学汇编》第 2 册）；栾调甫：《〈齐民要术〉笔者考》（山东省人民政府参事室、山东省文史研究编《文史资料》1990 年第 2 期）。

四、"半路出家"改行研究者

已故的原南京农业大学农业遗产研究室博士生导师张芳教授，1965 年毕业于北京农业工程学院（现中国农业大学东校区）水利系，获得学士学位，1974—1978 年在江苏省农科院工作，1978—2005 年在南京农业大学农业遗产研究室工作，在中国科技史、农史研究方面作出了贡献。主编了《中国田水利史》《中国农业科技史》等多部论著，参编了《中国农业科学技术史稿》《中国国家农业地图集》《中国农业百科全书．农业历史卷》《农业大词典》等，发表论著 50 余篇。其中主编的教材获南京农业大学"五个一工程"优秀成果入选奖，《中国农业科学技术史稿》获中国科技进步三等奖，《中国农业百科全书．农业历史卷》

获中国图书奖二等奖。担任博士生杨坚的指导教授，博士论文题目是《〈齐民要术〉中农产品加工的研究》，2004 年答辩，毕业系部为南京农业大学科学技术史研究所，学位授予单位是南京农业大学，学科专业名称是科学技术史。是我国农业高等院校第一位以《齐民要术》为专题指导博士论文的科学技术史学科博士生导师。

已故的原西北农学院的石声汉教授也是“半路出家”。留英时主要学习与研究植物生理学，1936 年获伦敦大学植物生理哲学博士学位。回国后先后在西北农林专科学校、广西八步的同济大学生物系、四川乐山的武汉大学生物系、西北农学院生物系任教，连续主讲植物生理学，开过第二外国语德文课，还讲授过动物生理学、中国文学。1955 年 4 月，农业部召开了“整理农业遗产座谈会”。西北农学院辛树帜和石声汉应邀参加了会议。这次会议决定积极研究整理出版我国重要古农书，为开展农业史的研究作准备，并将校注《齐民要术》的任务交给万国鼎和石声汉共同完成。会后，西北农学院党委决定将学校原农史小组扩大，成立西北农学院古农学研究室，由辛树帜院长亲自主持，石声汉任研究室主任。48 岁的石声汉开始研究《齐民要术》等古农书，1957 年 12 月至 1958 年 6 月，石声汉校注完成的《齐民要术今释》共四册全部出版。还成功地校注了《氾胜之书》《四民月令》和《农政全书》，取得突破性的进展，赢得国内外学术界的高度评价，誉为中国农史学研究的主要带头人和“贾学”的奠基人，尤其在《齐民要术》研究上，有“学术成就学贯东西，凿空《齐民要术》之功绩”的美誉。

五、从事其他专业技术工作的兼业研究者

东北师范大学数学系和经济与社会发展研究所解恩泽教授边研究数学，边研究《齐民要术》。解教授毕业于东北师大数学系，兼中国管理科学院研究员，中国自然辩证法研究会理事。在数学、哲学及其思想方法研究上取得突破性进展，主编第一部潜科学理论专著，成为该学科理论奠基人之一，获省以上科研成果奖 9 项。相关论著有：《贾思勰对农业科学的巨大贡献》//《在科学的征途上：中外科技史例选》（科学出版社，1979 年）。

安徽省农科院土肥所刘枫研究员边从事土壤农化研究，边注重《齐民要术》研究。刘枫研究员 1982 年毕业于沈阳农业大学土壤农化专业，主要从事土壤水分物理性质研究、有机无机肥料长期定位监测、绿肥掩青培肥改土和各种施肥技术研究；享受安徽省人民政府特殊津贴。主要特长：农田养分信息管理、平衡施肥和微生物肥料研发技术。相关论著有：《简论〈齐民要术〉农业思想的借鉴意义》（《农业经济效果》1988 年第 5 期）。

第八节 按发表载体形式划分法

一、出版社

发表相关研究较多的出版社有:《农业出版社》《科学出版社》《科学普及出版社》《上海科学技术出版社》《中华书局》《巴蜀书社》《山东人民出版社》《内蒙古人民出版社》《浙江人民出版社》等。

二、期刊杂志

发表相关研究较多的学术期刊有:《中国农史》《古今农业》《农业考古》《中国社会经济史研究》《中国经济史研究》《中国历史地理论丛》《文史哲》《文物》《经济社会史评论》《中国乡村研究》《中国史研究》《历史研究》《人大复印资料》《盐业史研究》《中国钱币》《史学月刊》《当代中国史研究》《考古学报》《考古》《中国科技史杂志》《自然科学史研究》《南京农业大学学报》《西北农林科技大学学报》《华南农业大学学报》《华南农业科学》《中国农业大学学报》《浙江大学学报》《中国社会科学》《文史知识》等。

三、报纸

发表相关研究较多的报纸有:《人民日报》《光明日报》《中国青年报》《农民日报》《大公报》《大众日报》《寿光日报》等。如:万国鼎:《贾思勰与〈齐民要术〉》(光明日报, 1955年4月11日);《杰出的古农学家贾思勰》(《中国青年报》, 1961年10月26日);冯开文:《〈齐民要术〉——百年中国的农业技术》(《农民日报》, 2000年1月1日)。

四、网站网页

刊载相关研究较多的网站网页有:

中国农业文明网 ttp://www.icac.edu.cn

农业历史与文化网 http://www.agri-history.net

古农学网 http://www.gunongxue.com

国学网—中国经济史论坛 http://economy.guoxue.com

中国农村研究网 http://www.ccrs.org.cn

中国文物信息网 http://www.ccrnews.com.cn

学说连线 www.xslx.com

史学连线 http://ultra.ihp.sinica.edu.tw-

史学评论网 http：//historicalreview. jianwangzhan. com
史学研究网 http：//sw08133. chinaw3. com
象牙塔-国史探微 http：//xiangyata. net/history
国史网 http：//www. cnhistory. net
往复 http：//www. wangf. net
中华文史网 http：//www. historychina. net
人文网 http：//rw. njau. edu. cn
中国学术网 http：//www. 311a. com
学术批评网 http：//www. acriticism. com
六朝网 http：//6ch. com. cn
河山网 http：//env_ dev. snnu. edu. cn

五、数据库资料

全文需付费（一般大学和科研院所数据库具备，有远程访问和本地镜像等形式，需经常更新）查询。知名的有《万方数据资源系统》和《CNKI 知识搜索引擎〈中国知识资源总库〉》所列系列数据库有：中国期刊全文数据库、中国优秀博硕士学位论文全文数据库、中国重要会议论文全文数据库、中国重要报纸全文数据库、中国图书全文数据库、中国年鉴全文数据库、中国引文数据库等。截至 2016 年 7 月 15 日，用中国知识资源总库“中国知网（www.cnki.net）”检索“齐民要术”，可综合检索到相关记录 22 741条，其中期刊 12698 条，博硕论文 6 298条，会议论文 566 条，报纸 510 条；检索“贾思勰”，可综合检索到相关记录 7 775条，其中期刊 4 485条，博硕论文 1 926条，会议论文 155 条，报纸 294 条。

第九节　按研究形式划分法

一、直接研究和专业研究

南京农业大学人文社会科学学院、中华农业文明研究院、中国农业遗产研究室；西北农林科技大学人文学院及西北农林科技大学农业历史研究所；华南农业大学人文科学学院农史研究室；中国农业大学人文与发展学院及农史研究室；浙江大学农学院农业历史研究室；北京大学人文社会学院、北京大学经济学院；清华大学人文社会学院历史系；首都师范大学人文社会学院历史系；南京大学人文社会学院中文系；浙江大学人文社会学院古籍研究所；四川大学文学院中国语言文学系；郑州大学历史学院古代史教研室；中国农业博物馆研究所；中国社会科学院经济研究所、社会研究所、历史研究所；中国农业科学院农业遗产研究室；中国科学院自然科学史研究所等单位的相关研究多带有直接研究和专业研究性质。

二、间接研究和兼业研究

浙江省温岭市科学技术委员会高级畜牧兽医师、温岭市科学技术协会名誉主席冯洪钱，1954 年毕业于浙江金华畜牧兽医学校。曾任温岭市政协常委兼经科委副主任，浙江省第七届人民代表大会代表等。40 多年来，一直从事畜牧兽医实际工作，并从 50 年代起就开始边学习，边实践、边试验等兽医中草药工作。通过到全国各地调查研究，先后编著出版了《兽医常用中草药》等 10 多本书和小册子，共 500 多万字。先后发表 100 多篇科技论文和科普文章。曾 2 次被评为台州地区拔尖专业技术人才。浙江省畜牧兽医学会授予“为继承和发扬祖国兽医学作出重大贡献者”奖励等。相关论著有：《〈齐民要术〉兽医方考注》（《古今农业》1998 年第 4 期）；《我国古代的畜禽饲料添加剂考注》（《农业考古》2000 年第 1 期）。

安徽省庐江县政协常委，县劳动和社会保障局副局长，安徽省科普作家协会会员夏冬波，1984 年毕业于安庆卫生学校药剂专业，随后毕业于中国书画函授大学书画装裱专业。相关论著有：《〈齐民要术〉中的医药文化内容》（《家庭中医药》2005 年第 6 期），《〈齐民要术〉中的药物非治疗作用》//《药物与书画装裱》（中医古籍出版社，2001 年 8 月）。

第十节　按含量比重划分法

一、标题直接出现型

标题中必含“贾思勰”和“齐民要术”，而且是通篇讨论。如：万国鼎的《〈齐民要术〉所记我国一千四百多年前的农业技术水平》（《南京农学院学报》1956 年第 1 期）。石声汉的《探索〈齐民要术〉中的生物学知识》（《生物学通报》1957 年第 1 期）。

二、主要内容研究型

内容以研究“贾思勰”和“齐民要术”为主。如：李根蟠的《〈陈旉农书〉与“三才”理论——与〈齐民要术〉》比较》（中国经济史论坛于 2003 年 12 年 12 日发布在线论文），研讨《齐民要术》的内容约占一半。李永先的《山东历史上的三大农书》（《齐鲁晚报》2005 年 3 月 26 日）也有近一半篇幅讨论《齐民要术》。

三、涉及若干内容型

涉及一部分若干相关内容。如：庄虚之的《我国古代新鲜果蔬贮藏方法的分析研究》（《中国农史》1987 年第 1 期），王永厚的《我国古代对食物资源的开发利用》（《中国农史》1989 年第 2 期）均涉及《齐民要术》若干内容。

四、涉及若干观点型

只有 1~2 处涉及“贾思勰”和“齐民要术”。如：辛德勇的《说青州枣》（《中国历史地理论丛》1987 年第 2 期）。万欣的《高粱名源考略》（《辽海文物学刊》1997 年第 1 期）。

第七章

《齐民要术》的当代传承与践行

对近年来与《齐民要术》相关的“当代贾思勰”、“领衔研究者”、“有力助推者”、重要赠书活动、研讨会及论坛、研究机构、大学院系、社团组织、生产企业、餐饮服务企业、文化企业、大讲堂、奖项、商标注册、网站、纪念馆、雕塑与模型、工艺纪念品、美术拍卖品、宣传采风活动等进行了梳理和归纳。

第一节　与《齐民要术》相关的“当代贾思勰”

王乐义，1941 年生，山东寿光人，由于对中国农业特别是蔬菜产业的突出贡献，被公认为“当代贾思勰”（图 7-1）。1965 年 11 月加入中国共产党，现任寿光市孙家集街道三元朱村党支部书记、寿光市《齐民要术》研究会名誉会长，寿光市政协常委，高级农艺师，寿光蔬菜协会理事长。先后被授予“中国改革功勋”“全国优秀共产党员”“全国劳动模范”“全国农村十佳人才”“全国农业科技推广先进工笔者”“全国农村学习‘三个代表’重要思想基层干部标兵”，当选为党的“十五大”、“十六大”、“十七大”、“十八大”代表，是“寿光人民勋章”获得者，兼任寿光市世纪三元绿色农业有限公司董事长。2005 年被中宣部确定为“建设社会主义新农村的重大典型”。

2006 年 4 月，王乐义在《齐民要术》与现代农业高层论坛上，谈及“《齐民要术》给我的启示”时说：“贾思勰的《齐民要术》宗旨是“要在安民，富而教之”，其次是为了“晓示家童”，详细记载了让老百姓过上好日子的重要方法，为了总结传承这些经验，贾思勰的足迹遍及山东、河南、河北、山西等广大地

图 7-1 寿光市孙家集街道三元朱村党支部书记王乐义

区，注意观察过这些地方某些作物的生长特点，作为 1 400多年前的农学家和地方上官员，贾思勰的这种精神值得我们现代人学习。如何继承《齐民要术》中的精华，种好粮食，种好蔬菜，让群众富起来，是《齐民要术》的传承与发展的最好体现，也是贾思勰和他的农学巨著《齐民要术》给我的最有益的启示”。王乐义目前担任寿光市齐民要术研究会名誉会长。

1989 年，王乐义带领村民率先在寿光试验成功了日光温室蔬菜种植生产技术，并引发了寿光乃至全国的蔬菜“绿色”革命和“白色”革命，被誉为“冬暖式蔬菜大棚之父”（图 7-2）。他多次到河南、河北、湖南、湖北、新疆、陕西、吉林、山西等地讲课；派出 1 000多人次到 20 多个省区市实地指导蔬菜生产；引进、试验新技术、新品种 10 多个种类，为广大农民开创了一条致富路；多次受到党和国家领导人的高度评价，连续 19 年被评为县市省优秀共产党员，1990 年被评为潍坊市劳动模范、山东省劳动模范；1992 年获中国改革勋章；1993 年被评为全国农业科技推广先进工笔者；1994 年被评为潍坊市技术拔尖人才，并获山东星火奖；1995 年被国家六部委评为“全国农业科技推广先进工笔者”；1996 年被评为山东省优秀拔尖人才、山东省首届农民科技明星并荣获寿光人民勋章；1997 年当选为中共十五大代表；1998 年被评为首批山东省农村科技大王；从 2002 年当选为中共十六大代表以来，连续四届当选，是党的“十五大”、“十六大”、“十七大”、“十八大”党代表，受到党和国家领导人的多次接见。

图 7-2　王乐义在黄瓜大棚

王乐义发明和推广日光温室蔬菜种植生产技术，掀起了一场“菜篮子革命”，结束了冬季北方人只能吃白菜萝卜的历史；他创造了生命的奇迹——1978年因直肠癌做过大手术，至今，他身体依然健壮硬朗；他的胸怀装着全中国——他无私地将大棚技术在全国推广，使亿万农民走上了致富奔小康的道路。王乐义的足迹遍布祖国大江南北，被誉为“当代贾思勰”（图 7-3）。1993 年，当地干部群众曾写诗称赞王乐义：“辛劳黄土地，淡泊名和利，滴滴映七彩，思勰旗帜继”。并高度评价王乐义：“古无王乐义，今有贾思勰”（图 7-4）。

图 7-3　王乐义在新疆指导维吾尔族农民进行大棚黄瓜生产

图 7-4 “古无王乐义，今有贾思勰”条幅

2015 年夏，笔者和寿光市齐民要术研究会会长刘效武一起去寿光市齐民要术研究会名誉会长、寿光孙家集街道三元朱村党支部书记王乐义的办公室，和王乐义书记商议学会活动事宜，只见办公室书橱的墙壁上，悬挂着“华夏菜圣”的镜框（图 7-5），我们就此聊了起来，王乐义谦虚地说：“大家都尊称贾思勰是‘农圣’，现在又把我尊称为‘菜圣’，我可比不了人家贾思勰，我只是一个普普通通的菜农，做了自己应该做的事，大家给了我这么高的荣誉，这‘菜圣’的分量可是太重了。”实际上，王乐义被称为“菜圣”，真是名至实归。

图 7-5 王乐义办公室的“华夏菜圣”题字

第二节 与《齐民要术》相关的“领衔研究者”

寿光《齐民要术》研究会第一任会长王焕新，是研究《齐民要术》的领军人物。王焕新 1951—1953 年参加抗美援朝战争，后从航空学校复员。寿光成人中专创建人、校长，“潍坊人民勋章”获得者，原市人大常委会副主任。王焕新是一个有着哲学思辨头脑的开拓者、实干家。盛名与成功之下，他想的很高很远，他所研究、思考的问题，不单关乎一家一校，而常常是关乎成人教育改革发展的全局。在学校担任校长期间，他知人善用，鼓励学校老师充分发挥他们的特长，将他们的爱好和教学结合起来。王焕新对《齐民要术》有着浓浓的情结，2005 年 10 月，在寿光市《齐民要术》研究会成立大会上，王焕新被选为会长。在王焕新的带领下，研究会从多个方面对贾思勰和他的著作进行了研究。2012 年 10 月 8 日《潍坊晚报》刊载了“王焕新的齐民情怀”的长篇报道（图 7-6）。

王焕新的齐民情怀

潍坊晚报

2012年10月8日
总第63期
（B1-B8）

潍坊 人文

图 7-6　2012 年 10 月 8 日《潍坊晚报》刊载的“王焕新的齐民情怀”

一、爱才惜才，鼓励学校老师发挥特长

对用人，王焕新有自己独到的见解，他说“成天下之大事者在人才，必须有爱才之心，容才之量，护才之德；用人之才，避人之短，谅人之过”。早在办学之初，王焕新就知人善用。一些年富力强、基本功扎实的教师被选拔出来，委以重任（图 7-7）。刘玉祥教学突出，科研成果丰厚，并在全国成教界小有名气。王焕新给他增任务、压担子，使他在短短几年时间内得到了充分的锻炼，从培训部主任到办公室主任、副校长，刘玉祥充分发挥自己的聪明才智投入工作，协助

王焕新把校园管理得井井有条。赵同顺秉性耿直，宁折不弯，王焕新让他出任办公室副主任兼管汽车驾驶员培训班，老赵铁面无私，从严治教，培训工作很快走上正轨，司机培训专业成为该校的拳头专业。李义文，一位腼腆得像个姑娘的小伙子，怯于交往，除了酷爱书法外，别无所好。王焕新让他开书法课，多临帖，多磨炼，李义文不负校长的期望，1980 年 9 月夺得全国首届农民书法大奖赛的第一名。30 岁的王鑫是位犯过错误的帅才，王焕新毅然重用，让他担任科技实验厂厂长。王鑫事业心强，治厂有方，使 20 多人的小厂子红红火火，成为学校资金的重要“源泉”。

图 7–7 王焕新会长在办公室

刘天剑曾是寿光市文化馆创作组长，1988 年调到成人中专担任写作讲师。王焕新全力支持刘天剑搞创作，为他创作提供一切便利，让他专心写作。十年磨一剑，1998 年，刘天剑的长篇传记文学《贾思勰》面世。新书一出，王焕新喜上眉梢，逢人就送，有人打趣说：“王校长，看你这股子力荐的样子，还以为是您老写的呢。”王焕新听了哈哈一笑，说这是成人中专的骄傲和自豪。

二、当选“中国贾思勰学术研讨会”会长

王焕新对中国完整保存至今最早的一部农古书和古食书《齐民要术》有着浓浓的情结，他对这部书和笔者贾思勰有着较深入的研究。1995 年 10 月 26 日至 29 日，国际成人教育学术暨期刊工作研讨会在寿光成人中专召开，来自中国、

日本、法国、英国、德国、美国以及中国香港、中国台湾等国家和地区的成人教育专家、教授，共200多人参加了会议。会议期间，“中国贾思勰学术研讨会”成立，王焕新被选为会长。

此后，王焕新担纲会长的“中国贾思勰学术研讨会”，从多个方面对贾思勰和他的著作进行研究：《齐民要术》的校勘、注释、翻译；《齐民要术》的流传和版本传承；《齐民要术》的成书年代和背景；贾思勰的身世与科学技术活动；《齐民要术》在中国农业科学技术史上的地位；《齐民要术》在中国农产加工和食物史上的地位；《齐民要术》在中国农业经济、经营史上的地位；《齐民要术》在中国农业哲学思想和方法史上的地位；《齐民要术》在中国生物史上的地位；贾思勰《齐民要术》在世界农学史和科学技术史上的地位。从此，对贾思勰和《齐民要术》的研究成为寿光一个独特的文化窗口，通过对贾思勰和《齐民要术》的研究，辐射着寿光传统历史文化对外界的强大影响。

三、为《贾思勰志》提出详细修改意见

1996年4月，寿光市政府接受了《山东省志》诸子名家系列丛书《贾思勰志》的编写任务后，立即以市长为主任组成工作班子，确定工作方案。并根据贾思勰其人的具体情况，按照志书体例，依据省史志办审定的篇目，着手开始资源的收集和采访工作。先后赴国内各大图书馆抄录有关资料，请教了农史研究专家李长年教授、缪启愉教授和山东农科院赵传集研究员。《贾思勰志》于第二年5月完成第一稿。

1997年8月由寿光市人民政府主持评稿会，这也是一次学术性研究。北京农业大学杨直民教授、中国农业博物馆闵宗殿研究员、南开大学张汉如教授、西北农业大学樊志民教授、原昌潍师专吴存浩副教授等出席。王焕新也出席了评稿会，将前些年举办贾思勰学术研讨会中收集和探讨的成果一并提供，还就第一稿提出了详细的修改意见。会后，与会专家对有关章节进行了修改加工，此书于1998年1月完成第二稿。经寿光市史志办审阅后，再次加工整理、修改，1999年完成送审稿，并最终出版。

四、研制开发“齐民大宴”

王焕新多年沉浸于《齐民要术》研究，凭借寿光水产资源的传统优势和蔬菜之乡的现代资源，就地取材，研究开发了代表寿光饮食风格的“齐民大宴”，烹调方法达20余种，菜品达300多道，将《齐民要术》里边主要的经典烹调技法全部囊括在内，把20多年关注和推出“齐民大宴”的夙愿变成了活色生香的一道道精美大餐。代表菜品有“寿光菜篮子”“潍县辣皮”“寿光扒谷”“南瓜汁

大馒头”“蔬菜汁煎饼”。其制作精美，品味独特，有古之遗风。其程序安排、宴饮风格以及酒茶的配备，反映了寿光历史上魏晋南北朝时期的庄园饮食风貌，是历史美食的再现。

五、参与筹划和拍摄《齐民要术》将农圣文化传遍大江南北

王焕新是推动央视首拍10集电视纪录片《齐民要术》的倡导者。王焕新发现,《齐民要术》研究进入了一个高地，成果丰富，文字书籍丰富，但是影视音像作品较少，他想在有生之年填补这方面的缺憾。2004年4月和9月，央视国际频道分别播出有关寿光与《齐民要术》研究结合的报道——《魏晋南北朝时期的农业》《考古专家在山东寿光发现罕见的“千年粮仓”》，这两条报道引起了世界各方的较大关注，也促使王焕新加快全方位、立体化传承《齐民要术》的步伐。

2006年1月4日，央视记者、中国电视纪录片学会副秘书长郭西昌受上级委托来到寿光，见到了王焕新，为专题片《齐民要术》前期撰稿做准备。座谈会上，王焕新和《齐民要术》研究会的会员从贾思勰生平家世、《齐民要术》成书背景及其对中国乃至世界近现代农业的贡献等方面讲述分析，尤其是对近几年寿光市蔬菜业的兴起与发展作了重点介绍。

拍摄《齐民要术》是许多寿光人的心愿。这次拍摄则是应寿光市委宣传部和《齐民要术》研究会的邀请。中共寿光市委、市政府早在几年前就曾将此事提上议事日程。当年在京的寿光籍将军们更是十分关注此事。杨怀庆上将、冯永生中将、隋绳武中将、刘效礼少将、刘福祥少将曾建议家乡成立《齐民要术》研究会。2008年4月26日，10集电视纪录片《齐民要术》在寿光开机。此前，作为世界上拥有5 000年文明的农业大国，还没有一部完整反映中国农业发展历史进程的电视纪录片。《齐民要术》的拍摄将填补中国农业文明史和中国电视史上的空白。中国社会科学院研究员李根蟠和王焕新共同掀起摄像机上的“红盖头”。这意味着，现代寿光和古代农圣之间的渊源，通过能够穿越时空见证变迁的镜头，走向世界。

拍摄期间，王焕新不顾多病的身体，时不时和总编导郭西昌沟通，两人心有灵犀一点通，给中国5 000年的农业文明拍摄一部史诗性的纪录片，为中国农业、农村和农民树碑立传，是填补空白。共同的志向使他们感觉到了压力和责任。他们旨在通过一部具有全球视野和大历史观的《齐民要术》，最终展示的不仅有贾思勰和《齐民要术》对世界农业的影响，还有中国农业、中国农民对世界的影响和贡献，还有世界农业对中国农业的启示。

人文情怀的关注，理性思辨的态度，历史底蕴的厚重，文献价值的构建，是

纪录片《齐民要术》的创作追求。郭西昌带领摄制组从黄河下游溯流而上，沿着黄河，跨越六省，历时一年，追寻农圣贾思勰的脚步。影片不仅真实地再现当年贾思勰的生活和现场复制当年的劳动工具、模拟还原当时的种植技术，而且还集黄河流域风土人情、自然风光于一体。鲜活厚重的地方文化、历史传承、秀美风光给片子增加了亮色。

2009年4月20日至30日，10集电视纪录片《齐民要术》在央视七套播出。这部为中国农业、农村、农民树碑立传的电视纪录片后来获潍坊市“风筝都文化奖”。通过走向世界的《齐民要术》纪录片，王焕新和郭西昌将1 400多年前寿光人贾思勰的思想解读并传承给新一代的农民，中国农业希望是科技，农业的根本出路在产业化。贾思勰著书《齐民要术》泽被千秋万代，王焕新和齐民要术研究会秉力传承《齐民要术》，助推首拍电视纪录片《齐民要术》走向了世界。

第三节　与《齐民要术》相关的“深入研究的强力助推者”

刘效武，1944年7月生，山东省寿光市化龙镇人，寿光市《齐民要术》研究会第二任会长即现任会长（图7-8），2011年接任会长以来，大刀阔斧，实施创新，有思路，有办法，有举措，把学会办得风生水起，面貌一新，充分显示出清晰的办会思想和卓越的领导才能，在《齐民要术》研究会的研究队伍建设、研究水平提升、研究设施建设上，利用仅仅3年多的时间，迈了八大步跨了8个台阶，深得会员们的爱戴和拥护，大家一致感到学会研究工作既充实又有意义，会员心情舒畅，一心一意干事业，潜心读书搞科研，成为全体会员共识。

图7-8　刘效武会长在办公室

一是刘效武会长身体力行，带头率先垂范搞好《齐民要术》的深入研究，先后发表《从〈齐民要术〉的用词特点看寿光方言的历史传承》《“食政为首”与“惠民富民”——〈齐民要术·序〉的新时代意义》《〈齐民要术〉农学思想对现代农业发展的启示》《探求“贾学”真谛，助推“会企”合作——有感于中国（寿光）农圣文化高峰论坛暨齐民思新品上市品鉴酒会的成功召开》，在学会所有会员中发表论文最多。榜样的力量是无穷的，全体会员都以刘效武会长为榜样，心无旁骛，认真钻研，3 年来发表《齐民要术》研究论文 60 多篇。

二是敢于担当、自我加压，领衔编撰《贾思勰和齐民要术研究论集》，经过一年多艰苦努力和奋战，2013 年 8 月由山东人民出版社正式出版，全书 41 万字，刊载论文 53 篇，笔者 42 人，这是建会以来最大一次学术成果大汇编、是动员调度所有会员积极性的一次大动作，得到山东省、市、县各级领导的大力支持与关怀，寿光的老市长、现山东省委常委、青岛市委书记李群同志不仅愉快担任该书顾问，还同意将自己 1997 年发表的论文《贾思勰与〈齐民要术〉》提供给该书予以刊载。原山东省政协常委、曾任山东省寿光县委书记、潍坊市委副书记、市长的王伯祥同志欣然为本书题写书名。时任潍坊市委常委、寿光市委书记的孙明亮同志百忙中为本书作序，给予热情鼓励。该书出版后，社会影响力大，网上知名度高，北京、上海、济南等全国各大书店畅销不衰。

三是因地制宜，精心谋划和成功建成了学会与潍坊科技学院联合创办“贾思勰与《齐民要术》研究成果展室”，投入使用后，得到上级领导、学会会员、外地参观者的一致好评。2014 年年初，学会与潍坊科技学院双方就达成协议，由学院划拨房间、提供相关设施；市委宣传部批准将政府拨付学会年度活动经费，用于“贾学”珍贵中外图书资料购置，先创建“贾学”研究图书资料室。后来，由于学会承担中国国际贸易促进会交给“挖掘贾学农林牧副渔元素材料，服务 2015 年意大利世博会展览”的任务，刘效武会长立刻改变了最初想法，在不拓展展室面积、不增加投资数额前提下，只扩大充实展室内容项目，做到“展览”与“图书”同时展出摆放，实现一室两用，提高效益。之后，把学会成立近 10 年来的学术活动及科研成果，以图文并茂的形式制成 18 块上墙版面，供观众参观；把近千册新购进、会员捐赠的中外“贾学”研究珍贵图书资料，陈列于展室中间五个双面开启的书橱中，便于平时借阅和收藏。“贾思勰与《齐民要术》研究成果展室”的建设，稳定了学会资料收藏和活动场所，规范学会图书资料管理制度。为会员和学院学生借阅资料，兄弟学会感受农圣文化魅力、传承创新农圣文化、扩大学会影响，发挥学会功能起到了很好作用。

四是会长率先垂范，会员众志成城，撰写“贾学”出国展览元素材料，携手攻关，圆满完成此项艰巨任务。2014 年暑期，学会经历从未遇到过的专业研究难题，部分成员冒着炎热酷暑，欣然接受“挖掘贾学大农业元素材料，提供2015年意大利世博会展出内容”撰写任务。中国国际贸易促进会下达文件明确要求：提供的元素材料必须是六世纪前《齐民要术》中已提到，并且是世界最先进的大农业科学技术，经过近1 500年的历史发展仍在使用，且有所革新的农、林、牧、副、渔领域内的典型案例。上级派来专家和工作人员与学会成员面对面座谈，反复研究推敲，一起解决了相关难题。当时学院刚放暑假，相关专家教授远离校园探亲度假，已无法召回参加。会长刘效武挨门造访已近八秩的朱振华、胡国庆、贾效孔、孙仲春等老专家，请求他们自选课题接受撰写任务。同时，还召集部分科班出身的中年会员王敬礼、夏光顺、信善林、郭龙文、胡立业等，集体研究课题难点，分工撰写典型案例。经过20天集体攻关，艰难地完成任务，受到中国贸促会、各级领导的高度评价。

五是紧锣密鼓，学会工作一步一个脚印，活动形式也有质的飞跃，首次精密策划和成功召开了寿光境外的学术年会。2013年7月10日至12日，寿光市齐民要术研究会2013年学术年会在内蒙古克什克腾旗的阳光温泉大酒店举行。会议由薛彦斌副会长主持，酒店的赵坤民总经理致欢迎辞。与会的学术代表朱振华、刘效武、焦方增、宋峰泉、葛怀圣、夏光顺、崔永峰等分别就自己最新的研究成果做交流发言。会议期间，代表们还到全国知名的伊利集团参观牛奶加工过程，了解现代产业的管理模式及当地牧民喂养牲畜的技术经验，更好地推动齐民要术的研究，指导寿光市的农牧业现代化生产开创新的局面。刘效武会长在发言中回顾了研究会成立以来开展的各项活动，举办学术研究会议7次，协助潍坊科技学院举办四届农圣文化国际研讨会，产生了深远影响。他向代表们汇报了以编纂《贾思勰与齐民要术研究论集》为切入点，把研究会活动搞好搞活的建议。刘会长也指出了研究会目前存在的困难，提出了发展新的优秀人才入会的设想，从而将齐民要术这个国际性课题研究继续推向深入。刘会长还将出版的《伯祥书记》和4部关于《齐民要术》研究的论文集赠给当地政府与文化部门对接交流。此次年会是由阳光华沃集团董事长、齐民要术研究会副会长孙有华先生出资支持召开的别具特色的学术年会，以丰富会员们的农业畜牧业科学知识、开拓视野，把齐民要术研究提升到一个新水平。

六是再接再厉，扎扎实实，正与薛彦斌博士领衔主编大型研究系列丛书工程，编纂一套前所未有的大型系列丛书宝典——《中华农圣贾思勰与〈齐民要术〉研究丛书》。刘效武会长亲自撰写编纂大纲，部署任务分工，并一再要求参编者一定在编写之前再通读两边《齐民要术》原文，认真消化理解其精神内涵，围绕“贾学”探研多年文化积淀，由15分册组成，包括三大版块内容：贾思勰其人、《齐民要术》语言及内涵解读、《齐民要术》探研与实践。全书计划250

万字。将邀请国家领导人题辞、院士作序，由中国农业科学技术出版社公开出版发行，以利于对贾学的普及和运用，推动现代农业更好更快发展。目前编撰工作进展顺利，书稿已经杀青，即将付梓出版。

七是别开生面，巧借东风，创办了《潍坊科技学院报》“贾学探研”专刊。通过与潍坊科技学院沟通磋商，借助《潍坊科技学院报》，开辟了“贾学研究”专刊（双月刊），由编委会承担稿件编辑任务，以每期 8 000余字的篇幅，登载会员优秀论文、专家风采、学术活动动态等内容，进一步扩大“贾学”研究学术成果普及面，现已出刊 8 期，对传承创新农圣文化，提高学会影响力和知名度，起到了极大促进作用。

八是统筹有度，各项工作有条不紊，又好又快地按程序化、科学化展开。刘会长知人善任，心系学会，心系会员，爱惜全市各个领域的专业人才，迅速将原来 20 多人的会员队伍发展到现在的 80 多人。刘会长不辞劳苦，辛勤笔耕，所有讲话稿、申报材料、总结汇报材料都是自己亲手撰写，得到会员的敬佩和拥护。目前正为寿光市筹建贾思勰与齐民要术博物馆积极建言献策，为成立寿光市贾思勰与齐民要术研究中心作相应准备。开展了学会成立十周年纪念活动，已在2015年年底举行了一次实在、俭朴的纪念活动，内容与形式紧密结合。活动以寿光市齐民要术研究会成立十周年座谈会为载体，邀请相关领导、专家学者、全体会员参加，对学会今后的发展方向、目标任务、组织建设等问题进行了深入探讨，统一会员思想，展望学会发展前景。抓紧申报中国农史学会二级学会。积极争取市委、市政府批准支持，推动寿光齐民要术研究会上档升级为中国贾思勰与《齐民要术》研究会，活动期间正式挂牌成立。推动学会学术研究活动提升到一个新层次、新水平。进一步强化农圣文化的宣传力、扩大农圣文化的影响力、提升寿光的文化软实力，为“申遗”成功奠定坚实基础。发展和建立“贾学”研究实验基地，开展农圣文化参观实践活动。在全市农、林、牧、渔、副各行业中选取代表寿光农业发展水平和行业发展水平的典型企业、农场、生产合作社等，合作建立“贾学”研究实践基地。通过组织会员参观采风，达到理论与实践相结合，切实提高会员研究能力、水平和成果质量，让“贾学”研究与寿光农业生产实际紧密结合，绽放农圣文化精彩。组织“贾学”优秀图书论文评选活动。为展示“贾学”研究成果，总结发展经验，不断提高学会成员的研究能力和水平，准备开展一次“贾学”研究优秀图书、论文评选活动。成立评审委员会，聘请市内专家学者与学会内行任评审委员会成员。根据相关规定，公平、公正评选，表彰奖励先进，扶掖后人，繁荣寿光市“贾学”研究，使学会工作再上一个新台阶。

刘效武会长的工作之所以抓得如此扎实，稳健而富有成效，与他本身早年家境的不幸、不倦的求学经历、艰苦的创业历程、长期养成坚韧不拔、锲而不舍、屡挫弥坚的性格和作风有着密切关系。刘效武会长原在寿光教师进修学校、寿光师范学校、潍坊电大寿光分校任教，曾任三校副校长、校长 16 年。之间晋升中专高级讲师、山东省特级教师，荣获曾宪梓教育基金会中师教师奖。刘效武年轻时因家庭不幸，初中刚毕业便回村当了小学民办教师，挑起养家糊口的重担。为提高教育教学能力，“文化大革命”前参加了本县举办的中师函授。1978 年转为高中公办教师之前，又报名参加了山东师大高师中文函授。当时报名的中学教师人数甚多，山师容纳不下，翌年通过考试整顿，专科层次函授生转由昌维师专中文系负责。众所周知，那属于特殊历史时期，长达十年的“文化大革命”刚刚结束，教育凋敝、文化荒疏的年代将一去不复返。中国教育振兴发展，知识分子扬眉吐气，不再心有余悸。高校教师在教坛上各自抒发激悦情怀，展示“八仙过海，各显神通”的个性特征和聪明才智，课堂教学气氛十分活跃。当时，母校聚集了一大批名牌高校毕业、知识渊博、年富力强的教师：刘献彪、房文斋、周中堂、蔡万江、陈炳熙、于培杰、傅春明、王蕙莉等所授课程，各具特色，各领风骚。刘效武和学员们如沐春风，沉浸在知识海洋之中，不仅心灵受到洗礼，知识也得以扩展和提升。在这么多激情奔放的老师感召下，学员们如饥似渴，埋头苦学，课堂上唯恐听不懂、记不下。那时参加中文大专面授的全市有 300 人，寿光占 1/6。岁数最大者年过半百，最小的亦逾而立之年。大家虽已承担高初中语文教学，但却未受过高等师范教育，是学历没达标者，故知识贫乏，像久旱逢甘雨一样，初次接受高等函授教育，欣喜若狂，求学迫切之情难以比拟。

梅花香自苦寒来，刘效武这样心情舒畅地函授 6 年后，挫折又一次降临到这些“白头弟子”身上。昌维师专函授部教学管理严格，考试严肃认真，单科测验只要发现作弊行为，如翻书、带小抄、偷看他人试卷等，即判零分，并令其退出考场，下次再行补考。几年间，每逢寒暑长假，刘效武背着铺盖卷，乘车从潍坊赶到安丘，再从安丘奔往昌乐，几乎转遍全市各个县区，赶去面授或考试。1978 届高师函授生因入学时未参加全国统考（当时成人高考还未恢复），学籍未在高教司备案，国家不承认当时的考试成绩，不予颁发大专毕业证书。在函授学员强烈要求下，经教育部批准，省教育厅决定：由山东师大命题，昌潍师专和潍坊教育学院联合组织考试、阅卷，重新进行多学科毕业考试。1983 年 7 月，刘效武最终获取大专函授毕业证书。那时寿光参加学习的近百名学员，完成学业拿到证书者仅 21 人，其他数理学科取到毕业文凭的更是屈指可数了。回顾那段艰苦求学经历，虽备尝磨难，却让学员真正懂得了教书育人的道理，增长了汉语言文学的综合知识。对刘效武个人以后办好师训院校、开展教育教学、结合实践进行教育科研，奠定了思想、理论及文化知识基础。

刘效武为寿光建设功能齐全的师训基地也立下了汗马功劳。20 世纪 80 年代，改革开放政策深入人心，百废待举，诸业待兴，但刘效武任校长的寿光县教师进修学校却处于风雨飘摇之中，占地 3.7 亩、拥有数十间平房的校舍，因旧城改造，石马街北通，2/3建筑物被拆除；仅有的两个离职中师进修班，不得不搬到离县城 12.5 千米远的孙集镇已撤掉的十二中校舍去办，办学条件、教学设施坠落到全市下游。那时基础教育开始受到重视，师资队伍建设也被列入重要议事日程。寿光因缺乏师训场地，被潍坊市教育局多次点名批评，而乡镇教师强烈要求开展学历达标教育！如何较快解决师训基地的担子责无旁贷地落到了以刘效武为校长的 21 名教职工身上。在县委、县政府的关怀及教育局大力支持下，坚定地挑起迁址建校的重担，不断克服征地、筹措资金、安全施工等一系列难题，仅 3 年时间，一所占地 46 亩、楼房 6 座、建筑面积 1.5 万平方米的崭新的教师进修学校拔地而起。1987 年秋，省教育厅进行县区教师进修学校校舍达标验收，寿光县教师进修学校夺得最好成绩。

新校舍的建立，为开展多层次、多形式的师资培养培训提供了平台。1988 年暑假开学后，在校生达 800 人，业余进修生逾 3 200人。之后，又与昌潍师专和潍坊电大联合办学，招收师专委培生和电大师资生，7 年间培养中学师资 780 名。1990 年后，学校良好的办学声誉吸引山东师范大学成教学院、昌潍师专成教处来学校建立高师函授站，承担全省、全市部分大本大专生集中面授任务。后来刘效武还配合山东、潍坊两级教育学院，进行了中小学校长岗位培训。通过培训，转变了他们的教育理念，提升了办学水平。全方位师训干训的展开，不仅促进了寿光县教师队伍建设，还提高了办学经济效益，原校产由原来的 25 万元增至 650 万元，是建校初期的 26 倍。1998 年全国教师进修学校进行综合评比考核，寿光县教师进修学校是获取国家教委 20 万元奖金的全省 4 处县区教师进修学校之一。学校还先后被授予“潍坊市师训干训先进单位”“山东省校长培训先进单位”“省级花园式学校”等荣誉称号。全国人大副委员长、著名社会学家费孝通教授和著名书法家、山东大学教授蒋维崧先生，为鼓励学校办学，生前分别题写了校牌。母校的领导及老师在替他们高兴之余，还约刘效武撰写了《办好师训院校的初步尝试》的文章，在《昌潍师专学报》上刊发。

教书育人的表率作用在刘效武身上体现的特别明显。刘效武有两点深刻感受：其一，热爱学生，育人至上。刘效武做老师 45 年，无论在哪个教学段，都深情地热爱每一位学生。早年曾为病危小学生输血，近年又给遇到困难的学生送款捐物，尽其所能全身心地为师生服务。同时率先垂范，以良好师德启迪每位师生。因此学生都把刘效武看作良师益友，背后称之“老黄牛式”的觅汉校长；其二，敬业爱岗，教学相长。教学是个慢活儿，来不得半点虚假应付，老师既要发挥“人格力量”，又要具有“教学魅力”。刘效武刚任教师进修学校校长时，因承担繁重的建校任务，白天靠工地，晚上串门借款，协调单位办理有关手续等。仅征地一项，刘效武就跑西关村委25趟，最后还是去济南，请为西关办事多年的老干部出面做工作，才将土地征了下来。即使在这种情况下，刘效武仍负责两个函授中师点辅导。有次骑车去离县城较远的王高点授课，因走得匆忙，只带去讲义夹和批改的一大摞作业。当登上讲台打开书夹，才发现漏带了教材和备课本。刘效武急得浑身出汗，却突然想到昌师中文系周中堂教授经常背诵讲授的情景，何不学习他，借机试试对教材熟悉的程度。就这样没看课本和教案，整整讲了一天。因学员不知底细，还夸赞刘老师备课充分，记忆力超常。其实刘效武明白，如果备课草率，不下实功夫，碰到这种意外情况，肯定会在大庭广众之下出丑。

在讲授语文课中，刘效武还注意深挖每篇教材的特色，搜集相关材料，充实备课内容，提高课堂教学效率。比如，刘效武讲授宋代名家范仲淹《岳阳楼记》之前，因从周煇《清波杂志》中发现一段重要史料，即“答以落其成，只待凭栏大恸数场。”于是刘效武顺藤摸瓜，查阅滕子京的生平传记，得知他受“邪党”迫害，与范仲淹有相同被“谪贬”经历。范氏规劝滕子京，不必牢骚太盛，“不以物喜，不以己悲”，应当关心社稷，注重民生，先忧后乐。故煞尾用“微斯人，吾谁与归”，点明写作主旨。刘效武用心给学生讲述这一名篇的思想价值，收到事半功倍之效。进而刘效武又撰写《〈岳阳楼记〉语言艺术》论文，于中国语言学核心刊物《修辞学习》1991年第1期上发表，受到广泛好评；旋即被收入北京语言大学编辑出版的《语言学论文索引》。又应《中学生读写》杂志邀请，结合近年收获，写成综合评述文章《先忧后乐，关注民生——范仲淹〈岳阳楼记〉解读》，于2005年第9辑刊发，引起语文学界的普遍重视。由于刘效武教学成绩突出，1993年到1995年，先后晋升中专语文高级讲师、山东省特级教师，荣获曾宪梓教育基金会中师教师三等奖。1997年1月，还应原国家教委师范司聘请，代表全国两千余所教师进修学校，以专家身份赴京参加了全国基础教育改革实验优秀成果评审会。1998年，又当选山东省师范教育学会小学教师培训专业研究会主任兼师范教育优秀成果评审委员。

刘效武深深懂得，要不断提升自己的学术水平和科研能力，就要积极参加学会组织，拜师求教，勤于著述，不满足当一名教书匠。自拜识县市内名师之后，刘效武又与省内外著名专家教授结下深厚学术友谊，如马学良、黄寿祺、陈祥耀、殷焕先、贾敬颜、高更生等。与原福建师大副校长、著名易学家黄寿祺教授保持着近30年的亲密联系。2002年11月，刘效武应福建师大文学院邀请，赴福州参加“纪念黄寿祺教授诞辰九十周年暨中国易学研讨会”，会上还作了《学者·良师·楷模——深切怀念黄寿祺教授》的大会发言。尔后，这篇发言稿被澳门诗词学会主办的《中华诗词学刊》公开发表，在港澳地区产生较大反响。自1980年迄今，刘效武被中国语言学会、中国语文现代化学会吸收为会员，被选为中国修辞学会华东分会、山东省语言学会理事。2000年又被山东省师范教育学会聘为顾问。当前已出版著作13部，发表论文近百篇，编著的《常用词语类编》《教育教学探微》《护花春泥——忆名师之教诲》《跨世纪园丁工程论丛》《悦憩园诗萃》《小学新教师必读》等9项获省市社科优秀成果奖。《中国师范教育通览》名家卷曾立条作专门介绍。

熟悉刘效武的寿光人都知道，刘效武是自学成才的先进典型，从民办教师起步，一步一个脚印走到了今天。2000年内退后举办教师专题讲座20余次，出版教育类著述《中学生读写词语类辑》《跨世纪园丁工程论丛》《小学德育教程》等。退休后积极参加乡梓文化建设，编撰《潍坊文化通鉴》，协助村庄、学校编纂史志，与人撰写时代楷模《伯祥书记》，后被拍摄成电视、电影。尤其尊崇乡贤农圣，自发参与“贾学”研究，连续发表论文《从〈齐民要术〉用词特点看寿光方言历史传承》《〈齐民要术〉农学思想对现代农业发展的启示》等近10篇。2011年被选为市齐民要术研究会会长后，主持编纂《贾思勰与〈齐民要术〉研究论集》，创办“贾学”研究成果展室，带领会员科研攻关，为2015年意大利米兰世博会提供贾学大农业典型元素材料，服务出国展览。最近与副会长薛彦斌博士领衔主编《中华农圣贾思勰与〈齐民要术〉研究丛书》，被中共寿光市委、市政府表彰为对“中华农圣文化有突出贡献”的先进个人。

第四节 与《齐民要术》相关的重要赠书活动

2014年4月19日下午，台湾海基会董事长林中森、副董事长马绍章率海基会文化参访团到山东潍坊交流考察。4月19日下午，中共潍坊市委书记、市人大常委会主任杜昌文在寿光晨鸣国际大酒店会见了林中森董事长一行，双方就扩大两地经济、文化等领域合作进行深入沟通交流、达成广泛共识。会见中的一项重要议程，即是杜昌文书记向林中森董事长赠送《齐民要术》（图7-9）。海协会副巡视员邓子超，山东省台办主任张雪燕、副主任曹晓武，中共潍坊市委常委、秘书长孙明亮，中共寿光市委书记朱兰玺、副书记邱旺等参加会见。4月20日上午，潍坊市委副书记、市长刘曙光，潍坊市委副书记王献玲会见了林中森董事长、马绍章副董事长一行。潍坊市政府秘书长张洪泉，中共寿光市委副书记、市长赵绪春参加会见。

杜昌文书记代表中共潍坊市委、市政府欢迎参访团来参加第十五届寿光菜博

图 7-9　潍坊市委杜昌文书记向林中森董事长赠送《齐民要术》

会，感谢客人在第十九届鲁台会、本届菜博会举办筹办期间给予的大力支持，并介绍了潍坊市有关情况。他说，按照中共中央、山东省委的决策部署，潍坊正致力于加快推动转方式调结构，努力走上生产发展、生态改善、生活富裕的文明发展道路。台湾在生态环保、发展海洋经济等方面有许多我们可资借鉴的宝贵经验。中共潍坊市委、市政府高度重视与台湾的合作，将继续为深化两地交流合作创造有利条件。期待双方以更大力度在更广范围深化交流合作，实现互利共赢，造福两地百姓，为促进两岸关系发展、实现共同繁荣作出更大贡献。林中森董事长感谢潍坊市委、市政府长期以来对在潍台商的帮助。他表示，潍坊文化底蕴深厚，人杰地灵，优势明显。两地在现代农业、文化创意等领域有着很好的合作前景，海基会将结合台湾绿色能源、生物科技、医疗健康、精致农业等新兴产业的发展，推动两地关联产业扩大合作，促进两岸繁荣稳定发展。

2014 年 4 月 20 日上午，林中森董事长一行在寿光出席了第十五届中国（寿光）国际蔬菜科技博览会开幕式，参观了第三届台湾农产品精品展示展销会，与部分在山东投资的台商代表进行了座谈。

第五节　与《齐民要术》相关的研讨会及论坛

一、中华农圣文化国际研讨会

1. 第一届中华农圣文化国际研讨会

2010 年 4 月 26 日，首届中华农圣文化国际研讨会在潍坊科技学院国际会议中心拉开帷幕（图 7-10），来自美国、英国、德国、日本、韩国、印度、以色列等十几个国家的 205 位农学专家、学者和国内各省市农业企业、农业科研机构的代表和潍坊科技学院贾思勰农学院师生共 1 800多人参加了研讨会，共同研讨农业与农业文化，交流世界农业的前沿思想和先进技术。国际园艺学会、日本有机农业学会的负责人和日本茨城县、筑波市的30多位议员代表组团参加了会议。

图 7-10　首届中华农圣文化国际研讨会

山东省政协副主席王志民，省教育厅副厅长杜希福，潍坊及寿光市领导王桂英、姜绍华、朱兰玺、王教法、房师平、丁世波出席开幕式。

时任中共寿光市委副书记、市长朱兰玺在会议上介绍，为更好地弘扬农圣文化，寿光成立了《齐民要术》协会，举办了6届《齐民要术》研讨会和蔬菜文化艺术节。在此基础上，今年举办了首届中华农圣文化节，农圣文化国际研讨会是中华农圣文化节的重要组成部分。今后，寿光将全力支持中华农圣文化国际研讨会，使之成为在国际上有重要影响的学术文化论坛。寿光还将开设贾思勰农业科技大讲堂，成立中国贾思勰与《齐民要术》研究会，设立“贾思勰农业科技进步基金”和“贾思勰农业科技进步奖”，让中华农圣文化进一步发扬光大。

开幕式后，学院副院长薛彦斌博士主持了学术研讨活动，在研讨会上，英国华威大学园艺研究所营养与杀虫剂动态小组资深专家卡利威·理查德·莱恩，国际园艺学会秘书长与联络主席、第27届国际园艺大会组织委员会主席、韩国庆熙大学李政明，日本筑波大学学长特别辅佐井上勋，德国霍恩海姆大学植物营养研究所根际营养专家罗埃姆海德，日本东京首届中华农圣文化国际研讨会开幕大学化学与生命工程专业研究员、潍坊科技学院生命科学研究院院长董金华等10位著名专家、学者作了高水平的学术报告。

研讨会围绕中国蔬菜生产面临的环境挑战、中国对世界蔬菜生产和研究的重要作用、低碳社会提出的挑战、提高蔬菜产量和产品质量的战略创新、有机农业的沿革、海洋蔬菜开发等国内外热点问题进行了广泛交流，积极研讨近年来国内外农业产业和文化领域最新研究成果和学术见解。其中，卡利威·理查德·莱恩教授的学术报告“中国蔬菜生产面临的环境挑战”、李政明的报告“中国对世界蔬菜生产和研究的重要作用”、中岛纪一教授的报告“日本有机农业的沿革和课题”等引起广泛共鸣。

大会学术委员会收到百余篇会议论文，从中筛选出36篇编辑成册，计65万字，由中国农业科学技术出版社出版《中国现代农业技术和经济研究——首届中华农圣文化国际研讨会论文集》，崔效杰、薛彦斌主编（图7-11），并藉此获得寿光市人民政府颁发的2010年度“首届农圣文化奖”出版一等奖。

图7-11 《中国现代农业技术和经济研究——首届中华农圣文化国际研讨会论文集》

2. 第二届中华农圣文化国际研讨会

2011年4月26日，第二届中华农圣文化国际研讨会在潍坊科技学院国际会议中心举行（图7-12）。来自日本、韩国、以色列、斯里兰卡等10余个国家的近160位农学专家、学者和国内各省市、农业企业、农业科研机构的代表参加了研讨会，潍坊科技学院贾思勰农学院师生也参加了会议。

中共寿光市委常委、纪委书记王教法出席研讨会开幕式时指出，这次学术和文化的盛会必将对农圣文化的传播产生广泛而深远的影响，将进一步推进农业文明，为世界农业发展作出积极贡献，今后，寿光市委市政府将继续全力支持中华农圣文化国际研讨会的发展。

开幕式后，学院副院长薛彦斌博士主持了学术研讨活动，在研讨会上，以色列国家植物科学研究所教授埃曼·阿瑞兹，日本有机运动LLP代表、茨城大学教授原

图 7-12 第二届中华农圣文化国际研讨会

弘道等专家、学者作了主题演讲。大会就蔬菜和观光农业的现状和发展方向等国内外热点问题进行了广泛的交流，积极研讨近年来国内外农业产业与文化领域最新研究成果和学术见解。大会学术委员会收到百余篇会议论文，从中筛选出 66 篇编辑成册，由中国农业科学技术出版社出版了《全球视角下的当代农业问题研究——第二届中华农圣文化国际研讨会论文集》，李昌武、薛彦斌主编（图 7-13）。

图 7-13 《全球视角下的当代农业问题研究——第二届中华农圣文化国际研讨会论文集》

潍坊科技学院在原蔬菜花卉系的基础上成立了贾思勰农学院，会上，寿光市领导共同为该学院揭牌。

3. 第三届中华农圣文化国际研讨会暨山东高校博士服务蓝黄战略研讨会

2012 年 4 月 24 日，第三届中华农圣文化国际研讨会暨山东高校博士服务蓝黄战略研讨会开幕式在潍坊科技学院国际会议中心举行（图 7-14），来自美国、英国、日本、韩国、荷兰等国家和国内知名专家学者齐聚寿光，分别就农业生产、农业文化、农业技术、农学思想和高校产学研结合、新型人才培养、服务蓝黄经济等问题开展讨论和交流。

图 7-14　第三届中华农圣文化国际研讨会暨山东高校博士服务蓝黄战略研讨会

研讨会分别由中国（寿光）国际蔬菜科技博览会组委会、山东省高等教育管理科学研究会主办，潍坊科技学院承办，市《齐民要术》研究会协办。中国工程院院士、原北京林业大学校长、潍坊科技学院名誉院长尹伟伦院士，山东省教育厅副厅长宋承祥，山东师范大学副校长钟读仁，山东省高等教育管理科学研究会秘书长、博士团队秘书长宋惠国教授，潍坊市教育局副局长张法成，时任中共潍坊市委副书记、政法委书记赵绪春，时任市委常委、宣传部长徐莹，市人大常委会副主任、潍坊科技学院院长李昌武，市政协副主席寇振彦，市教育局党委书记李凤祥出席开幕式。学院党委副书记、副院长吴长军主持开幕式。

寿光市人大常委会副主任、潍坊科技学院院长李昌武致欢迎辞。他首先代表学院全体师生员工向来自海内外的各位专家、山东省高等教育管理科学研究会博士团队的各位代表表示欢迎和感谢。他说，学院以建设高水平应用型特色高校，培养高素质应用型专门人才为目标，立足地方经济社会发展需要，不断创新人才培养模式，努力提升人才培养质量。学院专科毕业生参加专升本考试连续八年列全省同类高校前列，今年首届本科毕业生考研上线人数占毕业生数的比例达到了 42.3%，学生参加全国大学生电子设计竞赛、全国职业院校技能大赛、全国教育工程就业技能大赛等均获一等奖，毕业生一次就业率一直保持在95%以上。他指出，学院连续举办了两届中华农圣文化国际研讨会，促进了中华农圣文化的传播与交流。2012年又承办山东高校博士服务蓝黄战略研讨会，旨在搭建全省高校交流合作的平台，充分发挥高校智囊团、思想库作用，推进产学研用结合，更好地服务蓝黄国家战略。学院非常重视与兄弟院校的合作。学院与山东师范大学研究生联合培养基地的揭牌必将开启两校深入合作的新篇章，基地的揭牌为学院加强与省内兄弟院校的合作搭建了很好的平台，学院期待能与更多的高校加深合作，共谋发展。

时任中共寿光市委副书记、政法委书记赵绪春在开幕式上致辞。他指出，近年来，寿光坚持以科学发展观为指导，以建设“城乡一体均衡寿光”为目标，走出了一条科学发展、率先发展、和谐发展、均衡发展的新路子，先后获得“中国优秀旅游城市”“国家园林城市”“国家卫生城市”“国家环保模范城市”“中国金融生态城市”和“中国人居环境奖”等荣誉称号，被确定为全国改革开放30年18个重点典型之一。2011年，全市完成地区生产总值542亿元，同比增长12.1%；实现财政总收入69.2亿元，其中地方财政收入41.6亿元；农民人均纯收入达到11 253元。

赵绪春指出，寿光处在环渤海经济圈，是黄河三角洲高效生态经济区、山东半岛蓝色经济区的交汇城市。当前，寿光正在抓住两区开发的历史机遇，深化城乡一体均衡寿光建设，争当全省科学发展排头兵。山东高校博士服务蓝黄战略研讨会在寿光召开，适逢其地，恰逢其时，必会有效推动全省高校产学研用结合，更好地服务蓝黄国家战略。中华农圣文化国际研讨会作为菜博会的重要组成部分，极大地丰富了菜博会的文化内涵，广泛传播了中华农圣文化。

山东省教育厅副厅长宋承祥在开幕式上讲话。他指出，当前和今后山东省高等教育发展的主要任务是深入落实《山东省高等教育内涵提升计划（2011—2015年）》，突出“分类指导、内涵发展、强化特色、提高质量”的主题，深化教育教学改革，创新人才培养体制机制，提高人才培养质量，提高社会服务能力，强化特色发展，形成层次类别清晰、具有山东特色的高等教育体系。社会服务和文化传承创新是高等教育的重要职能。第三届中华农圣文化国际研讨会暨山东高校博士服务蓝黄战略研讨会的召开，为高校服务社会、传承创新文化起到了很好的示范作用。潍坊科技学院作为一所地处县域的新建本科高校，不断抢抓机遇，通过不懈的努力，获得了持续快速健康发展，取得了一系列令人瞩目的成绩。山东师范大学与潍坊科技学院合作的研究生联合培养基地揭牌、山东省高等教育管理科学研究会研究基地揭牌，都是高校之间深化合作、高校与研究机构深化合作、共同发展、服务社会的良好开端。

山东省高等教育管理科学研究会秘书长、博士团队秘书长宋惠国教授，山东师范大学副校长钟读仁教授，外宾代表英国女王大学彼得·克里斯蒂教授也在开幕式致辞。

中国工程院院士、原北京林业大学校长、潍坊科技学院名誉院长尹伟伦院士和山东省高等教育管理科学研究会秘书长、博士团队秘书长宋惠国教授为山东省高等教育管理科学研究会研究基地揭牌；山东师范大学副校长钟读仁和市人大常委会副主任、潍坊科技学院院长李昌武为山东省研究生联合培养基地揭牌。

开幕式后，学院副院长薛彦斌博士主持了学术研讨活动，研讨会期间，中国工程院院士、原北京林业大学校长、潍坊科技学院名誉院长尹伟伦院士，美国佛罗里达大学印第安河教育与研究中心副主任、博士生导师查理·鲍威尔教授，英国女王大学彼得·克里斯蒂教授，荷兰瓦赫宁根大学植物育种研究中心白玉玲教授，日本三重大学大学院生物资源学研究科德田博美教授，美国佛罗里达大学客座教授、中国福建农林科技大学博士生导师张木清教授，北京林业大学博士生导师成仿云教授，日本静冈大学创造科学技术大学院助教授董金华博士，武汉大学教育科学学院博士生导师李保强教授，《中国高等教育》杂志编委徐越编审，青岛社会科学院经济战略与管理研究所所长、博士生导师隋映辉研究员，山东师范大学教育政策与管理研究中心主任、博士生导师张茂聪教授，山东师范大学研究生院院长满宝元教授，山东师范大学信息学院院长刘弘教授等先后作学术报告。

研讨会就农学思想、设施园艺、有机农业、现代生物工程、海洋生物、畜牧业、生态环保、农业发展、农业经济和农业文明，以及山东高校推进产学研用结合，服务山东半岛蓝色经济区、黄河三角洲高效生态经济区国家战略的策略和路径等国内外众多热点问题进行了广泛的交流研讨，并采取会内会外相结合等形式，开展多种形式的合作与交流。大会学术委员会收到百余篇会议论文，从中筛选出 58 篇编辑成册，由中国农业科学技术出版社出版了《世界农业文明传承与现代农业科技创新——第三届中华农圣文化国际研讨会论文集》，李昌武、薛彦斌主编（图 7-15）。

这次会议是国际农业产业与文化的一次盛会，是山东高校博士服务国家蓝黄战略的一次推进会，对传承创新中华农圣文化、发挥高校博士服务经济文化强省建设作用，搭建了合作与交流的平台，对推动国家蓝黄两大战略的实施、经济文化强省建设产生了积极的影响。

4. 第四届中华农圣文化国际研讨会暨全国沿海高校服务区域经济发展联盟专题研讨会

2013 年 4 月 23 日上午，第四届中华农圣文化国际研讨会暨全国沿海高校服务区域经济发展联盟专题研讨会在潍坊科技学院国际会议中心隆重开幕（图 7-

16），会议同时为“潍坊科技学院院士专家工作站”揭牌。

图 7-15 《世界农业文明传承与现代农业科技创新——第三届中华农圣文化国际研讨会论文集》

图 7-16 第四届中华农圣文化国际研讨会暨全国沿海高校服务区域经济发展联盟专题研讨会

中国工程院院士、国家环境保护部顾问、国家环境咨询委员会委员金鉴明教授，中国工程院院士、中国工程院农学部主任、中国林学会副会长、北京林业大学原校长、潍坊科技学院名誉院长、特聘教授尹伟伦，山东省教育厅副巡视员、山东省教育工会主席刘士祥，山东省科学技术协会秘书长陈爱国，以色列驻华使馆国际合作、农业和科技参赞 Eitan Neubauer（尤博恩），中国农业历史学会副理事长、中国齐民要术研究会会长曹幸穗研究员，教育部国家教育发展研究中心战略研究室主任高书国，唐山学院党委书记华玉教授，滨州学院院长纪洪波教授，钦州学院副院长黄鹄教授，江苏沿海开发研究院常务副院长郝宏桂教授，潍坊市科学技术协会副主席任学军，潍坊市教育局党委委员、招办书记李广敬，中共寿光市委常委、宣传部长徐莹，寿光市人大副主任、潍坊科技学院院长李昌武，寿光市政协副主席寇振彦，寿光市教育局局长魏云来，寿光市科学技术协会主席郑林海出席开幕式并在主席台前排就座。来自中国、美国、澳大利亚、德国、以色列、阿根廷、中国台湾等十几个国家和地区的专家、学者和国内沿海高校的领导、相关部门和研究机构负责人及代表、学院部分师生代表参加了开幕式和研讨会，与会人数 1 600多人。寿光市副市长刘广斌主持开幕式。

李昌武首先致欢迎辞，对参加会议的各位领导和专家、各位代表和朋友，表示热烈的欢迎和衷心的感谢。他说，学院作为地处沿海的新建本科院校，立足地方经济社会发展需要，不断提高人才培养质量，取得了一定成绩。中华农圣文化国际研讨会是中国（寿光）国际蔬菜科技博览会的重要组成部分，已成功举办了 3 届，今年在全国沿海高校服务区域经济发展联盟的指导下，全国沿海高校联盟专题研讨会同期举行，将会对弘扬中华农圣文化、提升高校服务能力、促进沿海地区发展起到积极作用。

徐莹在致辞中说，中华农圣文化国际研讨会作为蔬菜博览会的重要组成部分，极大地丰富了蔬菜博览会的文化内涵，广泛传播了中华农圣文化。全国沿海高校服务区域经济发展联盟专题研讨会在寿光召开，学院院士专家工作站揭牌，适逢其地，恰逢其时，必将有效推动沿海高校产学研用结合，推动区域经济社会发展。

以色列 Eitan Neubauer（尤博恩）先生、郝宏桂教授等先后致辞。陈爱国宣读同意建立“潍坊科技学院院士专家工作站”文件。刘士祥作主旨讲话，他说，学院作为一所地处沿海的新建本科院校，坚持开放办学、内涵发展，不断提升办学水平，取得了令人瞩目的成绩，是省内发展最快的高校之一。第四届中华农圣文化国际研讨会与全国沿海高校联盟研讨会花开并蒂，为国际学术交流、高校深化合作搭建了桥梁，为高校传承创新文化、服务沿海经济社会发展提供了平台。学院院士专家工作站揭牌，是高校与研究机构深化合作、充分发挥院士引领作用、推动产学研用紧密结合的积极实践，衷心祝愿院士专家工作站发展得越来越好。尹伟伦教授和曹幸穗研究员为“潍坊科技学院农业科学院士专家工作站”揭牌，金鉴明和寇振彦为“潍坊科技学院环境科学院士专家工作站”揭牌。

开幕式结束后，学院副院长薛彦斌博士主持了学术研讨活动，研讨会分别在国际会议中心和大学生活动中心两个会场举行。与会领导参观了学院校园和图书馆、生物工程研发中心等地，对潍坊科技学院健全的办学体制、产学研一体化办学模式和跨越式发展成就给予了充分肯定，对30%以上的考研率、每年1 000多人的专升本录取情况和95%以上的就业率给予了高度评价。

第四届中华农圣文化国际研讨会暨全国沿海高校服务区域经济发展联盟专题研讨会，由中华农圣文化节领导小组主办，潍坊科技学院承办，盐城师范学院、寿光市《齐民要术》研究会协办，会期为2天。根据会议日程安排，与会专家学者参观了由潍坊科技学院负责管理，展示学院自主知识产权蔬菜花卉新品种和国内外值得推广的蔬菜新品种展示厅——菜博会9号厅。

大会学术委员会收到百余篇会议论文，从中筛选出56篇编辑成册，由中国农业科学技术出版社出版了《弘扬农业文明　发展绿色农业——第四届中华农圣文化国际研讨会论文集》，李昌武、付生、薛彦斌主编（图7-17）。

图7-17 《弘扬农业文明　发展绿色农业——第四届中华农圣文化国际研讨会论文集》

这次会议是推动农业科技进步和现代农业发展的一次盛会，是加强沿海高校之间合作交流，进一步促进沿海高校内涵式发展，提升服务国家战略能力的一次盛会，也是传承创新以农圣文化为代表的中华优秀传统文化的一次盛会，更是一次具有前瞻性和应用性的学术活动，对中华农圣文化的传承创新、沿海地区经济社会发展发挥了积极的作用。

《中国教育报》《大众日报》山东教育电视台《潍坊日报》《齐鲁晚报》《现代教育杂志》《潍坊晚报》寿光电视台《寿光日报》今日寿光等国内十几家新闻媒体进行了现场报道。

5. 第五届中华农圣文化国际研讨会

2014 年 4 月 23 日上午，第五届中华农圣文化国际研讨会在潍坊科技学院国际会议中心隆重开幕（图 7-18），“山东农圣信息科技有限公司”“潍坊科技学院网络教育中心”揭牌成立仪式、中国农圣网开通仪式同期举行。时任寿光市委常委、宣传部部长徐莹致辞，寿光市人大常委会副主任、学院院长李昌武致欢迎辞，外宾代表英国华威大学 Clive Rahn（克里夫·莱恩）教授致辞。中国工程院院士、原北京林业大学校长，中国工程院农学部主任、中国林学会副会长、博士生导师、学院名誉院长尹伟伦教授，中国工程院院士、原国家环保总局副局长金鉴明教授，寿光市政协副主席寇振彦，寿光市教育局党委书记、学院党委书记李凤祥，大河集团董事长陈茂森，印度迪特恩软件学院执行总裁、国家外国专家友谊奖获得者 Basu（巴苏），美国籍外国文教专家 Thomas（托马斯）等出席开幕式。寿光市人民政府副市长刘广斌主持。

图 7-18 第五届中华农圣文化国际研讨会

徐莹在致辞中指出，寿光是著名的“中国蔬菜之乡”，菜博会是商务部批准的年度例会，每届都以独特的展览模式、丰富的文化内涵和丰硕的经贸成果，在国内外产生重要影响，目前已成长为国内最具影响力的国际性蔬菜产业品牌展会，被中国贸促会认定“专业展‘AAAA’级”。中华农圣文化国际研讨会是菜博会的重要组成部分，也是中华农圣文化节的重要内容之一，在弘扬传统农业文化，传播现代农学思想，发展现代农业科技，促进农业国际交流与合作，推动现代农业的发展与进步等方面发挥了积极作用。

李昌武代表潍坊科技学院30 000多名师生，向参加第五届中华农圣文化国际研讨会的各位领导、专家、学者和嘉宾表示热烈的欢迎和衷心的感谢。并向与会嘉宾简要介绍了学院发展情况。

李昌武强调，潍坊科技学院以传承创新农圣文化为已任，已连续举办了四届中华农圣文化国际研讨会，搭建了弘扬农圣文化的广阔平台。我们相信，第五届中华农圣文化国际研讨会的召开，将会对弘扬中华农圣文化、促进现代农业发展起到积极的推动作用。真诚欢迎各位领导、专家、嘉宾、朋友多到学院来指导工作、传经送宝。我们也真诚期待能与更多的高校、科研院所加强合作，共谋发展。

开幕式上，李昌武和寇振彦为“潍坊科技学院网络教育中心”揭牌；徐莹和陈茂森为“山东农圣信息科技有限公司”揭牌，尹伟伦和金鉴明按下水晶球开通中国农圣网。

开幕式后，学院副院长薛彦斌博士主持了学术研讨活动，尹伟伦教授作大会主旨报告，来自中国、英国、匈牙利、以色列等国家地区的高校和科研院所的专家、学者、潍坊科技学院部分师生代表和新闻媒体朋友参加了开幕式和研讨会，与会人数300多人。

大会学术委员会收到百余篇会议论文，从中筛选出49篇编辑成册，由中国农业出版社出版了《面向绿色未来　发展现代农业——第五届中华农圣文化国际研讨会论文集》，李昌武、薛彦斌主编（图7-19）。

第五届中华农圣文化国际研讨会，由中华农圣文化节领导小组主办，潍坊科技学院承办，寿光市《齐民要术》研究会协办，会期为3天。

这次会议是国际农业产业与文化的一次盛会，也是一次很有现实意义的学术活动，对中华农圣文化的传承创新，提高中国农业的国际竞争力，推动国际农业文化与产业的可持续发展，产生了积极而深远的影响。

6. 第六届中华农圣文化国际研讨会

2015年4月23日，以“现代农业、科技为先”为主题的第六届中华农圣文化国际研讨会，在潍坊科技学院国际会议中心隆重开幕（图7-20）。

寿光市委常委、宣传部长袁世俊，寿光市人大常委会副主任、学校校长李昌武，与会专家代表以色列农业农村发展部水土保持司土壤侵蚀研究站常务主任艾

图 7-19 《面向绿色未来 发展现代农业——第五届中华农圣文化国际研讨会论文集》

图 7-20 第六届中华农圣文化国际研讨会

力·阿格曼（Eli Argaman）教授分别致词。李昌武为中国工程院院士、北京林业大学原校长、潍坊科技学院名誉校长尹伟伦教授，中国电视纪录片学术委员会常务理事委员会会长、原中央电视台军事部主任、解放军电视宣传中心主任刘效礼将军，分别颁发潍坊科技学院发展咨询委员会主任、刘效礼特聘教授聘书。尹伟伦院士与潍坊市科学技术协会主席王志亮为潍坊科技学院科学技术协会揭牌。寿光市人民政府副市长刘广斌主持开幕式。

李昌武在致词中强调，学校坚持为地方经济社会发展服务，积极推进地方协同创新，坚持走产学研用结合道路，校园内建设的软件园被科技部认定为国家级科技企业孵化器，目前已有110余家企业和科研院所入驻，成为地方高新技术发展的引擎和区域科技创新中心。学校汲取农圣故里人文滋养，以传承创新农圣文化为己任，使农圣文化与现代农业相融通，融入学校特色培育的实践过程。第六届中华农圣文化国际研讨会的召开，将会对弘扬中华农圣文化、传播现代农学思想、提升高校服务能力、促进现代农业发展起到积极的作用。

原美国维生股份有限公司总裁迈克·赛美林（Mike Samilian），潍坊市科学技术协会副主席任学军，寿光市政协副主席寇振彦，荷兰瓦赫宁根大学作物繁育研究中心主任司格登·奥尔格（Scholten Olga）教授，加拿大兰伯特基质研究中心主任理查德·格萨德（Richard De Quesada），潍坊市科学技术协会科普部部长张学峰，中国农业大学农学院陈青云教授，山东农业大学孙金荣教授，青岛农业大学李俊良教授，西安君道传统文化研究院副院长王荣升，学院外国专家巴苏（BaSu），学院农学专家、国家级教学名师曹春英教授等国内外20多所高校、院所60多位专家学者，贾思勰农学院等院系师生，大众日报、潍坊日报等多家主流媒体应邀与会。

开幕式后，副校长薛彦斌博士主持了学术研讨活动。2015年4月24日，与会专家来到第十六届中国（寿光）国际蔬菜科技博览会，现场观摩寿光现代农业科技的最新发展成果。

中华农圣文化国际研讨会是寿光菜博会的重要组成部分，也是中华农圣文化节的重要内容。研讨会以弘扬传统农业文化，传播现代农学思想，传承创新农圣文化，提升高校服务能力，促进现代农业发展，促进农业国际交流与合作为目的，自2010年至今，已连续举办了6届，来自世界五大洲40多个国家的1 000多位专家、学者参会，取得丰硕的研讨成果，已成为有较大影响的国际性农业学术文化交流峰会。

7. 第七届中华农圣文化国际研讨会

2016年5月11日，以“传承农业历史文明，发展现代生态农业”为主题的第七届中华农圣文化国际研讨会，在潍坊科技学院国际会议中心隆重开幕。

山东省教育厅科研处副处长林燕，寿光市人大常委会副主任、学院院长李昌武，寿光市人民政府副市长刘广斌，与会专家代表法国威马公司育种专家克里普特·马岫（Mathieu Crepet）分别致辞。林燕、卢红星为寿光市软件园入园企业“山东中动文化传媒有限公司 ”揭牌；刘广斌、秦鹏为“山东中呼信息科技有限公司”揭牌；李昌武、邵荣为“山东中迅网络传媒有限公司”揭牌；寿光市政协副主席寇振彦主持开幕式。

林燕在致辞中充分肯定了潍坊科技学院的办学实力和水平，认为学院应用型办学定位明确，在培养适应区域行业产业发展需求的应用型人才方面取得了令人瞩目的成绩，是省内发展最快的高校之一。林燕强调作为农圣故里，寿光已连续举办了六届中华农圣文化国际研讨会，产生了广泛影响。今年，第七届中华农圣文化国际研讨会就弘扬中华农圣文化、绿色蔬菜产业发展、现代农业科技进步等重要议题进行交流研讨，必将对推进中外文化交流、促进农圣文化的海内外传播发挥积极作用。

李昌武致欢迎辞。潍坊科技学院扎根中国蔬菜之乡、农圣贾思勰故里，积极培育农学专业特色，以传承创新农圣文化为己任，深入推进产学研合作，努力服务地方经济社会发展，建立了以院士专家工作站、山东半岛蓝色经济工程研究院为代表的科研创新平台，以蔬菜花卉新品种繁育基地、菜博会 9 号厅、潍科种业公司为主体的育、繁、推一体化种业平台，以国家级科技企业孵化器、国家级创新创业示范基地、山东省创业创新学院为代表的社会服务平台。学校积极推进贾思勰与《齐民要术》研究，将农圣文化与学校教育相融合、与现代农学研究相融通，初步打造了以农圣文化为特色的校园文化，为中华农圣文化在世界的传播发挥了积极作用。

刘广斌代表寿光市人民政府对研讨会的成功举办表示祝贺，对前来参加研讨活动的各位领导、各位专家学者和朋友们表示热烈欢迎，向中外专家、学者及与会领导嘉宾介绍了寿光以及中国（寿光）国际蔬菜科技博览会的情况。

开幕式后，学院副院长薛彦斌博士主持了学术研讨活动，海内外专家、学者围绕现代农业经济问题，世界农业文明史及传统农业的传承和发展，现代农业的新问题、新技术、新思路、新对策，设施农业和蔬菜产业的发展现状和发展趋势，农副产品贮藏加工、出口贸易的新技术、新思路、新对策等主题展开研讨。根据日程安排，12 日，与会专家到菜博会展区实地观摩。

潍坊科技学院特聘教授、名誉院长、中国工程院院士尹伟伦（图 7-21），中国农业历史学会副秘书长、常务理事徐旺生研究员，中国新能源节能协会副会长李大今，国资委中外信息周刊社副总编刘小光，美国农业部植物检疫局副局长、线虫学家哲森·斯坦利（Jason Stanley）教授，英国华威大学克里夫·莱恩克

(Clive Rahn)教授，山东师范大学副校长钟读仁教授，中国农业科技出版社闫庆建主任，寿光市齐民要术研究会刘效武会长等国内外20多所高校、院所的50多位专家、学者，贾思勰农学院等院系师生，国资委中外信息周刊、中国农业科学技术出版社、山东科学技术出版社、大众日报、潍坊日报、寿光日报等多家出版社、主流媒体应邀与会。

图7-21 潍坊科技学院特聘教授、名誉院长、中国工程院院士尹伟伦教授做学术报告

二、贾思勰农学思想研讨会

2005年4月25日至26日，在第六届中国（寿光）国际蔬菜博览会召开之际，《贾思勰农学思想研讨会》在寿光市温泉大酒店召开（图7-22）。来自中国农业大学、中国科学院、中国农业科学院等20多家科研院所、高等院校和政府机关的40多位专家、学者参加了研讨会。共收到论文44篇，交流论文21篇。这是历届中国（寿光）国际蔬菜博览会首次增设《贾思勰农学思想研讨会》的内容，研讨会取得了圆满成功。

研讨会上，各位与会代表致力于开辟贾思勰农学思想研究的新境界，畅所欲言，高屋建瓴，积极认真，热烈坦诚地表达了对贾思勰农学思想研究的极大关注和高昂热情，充分体现了“百花齐放、百家争鸣”的学术精神，这次研讨会是对贾思勰和《齐民要术》研究的一次全面展示。

潍坊学院政史系教授、文化史研究所所长吴存浩提交了《再论贾思勰的农业经营思想》论文并作大会发言。潍坊学院政史系教授于云瀚提交了《论“齐民要术”的文化学意义》论文并作大会发言。

图 7-22　2005 年 4 月 25 日至 26 日贾思勰农学思想研讨会在寿光市温泉大酒店召开

其他如中国农业大学2005届硕士研究生王磊和张法瑞教授、柴福珍讲师的《从"齐民要术"看北魏的畜牧业生产》、中国农业大学博士生导师安玉发教授的《我国农产品批发市场功能创新研究》、中国农业科学院张德纯研究员的《〈齐民要术〉种椒篇与花椒芽生产研究》、葛红研究员的《应用贾思勰农学思想因地制宜发展花卉产业》、莱阳农学院李庆典教授的《中国古代种芋法的技术演进及其对现代农学的贡献》、李汉昌教授的《贾思勰在总结古代农产品储藏加工技术中的贡献》、刘建萍教授的《贾思勰〈齐民要术〉的蔬菜选种技术与现代蔬菜遗传育种讨论》、黑龙江社会科学研究院鲁锐研究员的《免征农业税后农村面临的问题与对策》、潍坊农业科学院刁家连研究员的《〈齐民要术〉的古代蔬菜科技及其农学思想》、滨州职业学院王玉彦副教授的《从〈齐民要术〉看我国现代化农业生产的可持续发展》，中共潍坊市委党校张玉忠教授的《贾思勰农业哲学思想浅议》、潍坊科技职业学院薛彦斌研究员的《世界性巨著〈齐民要术〉对日本的影响》、周衍庆讲师的《继承与发展贾思勰农学思想，大力发展寿光以蔬菜产业为主导的农业旅游》、寿光市农业区划办公室胡国庆研究员的《寿光农业对〈齐民要术〉的传承与发展》、中国科学院海洋研究所刘建国研究员的《建爱尔发生物技术平台，创微藻资源开发新型农产业之要术》、秦松研究员的《专家论21世纪的中国蓝色农业》邢军武高级工程师的《盐碱农业的目标、现状与前景》等论文和发言也从不同角度探讨了《齐民要术》与现代农业发展的关系。整个会议代表广泛、形式多样、内容丰富，与会代表提出了许多具有价值的意见和建议，对于促进寿光区域经济发展乃至全国农业发展都将产生深远影响。

寿光市副市长刘建安和潍坊科技职业学院院长崔效杰主持了会议，市委副书记杨德峰致开幕词，市领导朱兰玺、李广前、王教法、夏德起出席了会议。

代表们兴高采烈地参观了第六届中国（寿光）国际蔬菜博览会各个展区，对寿光的蔬菜生产的新品种和新技术表现出浓厚的兴趣和关心。

这次研讨会由第六届中国（寿光）国际蔬菜博览会组织委员会主办、潍坊科技职业学院承办，学院科研处和蔬菜花卉学院为这次研讨会的成功举办做了大量的工作。

首届《贾思勰农学思想研讨会》在贾思勰的故乡山东寿光隆重召开和圆满结束，为第六届中国（寿光）国际蔬菜博览会增添了光彩，国内知名专家、学者云集寿光，实乃博览会的一件幸事。每届中国（寿光）国际蔬菜科技博览会参观者都是络绎不绝，人流如潮，是当前国内参加人数最多，举办时间最长的农业盛会，也是农业专家、学者共商农业大计的绝好机会，此次博览会我们召开贾思勰农学思想研讨会，邀请国内外农业院校、农业科研单位的专家、学者及社会各界人士共同参加，这对于研究“农圣”思想、挖掘农业文化遗产、叫响“农圣”品牌、带动和促进现代农业的发展，具有十分重大的现实意义。

经过紧张筹备，大会在会前出版了《贾思勰农学思想研讨会论文集》，论文集策划为徐振溪、刘中会、杨德峰、朱兰玺、刘建安和郭笃平；主编为陈明智、崔效杰；副主编为薛彦斌、周衍庆、郎德山；设计与摄影为张涛、肖志文；执行主编为薛彦斌。此次研讨会在各级领导的关怀和各界人士的参与下，共征集到各类论文 44 余篇，计 23 万字，相关图片 11 幅。此次大会邀请的与会代表中，有在国内外享有盛誉的中国农史、经济史、科技史、社会史研究学者，也有从事海洋科学、农业科学等应用性专业领域的研究专家；有博士生导师、博士、院所领导，也有海外留学归国学者；有大专院校的硕士研究生，也有实践经验丰富的地方性企事业单位的负责同志，大家从不同的视角、不同的方位、不同的层次、不同的专业领域对贾思勰及其《齐民要术》进行了认真研究和讨论，论文总体水平非常高，涉及范围非常广，为贾思勰及其《齐民要术》的研究注入了新内容，编者从整理、编印过程中感到受益匪浅。在编辑过程中，编者除对各位专家的论文格式、个别字句进行统一编排、润色、补足外，原则上一律尽量尊重笔者原意，让各种学术思想在本次研讨会平台上融会、交流、碰撞、升华。在尽可能保持原论文风格的基础上，编者通过审查、核对、修改、整理、加工，编印了《贾思勰农学思想研讨会论文集》，全集分思想研讨篇和生产技术篇，各具风格和特点，论文集以认真严谨的学风、翔实丰富的资料、朴实流畅的文字，重点突出了贾思勰农学思想的伟大性、世界性、现实指导性以及当代农业科学技术的应用与发展的无限前途性，使编者倍感光荣与兴奋。论文集的出版是广大专家学者的共同的工作成果，是社会各界人士辛勤劳动的结晶，是21世纪新农学思想的一次展示、检阅和总结，也是专家学者们对21世纪农业的贡献。

三、《齐民要术》与现代农业高层论坛

2006年4月25日至26日，“《齐民要术》与现代农业高层论坛”在山东寿光温泉大酒店月季厅召开（图7–23）。本次会议的主题是“《齐民要术》与现代农业发展”，研讨会由市《齐民要术》研究会、潍坊科技职业学院承办，市委常委、宣传部长朱兰玺，副市长刘建安、王教法出席会议，中共“十五大”、“十六大”代表、三元朱村党支部书记王乐义在会上作了报告。中央电视台新闻制作中心副总编陈华生、中国电视纪录片学术委员会副秘书长郭西昌（他受杨怀庆等寿光籍在京将军宣读了他们给博览会组委会、艺术节组委会、《齐民要术》研究会发来的贺电）、南京农业大学人文社会科学院院长、中国农业历史学会（以下简称中国农史学会）副会长王思明，西北农林科技大学人文学院副院长、中国农史学会副会长樊直民，中国农业大学教授、原中国农史学会副会长杨直民，原江西省社会科学院副院长、《农业考古》杂志主编、原中国农史学会副会长陈文华，山东翔远集团生物工程研究所教授濮金海等20位学者、专家应邀莅会。会议共收到论文15篇（会后将结集出版）。会议主要有5项议程：①朱兰玺同志致欢迎词；②宣读姜春云同志给本次研讨会的贺信；③进行大会交流；④参观菜博会展厅和社会主义新农村建设成果；⑤酝酿通过全国《齐民要术》研究会筹备工作领导机构（本项系根据与会者要求增加）。

图7–23　2006年4月25日至26日，“《齐民要术》与现代农业高层论坛”在山东寿光温泉大酒店月季厅召开

与会者在发言与参观过程中高度评价了寿光在继承优秀文化传统、进行农业产业化经营和现代化建设中取得的巨大成就，高度评价了寿光市重视贾思勰与《齐民要术》这一伟大历史文化遗产的研究及取得的成果，继续对充分认识贾思勰与《齐民要术》在中华历史文化和世界科技史上的崇高地位进行了热烈呼吁，并对寿光的现代化建设，对进一步加强贾思勰与《齐民要术》研究给予了热切的希望，提出了希望和建议。中国农史学会前任和现任副会长杨直民、樊志民在20世纪末寿光市编纂《贾思勰志》中被聘为顾问，10年后他们重来寿光，感到寿光面貌大变，不管是《齐民要术》研究，还是寿光的建设发展，都使他们感到震撼，堪称蔚为大观，可喜可贺。与会专家对寿光坚持进行农业产业化实践，发扬寿光优秀的文化传统，创办“中国（寿光）国际蔬菜科技博览会”这一文化节会，推动农业科技发展给予了高度赞扬，他们纷纷称来寿光是带着一种“朝圣”心情来的。他们在发言中，对贾思勰与《齐民要术》在中华文化和世界科技史上的地位进行了充分阐述。南京农业大学人文社会科学院院长、中国农史学会副会长王思明在发言中说：“《齐民要术》的经济、哲学思想，是今天我们党和国家提出可持续发展、循环经济政策的重要理论源泉”“《齐民要术》的重农、爱农、富农思想，已经成为今天我们党建设社会主义新农村的重要主题”。76岁高龄的原中国农史学会副会长、中国农业大学教授杨直民说：“《齐民要术》是中国古代文献中的经典，《齐民要术》诞生在寿光，说明寿光今天的发展有深厚的文化渊源。寿光农民发明的阳光温室技术，不用石化燃料，从国内一直推到国外，这是天大的事情。把历史传统与当代农民的创造、当代先进的农业科学技术结合起来，开展《齐民要术》研究，创办蔬菜科技博览会，把《齐民要术》的精华，把农业科学技术向前推进，说明寿光的领导有眼光。”“《齐民要术》的研究，重要的是在思想文化层次上。《齐民要术》研究中一个十分重要的问题，是实现《齐民要术》的思想方法与当代农民的创造实践结合起来，这是《齐民要术》研究应当迈上的一个新台阶。而要实现这一点，只能在寿光。应当把寿光建设成为《齐民要术》研究和农业科学技术研究的一个国际中心，一个国际的聚焦点，这当然不仅蔬菜一个方面。”“《齐民要术》的研究，其思想文化的研究搞不上去，就把握不了实质。胡锦涛总书记访美，向美国赠送了中英文的《孙子兵法》，哪一位领导人向国际赠送中英文的《齐民要术》呢？《红楼梦》一部小说，有多少人在折腾，《齐民要术》讲的是国计民生，讲的是百姓吃饭问题，是伟大的科学著作。寿光作为贾思勰的故乡，把对《齐民要术》的研究坚持下来，而且还要坚持下去，那将是功德无量。”“搜集、整理、发掘利用好有关贾思勰的材料、遗迹、纪念物，在贾思勰的故乡向国内外推介贾思勰的贡献和影响，寿光应该动手了。十年前我来，贾思同的墓还在，很可惜这次来他的墓没了。据说疑为贾思勰的墓仍在地下埋藏着，如果通过发掘证实确是贾思勰的墓，天大的问题就解决了。”“要探讨一个问题，伟大的科学家何以在寿光出现。贾思勰是寿光的，又不是寿光的；贾思勰是山东的，又不是山东的；贾思勰是中国的，又不是中国的。他是产生了世界影响的世界伟人。围绕这一点，贾思勰的家乡要做什么事情，要仔细掂量。《齐民要术》中所包含的宝贵的文化哲理，是取之不尽，用之不竭的财富，实践已经证明它经得起历史考验。在科学界、农史界对《齐民要术》的评价越来越攀升越来越高，《齐民要术》在世界科学史上的地位是崇高的。我已经76岁了，我每年都要翻它一次。《齐民要术》的研究，要在把握实质。”年已71岁的原江西省社会科学院副院长、研究员、原中国农史学史副会长、《农业考古》主编陈文华说：“我来寿光是来朝圣的。《齐民要术》是研究科学史必备的工具书。《齐民要术》是一部伟大的开创性的农书。《齐民要术》是一座科学的宝库。现在国内外研究《齐民要术》的专家学者见诸文献的有几百人，说明《齐民要术》的影响之大，说明《齐民要术》有着强大的生命力。中国古代文献中有三书：兵书、农书、医书，这些书中记载的原理至今都在用。我们如何把贾思勰与《齐民要术》的研究变为一门显学，把这个成就推向社会推向世界，希望寄托在寿光。寿光有条件，也有这个需要。如何把贾思勰和《齐民要术》变为一种文化，寿光的发展用得着这个资源。”西北农林科技大学人文学院副院长、博士生导师、中国农史学会副会长樊志民说：“我期望能够在寿光召开关于贾思勰和《齐民要术》的国际会议。我在日、英、韩都看到一些，国外对《齐民要术》研究得很深入，我们看不到的材料他们那里都有。”“《齐民要术》研究要整合力量，寿光作为一方，东（南农大）、南（广州农大）、西（西北农大）、北（中农大）四大家，运用计算机展开对文献的研究，做一些不是急功近利的东西，这样要辛苦一些，但将来出的成果可能会产生震撼的。在这方面，寿光、潍坊科技职业学院可以做一些组织工作。”“中国有四大农书，三本出在山东，从《氾胜之书》到王祯的《农书》再到《齐民要术》，有一种承袭关系，应当从中找到一种文化、一种精神，从王乐义的报告中可以看出，他虽然是一个普通的农民，但却胸怀全世界，这就是一种开放的科学的精神”。

与会专家还纷纷向寿光提出了许多发自肺腑的中肯建议，主要有：南京农业大学人文社会科学院院长、中国农业科学院中国农业遗产研究室主任、中华农业文明研究院常务副院长、中国农史学会副会长、博士生导师王思明提出建议：①寿光产生了贾思勰和《齐民要术》，寿光有着重视农耕、重视科学技术的优良传统，有发展现代农业的突出成就，是“中国蔬菜之乡”，因此，建设“贾思勰纪念馆”的这个创议（2006年全市三级干部会议徐振溪书记报告）很好，建起这个纪念馆，能够更加提高寿光的知名度，能够更加扩大寿光的影响，能够更加提高寿光的文化品位（南京农大2001年在王思明创议下建成了中华农业文明研究院，2004年10月建成了“中国农业文明博物馆”，得到了教育部、农业部和江苏省政府的高度重视和资金支持）；②目前寿光的贾思勰与《齐民要术》研究会，太有局限性，要在这个基础上进一步扩大办成全国性的贾思勰与《齐民要术》研究会，这对推动贾思勰与《齐民要术》研究会有非常重要的影响。目前中国农史学会已有中国环境生态史、中国畜牧兽医史、中国农业政策史3个分会，尚没有贾思勰与《齐民要术》研究会，因此这个研究会可以作为“中国农史学会”（挂靠中国农业博览馆）的分会（姜春云同志亲自担任中国农史学会的名誉会长），作为中国农史学会的二级分会，会址可以设在寿光，可以每年召开一次年会。按照学会章程，学会年会将会得到中国农史学会的经费支持。

中国农史学会前任两位副会长杨直民、陈文华，现任两位副会长王思明、樊志民还提出了一个创议，可以在寿光建设中国农业博物馆寿光分馆，现在江西等省已采取这种模式建起了中国农业博物馆的分馆。在建设分馆过程中和建成后，都可以得到中国农业博物馆策划和经费上的支持。

原江西省社会科学院副院长、研究员、原中国农史学会副会长、《农业考古》杂志主编陈文华在参观完农业生态博览园后提出：农业生态博览园应名为“贾思勰（或《齐民要术》）农业生态博览园”，因为农业生态博览园哪里都可以搞，而贾思勰却只有寿光有，而且可以将《齐民要术》中的精华展现在博览园内，这可以大大提高博览园的含金量，这样做既有学术文化价值，又有经济效益，能够与菜博会相得益彰，这个事几年前中国农业博物馆就想做而未做成。杨直民教授、王星光教授、李庆典教授也极赞同这个意见。有的专家学者还提出依据《齐民要术》还可以在博览园内建设“饮食文化园”“曲酒文化园”“高效节能温室博物馆”等。

西北农林科技大学人文学院副院长、中国农史学会副会长樊志民，西北大学副教授杨九龙等建议，可以将潍坊科技职业学院建成我国贾思勰与《齐民要术》研究的一个信息资料中心和研究中心，因为其他专业潍坊科技职业学院在林立的大学中可能不是强项，而贾思勰与《齐民要术》研究因为种种有利条件，却可以办成为该学院的品牌和强项，以此扩大学院在全国大专院校中的影响力。

会议上讨论了中央电视台军事部记者郭西昌关于拍摄反映《齐民要术》内容与寿光农业产业化实践八集电视纪录片的计划安排。

与会专家还提出了要看一看有关贾思勰的遗迹、文物等，由于条件所限，未能满足他们这些要求。

根据与会者的要求，会议临时增加一项内容，即酝酿通过“中国贾思勰与《齐民要术》研究会筹备工作领导小组”主要组成人员，组长、常务副组长、秘书长、常务副秘书长从寿光出，将来研究会成立时，会员将以中国会员为主，同时吸收世界各国《齐民要术》研究的著名专家参加，会员主要有农史学家、农业科技专家、行政领导、企业家等组成。

会后，由寿光市《齐民要术》研究会迅速向市委、市政府作出汇报，并从速制订筹备工作计划，尽快展开工作，争取在尽可能短的时间完成筹备任务。

同时，经过酝酿，与会专家一致赞同同时成立“贾思勰与《齐民要术》研究基金会”，依法登记成立，在取得政府启动资金支持的同时，面向国内外市场募集资金，支持贾思勰与《齐民要术》的研究活动，逐步发展为一项文化产业。基金的主要募集方向为政府资助，社会捐助，部、省专项经费支持。

为了配合以上各项工作的开展，市《齐民要术》研究会经过讨论，决定向市委、市政府提出建议：由于市区彩虹公园地处原贾思伯、贾思同和疑为贾思勰墓的无名冢（地上已无痕迹，实墓尚埋地下）附近，建议尽快作出决定并进行策划，在园内建设一处贾思勰祠，并复制贾思伯、贾思同墓冢于内，将贾思伯夫妇墓志铭复制品展于其内，以应参观、研究、宣传之急需。

四、“《齐民要术》与百粮春”专家研讨会

2006 年 12 月 16 日，“《齐民要术》与百粮春”专家研讨会在淄博高新区举行（图 7-24）。专家们一致认为，1 500年前古高阳郡境内百粮春酒等酿造工艺既为《齐民要术》酿酒篇的理论记载提供了创作源泉，又在后来的传承中沿用古老的工艺，完整地再现了《齐民要术》酿酒技术，百粮春酒与《齐民要术》有着悠久的历史文化渊源。

图 7-24　《齐民要术》与百粮春专家研讨会现场

淄博人杰地灵，先后诞生了一批对世界文化产生巨大影响的名人，北魏农学家贾思勰因为在淄博即当时的高阳郡任过太守，他与淄博便有了千丝万缕的联系，他同样成为淄博的骄傲。他所著的《齐民要术》是我国现存最早的农学著作，也是我国第一部关于酿酒技术工艺的记载著作。为更好地挖掘与宣传《齐民要术》重要价值及地位，研讨百粮春酿酒历史及文化渊源起于《齐民要术》，2006 年 12 月 16 日，来自于全国《齐民要术》研究领域的专家学者、国内白酒界专家、史学家、齐文化研究人士等 40 余人在淄博高新区参加了“《齐民要术》与百粮春”研讨会。专家们以《齐民要术》、贾思勰、高阳郡、百粮春酿酒工艺等相关古代文献史料及现代研究资料为依据，重点对百粮春酒的酿酒工艺与《齐民要术》记载的酿酒工艺原理进行了多角度的论证。

五、海峡两岸《齐民要术》与新农村建设研讨会

2007 年 4 月 26 日至 27 日，由潍坊市政府台湾事务办公室、寿光市人民政府联合主办的“海峡两岸《齐民要术》与新农村建设研讨会”在山东寿光举行（图 7-25）。山东省政协常委王伯祥、潍坊市台办主任刘树亮，寿光市委、市政府、市人大主要领导及海峡两岸 40 多位专家学者参加了研讨会。

图 7-25　海峡两岸《齐民要术》与新农村建设研讨会合影

会上，潍坊市台办主任刘树亮讲话。他说，诞生在 1 400多年前、由寿光籍农学家贾思勰写就的《齐民要术》，蕴含着丰富的民本理念、哲学思想和科学精神，被誉为中国古典科学的瑰宝，受到包括台湾同胞在内的中华民族和世界各国人民的广泛推崇。以《齐民要术》研究为媒，架起潍坊与台湾之间学术交流的桥梁，对于扩大两地的交流与合作，增进两岸同胞对中华文化的认同，促进构建和平稳定发展的两岸关系，具有十分重要的意义。近年来，在广大台湾同胞的积

极参与下，潍坊与台湾的经济文化交流与合作迅猛发展。截至 2006 年年底，全市累计批准台资企业 818 家，实际利用台资 11.7 亿美元，连续 3 年进入全大陆台商投资 30 强城市和台商投资极力推荐城市行列。接待台湾同胞 6.5 万人次，一大批台湾政经学界高端人士应邀来访，形成了界别更加宽泛、层次明显提升的交流格局。特别是每年一届的鲁台经贸洽谈会，已经成长为享誉鲁台间、知名海内外的节会品牌和海峡两岸政治经济文化全方位交流的综合平台。

刘树亮主任表示，当前，海峡两岸的经贸文化交流日趋热络。作为对台人脉资源丰富和鲁台经贸洽谈会的东道主城市，潍坊将以更加积极的姿态，更加高效的服务，发挥更加积极的作用。这次研讨会，各位嘉宾一定能够从不同的侧面，为推进两岸交流提供有益的参考和借鉴。中华民族有句老话，叫做“坐而谈、起而行”。我相信，研讨的成果将成为我们宝贵的财富，同时我也真诚的希望，在互惠互利的原则下，我们能够与海内外广大朋友携起手来，加强合作，共谋发展。

研讨会上，中国农业历史学会副会长曹幸穗、中国农业大学教授杨直民教授、我国台湾中兴大学教授李春序、美国康州州立大学教授傅伟宁、我国台湾“中华齐鲁文经协会”原会长李宗正等专家学者，就《齐民要术》与新农村建设的发展方向、研究的范围、注意的问题及如何促进社会主义新农村建设等问题进行了广泛的探讨和研究，对推动新农村建设又好又快发展具有十分重要的意义。

六、电视纪录片《齐民要术》开机仪式暨 2008《齐民要术》研讨会

2008 年 4 月 26 日电视纪录片《齐民要术》开机仪式暨 2008《齐民要术》研讨会在寿光温泉大酒店隆重召开（图 7-26）。出席开机仪式的专家教授共计 46 人，原潍坊市市长王伯祥应邀出席，市委常委、宣传部长刘永辉，副市长刘煌东也参加开机仪式。刘永辉部长主持会议，王伯祥、王焕新揭牌。中国纪录片学会副秘书长郭西昌主持仪式并开机拍摄。寿光齐民要术研究会副秘书长薛彦斌应邀担任该纪录片的撰稿人，薛彦斌、赵守祥应邀担任史料统筹主编。此次研讨会的主题是：《齐民要术》与饮食文化，与会代表围绕饮食文化热烈发言，气氛十分活跃。会议还印发了李志刚、王焕新、王传勇主编的《〈齐民要术〉饮食研究与实践》，并作为精神礼物奉送给与会的各位代表。

2009 年 4 月 20 日至 30 日，10 集电视纪录片《齐民要术》中央电视台第七频道播出，反响强烈，受到观众好评。这部为中国农业、农村、农民树碑立传的电视纪录片荣获潍坊市“风筝都文化奖”。

图 7-26 电视纪录片《齐民要术》开机仪式暨
2008 年《齐民要术》研讨会与会人员合影

七、中国（寿光）农圣文化高峰论坛暨齐民思新品上市尊享品鉴酒会

2012 年 9 月 7 日，中国（寿光）农圣文化高峰论坛暨齐民思新品上市尊享品鉴酒会隆重开幕（图 7-27），本次论坛以“传播农圣核心历史文化”为主题，以齐民思新品“九粮神酿”为媒介，集中展示了寿光独特的农圣文化魅力，推出了齐民思新品：大众消费品种——农圣家酿，公务消费品种——农圣府藏，芝麻型香型至尊农圣。

这次大会规格高、规模大、人员多，由寿光市企业家协会主办，齐民思酒业承办。全国政协委员、中国《齐民要术》研究会会长曹幸穗，山东人大常委、中国海洋大学生命学院院长张士璀，山东省轻工业协会副会长腾建军，寿光市人大常委会主任杨德峰，寿光市人民政府副市长王安文，寿光市企业家协会会长杨志强，三元朱村党支部书记王乐义，齐民思酒业董事长刘子祥及原寿光县委书记王伯祥等领导和嘉宾出席。

寿光，是农圣鼻祖贾思勰的故乡，他所著的《齐民要术》影响了世界农业的发展。尤其是第一次将造神曲并酒的工艺规范、完整，记载了 9 种曲、40 余种酒的制作技术，是当之无愧的世界科技史上第一部酿酒技术大典。齐民思酒业作为《齐民要术》的传承者，继承发扬千年仓圣文化，坚持农圣古法，结合现代科学技术，开创“九粮神曲”，还原农圣“造神曲并酒”之神艺，致力于酿造具有深厚文化底蕴和优良品质的优质名酒。历经弥久沉淀，千锤百炼，齐民思隆重推出的农圣系列新品，拉开了齐民思酒业传承仓圣文化、弘扬齐术辉煌的新

图 7–27　中国（寿光）农圣文化高峰论坛暨齐民思新品上市尊享品鉴酒会

序幕。

寿光市市政府副市长王安文在致辞中说：本次论坛是一次成功、精彩、难忘的文化盛宴，齐民思酒业应以此为契机，围绕农圣文化这一核心理念，不断开拓市场资源，积极打造明星产品，重塑寿光市酒业文化品牌，努力探索一条将《齐民要术》发扬光大的新道路，为寿光市白酒行业发展壮大做出贡献。

论坛会上，中国《齐民要术》研究会会长曹幸穗、中国海洋大学生命学院院长张士璀、山东省轻工业协会副会长腾建军、三元朱村党支部书记王乐义等分别就《齐民要求》的文化传承及其影响，齐民酒文化的发展及产品等方面作了发言，精彩演讲，将论坛现场推向了一个又一个高潮。

现场，5 位专家领导上台共同品评了齐民思新品农圣系列酒给了很高的评价。他们这样评价：低度酒低而不淡，中度酒甘润挺爽，高度酒香而不艳，酒体丰满，绵甜醇厚，香味协调，尾净味长，是上等的好酒。中国高级酿酒师、全国白酒评酒委员朱建都在发言中说：多年来，齐民思酒业一直秉承“先做人，后做酒；做好人，酿好酒”的理念，潜心研究，依托《齐民要术》的古法工艺，今天推出了更能代表《齐民要术》和齐民思人水平的农圣至尊、农圣府藏、农圣家酿系列新品，形成了崭新的新产品格局。好酒，必须要有高质量的基酒，但这只能是保证产品的第一步，还必须拥有完备的贮存条件。全国白酒界权威学者到齐民思考察过齐民思原酒贮存室，认为这样的条件下贮存的白酒，想让它质量不提高都难。

齐民思酒业董事长刘子祥在论坛上深情致辞，他说：齐民要术及农圣文化影响着一代又一代人，造神曲并酒的篇章为国人所崇尚、继承和发扬。齐民要术造神曲并酒与贾思勰是寿光人的骄傲，个别酒厂在演义和抄袭，作为贾公故里人，更应做好做实，在继承的基础上发扬和宏大。齐民思酒始终坚持纯粮酿造，绿色酿酒，生态酿酒，齐民思酒业向消费者的保证是：真是为人，诚实做酒，做好人，酿好酒。齐民思酒业 1945 年建厂，现在还存在着建厂初期窖藏有 67 年的陈年老酒。齐民思打造农圣系列酒，是新观念、新包装、老陈酒，今天推出的农圣府藏酒有 3 个系列，浓香型的两个系列，即大众消费品种：农圣家酿，32°、38°、42°、52° 4 个品种，她的理念是自家酿造，绵柔地道；公务消费品种农圣府藏，42°、46°、53° 3 个品种，她的理念是生态之乡，府藏原浆。第三款是芝麻香型农圣银尊、金尊和至尊 3 个品种，她的理念是百年酿造，推陈出新。做酒就是做文化，做酒就是做人。一脉传承的齐民思传承历史，把脉白酒行业发展，顺应广大消费者需求，塑名牌产品，做放心酒业，将齐民思酒业真正打造成农圣故里闪光的民族酒业品牌。

八、《齐民要术》研究高层论坛

2012 年 9 月 12 日至 13 日，由山东农业历史学会、临淄第九届国际齐文化旅游节领导小组主办，山东农业大学农业历史与文化研究中心，中共临淄区委宣传部、临淄齐文化研究中心、山东巧媳妇食品集团有限公司承办的 2012 中国 · 临淄稷下学宫论坛——《齐民要术》研究高层论坛在山东临淄隆重举行（图 7-28）。山东省政协副主席王志民、山东农业大学党委书记邢善萍，淄博市政府、临淄区委、区政府的有关领导，以及来自国内外农业历史文化研究界的专家学者百余人应邀参加了论坛。

在论坛开幕式上，山东省政协副主席、山东师范大学齐鲁文化研究中心主任王志民对论坛的举办表示祝贺，他指出，推进农业历史研究对推动山东省文化大发展、大繁荣，促进经济社会的建设越来越起到积极的作用。他在讲话中对今后对山东省重点农业文化遗产的深入发掘也提出了建议。

图 7-28　中国临淄第九届国际齐文化旅游节开幕式

2012 中国·临淄稷下学宫论坛——《齐民要术》研究高层论坛是中国临淄第九届国际齐文化旅游节的重要组成部分

山东农业大学党委书记、山东省农业历史学会理事长邢善萍向与会代表介绍了农大发展的历程与现状。她说，依托山东悠久的农业历史和丰厚的农业文化积淀，大力推进农业历史与文化研究是山东农业大学历来推进文化强校名校建设的重要举措。学校已经发布了《山东农业大学文化建设纲要》，成立了农业历史与文化研究中心，牵头组建了山东省农业历史学会，今后一个时期，将全面结合学校的学科特色，自觉担当在农业历史与文化传承、创新中的责任，积极开展农业历史与文化研究和普及，力争取得开创性成果。

邢善萍对论坛的举办表示祝贺，她指出，论坛的召开为全国农史、农书研究的学者们提供了一个很好的学习、交流平台。希望通过这次论坛，建立起全国农史、农书研究领域广泛交流、深入合作的机制，大家一致努力共同推进农史、农书研究的发展。

在随后进行的《齐民要术》研究高层论坛主题发言中，中国农业博物馆学术委员会常务副主任曹幸穗研究员、南京农业大学中华农业文明研究院院长王思明教授、韩国釜山大学人文学院学科长崔德卿教授、山东农业大学文法学院副院长孙金荣教授等国内外专家，分别就农史研究及《齐民要术》研究的前沿课题做了精彩的学术报告，与会代表就本次论坛的相关议题做了深入而细致的讨论。

会议期间，与会专家还应邀参加了中国·临淄第九届国际齐文化旅游节开幕式，考察了市级重点文物保护单位“临淄高阳故城”和山东巧媳妇食品集团有限公司。山东巧媳妇食品集团有限公司和山东农业大学签署了《酱油、醋酿造历史文化的发掘整理与企业、产品文化提升研究》委托研究合同。

九、《齐民要术》农耕技术研讨会

2014 年 12 月 21 日上午，青岛农业大学齐民书院与农学与植物保护学院共同举办《齐民要术》农耕技术研讨会（图 7–29），学校农业文明、农耕文化研究者与作物栽培、育种领域的专家教授面对面，共同就我国古代农学著作《齐民要术》所记录的农耕技术进行交流探讨。

图 7–29 《齐民要术》农耕技术研讨会

《齐民要术》是北魏时期杰出农学家贾思勰所著的一部综合性农学著作，也是世界农学史上最早的专著之一，是中国现存的最完整的农书。《齐民要术》系统地总结了 6 世纪以前黄河中下游地区农牧业生产经验、食品的加工与贮藏、野生植物的利用以及治荒的方法，详细介绍了季节、气候、和不同土壤与不同农作物的关系，使中国农学第一次形成了精耕细作的完整体系。

山东省政协常委、齐民书院名誉院长、首席专家程玉海教授在研讨中说，《齐民要术》记载了 1 400多年前中国农耕技术与经验，是对公元 730 年前黄河中下游特别是以临淄为中心的齐地农业科学技术全面系统地总结，我们农业高校的专家教授应该对其高度重视、认真研究，自觉担起在农业文化与历史研究中的责任，要在研究、继承和创新中，对我们的学生进行农业历史、农业文化和农业经验的传授与教育，将其作为我们教师教书育人的重要内容。

青岛农业大学副校长、齐民书院院长杨同毅总结指出，《齐民要术》不仅是一部内容丰富、规模巨大的农业生产技术著作，更蕴含了很多宝贵的思想与智慧，我们一定要深入挖掘其中的精髓，辩证地学习、吸收，使传统思想精髓和精神理念，在新的历史条件下，能够得到更好的继承、借鉴、应用和发展。

研讨会上，农学与植物保护学院的专家教授，分别从自身研究领域出发，结合现代农业科学技术的发展，畅谈了对我国古代农业思想、农业科技的认识与体会。大家提出应该深入研究挖掘古人宝贵思想与智慧，努力汲取并应用到现代农业科学技术的研究中，在对中国传统农业思想、技术的继承中不断实现创新发展。

第六节　与《齐民要术》相关的研究机构

一、寿光市《齐民要术》研究会

1. 学会概况

寿光市《齐民要术》研究会成立于 2005 年 10 月，由山东省寿光市市委宣传部领导，是从事贾思勰和《齐民要术》的研究和应用的以学术为主的学术性群众团体。学会宗旨是对贾思勰和《齐民要术》开展研究，团结寿光广大农学专家和学者，为繁荣寿光市的现代化建设、推进寿光市经济和社会的和谐发展作出贡献。学会的基本任务是：①定期召开例会和学术会议，组织会员和爱好者开展学术研究，学术交流、重点问题探讨活动；②编辑出版学术书刊和资料；③采取多种形式，宣传普及贾思勰和《齐民要术》思想；④开展区域学术交流活动，发展同外地《齐民要术》研究团体和学者的友好联系；⑤开展科技开发和咨询活动，为学会多渠道筹措研究和发展资金。学会首任会长为 2012 年已故的王焕新先生，原为山东省寿光市人民代表大会副主任，原潍坊科技职业学院院长，潍坊市“人民功勋”获得者（图 7-30）。第二任会长是山东省特级教师、原寿光市范学校副校长、被寿光市委、市政府表彰为对“中华农圣文化有突出贡献”的先进个人的刘效武先生（图 7-31）。学会秘书长赵守祥为原寿光市委党史研究室主任，学会副秘书长薛彦斌博士为原潍坊科技学院副院长、贾思勰农学思想研究所所长。2005 年第一批理事会员 26 人，下设秘书处、学术部、经济开发部、财务部、档案资料部等部门。学会成立初期，编辑出版学术书刊和资料有：《贾思勰农学思想研究》（1、2、3 册，2005 年 10 月）；《“齐民要术”译文》（2005 年 12 月）；《“齐民要术”研究文集》（2005 年 12 月）；《“齐民要术”难字解》（2005 年 12 月）；《“齐民要术”饮食研究与实践》（主编：李志刚，王焕新，王传勇，山东寿光温泉大酒店李大厨工作室编印，2005 年 12 月）；《“齐民要术”研究专家学者概览——中国篇》（2006 年 3 月）；《“齐民要术”研究著名专家学者传记、追忆录汇编》（2006 年 3 月）。

图 7-30 寿光市《齐民要术》研究会第一任会长王焕新

图 7-31 寿光市《齐民要术》研究会第二任会长刘效武

2. 学会成立前的历史积淀和基础

早在 1992 年 9 月，张在湘、蔡万江主编，山东友谊书社出版的《潍坊文化通鉴》“第七编北海名邑文绩多”中，刊载侯如章执笔撰写的专题文章《贾思勰与〈齐民要术〉》，对开启贾思勰及其农学名著研究起到了引领作用。

1995 年 10 月 26 日至 29 日国际成人教育学术期刊暨工作研究会第二阶段会

议在寿光召开。来自日本、法国、英国、德国、美国、我国香港、台湾等国家和地区以及我国23个省市自治区的成人教育专家、教授及主编等200多人参加了会议。会议同时举行了国际著名农学家贾思勰与《齐民要术》学术研讨会。寿光市成人中专校长王焕新主持这次会议，并作学术发言。

1996年3月，时任寿光市博物馆馆长、副研究馆员贾效孔应邀为《潍坊历史文化名人》撰写《贾思勰籍里考证及其名著〈齐民要术〉》。这篇文章较早的对贾思籍里进行考证，指出他系寿光人。同时对其名著《齐民要术》主要内容及历史贡献做了详细研究，对宣传弘扬寿光悠久的农业历史文化起到了极好推动作用。

2001年3月王冠三、崔英魁、焦方增等市史志办的同志为《山东通志》“诸子名家系列丛书”撰写《贾思勰志》，拟由山东人民出版社出版。此前笔者呕心沥血数载，实地考察、查阅资料，请教专家，终于编成书稿。又经寿光市政府人民李群市长出面，聘请全国知名专家教授来寿光参加该书稿评审会，评审一致通过，欣获正式出版。此书的出版对于贾思勰籍里作出即“山东寿光人”的正确结论。之后，他们携带材料赴上海辞书出版社反映情况，又去北京中国农科院、北京农业大学等单位审订核实，当他们得到明确答复后，又带证明材料返回上海转告辞书出版社，于是新版《辞海》做了更正。这对寿光以后加强贾思勰与《齐民要术》研究，起到关键性引领作用。

2001年6月2日《寿光日报》发表刘效武撰写的《应当继承和弘扬〈齐民要术〉农业悠久历史文化》的文章，充分肯定贾思勰的历史贡献，《齐民要术》对后世，特别对家乡寿光农业影响给予高度评价。同时，肯定通过举办菜博会这一平台，可以更好地宣传弘扬先贤的历史功绩，推动农业现代化进程。

2005年4月24日至26日第六届菜博会期间，由潍坊科技职业学院承办的为期3天的贾思勰农学理论研讨会在温泉大酒店开幕。为配合研讨会召开，潍坊科技职业学院编选了《贾思勰农学思想研究》（一）（二）（三）集（图7-32），署名编委：杨德峰、朱兰玺、崔效杰、王冠三、王焕新、林榜昭、孙有华、张嘉庆、胡国庆、薛彦斌、朱玉坤。潍坊科技职业学院编著了《贾思勰农学思想研讨会论文集》，主编为陈明智、崔效杰，副主编为薛彦斌、周衍庆、郎德山，执行主编为薛彦斌。这两部文集虽未公开出版但为该院蔬菜花卉系提供了校编教材，也在社会上引起了较好反响。

3. 学会正式成立

2005年10月25日上午，市《齐民要术》研究会成立大会在温泉大酒店牡丹厅举行。经过协商产生的研究会首批25名会员参加会议。市委常委、宣传部长朱兰玺，市政府副市长刘建安出席会议。贾氏后人、世界著名科学家、加拿大

图 7-32 《贾思勰农学思想研究》(1、2、3 册，2005 年 10 月)

籍华人（寿光贾家村）、前加拿大亚伯达大学研究生院院长贾福相应邀出席会议。会议选举产生了寿光市《齐民要术》研究会名誉会长、会长、副会长、秘书长。

寿光市委常委、宣传部长朱兰玺代表市委、市政府在会上作了讲话。他说，贾思勰和《齐民要术》是寿光人的骄傲，《齐民要术》具有很高的学术文化价值，研究、开发、利用好这一历史文化资源具有重要意义。做好这一工作，是寿光人民的期盼，市委、市政府对研究会的成立非常重视。他代表市委、市政府对研究会的工作提出了 3 点要求：①迅速到位，抓紧运作，当前首要的任务是做好与北京全国齐民要术研究会对接的准备工作。②制订规划，快出成果，抓紧组织编印有关贾思勰与《齐民要术》的资料专集，为 2006 年第七届菜博会期间“《齐民要术》与中国农业发展高峰论坛”首届年会召开作好准备。③结合实际、注重实效，围绕贾思勰与《齐民要术》文化资源的产业化开发进行调研，提出建议。

贾氏后人、加拿大籍华人（寿光贾家村）、世界著名海洋生物科学家，74 岁高龄的美国华盛顿大学博士，前加拿大亚伯达大学动物系主任、研究生院院长，前台北海洋馆馆长贾福相在会上满怀深情的回忆了 60 年前在家乡的黄瓜架下吃黄瓜的情景，作了热情洋溢的讲话。他说，寿光这些年的发展石破天惊、突飞猛进。我们国家是靠农业起家的，称之为农业立国。中国最重要的农业科学家出生在这里，研究他和他的著作，我们不来做谁来做？以王焕新先生为代表的一批学者从事于对贾思勰和《齐民要术》的研究，这反映了他们对寿光文化的热爱。这项工作一定要做好、做大，要有大手笔。他对做好贾思勰与《齐民要术》研究提出了几点要求：①要明确工作重点。首先要解决好经费，经费不落实等于是空口白话。②要把这个事业做大。要通过这项工作，把寿光建设成为山东的农业发展中心、中国的农业发展中心、世界的农业发展中心，让世界的人来“朝圣”，让很多游客来看我们的文化传统。现在我们是这样，将来我们可以搞基因育种。要围绕怎么样把寿光建成这么一个中心做事，比方说台湾同胞来了就要叫他们看看贾思勰的祠堂、贾思勰的塑像。要会做事，有经费之后，要找考古、农学、文学、历史、科技等各方面的人来做。除了贾思勰祠堂、塑像外，还可以在小学、中学、大学设贾思勰奖学金、贾思勰图书馆，还可以召开国际会议，还可以翻译成各国文字，比方英国人来了就送一本英文的《齐民要术》给他。

王乐义同志在会上作了发言。他说，贾思勰是寿光人，在世界科技史上有很高的地位。结合现代科技研究好贾思勰和《齐民要术》，对我们的子孙后代是很好的教育，我们也要代代相传呵。我算了一下，这些年来我们村考察的已有 69 个国家的人。我也一直在思考，搞农展馆我们村搞不起，是不是搞一个展览性的东西，让人们参观，教育子孙后代。要把我们从古至今的传统延续下去，这对我们中华民族非常有意义。

新当选的《齐民要术》研究会会长王焕新在会上作了讲话。他说，贾思勰和《齐民要术》是寿光市迄今为止唯一世界顶尖级的科技文化成就，产生了深远的世界影响。搞好贾思勰和《齐民要术》这一历史文化资源的研究、开发、利用，弘扬《齐民要术》文化，任务很艰巨。他对我国尤其是寿光市近年来对贾思勰和《齐民要术》的研究情况作了介绍，同时对研究会近期研究工作作了安排。

寿光市《齐民要术》研究会名誉会长、会长、副会长、秘书长和研究会会员名单。名誉会长：杨德峰，市委副书记；朱兰玺，市委常委、宣传部长；刘建安，副市长，王乐义，三元朱村党支部书记。会长：王焕新，原市人大副主任，副会长：郭笃平，市委宣传部常务副部长，周杰三，寿光日报社社长、总编辑；王冠三，原史志办主任。秘书长：赵守祥，市委党史研究室主任，副秘书长：薛彦斌，潍坊科技职业学院副院长。

4. 学会前期工作

2005 年 11 月 3 日，淄博市临淄区齐文化研究中心副主任王金智一行就贾思勰与《齐民要术》文化资源利用开发情况专程到寿光进行考察。市齐民要术研究会王焕新会长、赵守祥秘书长，以及市委宣传部副部长郭笃平、新闻出版局副局长张鹏伟等会见他们，并同他们进行座谈。得知齐文化研究中心系临淄区委直属事业单位，编制 8 人，政府拨撰款资助，且成果频出。王金智一行在张鹏伟陪同下参观市文化局，李二村前贾思伯、贾思同墓地处，齐民思酒厂贾思勰塑像，并与齐民要术研究会交流了双方对贾思勰与《齐民要术》文化资源的利用情况，还相互交流了部分研究成果。

2006 年 4 月，根据“2006 中国（寿光）蔬菜科技博览会”组委会安排，菜博会期间，由市齐民要术研究会、潍坊科技学院负责举办“《齐民要术》与现代农业发展高层论坛”。大会收到原国务院副总理、中国农史学会名誉理事长姜春云的题词及贺信，还收到寿光在京 5 名将军杨怀庆、隋绳武、冯永生、刘效礼、刘福祥共同发来的贺电。2006 年 4 月 21 日，原中共中央政治局委员、国务院副总理、中国农业历史学会名誉理事长姜春云与寿光市委书记徐振溪、寿光《齐民要术》研究会会长王焕新在寿光温泉大酒店一起研究了贾思勰与齐民要术研究的相关工作（图 7-33）。

图 7-33　2006 年 4 月 21 日，原中共中央政治局委员、国务院副总理、中国农业历史学会名誉理事长姜春云与寿光市委书记徐振溪、寿光《齐民要术》研究会会长王焕新一起研究工作

2006 年 6 月，学会会长王焕新委派秘书长赵守祥、副秘书长薛彦斌专程前往南京农业大学拜见中国农业历史学会副理事长、中华农业文明研究院院长、南京农业大学农史研究室主任、博士生导师王思明教授，商议《〈齐民要术〉与现代农业高层论坛论文集》由中文核心期刊《中国农史》出版事宜，参观了中华农业文明研究院，并有幸在南京农业大学人文社会科学院院长、中华农业文明研究院院长王思明教授陪同下，目睹了中华农业文明研究院馆藏镇馆之宝——明嘉靖三年马直卿刻本《齐民要术》（图 7-34）。《中国农史》2006 年增刊转发了本年度中国农业历史学会、寿光齐民要术研究会、潍坊科技学院联合编纂的《〈齐民要术〉与现代农业高层论坛论文集》。论文集内容丰富，分四部分：大会贺信、致辞；《齐民要术》与现代农业研究；《齐民要术》与寿光文化建设；部分专家发言摘要。主编为王焕新、赵守祥，执行主编为薛彦斌、周衍庆。

2006 年 12 月 31 日市齐民要术研究会举行了工作会议，王焕新、王冠三、周

图 7-34　寿光市齐民要术研究会秘书长赵守祥、副秘书长薛彦斌专程前往南京农业大学，在南京农业大学人文社会科学院院长、中华农业文明研究院院长王思明教授陪同下，参观了中华农业文明研究院，目睹了中华农业文明研究院馆藏镇馆之宝——明嘉靖三年马直卿刻本《齐民要术》

杰三、赵守祥、李秉桦、薛彦斌参加会议。会议有三项议程：一是研究确定 2007 年研讨会议的主题，二是 2006 年度总结，三是结合项目开发促进研究会发展问题，四是吸收社会新会员问题。会议经过讨论决定，2007 年研讨会的主题为"《齐民要术》与新农村建设"。

2007 年 1 月 15 日召开全体会员大会，进行全年工作总结并对成绩突出者提出表扬和奖励，抓紧时间搞好"齐民大宴"进京专店联营和落实，努力走文化产业的路子，从农、林、牧、学校一线吸收年轻会员。

2007 年 4 月 26 日，菜博会期间，"海峡两岸《齐民要术》与新农村建设研讨会"在温泉大酒店隆重召开，与会代表 85 人。来自美国和我国台湾地区的学者眼含热泪发言，表达了热爱祖国，崇敬桑梓先贤的游子之情。原潍坊市市长王伯祥、潍坊市华侨办主任刘树亮应邀出席。4 月 26 日晚著名天文学家，北京师范大学教授、博士生导师李宗伟，借来寿参加海峡两岸《齐民要术》与新农村建设高层研讨会的机会，应邀到潍坊科技学院，为师生作了一场题为《现代天体物理和现代天文学》的学术报告，受到全院师生的一致欢迎。

2008 年 4 月 26 日电视纪录片《齐民要术》开机仪式暨 2008《齐民要术》研讨会在寿光温泉大酒店隆重召开。出席开机仪式的专家教授共计 46 人，原潍坊市市长王伯祥应邀出席，市委常委、宣传部长刘永辉，副市长刘煌东也参加开机仪式。刘永辉部长主持会议，王伯祥、王焕新揭牌。中国纪录片学会副秘书长郭西昌主持仪式并开机拍摄。寿光齐民要术研究会副秘书长薛彦斌应邀担任该纪录片的撰稿人，薛彦斌、赵守祥应邀担任史料统筹主编。此次研讨会的主题是《齐民要术》与饮食文化，与会代表围绕饮食文化热烈发言，气氛十分活跃。会议还印发了李志刚、王焕新、王传勇主编的《〈齐民要术〉饮食研究与实践》，并作为精神礼物奉送给与会的各位代表。

2009 年 4 月 20 日至 30 日，10 集电视纪录片《齐民要术》中央电视台第七频道播出，反响强烈，受到观众好评。这部为中国农业、农村、农民树碑立传的电视纪录片荣获潍坊市“风筝都文化奖”。

2009 年 4 月 21 日寿光市齐民要术研究会组织部分骨干会员参观菜博会主展区，并选择相关景区和某种作物为研究课题撰写论文。2009 年 4 月 23 日寿光市齐民要术研究会副会长、寿光日报社社长周杰三专门召开编辑记者会议，研究加强和改进《北方蔬菜报》的相关问题，以提高质量和水平，不辜负北方菜农的殷切期望。

2009 年 4 月 27 日至 28 日，由山东省农产品质量安全中心、寿光市人民政府主办，寿光市农业局和寿光齐民要术研究会承办的蔬菜质量安全生产研讨会暨第四届齐民要术研究会年会在温泉大酒店举行。市委常委、宣传部长刘永辉主持了研讨会。

5. 近年学会工作

2010 年 4 月 25 日至 27 日，首届中华农圣文化国际研讨会在潍坊科技学院国际会议中心隆重召开。4 月 25 日全天报到，代表住温泉大酒店。此次研讨会由中国（寿光）国际蔬菜科技博览会组委会办公室牵头，潍坊科技学院主办、寿光齐民要术研究会协办。

2010 年 4 月 26 日研讨会在潍坊科技学院国际会议中心召开（图 7-35），出席研讨会的中外学者 100 余人。山东省政协副主席王志民，山东民盟副主委董利忠、省教育厅副巡视员杜希福、潍坊市人民政府副市长王桂英以及中共潍坊市市委常委寿光市市委书记、人大常委会主任孙明亮，市委副书记、市长朱兰玺，人大第一副主任、党组书记杨德峰，市政协主席王茂兴等主要领导出席开幕式。市长朱兰玺致欢迎词，潍坊科技学院院长崔效杰发表讲话。学会副秘书长、潍坊科技学院副院长薛彦斌主持专家学术研讨。寿光齐民要术研究会选派赵守祥、焦方增、王冠三、胡国庆、朱振华、贾效孔、刘效武等七名同志参加会议。27 日与会代表参观第十一届（寿光）国际蔬菜博览会会展，有的还到林海博览园等景点进行旅游参观。崔效杰、薛彦斌主编《中国现代农业技术和经济研究——首届中华农圣文化国际研讨会论文集》，由中国农业科学技术出版社出版发行，全书 65 万字，收录学术论文 36 篇，后被菜博会组委会评为农圣文化出版奖一等奖。论文集与会代表每人 1 册。是日全天专家学者报告、发言，会议气氛活跃。

图 7-35　2010 年首届中华农圣文化国际研讨会

2011 年 4 月 26 日，由潍坊科技学院承办、寿光市齐民要术研究会协办的第二届中华农圣文化国际研讨会，在潍坊科技学院国际会议中心隆重召开。中共寿光市市委常委、纪委书记王教法、市政协副主席崔建军、潍坊科技学院副院长吴长军以及国内外专家学者 65 人出席开幕式。寿光市副市长曹慧主持了开幕式。学会副秘书长、潍坊科技学院副院长薛彦斌主持专家学术研讨。李昌武、薛彦斌主编《全球视角下的当代农业问题研究——第二届中华农圣文化国际研讨会论文集》，由中国农业技术出版社出版发行，全书 81 万字，收录学术论文 66 篇。是日上午，潍坊科技学院贾思勰农学院揭幕仪式也在国际会议中心隆重举行。市委常委、纪委书记王教法和市政协副主席崔建军为贾思勰农学院揭牌。

2011 年 10 月 25 日寿光市齐民要术研究会换届选举会议在温泉大酒店召开。会议邀请原潍坊市长王伯祥、寿光市委宣传部长徐莹、三元朱党支部书记王乐义参加。会议由市宣传部副部长李秉桦主持。研究会秘书长赵守祥代表王焕新老会长，作研究会工作总结报告，然后进行选举。会议选举刘效武为会长，赵守祥、孙有华、李向明、薛彦斌、宋峰泉、崔永峰为副会长，赵守祥兼秘书长。之后，新会长刘效武作表态发言，最后中共寿光市委常委宣传部长徐莹发表重要讲话，进一步为研究会发展指明了方向，明确了任务。

2012 年 4 月 26 日，第三届中华农圣文化国际研讨会在潍坊科技学院国际会议中心隆重开幕，尹伟伦院士等中外专家作学术报告。学会副会长、潍坊科技学院副院长薛彦斌主持专家学术研讨。经研究会秘书长赵守祥提议由王冠三、刘效武、孙仲春、朱振华、胡国庆、焦方增等 6 人参加。提交大会的 4 篇论文被选入李昌武、薛彦斌主编的《世界农业文明传承与现代农业科技创新——第三届中华农圣文化国际研讨会论文集》，论文集由中国农业科学技术出版社出版发行，全书 80 万字，收录学术论文 58 篇。

2012 年 6 月研究会赵守祥秘书长安排刘效武、刘超编印《贾思勰与〈齐民要术〉研究论集》（简缩本），参加寿光市科技局优秀研究成果评奖，荣获二等奖。9 月 11 日下午，按照电话通知，以市研究会副会长兼秘书长赵守祥带队，刘效武、朱振华、胡国庆、杨现昌、刘超等 6 人到临淄齐都大酒店报到。参加在临淄区召开的山东省农业历史学会成立大会暨《齐民要术》研究论坛。研究会提交的 11 篇论文被会议选编的《〈齐民要术〉研究高层论坛论文摘要》全部刊载，占会议论文集总篇数的 1/4，副会长兼秘书长赵守祥、理事朱振华应邀作大会学术发言。会议代表还列席参加中国临淄第九届国际齐文化旅游节开幕式，并驱车前往高阳古城遗址参观考察。

会议结束前，首届省农史会进行了领导机构选举，潍坊科技学院院长李昌武被选为山东省农业历史学会常务理事，寿光市齐民要术研究会副会长赵守祥被选为副秘书长，潍坊科技学院副院长王泉礼、市齐民要术研究会长刘效武以及学会工作人员刘超被选为省农史研究会理事。2012 年 9 月 15 日市齐民要术研究会主动参与齐民思酒业高峰论坛，并为论坛起草 4 篇宣传材料。研究会还出面邀请全国政协委员、中国农史学会副理事长曹幸穗研究员来寿作大会指导。9 月 16 日中国农史学会副理事长曹幸穗研究员借来寿参加齐民思高层论坛会之机，到潍坊科技学院参观考察，并对齐民要术研究会今后的奋斗目标及科技学院发展方向提出了极好的指导意见。

2012 年 9 月 16 日“潍坊市人民功勋”、前寿光人大常委会副主任、原潍坊科技职业学院院长，前寿光市齐民要术研究会会长王焕新先生不幸病逝。研究会主要负责人及资深理事代表参加了王老遗体告别仪式，献上全体会员由衷的敬意，表达了无比悲痛的心情。

2012 年 10 月国庆长假之后，刘效武会长为落实 2011 年 10 月换届选举会议上，赵守祥秘书长代表老会长所提出的 2012 年主要任务时，挑选自建会以来 8 年的所撰论文，于 2013 年 4 月底前正式出版《贾思勰与〈齐民要术〉研究论集》。刘效武会长春节期间放弃休息，在潍坊科技学院校史办、贾思勰农学院、农圣文化研究所相关人员帮助下，2 月底完成初稿，并向省出版部门申报选题。3 月被山东人民出版社批准列人出版计划，作为十四届菜博会期间的重要项目，发给出席研讨中外专家教授以及各街道、乡镇、市各部门参阅。

2013 年 4 月 23 日至 24 日第四届中华农圣文化国际研讨会在潍坊科技学院国际会议中心隆重开幕，中国工程院院士尹伟伦教授、中国农业历史学会副理事长曹辛穗教授等中外专家作学术报告。学会副会长、潍坊科技学院副院长薛彦斌主持专家学术研讨。经研究会秘书长赵守祥提议由王冠三、刘效武、孙仲春、朱振华、胡国庆等5人参加。李昌武、薛彦斌主编的《弘扬世界农业文明，发展现代绿色农业——第四届中华农圣文化国际研讨会论文集》由中国农业科学技术出版社出版，全书68万字，收录学术论文52篇。

2013年7月，寿光市齐民要术研究会学术年会在内蒙古克什克腾旗举行。为弘扬农圣传统文化，发展现代农业科技，促进我市农业畜牧业科学生产和研究再上一个大的台阶，2013年7月10—12日，寿光市齐民要术研究会2013年学术年会在克什克腾旗的阳光温泉大酒店举行。会议由学会副会长薛彦斌教授主持，酒店的赵坤民总经理致欢迎辞。与会的学术代表朱振华、刘效武、薛彦斌、焦方增、宋峰泉、葛怀圣、夏光顺、崔永峰等分别就自己最新的研究成果做交流发言。会议期间，代表们还参观了全国知名的伊利集团的牛奶加工过程，了解现代产业的管理模式及当地牧民喂养牲畜的技术经验，更好地推动齐民要术的研究，指导寿光市的农牧业现代化生产开创新的局面。

刘效武会长在发言中回顾了研究会成立以来开展的各项活动，举办学术研究会议7次，协助潍坊科技学院举办4届农圣文化国际研讨会，产生了深远影响。他向代表们汇报了以编纂《贾思勰与齐民要术研究论集》为切入点、把研究会活动搞好搞活的建议。刘会长也指出了研究会目前存在的困难，提出了发展新的优秀人才入会的设想，从而将齐民要术这个国际性课题研究继续推向深入。刘会长还将出版的《伯祥书记》和4部关于《齐民要术》研究的论文集赠给当地政府与文化部门对接交流。此次年会是由阳光华沃集团董事长、齐民要术研究会副会长孙有华先生出资支持召开的别具特色的学术年会，以丰富会员们的农业畜牧业科学知识、开拓视野，把齐民要术研究提升到一个新水平。

2013年8月，由徐莹、李昌武任主编，刘效武、薛彦斌、孙有华、赵守祥任副主编的《贾思勰与〈齐民要术〉研究论集》，由山东人民出版社出版（图7-36），全书41万字，书中收集了相关研究论文52篇。参与研究人员百人以上。其中有政府官员，各行各业的专业人员、学者和资深记者，大家从不同角度、不同领域，对贾思勰和《齐民要术》进行了广泛的研究和探讨。政府官员从国家的大农业发展战略高度，研究了《齐民要术》的农耕文化和对现代农业重大影响。专业人员则从不同专业探讨了《齐民要术》对各行各业的论述，结合现代农业、养殖业，果树管理、水产业以及农产品深加工等方面进行了深入研究。

2014年，是寿光市齐民要术研究会规范化、科学化管理、大上台阶的一年。在努力完成2013年编纂《贾思勰与〈齐民要术〉研究论集》、举办域外牧业发展研讨会、组织会员全面登记注册及发展中青年新会员三项工作的基础上，会员群情激昂，干事创业的积极性空前高涨，敢于担当的正能量得到充分发挥。2014

图 7-36 《贾思勰与〈齐民要术〉研究论集》

年，研究会因事而谋，顺势而为，先后完成《贾思勰与〈齐民要术〉研究成果展室》创意、设计、制作、布展，购买和接受捐赠一大批珍贵“贾学”图书资料。还承担“挖掘贾学科学元素材料，服务 2015 意大利世博会展览”艰巨任务，赢得了中国国际贸易促进会领导的高度评价。2014 年过得充实有意义，会员心情舒畅，一心一意干事业，潜心读书搞科研，成为全体会员共识。

寿光市齐民要术研究会 2014 年所做主要工作如下。

①第四届中华农圣文化国际研讨会。2014 年 4 月 23 日至 24 日第五届中华农圣文化国际研讨会在潍坊科技学院国际会议中心隆重开幕，中国工程院院士尹伟伦教授，英国、以色列、匈牙利等中外专家作学术报告。学会副会长、潍坊科技学院副院长薛彦斌主持专家学术研讨。由刘效武、孙仲春、朱振华、胡国庆等 4 人参加。李昌武、薛彦斌主编的《面向绿色未来，发展现代农业——第五届中华农圣文化国际研讨会论文集》，由中国农业出版社出版，全书 44 万字，收录学术

论文 49 篇。

②较好完成研究会组织整顿及会员纳新工作。长期以来，学会会员不仅数量偏少，而且学科专业结构不合理，存在队伍老化现象，成为制约学会研究难以拓宽加深的短板。每逢菜博会召开之前，论文撰写任务较难安排，学会负责人不得不自己带头或动员朱振华、胡国庆、孙仲春等资深老专家，再承担论文撰写任务。他们虽未推辞，但因年事过高而疲惫不堪，其敬业精神让人产生敬意。在市委宣传部领导敦促下，学会换届后，针对会员少、组织涣散、结构不合理现状，新班子主要采取 4 项措施，及时扭转不利于学会发展的被动局面，收到良好效果。

A. 重新对全体会员进行审核注册登记，建立永久性人事档案，交由学会严格管理。对年老体弱、离退休、成果多的资深会员，如李学森、贾效孔、魏道揆等，学会派专人登门代为填表注册，并帮他们到原退休单位盖章签署意见。据 2014 年底统计，学会注册登记会员已达 52 人，其中老、中、青会员人数比学会初建时期翻了一番，会员总数增加 1 倍多，会员学历层次、业务水平得到大幅度提升，研究队伍建设取得新的突破。

B. 大力发展对“贾学”怀有浓厚感情，并具有一定科研能力的中青年学者入会，改变过去只能撰写浅层次、短篇应时随笔性论文的尴尬局面，会员研究能力和学术水平得到新的提升。比如，潍坊科技学院党委宣传部部长李兴军硕士，虽年仅 42 岁，却对“贾学”研究有着极大兴趣，独立创作 52 集原创文学剧本《农圣贾思勰》，对农圣文化基本精神内涵作系统研究，形成系列研究论文。大批新会员入会后，学会的理论研究和实践探索，已全面涉及或深入农、林、牧、渔、副五业。2014 年 5~7 月份，学会按质按量地完成了中国国际贸易促进会交给的涉及大农业到“世博会”展览的 10 份元素材料，即得益于部分中青年会员的积极参与，否则学会只能尴尬弃权，这对寿光形象将是一个极大损害，也是对学会研究能力的贬低，更是学会成员的渎职。因此，吸纳中青年学者入会，不仅实现学会规模上壮大、数量上增多，同时也有效地实现了学会会员人文素质和科研能力的大幅度提升。

C. 为鼓励和便于中青年会员向学会知名老专家学习求教，根据市委宣传部指示意见，在潍坊科技学院提供的专门房间，创办包括资料储存、成果展示、办公会议一体的“贾学”成果展室。在上墙的版面中专门拿出两块，郑重展示寿光第一批“贾学”研究专家名录，包括王乐义、朱振华、胡国庆、王冠三、贾效孔、孙仲春、薛彦斌、赵守祥、孙有华，还有已过世的老会长王焕新。这样做，旨在对学会发展历程进行梳理，激励和鼓舞全体会员，特别是新加入的会员，对“贾学”研究再作新贡献。

D. 结合近两年在全党开展的党建和党员教育活动，学会鼓励学员加强个人道德修养，提高思想政治素质。学会涌现出许多模范典型人物，受到各级党政部门表彰奖励。学会常务理事朱振华被山东省省委组织部、省老干局授予老有所为优秀共产党员和科技先进工笔者，并被邀到各地市巡回讲演，引发社会强烈反响；副会长薛彦斌博士被选为山东归国留学优秀知识分子、省党外知识分子联谊会常务理事；资深会员王冠三、魏道揆被选为市级文化名人；宋峰泉、贾效孔、刘效武等被命名为寿光好人。

③学会与潍坊科技学院联合创办“贾思勰与《齐民要术》研究成果展室”。2014 年年初，双方协议：由学院划拨房间、提供相关设施，市委宣传部批准将政府拨付学会年度活动经费，用于“贾学”珍贵中外图书资料购置，先创建“贾学”研究图书资料室。后来，由于学会承担中国国际贸易促进会交给“挖掘贾学农林牧副渔元素材料，服务 2015 年意大利世博会展览”的任务，才改变了最初想法。在不拓展展室面积、不增加投资数额前提下，只扩大充实展室内容项目，做到“展览”与“图书”同时展出摆放，实现一室两用，提高效益。之后，把学会成立近 10 年来的学术活动及科研成果，以图文并茂的形式制成 18 块上墙版面，供观众参观；把近千册新购进、会员捐赠的中外“贾学”研究珍贵图书资料，陈列于展室中间 5 个双面开启的书橱中，便于平时借阅和收藏（图 7-37，图 7-38）。

图 7-37 贾思勰与《齐民要术》研究资料室

图 7-38　贾思勰与齐民要术研究成果展室

“贾思勰与《齐民要术》研究成果展室”的建设，稳定了学会资料收藏和活动场所，规范学会图书资料管理制度。为会员和学院学生借阅资料，兄弟学会感受农圣文化魅力、传承创新农圣文化、扩大学会影响，发挥学会功能起到了较好作用。

④撰写“贾学”出国展览元素材料，携手攻关，圆满完成此项艰巨任务。2014 年暑期，学会经历从未遇到过的专业研究难题，部分成员冒着炎热酷暑，欣然接受“挖掘贾学大农业元素材料，提供 2015 年意大利世博会展出内容”撰写任务。中国国际贸易促进会下达文件明确要求：提供的元素材料必须是 6 世纪前《齐民要术》中已提到，并且是世界最先进的大农业科学技术，经过近 1 500 年的历史发展仍在使用，且有所革新的农、林、牧、副、渔领域内的典型案例。上级派来专家和工作人员与学会成员面对面座谈，反复研究推敲，一起解决了相关难题。

撰写“贾学”出国展览元素材料时，学院刚放暑假，相关专家教授远离校园探亲度假，已无法召回参加。会长刘效武挨门造访已近八秩的朱振华、胡国庆、贾效孔、孙仲春等老专家，请求他们自选课题接受撰写任务。同时，还召集部分科班出身的中年会员王敬礼、夏光顺、信善林、郭龙文、胡立业等，集体研究课题难点，分工撰写典型案例。经过 20 天集体攻关，艰难地完成任务，受到中国贸促会、各级领导的高度评价（图 7-39）。事后，参与项目的学会成员感慨万千，一致认为：这次突如其来的项目攻关，让学会发展有了一次质的飞跃。大家虽然经历艰苦磨炼，但最终顺利完成任务，自己也得到一次极好锻炼。

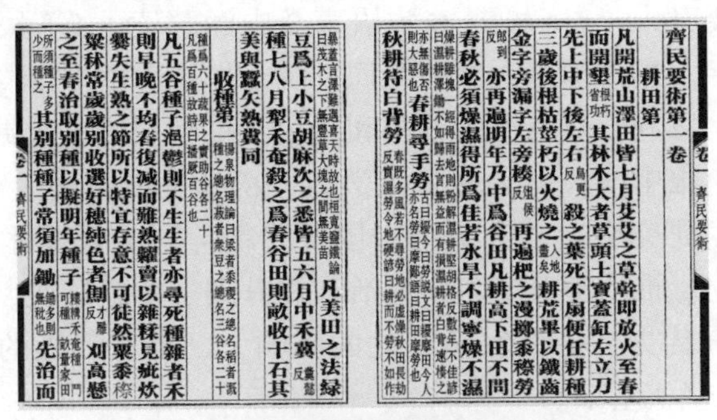

齊民要術第一卷

耕田第一

凡開荒山澤田皆七月芟艾之草幹即放火至春而開墾根朽省功其林木大者草頭土實蓋缸左立刀先上中下後左右烏更反殺之葉死不扇便任耕種三歲後根枯莖朽以火燒之入地盡矣耕荒畢以鐵齒金字旁漏字左旁棱俎候反再遍杷之漫擲黍穄勞郎到反亦再遍明年乃中爲谷田凡耕高下田不問春秋必須燥濕得所爲佳若水旱不調寧燥不濕燥耕雖塊一經得雨地則粉解濕耕堅垎胡格反數年不佳諺曰濕耕澤鋤不如歸去言無益而有損濕耕者白背速耬之亦無傷否則大惡也春耕尋手勞古曰耰今曰勞說文曰耰摩田器今人亦名勞曰摩鄙語曰耕田摩勞也秋耕待白背勞春既多風若不尋勞地必虛燥秋田長劫反實濕勞令地硬諺曰耕而不勞不如作

暴薹言澤蟲遇害天時故也桓寬鹽鐵論曰茂木之下無豐草大塊之間無美苗凡美田之法綠豆爲上小豆胡麻次之悉皆五六月中禾冀美懿反種七八月犁禾奄殺之爲春谷田則畝收十石其美與蠶矢熟糞同

收種第二

揚泉物理論曰梁者黍稷之總名稻者溉種之總名菽者衆豆之總名三谷各二十種爲六十蔬果之實助谷各二十凡爲百種故詩曰播厥百谷也

凡五谷種子浥鬱則不生生者亦尋死種雜者禾則早晚不均舂復減而難熟糶賣以雜糅見疵炊爨失生熟之節所以特宜存意不可徒然粟黍穄粱秫常歲歲別收選好穗純色者劁才雕反刈高懸之至春治取別種以擬明年種子耬耩掩種一斗可種一畝量家田所須種子多少而種之其別種種子常須加鋤鋤多則無秕也先治而

卷一 齊民要術

图 7-39　寿光齐民要术研究会为米兰世博会提供的部分“贾学”出国展览元素材料

2015 年，寿光市齐民要术研究会加快了研究工作步伐，抓住大事要事，自我加压，勇于担当。寿光市齐民要术研究会成立于 2005 年 10 月 25 日，走过了 10 年不平凡的历程。“十年树木，百年树人”，在各级各届党委政府的正确领导和亲切关怀下，作为学会主管单位，市委宣传部主要领导始终把齐民要术研究会，当作寿光市学术研究和弘扬传统文化的主阵地来培养、来发展，把学会工作抓在手上、记在心里，倍加关心爱护，付出了艰辛劳动。到 2015 年 10 月，寿光市齐民要术研究会迎来了 10 周岁的生日，为了进一步弘扬农圣文化，寿光市齐民要术研究会主要做了以下几项工作。

第一，开展学会成立十周年纪念活动。在下半年举行一次实在、俭朴的纪念活动，内容与形式紧密结合。活动以寿光市齐民要术研究会成立十周年座谈会为载体，邀请相关领导、专家学者、全体会员参加，对学会今后的发展方向、目标任务、组织建设等问题进行深入探讨，统一会员思想，展望学会发展前景。

第二，编纂一套大型系列丛书宝典——《中华农圣贾思勰与〈齐民要术〉系列丛书大全》。围绕“贾学”探研多年文化积淀，由15分册组成，包括三大版块内容：贾思勰其人、《齐民要术》语言及内涵解读、《齐民要术》探研与实践。全书150万字。邀请国家人领导题词、院士作序，由中国农业科学技术出版社公开出版发行，以利于对贾学的普及和运用，推动现代农业更好更快发展。

第三，抓紧申报中国农史学会二级学会。积极争取市委、市政府批准支持，推动寿光齐民要术研究会上档升级为中国贾思勰与《齐民要术》研究会，活动期间正式挂牌成立。推动学会学术研究活动提升到一个新层次、新水平。进一步强化农圣文化的宣传力、扩大农圣文化的影响力、提升寿光的文化软实力，为“申遗”成功奠定坚实基础。

第四，创办《潍坊科技学院报》“贾学探研”专刊。现已同潍坊科技学院沟通磋商，准备借助《潍坊科技学院报》，开辟“贾学研究”专刊（双月刊），由编委会承担稿件编辑任务，以每期8 000余字的篇幅，登载会员优秀论文、专家风采、学术活动动态等内容，进一步扩大“贾学”研究学术成果普及面，传承创新农圣文化，提高学会影响力和知名度。

第五，协助寿光市委、市政府，申请建立寿光市贾思勰与《齐民要术》博物馆。

第六，协助寿光市委、市政府，申请建立寿光市《齐民要术》研究中心。

第七，发展和建立“贾学”研究实验基地，开展农圣文化参观实践活动。在全市农、林、牧、渔、副各行业中选取代表寿光农业发展水平和行业发展水平的典型企业、农场、生产合作社等，合作建立“贾学”研究实践基地。通过组织会员参观采风，达到理论与实践相结合，切实提高会员研究能力、水平和成果质量，让“贾学”研究与寿光农业生产实际紧密结合，绽放农圣文化精彩。

第八，组织一次“贾学”优秀图书论文评选活动。为展示“贾学”研究成果，总结发展经验，不断提高学会成员的研究能力和水平，准备开展一次“贾学”研究优秀图书、论文评选活动。成立评审委员会，聘请市内专家学者与学会内行任评审委员会成员。根据相关规定，公平、公正评选，表彰奖励先进，扶掖后人，繁荣寿光市“贾学”研究，使学会工作再上一个新台阶。

二、潍坊科技学院贾思勰研究中心

贾思勰研究中心成立于2006年，是在2004年成立的贾思勰农学思想研究所的基础上改建成的，研究中心主任由薛彦斌教授担任。薛彦斌教授2000年12月获得山东省科技厅授予的《山东省2000年十大归国优秀科技专家》称号。2001

年12月获得山东省寿光市人民政府授予的《2001—2005年度寿光市专业技术拔尖人才》称号。现有研究人员6人，研究所的主要职能是借助学院所在地寿光是贾思勰故乡的得天独厚的历史文化资源，深入挖掘贾思勰农学思想和农学专著《齐民要术》的历史文化资源，探索寿光悠久的历史文化，加强对贾思勰农学思想在现实农业生产中的应用研究。主要研究方向是本着传播寿光悠久的历史文化，挖掘和整理贾思勰与《齐民要术》这一历史文化资源，展现蓄积蕴藏在寿光文化中的源远流长的农业文明，加强对贾思勰农学思想在现实农业生产中的应用研究。研究成果主要有：①薛彦斌《对20世纪以来〈齐民要术〉国内研究学

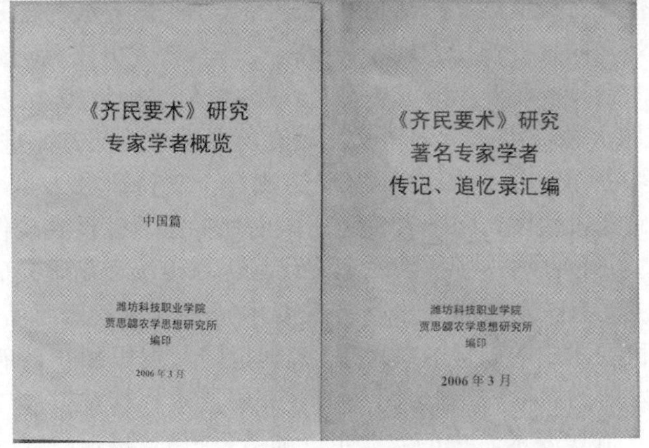

图7-40 贾思勰研究中心部分研究成果

者与成果的分类》，《中国农史》2006，增刊。②薛彦斌《世界性巨著〈齐民要术〉对日本的影响》，2005 贾思勰农学思想研讨会论文。③傅玉坤《〈齐民要术〉难字解》。④薛彦斌《齐民要术》研究专家学者概览，中国篇，潍坊科技职业学院贾思勰研究中心，2006 年 3 月。⑤薛彦斌、周衍庆、贾思勰农学思想研讨会论文集，潍坊科技职业学院，2005 年 4 月。⑥薛彦斌《齐民要术》研究著名专家学者传记、追忆录汇编，潍坊科技职业学院，贾思勰研究中心，2006 年 3 月。⑦薛彦斌《齐民要术》研究文集，潍坊科技职业学院贾思勰研究中心，2006 年 4 月。⑧薛彦斌《齐民要术》与现代农业高层论坛论文集，《中国农史》2006，增刊（图 7-40）。⑨周衍庆《继承与发展贾思勰农学思想，大力发展寿光以蔬菜产业为主导的农业旅游》。

三、潍坊科技学院农圣文化研究所

农圣文化研究所隶属于潍坊科技学院，成立于 2011 年 6 月 23 日（图 7-41）。主要从事农圣贾思勰的研究，探究农圣文化与优秀传统文化的内在联系，对大学生进行“食为政首”“民以食为天”的农本思想教育和传统文化教育；引导大学生重视农桑，积极投身农业科研以及农作物种植、瓜果蔬菜栽培的实践，以每年举办“中华农圣国际研讨会”为契机，借助寿光市“全国蔬菜基地”，培养大批的农业科技人才，积极推进我国现代农业的快速发展。树立并落实科学发展观，求真务实，开拓创新，学习、研究中华民族在长期的历史发展过程中形成的国学经典，发掘、弘扬传统国学中的精华，探究传统国学中优秀文化内涵与思想道德建设的内在联系，结合实际，对大学生进行国学人文教育与思想道德教育，提升大学生的思想道德水平和人文素养，引导大学生树立科学的世界观和正确的人生观、价值观，把潍坊科技学院大学生培养成为德才兼备的高素质人才。所长由刘金同教授担任，副所长由杨现昌副教授担任。研究所专职人员编制：教授 3 人，副教授 6 人，博士 9 人，讲师 10 人，硕士 10 人。校内兼职人数：10 人。校外兼职人数：10 人。农圣文化研究所在学术交流方面进行的较为活跃，研究人员积极参加省内外、国内外学术交流会，支持研究人员（专家、教授）到其他大学、研究机构做访问学者，聘请国内外专家、教授到校作学术报告，鼓励、支持办刊、办报，增进、扩大农圣文化与优秀传统文化研究成果的交流和宣传。研究成果主要有：刘金同《由〈齐民要术〉探究贾思勰商品经济思想》，刘金同《试论齐民要术中的勤俭节约思想》，刘金同《贾思勰“政府引导思想”对寿光蔬菜产业发展的启示》，刘金同《由〈齐民要术〉探贾思勰“农本”思想》；刘金同《浅谈〈齐民要术〉中的农业生产和谐思想》；杨现昌《〈齐民要术〉版本述要》等。

图 7-41 潍坊科技学院农圣文化研究所

四、青岛农业大学齐民书院

青岛农业大学齐民书院于 2014 年 10 月成立（图 7-42）。“齐民”源自于北魏时期的我国杰出的农学家贾思勰所著的一部综合性农书《齐民要术》，指“平民百姓”之意。2014 年 10 月 18 日上午，山东省农业史学会 2014 年学术年会暨青岛农业大学齐民书院揭牌仪式在学术会馆报告厅举行，山东省科学技术协会学会部部长夏庆刚与中国农业历史学会驻会常务副理事长、农业部中国农业遗产专家委员会副主任委员、南京农业大学博士生导师曹幸穗教授，共同为齐民书院揭牌（图 7-43）。校长宋希云主持仪式，副校长、齐民书院院长杨同毅在仪式上讲话。

图 7-42 青岛农业大学齐民书院成立揭牌仪式

中国农业历史学会副理事长、中国农科院中国农业遗产研究室主任、南京农业大学中华农业文明研究院院长王思明教授，中国农业历史学会副理事长、中国农业历史博物馆馆长、中国农业历史研究所所长、西北农林科技大学樊志民教授，山东省农业历史学会理事长、山东农业大学党委书记、山东农业大学农业历史与文化研究中心主任邢善萍教授，山东省农业历史学会副理事长、山东省省委农村工作领导小组办公室副主任刘同理，山东省农业历史学会副理事长、山东省农业厅副厅长刘芳原，山东省农业历史学会常务副理事长、山东农业大学副校长董树亭教授，省政协常委、齐民书院名誉院长、首席专家、原校党委书记程玉海教授等领导专家出席大会。

图 7-43　山东省科学技术协会学会部部长夏庆刚与中国农业历史学会驻会常务副理事长、农业部中国农业遗产专家委员会副主任委员、南京农业大学博士生导师曹幸穗教授，共同为齐民书院揭牌

青岛农业大学校长宋希云代表校党委、行政以及全校师生员工向各位领导专家的到来表示热烈欢迎。他指出，为进一步加强对中华民族优秀文化，特别是中华农业文明、农耕文化的研究与传统，加强和促进青岛农大在这一领域的学术研究和教育教学，提高学校的办学水平、办学特色和人才培养质量，校党委决定成立“青岛农业大学齐民书院”，并乘山东省农业历史学会 2014 年年会在学校召开之际举行揭牌仪式，希望大家能为齐民书院的建设发展多提宝贵意见和建议，合作开展相关的研究和学术交流活动，共同推动山东农业历史与文化的研究工作。

青岛农业大学副校长、齐民书院院长杨同毅介绍了学校齐民书院的建设发展情况和近期要开展的工作。他指出，齐民书院作为学校内设学术研究和教育机构，主要任务是集合校内外有关人才，创建中华优秀传统文化的研究、教育平台。学院将以继承和弘扬中国传统文化为宗旨，以中华农业文明、农耕文化的研究与传承为重点，通过学术讲座、研讨分享、成果展览、专题研究、课程教学以及举办文化交流活动等形式，组织开展优秀中国传统文化、地方文化、农业典籍与史志的研究、交流、研讨、培训与咨询活动，以系统挖掘整理传统和地方文化资源，推广研究成果。

会上，山东省农业历史学会理事长、山东农业大学党委书记、山东农业大学农业历史与文化研究中心主任邢善萍教授做了学会年度工作报告，并代表山东农业历史学会和山东农业大学对齐民书院的成立表示祝贺，希望齐民书院与山东农业历史学会开展紧密的合作与交流，共同开创山东农业历史研究的新局面。

山东省科学技术协会学会部部长夏庆刚代表山东科协对山东农业历史学会的发展提出了意见，并祝愿齐民书院取得更多高质量研究成果，为中华传统文化继承与发展，为中国农业典籍与农业历史研究贡献力量。

中国农科院中国农业遗产研究室、南京农业大学中华农业文明研究院向齐民书院成立发来贺信说，齐民书院的成立是中国农业历史与文化研究领域又一个新的平台和开端，相信必将在传承和弘扬中华民族优秀传统基础上，创造出又一大批丰硕的科研成果，推动青岛农业大学的农业典籍、传统文化和国学研究，进一步提升办学特色、水平和应用型农业科技专业人才的素养。

省政协常委、齐民书院名誉院长、首席专家、原校党委书记程玉海教授向曹幸穗教授、王思明教授、樊志民教授颁发客座教授聘书，聘任他们为齐民书院首批聘任专家。青岛农业大学副校长、齐民书院院长杨同毅向校内研究专家学者颁发了聘书。

青岛农业大学为齐民书院的成立作了大量前期准备。2014 年 7 月 18 日青岛农业大学发出通知，决定成立青岛农业大学齐民书院。齐民书院名誉院长为程玉海、王伟，杨同毅为院长，李明国、修彩波、王宝卿为副院长，程玉海为首席专家。齐民书院暂设中华农业典籍研究中心、中国传统文化研究中心，分别由王宝卿、修彩波兼任中心主任。齐民书院将开展农业典籍、中华农耕文化、中华传统文化、地方历史等方面的研究，与国内外相关领域专家教授和机构开展合作与交流，举办学术讲座，开展中国传统文化教育，组织协调举办我校国学讲堂，接收校内学生进行关于农业史和国学方面的研修，创办《中国农业史》杂志等。

2014 年 7 月 24 日，青岛农业大学齐民书院第一次院务会议在办公楼九楼会客室召开，会议对前一阶段齐民书院的筹备工作进行了总结交流，对下一步工作进行了研究布置。齐民书院名誉院长、首席专家程玉海教授出席会议并讲话，会议由青岛农业大学副校长兼齐民书院院长杨同毅主持，齐民书院副院长李明国、修彩波、王宝卿等参加会议。程玉海指出，中国传统农业文明的传承与对世界的影响很大，青岛农大成立齐民书院是农业高校的一件正事，受到全校师生的拥护和一致好评。作为一所农业大学，应该对中国传统农业文明、农耕文化与农业典籍充分了解和深入研究。针对齐民书院的发展规划定位以及对未来发展的期许，程玉海指出，齐民书院的近期目标是把中华农业典籍研究中心与中国传统文化研究中心建设好，长远目标是要形成一支以校内专家为主校外专家为辅的学术研究交流团体，力争建设全省重点学科和科研平台。程玉海对书院的建设发展提出了明确的要求：一是坚持宽容、包容和兼容的原则，广泛发扬学术民主，尊重知识、尊重人才，解放思想，开拓思路；二是坚持院长领导下的中心主任负责制和学术研究首席专家负责制；三是坚持民主集中制原则，广泛联系校内外有关方面专家和学者，充分发挥学术团队成员的集体作用；四是从基层做起，加强传统文化学习研究，积极开展学术讲座；五是精心策划，认真组织，做好书院和两个中心的中长期发展规划和近期工作计划。杨同毅对齐民书院的筹备工作给予了充分肯定。指出，齐民书院作为学校新的学术研究机构，在学校相关部门的组织协调与大力支持下，齐民书院的各项筹备工作进展顺利，学校领导高度重视，学校师生寄予厚望，必须全身心投入，总体协调组织，力争取得预期的优异成绩。会上，齐民书院副院长李明国汇报了书院的组建筹备工作。与会人员对书院的相关制度和中长期发展规划和近期工作展开热烈讨论。大家一致坚信，青岛农业大学齐民书院将作为一个宽容、兼容、包容的学术研究机构，充分展现青岛农业大学学术民主、尊重人才、尊重知识的良好风采。

2014 年 8 月 28 日，青岛农大与东营市商讨签订战略合作协议，校党委书记李宝笃会见来访客人，并参观齐民书院（图 7-44）。

图 7-44　东营市市政府党组成员、山东省黄河三角洲可持续发展研究院管理中心主任孙波一行参观齐民书院

2014 年 11 月 6 日至 9 日，齐民书院副院长修彩波、王宝卿一行 4 人赴南京参加了江苏省农史研究会第三届代表大会暨学术研讨会，并到南京大学中国思想家研究中心、南京农业大学中华农业文明研究院实地考察学习。

期间，考察组共聆听专题报告12场，听取了各研究中心和研究院的情况介绍，主要从研究中心（研究院）建设模式、科研开展情况、科研队伍建设及管理运行、教学计划及课程设置等方面进行了实地考察学习。

2014年12月24日，青岛农业大学齐民书院与农学与植物保护学院共同举办《齐民要术》农耕技术研讨会，青岛农业大学农业文明、农耕文化研究者与作物栽培、育种领域的专家学者面对面，共同就我国古代农学著作《齐民要术》所记录的农耕技术进行交流探讨。

2015年3月23日，齐民书院召开2015年工作研讨会，青岛农业大学副校长、齐民书院院长杨同毅主持召开会议，专题研讨2015年工作。省政协常委、齐民书院首席专家程玉海出席会议。杨同毅总结了齐民书院2014年10月20日正式挂牌以来开展的主要工作。他指出，齐民书院挂牌以来，先后邀请了曹幸穗、王思明等多位专家来校讲学；召开了齐民要术研讨会，聘任校内研究员；围绕农业史科研教学、国学思想研究等开展重点考察，做了大量工作。杨同毅对2015年将重点开展的科研课题申报、专家讲学等10项工作进行了部署。他要求，齐民书院工作一定要敢于创新、开辟新的研究领域。程玉海指出，齐民书院要结合学校专业特点，充分利用校内人才资源，适当时机招聘高水平专业人才，构建一个精干的专职科研队伍，打造出省内高校有特色、有水平的研究平台。会议还对农业史研究、传统文化研究及内部建设进行了讨论。

第七节　与《齐民要术》相关的大学院系

潍坊科技学院贾思勰农学院是全国首家以顶尖级世界性农学家贾思勰名字命名的大学二级学院，山东寿光是贾思勰的故乡，潍坊科技学院位于寿光市学院路166号，潍坊科技学院贾思勰农学院始于2001年成立的潍坊科技职业学院蔬菜花卉系，2011年4月更名为贾思勰农学院。2011年4月23日，潍坊科技学院贾思勰农学院揭牌仪式在第二届中华农圣文化国际研讨会上举行寿光市委市政协领导出席并揭牌（图7–45）。现开设园艺、生物技术食品质量与安全3个本科专业和园艺技术、园林技术、植物保护3个专科专业，以及（3+4）对口贯通分段培养园艺专业、（3+2）五年一贯制园艺技术专业、鲁台合作现代园艺专业3个合作办学专业。其中，园艺技术专业是省级示范专业；园艺专业是省级特色专业和教育部确定的地方高校第一批本科专业综合改革试点专业，2014年9月园艺专业被教育部、农业部、国家林业局批准为卓越人才教育培养计划改革试点专业。2014年10月被评为山东省高校优势特色专业，目前在校学生748人（图7–46，图7–47）。

图 7-45　2011 年 4 月，潍坊科技学院贾思祝农学院揭牌仪式在第二届中华农圣文化国际研讨会上举行寿光市委市政协领导出席并揭牌

图 7-46　潍坊科技学院贾思勰农学院

贾思勰农学院现有教职员工 51 人，学院师资队伍年龄结构、学历结构合理、研究实力雄厚，其中特聘院士 1 人，教授 2 人，博士 15 人，硕士 33 人，国家级教学名师 1 人，教学科研人员中硕士研究生以上学历比例达 94%以上。

图 7-47 潍坊科技学院贾思勰农学院教学楼

设施园艺实验教学中心是山东省省级实验教学示范中心，集教学实习、科学研究、技术推广于一体，内设 6 个研究所：蔬菜花卉研究所、蔬菜工程与技术研究所、生物防治研究所、植物病虫害研究所、微生物研究所和抗体工程研究所；5 个研究室：茶学研究室、昆虫分类研究室、物理农业研究室、根结线虫防治研究室和大棚技术研究室。

近年来，学院教师已申报和授权专利 17 项，承担和参与省级及以上科研项目 48 项，出版专著、论文集 46 部，发表科研论文 258 篇，其中 SCI、EI、ISTP 检索 23 篇，核心期刊 102 篇。

学院坚持“以生为本，质量为魂，创新发展、引领社会”的办学理念，实施“内涵发展、特色提升、制度管理、和谐校园”的治校方略，不断深化教育教学改革，积极探索教研规律，科学地协调理论教学与实践教学的关系，形成了良好的育人环境，凝练了浓厚的农学文化，为人才培养提供了保障，毕业生一次性就业率保持在 98%以上。贾思勰农学院毕业生考研率和专升本率一直保持较高水平，2012 年首届本科生考研率达 60%，2013 年又有新突破，71 名毕业生中考研录取 48 人，占毕业生的 67. 6%，其中 42 号楼的 319 和 323 两个宿舍 12 名学生全部考取研究生，被齐鲁网称为“山东史上最牛考研寝室”，专升本连续12年山东全省同类专业第一。

多年来，贾思勰农学院形成了鲜明的办学特色，一流的师资力量和和科研团队，强势的专业特色和火爆就业，优异的教学质量和专升本成绩，丰富的校企合作模式和实习实训（图7-48），多彩的学生生活和社团活动等特征，使贾思勰农学院成为潍坊科技学院和寿光蔬菜产业发展的龙头，

贾思勰农学院注重加强国际交流，先后成功承办七届“中华农圣文化国际研讨会”，来自美国、英国、德国、荷兰、日本、以色列、韩国、阿根廷、澳大利亚等十几个国家的专家来学院讲学和学术交流，学院的学术影响不断扩大，学术水平不断提高。

多年来，农学院教职工与时俱进，开拓创新，在教学科研、服务社会等方面取得了突出成绩，多次获得各级各类表彰，先后多次获得蔬菜博览会“先进集体”、学校“优秀院系”、寿光市“优秀团组织”等荣誉称号。

图7-48　潍坊科技学院贾思勰农学院副院长郎德山副教授带领学生蔬菜基地实习

第八节　与《齐民要术》相关的社团组织

一、华中农业大学齐民学社

成立于2006年10月24日，是由华中农业大学植物科技学院、经管土管学院、文法学院热心于“三农”的同学王德斌、张洋、杨路、范长煜、李国臻等发起成立的学生社团。齐民学社之“齐民”取自《齐民要术》，语出《史记》“齐民无盖藏”。齐，无贵贱，故谓之齐民者，今言平民也。让每一个中华儿女

不分贵贱地都能过上富足幸福的日子，这应当是南北朝著名农学家贾思勰撰写《齐民要术》的初衷。这也是世世代代忧国忧民的中国知识分子为之努力奋斗的志向。我辈亦责无旁贷，今立齐民学社以承此志（图 7-49）。

华中农业大学齐民学社章程

（2006年第一届会员大会通过
2013年第八届会员大会一次会议修正）

第一章：总则

第一条：本协会名称为齐民学社。“齐民”取自《齐民要术》。语出《史记》“齐民无盖藏”。齐，无贵贱，故谓之齐民者，今言平民也。让每一个中华儿女过上富足幸福的日子，当是南北朝著名农学家贾思勰撰写《齐民要术》的初衷了。这也是世世代代忧国忧民的中国知识分子为之努力奋斗的志向。我辈亦责无旁贷，今者立齐民学社承此志。

图 7-49 华中农业大学齐民学社章程

华中农业大学由大学生组成齐民学社，学社创立自己的网站（http：//www.qiminren.com）和官方微博，开设齐民讲坛，创立《齐民人》会刊（图 7-50，图 7-51，图 7-52）。齐民学社微博上写道：“新齐民学社是华中农业大学学生“三农”社团，践行“整合学科优势、探寻三农最优解”这一宗旨，在“关注三农、塑造自我、建设新农村”这一核心理念的凝聚下，全体齐民人在齐民诠释青春，舞着青春敢爱敢恨；在齐民燃烧激情，伴着激情一路向前；在齐民升华理想，带着理想继续向前”。

图 7-50 华中农业大学齐民学社会徽

华中农业大学齐民学社挂靠于华中农业大学经管土管学院，自成立以来，开展了形式多样、丰富多彩的活动。齐民学社作为全国百所高校“三农”社团之一，以“关注三农，塑造自我”为宗旨，是一个理论学习和实践并重的“三农”

图 7-51　华中农业大学齐民学社《齐民人》会刊

图 7-52　华中农业大学齐民学社齐民讲坛会场

学生社团，齐民学社有别于其他“三农”社团单纯的支教与宣传的途径，充分运用华中农业大学在经济制度政策、农业生产技术和农村社会法律等各方面的学科优势，通过各种形式加以整合优化，充分发挥各科特长，试图从中探寻符合中国农村实际的最优发展模式。

齐民学社希望搭建这样一个平台：让大家在这里学习交流，吸收来自各方面的综合性精神资源，建立扎实的知识基础，在这里参加社会实践活动，有组织有目的地到农村基层去，了解中国的具体国情，真正深入农村、关注农业、了解农民。在这个开放的平台、自由的讲坛上，形成坦诚的组合和行动的团队，将有良知、有志向关注农村发展的同学紧紧的团结在一起，为共同的目标和志向不懈地努力。

齐民学社一直致力于在学生中间发掘和培养一批关注农业、深入农村、了解农民的知识青年，先后组织开展了支农调研、毕业生物资回收义卖、农民工务工知识和法律培训、NGO 公益项目等一系列活动，并开办了齐民讲坛、齐民读书会、齐民辩坛、齐民影院、高校三农交流会等活动。协会充分利用寒暑假、五一、十一、周末等时间组织会员下乡调研，培养会员的实践精神和社会责任感。

华中农业大学齐民学社自成立以来，在广大会员努力和学校的支持下不断积极进取、开拓创新，得到了学校和广大师生的肯定和好评。所办齐民讲坛已举办 48 场，在华农校园成为继狮子山讲坛之后最有影响力的学术讲坛之一。组织的下乡实践活动在引导大学生“关注三农，服务社会”方面效果显著，下乡队多次被评为优秀团队。协会先后被评为“新佳新锐社团”“最具潜力社团”“校五星级社团”等。

齐民学社各部门分工明确，密切配合。主要部门如下。

（1）秘书处：负责管理日常财务、资料的归档、协会制度的制定、日常会议的召开及会议记录，通知和协调各部门工作，负责管理学社会员并负责协会人事变更，定期举办民主生活会，承办社团整体活动（例如招新、茶话会、优秀干事评选、优秀会员评选、协会评选等）。

（2）实践部：负责组织、策划学社公益和实践活动，组建临时项目小组，搜集、提供实践材料，实践活动宣传，活动过程中的指导、活动后的交流总结等。

（3）三农驿站：开展学社理论学习、朝话、时政交流会、齐民影坛、校内外学术交流会、团队活动等；配合实践部做好实践活动的相关人员培训、活动后的交流总结等。

（4）讲坛部：全权负责举办齐民讲坛。打响“丈量思想的深度”这一口号。

（5）宣传部：组建并维护齐民官网，负责新媒体平台运营，及时发布学社动态和各种资料，搞好社内文艺，配合其他部门做好宣传工作。

读书会：管理齐民书架，营造学社读书氛围，举办读书汇报会、交流会、双周论坛。

齐民学社开展的主要活动一是齐民讲坛的举办，齐民讲坛是齐民学社为繁荣校园文化、弘扬学术精神所开办的特色品牌活动，每年邀请校内外知名的专家学者教授开设各类讲座。旨在活跃大学校园文化，弘扬科学与人文精神，拓展学生知识视野，提高学生文化修养。讲坛于 2006 年 11 月 22 日开办第一场，截至 2015 年 4 月 1 日，已举办了 116 场。讲坛内容广泛，主要涉及到“三农”问题、时事热点、政治、经济、文化等多个领域。讲课者既有专家学者像温铁军、韩德强、左大培、于建嵘、秦晖、姚国华、冯天瑜、戴德铮、邓晓芒、刘川鄂、梁木生、官文娜（图 7-53，图 7-54），本校教授像刘春仁、雷海章、王雅鹏、萧洪恩、田北海，也有 NGO 负责人像北京打工青年艺术团团长孙恒，还有新四军老战士古正华、农民维权精英老葛等。齐民讲坛倡导人文精神，注重学术历史，追踪研究前沿，关注现实问题，对拓宽学生视野有很大帮助，为繁荣校园文化起了积极的推动作用。讲坛开办几年来，深受学生喜欢，在华农校园成为继狮子山讲坛之后的最有影响力的学术讲坛之一。二是齐民读书会。齐民读书会是旨在通过阅读、分析书籍，以中国最大多数的国民、区域、产业——农民、农村、农业为理论检验场；研讨各中外理论在中国本土“实践”现状；着重研讨理论具体实践偏差和理论的交流分析，引导大学生关心社会，培养大学生的人文素养。齐民读书会要求会员平时多读书，多思考，并且定期定点交流讨论，一般为两周一次，每次两个半小时。三是形式多样的社会实践活动。

图 7-53　华中科技大学姚国华教授做客华中农业大学齐民讲坛

图 7-54 香港大学官文娜教授做客华中农业大学齐民讲坛

二、北京科技大学齐民学社

北京科技大学齐民学社成立于 2012 年 1 月，“齐民”源自于我国杰出的农学家贾思勰所著的一部综合性农书《齐民要术》，指“平民百姓”之意。齐民学社由一批关心国家命运、民族前途的青年学生自发组织的思想类学生社团。齐民学社以“读书，实践，争鸣，进步”为宗旨（图 7-55），追求真理，追求进步，读书启发思考，实践脚踏实地，为真知而争鸣，协同志以共进步。齐民学社所追

图 7-55 北京科技大学齐民学社齐民讲坛

求的，是这样的思想交汇：既可“海纳百川，博采众长”，让不同的同学展现自己的思想，求同存异，结交有理想，关注社会，关注国家之好友；又可使大家能够理性判断，立足现实，深入思考，寻求国家民族未来之路。有志与力而又不随以怠。

1. 齐民读书会

学习乃学社之要务，坚持学习，不断汲取营养，不断提高自身理论知识水平，增强对社会问题的逻辑分析判断能力。齐民读书会主要学习的内容涵盖政治、经济、历史、社会等多个方面，并开设多个专题学习小组。旨在通过阅读书籍、文章，研讨时事热点、建国历史和当今现状。齐民之员以博览群书为任，以良书益友为径，以勤奋思考为荣，以交流讨论为乐，以进步释疑为获。学习一般为一周一次，一次为2个半到3个小时。

2. 齐民实践

实践为学社之特色，充分结合学校的暑期实践课程，以社会为“大工厂”和资源宝库，通过实践，让学社成员进行社会锻炼，触动成员的思想火花，更好更快更透地了解社会；同时可以发现问题，检验理论，将理论与实践结合起来，创造自己的思想飞跃。齐民实践融合了学校的暑期实践课程，也利用五一、十一假期进行实践，实践中，大家一起激情洋溢、求知探索。

3. 齐民讲坛

与大师之间的对话与交流是齐民学社成员自我求知、成长的途径之一。我们结合齐民学社的宗旨，融大学生的需要，制定相关的讲座主题。到时邀请对相关方面研究比较权威的教授给大家进行讲座。在讲座中，大家可以提出各种问题，也可以讲后与老师进行进一步的交流探讨。

4. 齐民书架

书，是思想的载体，描绘了无穷无尽人们对存在的思考。齐民学社通过搭建自己的书架，和社团内、校内、以及校际间同志们，共同推荐、相互品评，结合齐民读书会，从书中、从人与人之间的交流中，齐争鸣，共进步。齐民书架现有藏书百余本，涉及历史、政治、经济、社会、哲学等方面，对于我们了解世界、分析问题有很好的帮助。

联系我们推荐使用个人QQ留言以及加齐民学社飞信，联通的可以加。网上联系与浏览

QQ：（北科大齐民校园交流群）55651924

人人主页：（北科大齐民）http：//www. renren. com/476338687

齐民学社飞信：18311363898

齐民学社个人QQ（非群）：1841102791

三、华中科技大学齐民队

华中科技大学法学院成立齐民队，齐民队之“齐民”取自《齐民要术》，语出《史记》“齐民无盖藏”。利用暑假和寒假机会，深入湖北农村进行社会实践，齐民队“新农保”调研很有成绩，队员们与农村干部群众就“新农保”政策进行了深入交谈。农村干部介绍“新农保”政策实施情况与实施中的各种问题，并就“征地农民补助”“多职能部门联手”“权责到人”等经验进行了详细介绍。同时，还耐心地回答了队员们关于“户籍信息的采集”“特殊人群的优惠政策”“城乡社会保障的衔接”等问题。通过访谈，了解了“新农保”政策实际实施细节与困难，“新农保”政策得到了农村居民的大力拥护，但也存在缴费较低，对特殊群体优惠照顾措施不到位等问题。队员们走向田间街头，在集贸市场做问卷调查，与当地群众密切交流，了解了实际民生和“新农保”的施行情况（图7-56）。

图 7-56 华中科技大学法学院齐民队深入黄石市西塞山区河口镇人力资源和社会保障局调查

“为天地立心，为生民立命，为往圣继绝学，为万世开太平”是“齐民队”的口号，队员们源自平民，心系平民，齐民队队员体悟到每一点现实社会的艰辛，也能感受到每一份农村进步的喜悦。

四、长沙青园小学《跟着贾思勰学齐民要术》课题组

湖南省长沙市天心区青园小学是隶属长沙市天心区教育局的一所公办小学，

地处天心生态新城区，创建于2005年8月，学校占地面积43亩，总投资4 000多万元。学校注重社会实践，学校将培养目标定位为“有爱心、负责任、会学习、勤实践”，其中，《跟着贾思勰学齐民要术》课题组的活动是学生和家长一起，按照《齐民要术》的内容学习做酸奶、养鸡和植树，收到良好效果。据2014年9月2日《潇湘晨报》报道，此项活动家委会名称是青园小学7人小组，课题名称是《跟着贾思勰学齐民要术》，牵头人是李艳，内容是7个学生和家长一起，按照《齐民要术》的内容学习做酸奶、养鸡和植树。进展：已完成制作酸奶、养鸡和植树体验。有兴趣者可加入他们：青园行动小组QQ群316190128。

第九节　与《齐民要术》相关的生产企业

一、山东齐民思酒业有限公司

山东齐民思酒业有限公司“齐民思”三字中的‘齐民’，取自《齐民要术》的‘齐民’二字，寓意为‘全体民众’，‘思’取贾思勰名字中的‘思’字，寓意为‘想’的意思，整体寓意为‘齐民思酒是全体民众都想喝的酒’，这是齐民思人对齐民思酒命名的目的意义所在。山东齐民思酒业有限公司是在山东寿光酿酒总厂的基础上改制而成的，是国家一级企业，占地面积15 000多平方米，现有员工800余人，其中技术人员200余名（图5-57）。拥有固定资产1.6亿，年产商品酒3.5万吨，销售收入过亿元。公司董事长、总经理为刘子祥（图7-58）。

图7-57　山东寿光齐民思酒业有限责任公司

图 7-58 齐民思酒业董事长刘子祥

齐民思系列酒是齐民思酒业公司依据北魏高阳太守贾思勰所创世界科技名著《齐民要术》中造神曲并酒之工艺，融现代科技于一体，精心酿造而成。该酒具有清澈透明、浓香馥郁、绵甜甘爽、回味悠长等特点，闻名中外。连续 5 年被评为山东省免检产品、山东省著名商标，1996 年在山东省白酒行业率先通过方圆认证及 ISO 9002 产品质量认证，深受消费者好评（图 7-59，图 7-60，图 7-61，图 7-62，图 7-63）。

齐民思系列酒是齐民思酒业公司依据北魏高阳太守贾思勰所创世界科技名著《齐民要术》中造神曲并酒之工艺，融现代科技于一体，精心酿造而成。该酒具有清澈透明、浓香馥郁、绵甜甘爽、回味悠长等特点，闻名中外。

山东齐民思酒业有限公司非常注重齐民思酒文化的内涵挖掘及设施，先后建设了寿光市齐民思酒文化博物馆和寿光市齐民思酒文化发展馆。

1. 齐民思酒文化博物馆

齐民思酒文化博物馆始创建于 2010 年，是一座集文物收藏、宣传教育于一体的地志性综合博物馆。新馆址坐落在贾思勰农业生态观光博览园，馆藏文物上至岳石文化下至民国，共藏有文物千余件，所有文物都是与酒有关的器具，馆内藏品都是经过了山东文物专家委员会委员孙敬明先生、山东博物馆学会会员贾效孔先生、重要藏品得到了故宫博物院鉴定专家丁孟先生、首都博物院鉴定专家

图 7-59 山东齐民思酒业有限公司酒窖

图 7-60　山东齐民思酒业有限公司系列产品（农圣府藏）

图 7-61　山东齐民思酒业有限公司系列产品（农圣家酿）

图 7-62 山东齐民思酒业有限公司系列产品（附有农圣 1518 年古老酿酒标记）

图 7-63 齐民神曲酒

杨宝杰先生的鉴定断代，寿光齐民思酒文化博物馆再现了中华辉煌灿烂的酒文化。

新馆于 2010 年 12 月对外开放，是一座设施齐全、配备完善的现代化博物馆（图 7-64）。

图 7-64　齐民思酒文化博物馆

2. 寿光市齐民思酒文化发展馆

齐民思酒文化发展馆始建于 2010 年，馆内酒藏品分为寿春香系列、全家兴系列、齐民思系列、幽雅系列、原浆系列、财富一生等系列、齐民思人不断细分市场，完成了产品的结构调整和升级换代。齐民思酒文化发展馆内的一物一照无不体现了齐民思酒业的发展源远流长，记载了寿光人从 1945 年起便与白酒业结下了不解之缘，经历了发源、起步、发展、提升 4 个时期，见证了寿光白酒业从原始走向辉煌的历史，成为“历届菜博会专用酒”“寿光市府接待专用酒”“全家兴”系列白酒在山东省白酒质量行评中荣获第一名等美誉。发展馆展示了齐民思酒业的历史变迁、建设成就以及未来规划等，是齐民思酒业建设发展的见证缩影（图 7-65）。

山东寿光齐民思酒业有限责任公司在齐民思酒文化宣传上也很出色，公司政

图 7-65 齐民思酒文化发展馆

工科郝荣勋曾写过《名人名著与齐民思酒》一文，发表在 2004 年 11 月 16 日《华夏酒报》上，摘要如下。

“酒起源于何时，历来众说纷纭。

在我国，长期以来，人们一直认为杜康是我国最先酿酒的人，尊称杜康为造酒的始祖。《说文解字·巾部》里载有：‘古者少康初作箕帚、秫酒。少康，杜康也。’传说他为中夏国王，生于公元前 21 世纪中。可见，如果说杜康发明酿酒，那是 4 200年前的事了。晋代江统认为杜康不是造酒的始祖。他在《酒诰》中说：‘酒之所兴，肇之上皇，成于帝女。’认为酒的起源更早，始于比杜康早 1 000年的黄帝，即在距今 5 000年前就发明了酿酒法。江统在《酒诰》中还说：‘一为杜康，有馊不尽，委以空桑，郁积成味，久蓄气芳，本出于此，不由奇焉。’指出了杜康对‘饭变酒’这一原始制酒工艺的重大发现，并进行改革，开始将生粮蒸熟后酿酒。西汉《战国策》中也载：‘……仪狄作酒而美，进之禹，禹饮而酣之。’。他们都认为仪狄、杜康是技艺高超的酒师，而不是酒的发明者。

酒的发明比文字出现要早得多，所以酒的起源没有准确的年代记载。最初，

人们叫它‘猿酒’。古代山林果实盈野，猿猴采食野果为生。夏秋季节，硕果累累，它们将吃剩下的果实、果皮随便扔在岩洞石缝中。这些果实、果皮腐烂中，果皮的野生酵母菌使果实中的糖分自然发酵，变成酒浆，这就是天然形成的果子酒。对此，《清稗类钞·奥西偶记》中就有这样的记述：‘等乐府山中，猿猴极多，善采百花酿酒樵子入山得其巢穴，其酒多至数石，饮之香美异常，曰猿猴酒。’如果根据猿猴也能酿酒的现象推断，那么，早在人类出现之前的类人猿阶段，就已经有了酒，只不过那是自然的天生物罢了。

我国的酒文化远源流长，酒后诗百篇者有之，酒后狂呼而书法者有之，以酒交友者有之，这都是借酒抒发情感，礼仪应酬。而有文字记载，全面论述酿酒技术的著作，当推贾思勰的《齐民要术》。

贾思勰，北魏孝文帝时齐郡益都（今寿光）人，农学家。任高阳（今山东临淄北部）太守，曾在本地，又到今山西，河南，河北等地考察农业，对农业生产有较深的了解，坚持‘食为政首’的主张，他不仅是封建官僚，还是经营农业的大地主，他经常下乡问农，共同研究农作物的种植和加工技术。‘今采捃经传，爰及歌谣，询之老成，验之行事，起自耕农，终于醯醢，资生之业，靡不毕业，号曰‘齐民要术’。《齐民要术》总结了中国当时北方农业生产技术的成就，介绍了农作物的选种、浸种、施肥轮作、储存等精耕细作的方法，传授了一些谷物、蔬菜、果树和林木栽培的经验，记述了家畜、家禽、鱼、蚕的饲养技术。从农副产品的加工、酿造到畜禽疫病的防治均有详细的论述。

《齐民要术》一书最初只在民间传录，至北宋天圣年间官方才刊印颁发给劝农使者，指导农业生产。此后，辗转传抄刊印，版本多到20余种，并广为其他农书、杂著所援引。唐代此书传入日本，现今世界上已有20多种译本出版，不仅中国人研究它，而且国际上纷纷成立贾学研究机构，撰写论文，出版书籍，研究探讨它的科学价值。它卓越的科学内容，对当时和后世的农业生产都有深远的影响，不仅是祖国宝贵的文化遗产，也是世界古代自然科学史上的一颗明珠。贾思勰的名字也随其著作影响的不断扩大不翼而飞，遐迩于天下，成为屈指可数的世界农学文化名人，被称为农圣。

《齐民要术》第七卷第六十四至六十二七章，专门对酿酒技术作了详细论述：一为‘造神曲并酒’，二为‘白醪酒’，三为‘笨曲饼酒’，四为‘法酒’，四章共计一万余字，详细介绍了10多种制曲方法和40多种酿酒方法，尤其是制曲与发酵，在当时科学技术非常不发达的情况下，能掌握到十分准确的微生物生长时间，确实不易，可以说，他是当时有名的酿酒大师。北魏时期，社会稳定，百姓安居乐业，刺激了酿酒业的发展。相传，贾思勰当时官家授田就达40多顷，加上原有的私田，其数量大的惊人，到处是庄园，地跨寿光、益县，据县和巨洋水（弥河）两岸，在这片土地上有大大小小的酿酒作坊，他经常出入其间，收集、传播酿酒的技术和经验。

古人说：‘曲为酒之骨，水为酒之血’。

贾思勰是记述造曲酿酒的第一人。他不仅详尽地证述了造曲的用料、用水、粉碎、卫生、发酵时间等过程，而且更为有趣的是，在《齐民要术》中贾思勰收集了一篇民间造曲时祈祷用的《祝曲文》，现录如下：

‘东方青帝土公，青帝威神；南方赤帝土公，赤帝威神；西方白帝土公，白帝威神；北方黑帝土公，黑帝威神；中央黄帝土公，黄帝威神。某年月、某日辰，朔日，敬启五方五土之神，主人某甲，谨以七月土辰，造作麦曲数千百饼，阡佰纵横，以辨疆界，须建立五王，各布封境。酒脯之荐，以相祈请，愿垂神力，勤鉴所愿，使虫类绝踪，穴虫潜影，衣色锦布，或蔚或炳，以烈以猛，芳越椒熏，味超和鼎。饮利君子，既醉既逞，惠彼小人，亦恭亦静。敬告再三，格言斯整。神之听之，福应自冥。人愿无为，希从毕永。急急如律令。祝三遍，各再拜。’

古人对造曲酿酒极为虔诚，为能造出好酒，祈祷神灵多多保佑，可见所造之曲名之为“神曲”的缘由了。

‘名酒必有佳泉’。贾思勰在《齐民要术》中论述酿酒用水时说：‘河水第一好，远河者，取极甘井水，小咸则不佳。’据《寿光县志》介绍，寿光最大的河流是弥河，将全县水系分为东西两部分，弥河以西为小清河水系，弥河以东为弥河水系。弥河古称巨洋水，远源出自临朐县沂山西麓，流径临朐、青州、入寿光境内。看来贾思勰所说的河水实际上很大成份是山泉水，至于井水也是地表层的河流渗滤水。酿酒技术告诉我们，水是一种极好的溶媒，对酿酒的糖化速度、发酵好坏、酒味优劣、都有很大关系。凡水中氯化物含量适当，对微生物是一种养份，对酶无刺激作用，还能促进发酵。若味觉感到咸苦时，则对微生物有抑制作用，即所谓‘小咸则不佳’。

考古工笔者在寿光境内发现了大汶口文化、龙山文化、北辛文化、岳石文化等遗址140多处，出土了大量的商、周、秦、汉、三国，两晋，南北朝等时期的陶壶、陶瓢、铜壶、铜瓢等文物，它们都是当时盛酒、饮酒的器具，证明当时寿光大地上已有酿酒作坊。

千百年来，贾思勰的酿酒技术通过他的《齐民要术》，不仅传遍了寿光、齐鲁大地，而且在中国、世界也得到了广泛的传播，对酿酒文化的发展起到了重要的推动作用。寿光历代都有名酒饮誉华夏，引来无数文人学士和达官贵人品偿，成为朝廷的贡品。清代，寿光侯镇（现山东寿光齐民思酒业有限责任公司的原址）街有十余家私人酒坊，以高粱作原料，麦曲发酵，用蒸馏法酿制白酒，闻名遐迩。清朝康熙皇帝出巡至此地，地方官以上等好酒奉献，康熙帝闻此酒，窖香浓郁，饮之甘冽，绵甜沁心、爽口，回味无穷，精神培增，龙心大悦，赞曰：‘酒气冲天，飞鸟闻香变凤；糟粕落地，鱼儿闻味成龙。大快朕心，好酒！好酒！’此后每年都以此酒进京上贡。

清朝末年，战乱频起，民不聊生，寿光酿酒业大为萧条，但当地人民没有丢掉贾氏的酿酒技术，反而技艺越来越精湛，直到1945年寿光解放前，在侯镇保存下来了几处酒坊，如：洪元、李全、四合成、公盛、太源亭、太源恒、福玉成、钟聚等私人酒坊。1945年6月，由渤海军区第三军分区后勤处、县工商局联合以上私人酒坊组成康盛酒厂，这就是现在山东寿光齐民思酒业有限责任公司的前身，成为当时山东的四大酒镇之一，也是寿光最早的酿酒企业。1950年定名为山东侯镇酿酒厂，1962年改称为山东省寿光县侯镇酒厂，为县属国营企业，1976年改为寿光县酒厂。当时生产的‘侯镇白干’‘寿春香’白酒誉满全国，至今人们还回味无穷。

现任齐民思集团董事长的刘子祥，1991年任寿光酿酒总厂厂长后，审时度势，大胆创新，带领技术人员向全国乃至国外知名酿酒专家拜师求教，访问市内外文化名人，决心开发新产品。事有巧合，原市史志办主任，学者王冠三先生向董事长推荐了一部书——《齐民要术》，此时，他豁然开朗，好象贾翁送神酒一样，立即组织技术人员拜读了《齐民要术》“造神曲并酒”等章节，决定根据《齐民要术》的传统工艺，集千百年来历代民间酿酒师的技术之精华，结合现代酿酒科技，开发一种新产品。经过多次反复研究、试验，浓香型新酒终于问世了，对他命名为‘齐民思’酒。‘齐民’取《齐民要术》的‘齐民’二字，寓意为‘全体民众’，‘思’取贾思勰名字中的‘思’字，寓意为‘想’的意思，整体寓意为‘齐民思酒是全体民众都想喝的酒’。这是齐民思人对齐民思酒命名的目的意义所在。齐民思酒蕴藏着丰富的文化渊源，她的命名寓意深遂，与众不同。如：茅台酒、泸州老窖酒是以产地命名的，五粮液酒是以5种粮食命名的，古井贡酒、郎酒是以井水、泉水之名命名的，杜康酒是以人名命名的。只有齐民思酒才是与名人、名著、全体民众融为一体而命名的，并且是与酿酒有关的名人(贾思勰：农圣、农学家、古代酿酒大师)、名著（《齐民要术》：世界农学巨著，记述‘造神曲并酒’）相联系，可见其标新立异，异曲同工之美名。若贾翁在九泉之下得知用他的名字和著作命名的齐民思酒，会感到非常欣慰的。

‘齐民思’系列白酒，继承传统工艺，采用微机勾兑调香，分子筛过滤，使酒质特佳，以其‘窖香浓郁，绵甜爽口，回味悠长，低度酒低而不淡，高度酒绵爽而不冽’的优良品质，受到酿酒专家和消费者高度好评；以其‘高、中、低度酒兼备，高、中、低价酒齐全’的系列品种，适应不同层次消费者的需要。总统级齐民思酒，酒盒外壳用绫缎装裱，刺绣，整体外观象一部《齐民要术》，寓意此酒的文化渊源，内壁用黄绸垫衬，镶嵌着一套金光闪闪，玲珑剔透，巧夺天工的银锡合金酒具（一盘、一壶、四只杯子、一对纯金饰环），壶装齐民思酒之精华。此酒被媒体称为："中国总统级酒"，誉为'中国酒文化的经典之作，'收藏界人士称为收藏极品，爱新觉罗毓岩酒后写下'过把总统瘾，寿光齐民思'的书法。特级齐民思酒，酱色瓷坛，古朴厚重，酒盒印有贾翁塑像，典雅华贵，承传创新，荣获山东白酒质量行评第一名。齐民思牌系列白酒连续被评为山东名牌产品。1996年在全国白酒行业第一家通过ISO 9002国际质量认证。

寿光齐民思酒业公司自成立以来，一直秉承"先做人，后酿酒，做好人，酿好酒，全心全意为消费者满意"的经营理念，坚持以市场为导向，以科技为依托，以质量为根本，以诚信求生存的发展思路，不断强化企业内功，努力调整产品结构，打造文化品牌，研制开发了齐民思牌全家兴酒，齐民思牌万事兴酒，其寓意是'齐民思祝愿全家兴旺发达，万事如意'。在品牌上逐渐形成了以'齐民思''全家兴''万事兴'系列产品为龙头，高、中、低度酒皆备，高、中、低价酒兼有的产品结构格局；在质量上，形成了'低度酒低而不淡，中度酒甘润挺爽，高度酒香而不艳，酒体丰满，绵甜醇厚，香味谐调，尾净味长'的风格特征。

商品是经济价值与文化价值的统一体。凡物皆以美求善价。就酒而言，一看内在品质，二看文化成色。当今中国白酒正逐步走向品牌竞争，名牌竞争，而名牌的背后是文化，也就是'文化生产''文化营销'。酒类市场的竞争已从单纯的口感、质量、价格之争，上升到品牌文化之争。酒类品牌的成功营销，必须理解消费者因历史沉淀而成为的文化心理为基础，在抓好内在品质的同时，必须以多姿多彩的酒文化为背景，为产品设计一个富有文化内涵的品牌及别具匠心的文化包装，策划出能够进入消费者心灵的广告，建立酒文化理论体系，侧重酒文化的应用，把酒文化作为酒业发展的动力源。

在历史跨入21世纪之际，如何进一步弘扬酒文化，如何有效打'文化牌'，齐民思人面对严峻的挑战和机遇，继续以'先做人后酿酒，做好人酿好酒，全心全意为消费者满'的企业理念，以'严密管理，科技创新，质量为先，传承文化，服务社会'的企业宗旨，赢得人们的信赖和赞誉，共同创造新世纪的美好未来"。

二、山东百粮春酒业公司

1. 一杯百粮春，千年齐文化

2006年12月16日，"《齐民要术》与百粮春"专家研讨会在淄博高新区举行。专家们一致认为，1 500年前古高阳郡境内百粮春酒等酿造工艺既为《齐民要术》酿酒篇的理论记载提供了创作源泉，又在后来的传承中沿用古老的工艺，完整地再现了《齐民要术》酿酒技术，百粮春酒与《齐民要术》有着悠久的历史文化渊源（图 7–66，图 7–67）。

图 7–66　《齐民要术》与百粮春研讨会现场

图 7–67　山东百粮春酒业公司董事长周庆厚在介绍酒厂情况

淄博人杰地灵，先后诞生了一批对世界文化产生巨大影响的名人，北魏农学家贾思勰因为在淄博即当时的高阳郡任过太守，他与淄博便有了千丝万缕的联系，他同样成为淄博的骄傲。他所著的《齐民要术》是我国现存最早的农学著作，也是我国第一部关于酿酒技术工艺的记载著作。为更好地挖掘与宣传《齐民要术》的重要价值及地位，研讨百粮春酿酒历史及文化渊源起于《齐民要术》，2006 年 12 月 16 日，来自于全国《齐民要术》研究领域的专家学者、国内白酒界专家、史学家、齐文化研究人士等 40 余人，在淄博高新区参加了“《齐民要术》与百粮春”研讨会。专家们以《齐民要术》、贾思勰、高阳郡、百粮春酿酒工艺等相关古代文献史料及现代研究资料为依据，重点对百粮春酒的酿酒工艺与《齐民要术》记载的酿酒工艺原理进行了多角度的论证。

2. 贾思勰堪称酒圣

谈起贾思勰的生平及《齐民要术》的重要价值和历史贡献，原寿光市人大常委会主任，原《齐民要术》研究会会长王焕新（图 7-68）；原中共寿光市委党史研究室主任，《齐民要术》研究会常务副会长兼秘书长赵守祥如数珍宝。他们说，据考证，贾思勰是南北朝时期北魏孝文帝时齐郡益都钓台里人，即今寿光城南七里之田家村东。他出生在一个世代务农的书香门第，成年后，他步入仕途，任职高阳郡太守，并到过山东、河北、河南等许多地方。他身居官场，却对农业研究充满志趣。他将自己积累的许多古书上的农业技术资料、询问老农获得的丰富经验、以及他自己的亲身实践，加以分析、整理、总结，写成农业科学技术巨著《齐民要术》。《齐民要术》内容广泛，它所记述的生产技术以种植业为主，兼及蚕桑、林业、畜牧、养鱼、农副产品储藏加工等各个方面，而且经过了笔者的精心安排，形成层次分明的严整体系。在《齐民要术》中，作为农副业产品之一的酒的生产技术占有一定的篇幅。收录了当地及汉代以来各地区（以北方为主）的酿酒法，是我国历史上第一部有系统的酿酒技术总结。

图 7-68 《齐民要术》研究会原会长王焕新在“《齐民要术》与百粮春”专家研讨会发言

中国作家协会会员，原山东工程学院党委书记、研究员张福信对《齐民要术》给予了高度评价。他说，“《齐民要术》是一部不可替代的伟大著作，全书 92 篇中有 4 篇专述酿酒，详细介绍了 10 多种制曲方法和 40 多种酿酒方法，是历史上关于酿酒工艺最早、最全面的记载，书中关于曲的介绍早于国外1 300多年。笔者贾思勰是有确切可考证的中国古代的第一个酿酒大师，促进了后世酿酒技术的发展，他堪称中国的酒圣。将齐民要术与百粮春酒联系起来，具有崭新的历史意义，显示了百粮春人的远见与胆识。张福信还赋诗一首，其中写道“逢盛世高阳馆外，百粮春酒琼浆，传承要术筑辉煌，千年一酒圣，招四海觥光”。

3. 百粮春酒等酿造工艺为《齐民要术》创作提供源泉

关于“百粮春酒”与《齐民要术》的文化渊源，山东百粮春酒业公司的副总经理赵㤭在会上陈述了多位专家的考证结果。高阳郡区域早在6 000年前的大汶口文化已开始酿酒的生产。后到春秋战国时鼎盛的诸侯国齐国境内，齐国的争雄强大奠定了齐地粮丰果茂的农业基础，经济的繁荣，农业的发达又为酒文化的发展提供了得天独厚的物质基础。据考证，春秋战国时代的齐国，是华夏酒文化最发达的地区之一，“从国君到平民无不好酒”。

高阳郡境地一直是富庶之地，粮产丰富，这为酿酒提供了物质基础。在这种酿酒原料丰富、经验成熟、风气盛行的社会条件下，古高阳郡境内百粮春等酒的酿造工艺为《齐民要术》酿酒篇的理论撰写提供了丰厚的实践基础。所以，以高阳郡为著作产源实践地的《齐民要术》能对酿酒工艺成熟记录与总结，便是情理之中的事了。高阳郡境内的傅山村，受贾思勰《齐民要术》酿酒技术的影响，历史悠久，工艺盛行。且因所用粮食上乘，酿出酒品被誉为百粮春（春即为酒）。据说清朝时有宫内高官奉旨出巡至此地，地方官献上百粮春好酒，闻此酒窖香浓郁，饮之甘洌，绵甜沁心、爽口，回味无穷，即带进宫里献于皇上，得皇上嘉赏，遂每年都以此酒进京上贡。

4. 百粮春酿酒工艺传承于《齐民要术》

百粮春酒的美誉度在齐鲁大地已是众所周知，关于百粮春酒的制作工艺源渊许多与会专家发表了自己的看法。

淄博史志研究专家郭大钧说，淄博是酒文化的发祥地。《齐民要术》是最早记载酿酒技术的书，总结了酿酒经验。淄博古代酿酒技术就非常发达，贾思勰进行了记录和整理。酿酒要有好的粮食与水质，百粮春酒业公司所在的傅山就具备了这两个条件，所以才酿出了“百粮春”好酒。这次研讨会是从更大范围、更大气势上证明《齐民要术》的地位、作用和影响。淄博是个文化之乡，酒文化也是一种文化，《齐民要术》可以说淄博是文化之乡的一个证明。我们要从更高层次上论证百粮春酒产生的地理条件、气候条件、政治前提、经济基础。百粮春酒将《齐民要术》的酿酒工艺加以继承和发展，它们是一脉相承的。

山东百粮春酒业副总经理孟庆功向与会人员介绍了百粮春酒的发展历程。他说，傅山村作为春秋古齐国境地和《齐民要术》产源实践地古高阳郡故地，受贾思勰《齐民要术》酿酒工艺和文化的影响，傅山村周围有许多家酿酒作坊。他们承袭《齐民要术》酿酒技术，酿酒技艺也越来越精湛。据村史记载，至清代，傅山村仍有十余家私人酒坊，以高梁等作原料，麦曲发酵，用蒸馏法酿制白酒，闻名遐迩。

百粮春酒继承了《齐民要术》酿酒中的精华，将其不断发扬光大和创新。酿酒窖采用二次窖泥发酵技术，并添加已酸菌液发酵而成，因而极大地丰富了窖泥中的有益微生物菌系，多菌系窖泥的成功培养赋予了百粮春大量而复杂的香味成分。同时由于百粮春酒采用东北优质糯米高梁和优质小麦为原料，选用地下几百米深的优良水源，师承《齐民要术》传统酿酒工艺之精华，经双轮多微复式发酵、分级摘酒、长期陈熟、精心勾对而成，因而具有窖香淡雅、醇厚协调、绵甜爽净、回味悠长之特点。

5. 酿酒工艺可申报非物质文化遗产

百粮春酒具有深远的历史文化渊源，对它进行继承发扬与开发保护显得非常迫切。淄博市文化局副局长宓传庆说，按照国家非物质文化遗产保护工作的有关规定，要做好《齐民要术》的研究和宣传工作，切实做好“百粮春”这个具有千年历史的古老酿酒技艺的传承与保护工作，并使之发扬光大。首先要组织开展深入的田野普查，用心挖掘《齐民要术》与“百粮春”的文化渊源，让“百粮春”传统酿酒技艺尽早尽快成为区、市、省乃至国家级的非物质文化遗产。让宝贵的酿酒工艺不要成为回忆，而是历久弥新。

淄博市博物馆馆长张永正提议，《齐民要术》与“百粮春”的文化渊源还要继续发掘。市博物馆馆藏的12 000件文物终于就有关的文物至少有1 000件，牺尊等祭酒器的出土是淄博当时酿酒业高度发达的一个证明。有史料记载，商代周公就曾告诫官员要限制喝酒，说明当时酒风之盛。作为古老酿酒技艺的传承者，百粮春酒蕴含博大精深的酒文化。山东百粮春酒业公司可以考虑建立一个旅游景点，通过实物的陈列，让市民了解《齐民要术》传统的酿酒工艺，将百粮春酒文化发扬光大。

2007 年 1 月 15 日，山东百粮春酒业有限公司的于元辅和赵焘孟在《华夏酒报》和《中国酒业新闻网》上载文:《〈齐民要术〉对百粮春酿酒工艺的影响》，摘要如下。

①《齐民要术》著书的时代背景和历史地位。统一的北魏政权建立后，陷入了强大的汉族农耕文化包围，农业的重要性日益明显，对于习惯了畜牧生活方式的鲜卑贵族，不得不面临着对农业产业的适应。

鲜卑贵族逐渐转化为地主，这导致畜牧业退居成次于农耕的行业。为了恢复和发展被战争破坏了的农业，当时，除采取均田制等政策措施外，总结农业历史的经验，辅以农业技术的推广是非常必要而有效的。

正是在这种条件的推动下，各地兴起了一阵研究农学的风气。一批有关农学著作的书籍开始出现，这其中，最有名的，也是对后来世界农学科技产生最广泛影响的书，当属曾任高阳太守的贾思勰撰写的《齐民要术》。

北魏贾思勰的《齐民要术》是中国历史上四大综合性农书中的第一部，就其成书年代之早，内容之丰富而言，是最为突出的一部农书。

《齐民要术》在前代农学的基础上，全面、系统地总结了6世纪以前近400年间我国北方黄河中下游地区的农业，尤其是以今淄博、青州、寿光为中心的齐地农业等方面的科学技术。全书内容丰富翔实，共10卷，92篇，11万多字。

像《齐民要术》这样把各种生产项目和各种生产环节的科学技术知识融为一体，把古今农业生产和农业科技资料融为一体，而且又完整地保存下来的百科全书式著作，在中国农学史上是空前的。标志着中国传统农学臻于成熟的一个里程碑。同时，从世界农学史看《齐民要术》，中国汉代农书无论数量和质量都超过同时期的古罗马农书。而《齐民要术》更是填补了世界农业史中这一时期农书的空白，在当时的世界上无疑处于领先地位。

②高阳郡情况考证。说起《齐民要术》，不得不提起高阳郡。据历史考证，高阳故城与渠丘故邑同处一址，为春秋战国时齐国城邑，临淄辖四邑之一。

南北朝时，宋武帝克青州，占齐地，设青州郡和广川郡，临淄县先后属刘宋、萧齐、北魏、北齐。公元420年（刘宋时），临淄县南境析立广川县，属广川郡；北境析立重合县，属渤海郡；西北境析立高阳县，属高阳郡。上述三郡皆属冀州统辖。《山东通志》（清康熙十二年）载："北魏立高阳城，置郡……"。

至556年（北齐天保七年），撤高阳郡，临淄县并入高阳县，临淄南境并入益都县。由此可看，高阳郡当时是临淄西北境地，据考证，当时的高阳郡除辖现临淄区西北，另辖现桓台县东南、张店区东北等地域。

在北魏政权所提倡的兴农政策中，高阳郡作为历史上齐国地域，原本农业就发达，自然成为北魏政权首选的农业生产区。

③《齐民要术》于酿酒的伟大贡献及其著酒说的社会实践背景。从《齐民要术》涉及的范围来看，它不仅是我国第一部囊括广义农业的各个方面、农业生产技术的各个环节、古今农业资料的大型综合性农书，而且，它还是我国最早介绍酿酒技术工艺的著作。

在《齐民要术》中，作为农副业产品之一的酒的生产技术占有一定的篇幅。收录了当地及汉代以来各地区（以北方为主）的酿酒法，是我国历史上第一部有系统的酿酒技术总结。更为可贵的是，《齐民要术》总结了许多酿酒技术的原理，这些原理在现代仍然起着指导意义。

从第七卷第六十四至六十七章，专门对酿酒技术作了详细论述。四章共计一万余字，详细介绍了10多种制曲方法和40多种酿酒方法。尤其是制曲与发酵，在当时科学技术非常不发达的情况下，能掌握到十分准确的微生物生长时间，确实不易，以致于后人在评价贾思勰对酿酒技术的贡献时，称其是当时有名的酿酒大师，是历史记述造曲酿酒的第一人。

之所以高阳郡太守所著书的《齐民要术》能对酿酒技术有着成功的把握，其背后有着广阔的社会实践背景。

关于酿酒的起源说法不一。《吕氏春秋》《战国策》认为酒是夏禹时的仪狄所造；《皇帝内经·素问》称远在公元前二十六世纪黄帝时期就有了酒；《事物纪原》说酒为东周人杜康所造。我国酿酒历史悠久。据考古学家发现，远在五千多年以前的龙山文化早期，我国就有了酿酒和饮酒物品出土。这说明早在五千多年前，我国已开始了酿酒。

最早的酒可能是自然发酵所得。到了商代，发明了曲，曲的发明是酿酒史上的一件大事，高阳郡区域早在6 000年前的大汶口文化已开始酿酒的生产。后作为春秋战国时鼎盛的诸侯国齐国境内，齐国的争雄强大奠定了齐地粮丰果茂的农业基础，经济的繁荣，农业的发达又为酒文化的发展提供了得天独厚的物质基础。据考证，春秋战国时代的齐国，是华夏酒文化最发达的地区之一，“从国君到平民无不好酒”。

秦汉以来，由于政治上的统一，社会生产力得到了迅速发展，农业生产水平得到了大幅度的提高，为各地酿酒业的兴旺提供了物质基础。尤其是随着酒曲技术的进步，酒的品种逐步增多，酿酒业仍然得到较大发展。

至北魏时期，社会稳定，百姓安居乐业，推动了酿酒业的发展。

高阳郡周边地区，受传统文化的影响，有大大小小的酿酒作坊。从高阳古城周边村落的碑史介绍上，普遍记载有“高阳郡境地酿酒业兴旺”。从明朝流传至今的齐国故都临淄八景之首便是“高阳馆外酒旗风……”，当年高阳城酒馆林立、酒旗猎猎的繁华景象可想而知。

作为爱好农业，深入研究农副产品加工的贾思勰，经常出入其中，收集、传播酿酒的技术和经验。我们发现，在《齐民要术》中，不仅详尽地记述了造曲的用料、用水、粉碎、卫生、发酵时间等过程，而且更为有趣的是，还收集了一篇民间造曲时祈祷用的《祝曲文》（附后）。这都体现了当时高阳郡等齐地先进的酿酒工艺。

高阳故城东距齐国故都临淄十六公里，南临乌河，位于鲁中丘陵北部边沿，向北一马平川，直至渤海再无一座山丘。境内一直是富庶之地，粮产丰富，这为酿酒提供了物质基础。在这种酿酒原料丰富、经验成熟、风气盛行的社会条件下，以高阳郡为著作产源实践地的《齐民要术》能对酿酒工艺进行如此成熟的记录与总结，便是情理之中的事了。

④《齐民要术》对于百粮春酿酒工艺的影响及实践应用。古高阳郡境内的傅山村，距高阳故城仅二三千米，是当年高阳城的郊区。受贾思勰《齐民要术》酿酒技术的影响，酿酒工艺盛行，历史悠久。

据村史记载，至清代，傅山村及周边仍有十余家私人酒坊，传承《齐民要术》酿酒技艺精华，以高粱等作原料，麦曲发酵，用蒸馏法酿制白酒，闻名遐迩。

1985 年，当改革的春风吹遍大江南北时，在傅山村这方具有一千多年传统酿酒文化历史的土地上，为将传统产业做大做强，傅山村委决定，由集体投资，兴建现代化的酿酒生产基地——山东百粮春酒业有限公司，此决策使这个具有悠久历史的酿酒重地重新焕发了生机。

百粮春人坚持传统的原浆纯粮制酒理念，秉承传统的粮食固态发酵酿造工艺，深入挖掘《齐民要术》酿酒精华，以期古为今用。日前，“《齐民要术》与百粮春”课题研究领导小组正式成立，来自于全国《齐民要术》研究领域的专家学者、国内白酒界专家、史学家、齐文化研究人士等 40 余人参加的专家研讨会已于 2006 年 12 月 16 日在傅山召开。百粮春正致力于将《齐民要术》酿酒原理发扬广大。

《祝曲文》

东方青帝土公、青帝威神，南方赤帝土公、赤帝威神，西方白帝土公、白帝威神，北方黑帝土公、黑帝威神，中央黄帝土公、黄帝威神，某年、某月，某日、辰，朝日，敬启五方五土之神：主人某甲，文章来源华夏酒报谨以七月上辰，造作麦曲数千百饼，阡陌纵横，以辨疆界，须建立五王，各布封境。酒、脯之荐，以相祈请，愿垂神力，勤鉴所领：使虫类绝踪，穴虫潜影；衣色锦布，或蔚或炳。杀热火焚，以烈以猛；芳越薰椒，味超和鼎。饮利君子，既醉既逞；惠彼小人，亦恭亦静。敬告再三，格言斯整。神之听之，福应自冥。人愿无违，希从毕永。急急如律令。祝三遍，各再拜”。

三、山东宏源酒业有限公司

寿光侯镇是山东著名酿酒古镇之一，酿酒历史源远流长。至清朝中晚时期，侯镇街酿酒作坊发展到 20 余家，使其店铺林立，酒旗摇曳，以当时的宏源酒坊最为著名，所产老酒直供宫廷。发达的酿酒业，使侯镇发展成了九街十八巷，七十二根透胡同，街街有酒坊，巷巷飘酒香的北方贸易重镇。侯镇最为独特和令人印象深刻的莫过于侯镇宏源酒文化博物馆，青砖青瓦，飞檐斗拱，雕梁画栋、古色古香，再现了酿酒古镇的历史风貌。2012 年被评为国家 3A 级景区（图 7-69）。

图 7-69 山东宏源酒业有限公司

宏源酒业遵循“麦季进料伏制曲，秋冬酿酒春开窖”的古老行规，形成了自己独特的酿酒工艺。技术人员介绍了酿酒的过程。首先是选料，选料必在麦收之后，精选颗粒饱满的上等小麦，粉碎成均匀的颗粒，俗称“料拆子”。然后是踩曲，把磨好的曲料用水搅拌均匀，以攥成团，最好是选 7 月的第二个寅日，将和好的曲料放入曲模里，踩踏成曲。晾曲时，晾曲房由曲工昼夜值班守候，按时间反复翻动，使每个曲块水分保持均匀。酒曲晾好之后，堆码成堆，底部铺上新鲜的麦穗，顶部用芦苇盖实，封闭曲房，升温发酵。曲成之后至秋时，投料烧酒。生产时用高粱（或玉米、小麦等），和上上等米糠，将原料装入甑中蒸，先不加曲，待蒸熟后把蒸出的原料取出，晾至 18～20℃，再把酒曲撒上，搅拌均匀，然后放在酒池中发酵。待发酵成功后，再出料放入甑中，按时间蒸馏。出酒后，再将酒头、酒尾分段摘取，分级储存（图 7-70，图 7-71，图 7-72）。

2005 年宏源酒业投资 2 000余万元兴建了宏源酒文化博物馆（图 7-73）。“如何保护、挖掘祖先留下来的宝贵遗产是我们一直思考的问题。”宏源酒业董事长张凤彩说，“我们力求原汁原味地保留、传承《齐民要术》造‘神曲并酒’的传统手工技艺。”为经营好博物馆，张凤彩走访了若干酿酒艺人，做了细致的实地调查，宏源酒的生产工艺到厂房窖池的布局完全恢复了原始的生产工艺和场景。与此同时，他们查证历史，搜集了远至商周近到民国的盛酒器具、祭祀用

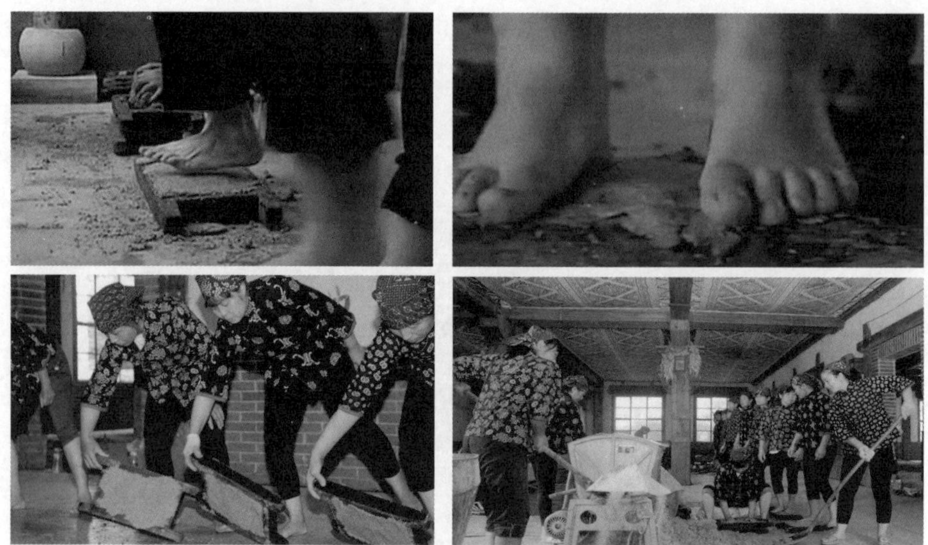

图 7-70　将曲料放入曲模里踩踏成曲

图 7-71　晾曲房的曲块

图 7-72　宏源酒的传统手工技艺

品、农耕器具等。

图 7-73 山东宏源酒业有限公司宏源酒文化博物馆

"我们将在酒文化博物馆旁边再建一个地下酒库，供游客参观品尝。酒库上面可以建造书院或展厅。旅游区里建上侯镇的老商铺，商铺里出售土陶、银器、草编等侯镇特色工艺产品或土特产。打造一个相对完善的旅游景区，复原当年侯镇酿酒业的繁荣景象。"宏源酒业董事长张凤彩说。

山东宏源酒业有限公司的前身是寿光市侯镇酒厂，始建于 1980 年，2001 年改制为现在的股份制企业，现坐落于著名的酿酒古镇—侯镇。公司占地面积 80 000平方米，年产粮食酒 5 000余吨，年销售收入 4 000余万元，主要生产经营以白酒为主，酱、醋为辅的酿造产品。公司现挖掘《齐民要术》及侯镇古老的酿酒工艺，结合现代科技，成功的开发研制了 30 多个以"侯镇""侯镇宏源"商标为主的宏源系列产品。其主导白酒产品有宏源老酒、宏源老窖、宏源内招、古镇宏源。产品入口绵软，纯正幽香，连续 7 年被评为市级免检产品，在质检部门抽检中连续十几年无不合格产品，是山东省技术监督局质量免检产品，被评为"中国优质白酒"，"侯镇宏源"还被评为山东省著名商标。山东宏源酒业有限公司先后取得了自营进出口资源和出口食品卫生检疫注册双重资格，为宏源系列白酒的外销提供了便利。现宏源系列产品每年出口韩国实现创汇 1 600多万元。

山东宏源酒业有限公司，在董事长张凤彩的带领下，继续传承和弘扬"宏源"这一古老历史品牌，秉承《齐民要术》神曲酿酒工艺（图 7-74，图 7-75），大胆融入现代高新技术，开发研制了 30 多种兼具传统口味和现代包装的宏源系列产品，投放市场后深受消费者好评，产品一直畅销不衰。2008 年"侯镇宏源"被评为中国驰名商标；2009 年，宏源白酒传统酿造技艺被省政府公布为省级非物质文化遗产保护名录，宏源传统酿酒工艺得到了国家的保护。宏源酒业通过

ISO 9001 国际质量体系、ISO 14001 国际环境体系、OHSAS18000 国际职业健康安全体系三体认证。从原材料入厂、下料、制曲、配置窖泥、发酵、搅拌、蒸、贮存、一直到勾兑、包装出厂等系列环节，严格按 ISO 9001 标准和作业指导要求进行操作，向科学化、正规化、现代化发展方向迈进了一大步。

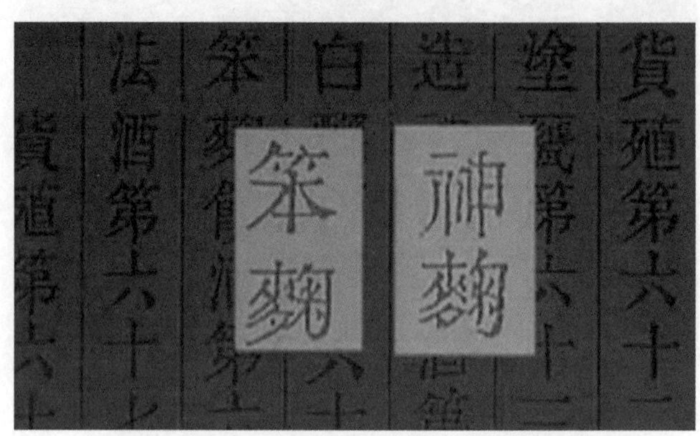

图 7–74 《齐民要术》中关于酒曲的记载

图 7–75 宏源酒文化博物馆农圣贾思勰像

2008 年，山东宏源酒业有限公司董事长张凤彩在接受 CCTV 十集电视纪录片《齐民要术》摄制组采访时说："从《齐民要术》的记载，它都是用手工，我们就采取这种方法，因为手工比较细致，若干人踩，把原料踩得非常柔和，微生物繁殖比较好，空气、温度、水分等各方面都容易掌握。山东有着悠久的酿酒传统。寿光的侯镇自古以来就是有名的酿酒古镇。宏源酒厂就是当年的一个老字号酿酒作坊"（图 7–76）。

图 7–76 2008 年，山东宏源酒业有限公司董事长张凤彩接受 CCTV 十集电视纪录片《齐民要术》摄制组采访

在如今的侯镇宏源酒厂，至今还沿用着自古流传而来的踩曲技术。《齐民要术》造神曲并酒第六十四，七月取中寅日，使童子着青衣，日未出时，面向杀地，汲水二十斛。这种传统的踩曲技术就来自于《齐民要术》的记载：七月取中寅日，使童子着青衣，日未出时，面向杀地，汲水二十斛。意思是说，要在七月，选择早上太阳没有出来的时候，由身穿青衣的童男子进行踩曲。在《齐民要术》中，踩曲充满了神秘的意味。现在宏源酒厂踩曲全部由女工来完成，据说这样踩出来的曲，发酵会更成熟，生产出来的白酒味道更醇香。

2008 年时年 93 岁的老酒工张文阁回忆着曾经见证过的当年酿酒古镇的繁华，在接受 CCTV 十集电视纪录片《齐民要术》摄制组采访时，这位寿光市侯镇老酒工说："侯镇酒坊不少，14 间，我在的时候有 14 间，全县的，全县的都来这里贩（酒），小商贩都来这里推（酒），用小车推（酒），用扁担挑（酒）"。

现在，宏源酒厂早已经实现了机械化生产，只有制曲仍然按照《齐民要术》记载的方法，用手工操作完成（图 7–77）。如果说寿光人保留的是这种传统的酿酒工艺，不如说他们正在传承一种古老的文化。

图 7-77　宏源老酒

四、中农齐民（北京）科技发展有限公司

中农齐民（北京）科技发展有限公司，位于北京市海淀区天秀路 10 号中国农大国际创业园，依托于中国农业大学农业与生物学院，成立于 2010 年，是一家聚集国内农业高科技人才和技术、面向农业高新技术产业化领域进行产品研究与开发、孵化和中试、产品推广应用的高新技术企业，公司努力推行新的运行机制和管理模式，积极开展农业高新技术培训和产品的示范推广应用（图 7-78）。公司的字号主体包含“中农”，即中国农业之意；“齐民”源自于北魏时期的我国杰出的农学家贾思勰所著的一部综合性农书《齐民要术》，指“平民百姓”之意。“中农齐民”铭刻公司的建设旨在为中国农业、为中国农民，为中国农村发展做贡献。公司以在美国、加拿大、法国等国家工作的一批知名华裔科学家，以及中国农业大学、天津大学和北京市农业科研机构的国内具有影响力技术专家为依托，建立了一支包括高级技术职称 17 人、中级技术人员 21 人在内的一支富有朝气和创新的团队。研发项目和技术产品涵盖农学与生物技术、农业工程等不同领域。公司目前主要从事现代农业生物技术、农业工程及与新农村建设相关的技术研究、产品开发和推广应用，亦包括新技术培训、技物服务等业务。实践机制创新、技术创新和服务创新；产学研推结合，科技工贸一体；做大做强民族品牌，直接服务“三农”，目前拥有各类专利技术 100 余项。

中农齐民（北京）科技发展有限公司从成立以来主要以提供农业社会化服

图 7-78 中农齐民（北京）科技发展有限公司蔬菜基地

务体系建设的指导服务；提供农业产业化经营和农产品市场体系建设的指导服务，从而促进农业产前、产中、产后一体化。组织协调和实施“菜篮子”工程和农产品质量安全建设。组织农业资源区划、生态农业和农业可持续发展工作；指导农用地、农村可再生资源的开发利用以及农业生物物种资源的保护管理，组织实施对植物病虫预防、控制技术与产品的试验、研发、推广应用等工作，开展技物结合的农业产业化服务。现公司已经组建了一支富有朝气和创新的专家技术队伍，可为客户提供农业科技咨询、技术指导服务；帮助客户建立无公害示范园区；制定科学合理的病虫有机、绿色、无公害防治技术策略和相应的技术措施、规程。

五、山东齐民农业发展有限公司

山东齐民农业发展有限公司，位于寿光市金光街 4315 号，是寿光一家集温室设计、建造、供苗，视频医院为一体的大型专业公司，公司以现代化高科技农业技术为依托，坚持诚信经营，质量求生存，以客户为中心的宗旨，面向全国承接高、中、低档日光温室、联栋智能育苗室、各种高中档拱棚的指导与建造，打造一条从种到收，产前、产中、产后的生产链。

公司自组建以来，历经多年的拼搏与奋斗，现已发展成为现代化大型施工企业。现有机械化人员 18 人、技术人员 28 人、施工人员 600 余人。公司以先进的设备、雄厚的实力，高水平的指导先后承接山东，山西、天津、北京、河北等省、市、地区的日光温室及各种拱棚的建造工程。

公司通过互联网视频医院，将寿光乃至世界最先进的农业技术信息传递到全国各地，打造了一条“农业信息高速公路”。齐民农业创新开发了全国最大的网上农业视频专家系统，系统可实现5万人同时在线，农民足不出户，只需电脑联网，配备摄像头和耳麦，登陆系统即可实现与全国最有权威的农业专家视频，面对面交流，诊断农作物疑难病害，彻底改变了农民接受新技术、新知识的方式，高效、迅速、方便地普及了农业科技。

六、德州齐民农业科技有限公司

新成立的一家农产品加工企业，位于山东省德州市经济开发区晶华路中段。经营主旨是为了适应国际膳食营养结构的潮流，为中国人强体键魄尽一点绵薄之力。齐民公司选择了种植目前在国际国内热销的绿色、无公害农产品糯玉米。主营项目是鲜糯玉米穗、鲜糯玉米段、鲜糯玉米粒。

七、济南农圣庄园商贸发展有限公司

总部位于济南市高新区新宇路南首齐鲁软件园大厦，“Organic 农圣庄园”，绿色有机食品连锁店，是以绿色、有机食品为主营业务的连锁机构，可以为客户提供有机蔬菜、有机五谷杂粮、有机营养品、有机油类等近百种天然绿色有机食品（图7-79）。在整合国内外优秀有机产品资源的同时，农圣庄园还在中国蔬菜之都—寿光建立了2 000亩的有机农业基地，确保有机农产品每日新鲜直达。银

图7-79　济南农圣庄园商贸发展有限公司有机食品门店

座、易初莲花等大型商超设有农圣庄园有机蔬菜、五谷杂粮专柜。公司目前已在济南、潍坊、寿光开设了五家门店。2014 年，“Organic 农圣庄园”门店数量已增加至 40 家以上，成为我国有机食品连锁行业的领跑者。

八、寿光市农圣种业有限公司

寿光市农圣种业有限公司位于寿光市北环路 506 号，是山东省农作物种子生产、经营单位，集科研开发、生产经营为一体。公司拥有雄厚的技术力量，较强的经济实力，先进的种子检验、加工、贮藏设施，并建立健全了稳定的玉米、小麦、蔬菜良种繁育体系。生产的“农圣”牌良种畅销全国 20 多个省市（自治区），深受广大农民朋友的青睐。兼营以色列 189、144、秀丽、中茜亚等各种进口蔬菜种子。公司常年批发日本产新黑田五寸特选人参、改良黑田五寸人参、超级黑田五寸人参、宝冠牌新黑田五寸人参。公司多次获得“质量信得过单位”“消费者满意单位”荣誉称号，提供优质“农圣”牌良种。公司注重与国内外各大科研机构合作，先后与辽宁省、陕西省、河南省、天津市等主要科研机构建立了合作关系。

九、寿光市农圣庄园有机农业发展有限公司

寿光农圣庄园有机农业发展有限公司隶属于山东东方誉源现代农业集团，是集团公司下设的 7 家分公司之一，位于“中国蔬菜之乡”山东省寿光市，是一家集蔬菜种苗培育、有机蔬菜种植、有机食品销售于一体的综合性企业，是潍坊市有机农产品协会理事长单位。

公司自 2005 年开始有机蔬菜种植，于 2007 年 5 月获得有机蔬菜认证证书，现已建成蔬菜种植基地两处 900 亩（自属基地 200 亩，农户合作 700 亩），筹备建设自属基地 600 亩（国家级重点项目），年可供有机蔬菜 3 000吨。基地建设全部按照“中国生态第一村”北京留民营的模式建立，修建地下沼气池，既有效地进行垃圾处理，又提供沼气做饭，沼液杀菌，沼渣做肥。病虫害控制方面除采取传统的黄板黏虫、虫灯诱杀之外，还引进韩国的部分产品，如虫害天敌等进行控制。新建基地是国家级有机蔬菜基地项目，投资 3 500万元，2008 年 9 月份进行产品定植。基地聘请山东农科院、潍坊农科院的专家进行定期指导，专业、科学、严谨的进行有机产品种植。

销售方面：目前在山东的银座、家乐福、大润发、佳世客、沃尔玛、佳乐家、振华、家家悦等大型连锁超市中设立了农圣庄园有机蔬菜销售专柜 70 多家，代表山东市场的银座泉城广场、青岛佳世客东部店、青岛家乐福等高档超市全部进入。同时还为省外的北京、深圳、广州、上海等城市的家乐福、沃尔玛、万

家、乐购、物美、欧尚等国内外知名连锁超市提供部分有机果菜产品，黄瓜、番茄等产品还供应香港市场，产品以纯正的口感、优良的品质迅速得到了消费者的一致好评。

山东东方誉源现代农业集团董事长刘爱武，敢为人先，示范带动蔬菜标准化种植，引领有机蔬菜种植的发展方向，2006 年 5 月，注册资金 500 万元，成立寿光市农圣庄园有机农业发展有限公司，当年发展有机蔬菜种植基地 2 000亩，建起蔬菜大棚 284 个，建起智能温室棚 10 000平方米，试验种植棚 1 500平方米。在有机蔬菜的生产上，按国标 GB/T 196301-4—2005 要求，建立了完整的质量管理体系和操作规程，不使用任何转基因物质，不使用任何化学合成的化肥、农药、调节剂、添加剂等，利用生态学原理和自然规律，充分协调蔬菜与病虫、环境的关系，保持三者之间的平衡，采用一系列可持续发展的农业技术进行生产种植，并通过独立的有机食品认证机构认证，获得了有机产品证书，基地生产的蔬菜全部由农圣庄园高出市场价 5%~20%的价格进行收购，这样就形成了育苗基地化、生产标准化、产品质量检测、产品收购销售为一体的种植模式，在全市第一家带头发展有机蔬菜生产，起到了很好的示范带动作用。

寿光市农圣庄园有机农业发展有限公司是一家集农资生产连锁经营、有机蔬菜种植配送、农业科技服务于一体的农业科技发展企业（图 7-80）。公司采用公司+基地+农户的生产模式，采取统一种苗供应、统一农资供应、统一技术指导、统一检验检测、统一产品销售的“五统一”管理模式。自 2006 年 5 月开始进行有机蔬菜生产，于 2006 年 11 月取的有机转换产品认证证书。认证的蔬菜品种有：茄子、黄瓜、番茄、西瓜等 18 种蔬菜。同时公司投资 1 000万元建设工厂化智能育苗温室 10 000平方米，年培育茄科、葫芦科等蔬菜种苗 600 万株。

图 7-80　寿光市农圣庄园有机农业发展有限公司

十、寿光市农圣庄园种业公司

寿光市农圣庄园种业公司隶属山东东方誉源集团公司，成立于 2006 年，位于寿光市稻田镇，注册资金500万元（图7-81）。农圣庄园种业团队积极与国外优秀的种业公司进行交流，成功引进多个抗TY病毒番茄品种，粉果番茄、大红番茄、千禧型粉果小番茄，陆续投入市场种植，并得到了广大种植户的好评。凯吉：粉果番茄；玉丽556：粉果番茄；胜凯：粉果番茄；胜悦：千禧型粉果小番茄；欧冠：粉果番茄；欧盾：粉果番茄；先正达：齐达利、贝佳、迪粉尼。农圣庄园公司现有智能化育苗温室10 000余平方米，年种苗产销量1 000万余株，销售网络覆盖山东、河北、天津、安徽、江苏、河南等主要蔬菜产区（图7-82）。

图7-81 寿光市农圣庄园种业公司

图7-82 寿光市农圣庄园种业公司番茄育种基地

十一、山东农圣信息科技有限公司

山东农圣信息科技有限公司地址位于山东潍坊寿光潍坊科技学院孵化大厦A

座，公司成立于2014年4月，现在主要经营平台农圣网。农圣网是一个集蔬菜、种苗、农资等农产品展销、基地宣传、供求发布、技术服务、在线交易、物流配送于一体的专业B2B网络平台。农圣网将依托寿光作为“中国蔬菜之乡”得天独厚的农业资源优势和农圣文化优势，充分发挥潍坊科技学院雄厚的农业科研和技术服务优势，立足寿光，依托高校，服务全球。逐步整合全国的农产品资源，通过电子商务平台将种苗、蔬菜、农资等产品交易辐射到全世界，将寿光打造成全国乃至世界知名的“农产品电子交易之都”，提升寿光农业在全国的领先地位，推进寿光现代农业的发展。

十二、江西省农圣实业有限公司

农圣实业是一家中型私有企业，坐落于江西省新干县城南工业园金旺路九号。是一家集屠宰、加工、销售于一体的现代化综合型加工企业，公司地理位置优越，交通十分便利。技术领先，实力雄厚，农圣实业拥有4万余平方米的现代化厂房，配有猪舍、鸭舍、检疫检验间、宰杀间、冻库、交易间。拥有5 000吨冷库二座，速冻库、冷冻库和保鲜库一系列现代化先进设备。公司拥有员工300多名、专业技术人员超过百名。公司拥有生产加工设备，同时成立了专业的产品开发研究室、微生物化验室和全封闭式无菌配套车间，使之产品目标定位准确，品质佳，较同类产品更卫生。

十三、武汉农圣沉湖农业生态农庄

农圣沉湖农业生态农庄位于湖北省武汉市蔡甸区西南边陲消泗乡“武汉市万亩油菜花海”的核心地带，西连湖北省国家级珍禽湿地自然保护区——沉湖湿地。北近接318国道，南倚汉洪高速公路，距武汉市区65千米，交通较为便利。公司生产基地占地500亩，拥有特禽养殖、水产养殖、有机种植和农家乐等4个事业部。本着保护生态环境，提高人们的餐饮食品品质为目的，公司采用“畜禽粪便—沼气池（有机肥）—蔬菜、果园、林木、中草药、牧草”的循环再利用的现代立体生态种养生产方式，在畜禽、蔬果和水产品生产过程中均不使用化学制剂，力求原始自然和绿色环保，让畜禽、蔬果和水产品在自然生态环境中按照自身原有的生长发育规律自然地生长，让客户真正吃到放心满意的产品。公司常年为客户提供有机蔬菜瓜果、鱼类、珍珠鸡、贵妃鸡、五黑鸡、优质品种土鸡、野鸭、鹅、大雁及高品质生态禽蛋。农家纯放养12月龄走地鸡，在沉湖芦苇荡里觅食，吃虫草，原生态放养12月龄的鸭飞到沉湖吃水里的虾和鱼，螺蛳等水产品。自然，绿色的养殖模式保证消费者吃到放心安全的农产品。

十四、福建宁德农圣皇上煌食品有限公司

福建宁德农圣皇上煌食品有限公司地址位于福建省宁德市蕉城区七都镇河乾村内6号，生产、加工各类农产品和特色食品。

第十节 与《齐民要术》相关的餐饮服务业

一、寿光温泉大酒店齐民大宴

寿光温泉大酒店在餐饮产品上突出“绿色、健康”的主题，关注消费者的健康，凭借寿光是中国蔬菜之乡的强大优势，以绿色无公害蔬菜为原料，开发设计蔬菜宴席，倡导实施文明就餐方式分餐制，受到客人的高度赞扬，并加大地方菜的开发力度，从寿光人贾思勰所著农学巨著《齐民要术》中寻求创新的根源，挖掘地方饮食文化，在已故的总顾问王焕新老先生和山东省烹饪协会副秘书长、中国鲁菜大师李志刚先生的带领下，研究开发了代表寿光饮食风格的齐民大宴，有寿光名吃虎头鸡、扒菇（有名翡翠银丝）、野生、无公害的弥河小鱼、小虾，还有我们自己研制的农家自腌咸菜：四大瓮、四大碗、四小碟，以初具规模，为四海宾朋奉献一道绿色、健康的文化大餐。

“齐民大宴”是根据《齐民要术》一书关于饮食宴饮的记载创制的一整套宴饮菜点，共有菜点200多款，内容有“齐民小吃宴”“齐民素宴”“齐民大宴全席”等多个系列（图7-83，图7-84，图7-85，图7-86）。“齐民大宴”制作精美，品味独特，有古之遗风。其程序安排、宴饮风格以及酒茶的配备，反映了寿光历史上魏晋南北朝时期的庄园饮食风貌，是历史美食的再现。

图7-83 齐民大宴冷碟

图 7-84　齐民全羊汤

图 7-85　齐民大宴跳炙丸

图 7-86　齐民大宴焙大虾

1. “齐民大宴”真实可靠的依据

“齐民大宴”主要是根据《齐民要术》一书中的饮食记载而整理制作的。《齐民要术》引人注目的原因之一，是它在烹调理论上总结了前人的成果，提出了新的论题，资料丰富，见解鲜明。

从宗旨上看，该书笔者贾思勰公开宣布：这本书是为老百姓写的。“齐民者，平民百姓也要术者，切要之法也。”这个书名，用现在的话来说，就是谋求提高群众生活水平的简要方法。因此，它不象《周礼》和《吕览》，只记宫廷珍馐和天下美食，而是雅俗并举，贵贱皆录，注意联系平民的生产与生活，让食品科技知识为百姓服务。例如，笔者针对普通农家的迫切需要，就写了制干枣法、藏杨梅法、豉丸法、麦酱法等章节，他考虑到一般市民的生活习性，就记下面条、粽子、莲藕、青菜等的烹制要领。因为是着眼于实用，所以全书文字也“较浅显，不尚辞藻”，内容虽然精深，理解并不困难。身为高阳太守的贾思勰能有这样的明见，难能可贵。这为我们研究“齐民大宴”提供了很好的依据。

从时间上看，这部书上自夏禹商汤，下及汉魏六朝，思路贯通 10 多个朝代，健笔纵述 2 000多年。前人的研究成果，只要言之有理，持之有据，他都兼收并蓄。该书引用各种古籍 150 多种。不仅如此，该书对民间古老的歌谣和谚语，只要内容相关，也注意收录，给我们留下了丰富的研究资料。

从内容上看，这部书的篇幅之大，涉猎面之宽，超过前代所存的农书和食书。《周礼》《礼记》和《吕览》尽管不少方面谈到食品，但都过于简略，也比较零散《淮南王食经》《太官食方》和《四时御食注》虽说已成专著，可是有录无书，俱已佚失。因此，12 万字的《齐民要术》无愧“空前”二字。再从其记述的资料来看，固然它主要是反映齐鲁燕赵的农业概貌，但是吴楚荆扬、秦陇川广的菜品也有介绍，甚至连外域的异味都囊括进去了。其中有酱、醋、盐、豉、酒的生产工艺，有八和齑、鱼鲊法、脯腊法、羹臛法、蒸缹法、煎消法、菹绿法、炙法、作月宰奥糟苞法等烹制技巧，有主食、素食的制作要领，有餐具择用和食品储藏知识，还有花式繁多的菜谱，比较充实、完整。这些为“齐民大宴”宴席食谱的制定提供了样本。

从烹饪学术价值上看，《齐民要术》有 3 个方面值得肯定。一是它比较全面地介绍了包括谷物、菜蔬、禽畜、水鲜在内的主要烹调原料的品种、性能、产地和养殖方法，同时对前人某些不准确的说法加以鉴别、订正或是补充、发挥，初具《烹饪原料学》的雏型。二是它详尽地记述了众多调味品的生产工艺，对古代食品酿造技术进行了初步总结。其中，造神麦智、造笨麴、造百醪酒、造法酒、造黄衣、造酱、造豆豉等方法，对后世影响较大，不愧为世界最早的调味品专著。三是它收录了众多菜谱，分析了不少烹调方法，堪称我国最早的食谱大全。就炙法而论，以前只记有炮豚、炮群、鱼炙、脍炙几种，而贾思勰就充实进捧炙、腩炙、牛脑炙、薄炙肫、搪炙、衔炙、酿炙、范炙、炙蚶、炙蛎、炙虫车虫敖等10余种，对烹调工艺的建树相当突出。因此，这本书确确实实是便民的要术，治庖之良方，是我们研制“齐民大宴”的翔实而全面的资料宝库。对书中详细的菜点配方和制法，一一落实，这样“齐民大宴”中的菜点就有了真实可靠的依据。

2.“齐民大宴”的试制原则

“齐民大宴”中的菜点虽然都来自《齐民要术》的记载，但也不是全部照抄照搬。我们在试制“齐民大宴”时就定下了以庄园美食为主，兼顾官府菜和民间菜，既有少量高档的“参翅海味”，也有中档丰盛的荤素佳肴，还有风味独特的市肆小吃、平民饮食，而且从实际出发，肴馔突出经济实惠、可操作性强的特点。特别是那些能够适应寿光温泉大酒店的经营，可批量生产的品种优先选入，使试制的宴饮美食，精美实惠，风味独特，具有浓郁的民间乡土风格，且适合在大酒店正常经营运作。如“虎头鸡”，运用“炸烩”的技法，将鸡剁成块，经拍粉或挂糊后，炸至酥烂，然后再清汤烩制，色泽红润，有咬头，且口味鲜美，香而不腻，食客肯定很欢迎。这道菜还可批量生产，提前准备，大大节约了饭菜的烹调时间，给餐厅带来了效益。

3. “齐民大宴”的宴饮格局

“齐民大宴”的宴饮格局、礼仪程序、肴馔食风、酒茶配备都体现了寿光当地饮食习惯和风格，反映了魏晋南北时期庄园宴饮的程序格局。

寿光当地的宴饮待客，热情大方。农民待客，粗茶淡饭，讲求实惠，尽力准备，多食大饼、面条、禽蛋、鲜菜。让客人在炕上吃饱喝足。城区对客人有酒有菜，鸡、肉、鱼具备。富裕人家则佳肴美酒、海味具备，遇到喜庆、节日、诞辰，酒菜更为丰盛。20世纪50年代以后，对客人招待热情，崇尚俭朴，避免铺张浪费。至80年代，人民生活普遍提高，饭菜规格也在不断提高，有的到酒店包桌，设宴招待。宴饮多在午间，席间多海味，必有汤，无汤不成筵席。汤也以海味为主，贵者为海参、扇贝，次者有虾仁等。一道海参或对虾菜上来，主人必用筷子、食匙分送至客人碟内，生怕你吃得少。厨师也如此，菜盘子越光越高兴。

待客筵席，有尊谦之礼，宾客为尊，主人自谦。布席，以客为首。宾客在“上首席”，即迎门而坐主人在“对首席”，与宾客相对。陪客在“二首席”。若不如此，即为不恭，宾客可能不满，甚至拂袖而去，俗称“挑眼”了。现在，宾馆、酒店的坐席习俗，受旅游宾馆规范操作的影响，一般也是主人坐主位，两边是主宾，主人对过是副陪，副陪左右是次宾客。筵席就餐，客在先。席前先上点心，称为“压席”。然后上菜，是先冷后热，先炸后甜。每菜必先置宾客之前，主人让道：“请、请”，宾客品尝后，他人方可下箸。只有主人宣布“随便时”方可随意进食。添酒、添茶与就餐相同，即先宾客，次陪客，后主人。添时，主人站起，双手托壶或其他盛器，作恭敬之状。酒要添满，茶要半杯，有“满酒浅茶”之说。筵席用酒，旧时为黄酒、白酒，今则红酒、白酒、啤酒。近年来，人们又开始喜欢黄酒。敬酒与就餐相反，须主人先饮，宾客随后，此谓之“先喝为敬”。

现在寿光当地，城乡村镇每逢婚娶大事，新姑爷回门办宴时，必请乡村行厨高手来治菜办席，他们虽是农民，但治席办宴的技术一点也不比城里餐馆厨师差。他们因材施烹、就地取料的灵活性，往往能赢得主人家的诚心感谢。他们治办的大件菜，丰满实惠，味浓而香醇，特别令赴宴的客人称赞。每当上整肉、整鸡、整鱼时，当地习俗，主宾应该拿赏钱，否则，让人笑话。“齐民大宴”上也有整肉、整鸡、整鱼，同时也有许多象“虎头鸡”“蚂蚱酱”“侯镇烧羊肉”“汆鳝鱼”“热合菜”“小豆腐”“煎菠菜饼”“煎毛蟹”“炒哑巴辣椒”“当归河鳗”等乡土风味很浓的家常菜（图 7-87）。

图 7-87　齐民大宴当归河鳗

当地宴客，面点丰富，小吃繁多。“齐民大宴”按照此情况，设计了多道面食点心，其中也有米食制品。如“烧饼”“大肉包”“素锅贴”“羊肉烧麦”“韭菜猪肉盒子”“韭菜盒子”“玉米饼子”“三鲜水饺”“白菜水饺”“鳝鱼面”“肉馄饨”“糯米凉糕”“杂粮粽子”等 10 多个品种，穿插在菜肴之间上桌，很出气氛，吃起来也别具风味，很开胃口，得到社会各界人士的赞誉（图 7-88）。

图 7-88　齐民大宴得到社会各界人士的赞誉

4. “齐民大宴” 美食单案例

压桌点心：当地风味点心

四小菜：酱疙瘩、腌鲜花椒、煎小咸鱼、小葱拌虾皮

四凉碟：珊瑚藕、五香鱼、青椒拌皮蛋、菠菜拌毛蛤

两酱碟：老虎酱、蒸虾酱

一座盘：绿色蔬菜篮子

迎门茶：明前龙井

大菜：大虾、大蟹、赛熊掌、虎头鸡、氽鳝鱼、煎银鱼、辣蟹酱、炒热合菜、菠菜饼、山芹菜肉丝

一座汤：甲鱼汤

四面食：寿光焦饼、煎饼、白菜水饺、糖酥杠子头火烧

一水果：时令水果

二、上海齐民餐饮连锁

1. 上海齐民餐饮有限公司

上海齐民餐饮有限公司依循中国最古老的农业百科全书“齐民要术”，从农

田到餐桌，坚持手工制作，古法烹调（图 7-89）。上海齐民餐饮有限公司与台湾永丰余生物科技（昆山）有限公司的老板都是台湾何奕佳女士（Stephanie Ho），是台湾永丰余集团董事长何寿川的千金。永丰余集团是台湾十大财团之一，旗下包括 20 家跨越纸业、金融、科技、生技及教育等领域事业群及 8 家上市公司。何奕佳毕业于美国布朗大学政治系，25 岁接手永丰余生物科技（中国）、28 岁接手兼管台湾永丰余生技，独立睿智。然而，因多年前父亲的一场病，何奕佳产生了做有机产业的想法并付之行动，包括从在昆山设立自己的有机农场，到开设 GREEN & SAFE 和齐民市集，不断扩大着她的有机版图，目前在上海已有 4 家餐厅和分店。何奕佳一直以“成为现代人的有机生活管家”期许自己，秉持慢活哲学、顺天应时的自然农法理念，搜罗全世界优质食材，以期满足现代人对健康乐活的高品质需求，上海齐民餐饮有限公司于 2001 年 8 月成立，系台湾独资企业。台湾永丰余生物科技（昆山）有限公司在江苏省昆山市国家农业综合开发现代化示范区，拥有国家农业园区重点企业之有机农业生产基地，曾获得日本有机农业认证（JONA）、中国有机食品认证（OFDC）以及 ISO9001 国际质量体系认证等殊荣。投资总额 1 520万美元，近年公司主经营范围着重于有机蔬菜种植与餐饮服务管理。公司拥有 GRREN&SAFE、齐民市集两个餐饮品牌。目前，旗下有 5 家有机餐饮连锁企业，GREEN&SAFE（安心宣言）有机美食店除提供中式、台式外，也可品尝到欧式、日式等多种风味美食。

图 7-89　上海齐民餐饮有限公司坚持手工制作，古法烹调

2. 上海高岛屋“齐民市集”

日本著名超市高岛屋（Takashimaya）2013 年 1 月在中国上海开设的上海高岛屋的 7 层，位于长宁区虹桥路，别具匠心的设置了“齐民市集”，地址是上海市长宁区虹桥路 1438 号 7 楼——古北高岛屋（地铁 10 号线伊犁路站三号口），“齐民市集”食谱根据《齐民要术》的记载精制而成，特别是中华牛肉火锅特受欢迎，菜品都是产自昆山本公司蔬菜基地的有机蔬菜，不添加任何抗生素和激素饲养的高级牛肉、本地鸡和海鲜，面类全部按《齐民要术》的传统工艺当日手工制作，由台湾老板经营（图 7-90，图 7-91，图 7-92）。高岛屋百货公司在日本属于高档超市，具有 180 年历史的高岛屋是日本最大的连锁百货公司之一，在日本国内拥有 20 余家连锁店，2014 年营业收入位居全日本百货公司之首。迄今为止，高岛屋百货只在海外开设了 3 家连锁店，即纽约、台北和新加坡，均在当地销售排行榜中位居前列，其中新加坡高岛屋和台北高岛屋已连续多年蝉联当地百货业销售额冠军。2011 年，日本百货业界的老大——高岛屋株式会社与古北集团在东京和上海同时举行新闻发布会，宣布高岛屋百货正式签约进驻上海古北新区，将在沪开设其位于中国内陆的第一家百货旗舰店上海高岛屋 2013 年 1 月开业后，成为迄今为止上海最高档的百货公司和申城商业的“新标杆”。上海高岛屋百货选址于虹桥路与红宝石路当中黄金地段的古北国际财富中心二期，财富中心二期总高 30 层，是一幢含高档商业、五星级酒店及购物中心等于一体的超 5A 甲级智能化商务楼宇，古北国际财富中心二期的商业裙楼是按照高岛屋百货的经营需要为其度身定造的。

齐民市集

长宁区虹桥路1438号高岛屋7楼

012-6295-2117

10:00—14:00、17:00—21:30

（六、日10:00—21:30）

73席

图 7-90 上海店高岛屋齐民市集

图 7–91 日本高岛屋上海店齐民市集

图 7–92 日本高岛屋上海店齐民市集

3. 上海静安区齐民有机中国火锅

齐民有机中国火锅的老板何奕佳来自台湾宜兰，自称“高度理想性的完美主义者”。她首创的“有机中国火锅”概念（图 7-93），一强调食材有机，二强调做法中国。除去吃之外，餐厅的设计非常典雅古朴，有中国农家感觉。这也是和其他火锅店空间设计的不同之处。餐厅宽敞开放，木质板材，让来到这里的人们回归自然，重获质朴的感觉。静安区齐民有机中国火锅陕西北路店开的很火，地址在静安区陕西北路 407 号（近北京西路）。这家火锅店，店内的宁静和店外的优雅相得益彰，食物精致细巧，量不多恰到好处的那种。强调的是 FROM FARM TO TABLE 的理念，即从农田到餐桌，无污染的绿色健康有机蔬菜。肉类也都是进口的。牛肉是从澳洲来的雪花牛肉，红白相间的色泽相当漂亮，肉质结实耐嚼。而猪肉则是从日本松皈来的，据说他家的猪肉来自于只用面包喂养的猪。送的饮料是果醋，好喝开胃，酸酸甜甜。总之是绝对适合情侣约会的地方。虽然价格小贵，味道也不算特别出类拔萃，属于不惊艳但是很舒服的味道。从健康的饮食结构、服务态度和用餐环境来讲，真的很不错（图 7-94，图 7-95）。

图 7-93　上海静安区齐民有机中国火锅

图 7-94 齐民有机中国火锅标志

图 7-95 上海静安区齐民有机中国火锅地址

4. 齐民市集上海芮欧店

把“齐民市集”开到静安寺是非常明智的，上海芮欧店位于上海市静安区南京西路 1601 号芮欧百货 4 楼 B 区，近常德路（地铁 2 或 7 号线静安寺站）。

5. 台湾的台北“齐民市集”

“齐民市集”是 2007 年先在台北起家的，然后就扩展到上海。台北“齐民市集”共有 4 处：①齐民东门市集地址：台北市信义路二段 158 号 2 楼；②齐民 216 市集地址：大安区忠孝东路四段 216 巷 33 弄 15 号（图 7-96）；③齐民市集地址：忠孝东路四段；④齐民民生市集地址：台北市松山区民生东路四段 67 号。

图 7-96　齐民 216 市集台北市忠孝东路四段 216 巷 33 弄 15 号

6. 齐民市集总经理何奕佳与《齐民要术》

何奕佳热爱《齐民要术》，经营灵感也来自《齐民要术》，何奕佳始终坚持从农田到餐桌、追求食材的自然原味的理念。台湾何氏家族第一代创业家胼手胝足，用毅力拼生活；第二代创业家则守成开创，达到产销的巅峰；而第三代创业家从理想切进，展现灵活创意。理性拼搏、感性坚毅与产业创意，是三代创业家维系一个庞大企业集团生生不息的力量。被外界冠上“永丰余小公主”的永丰余生技总经理何奕佳（图 7-97），则可说是兼具理性、感性与创意，积极拓展“乐活产业”的幸福创业家。“乐活”是一种重视健康与环境永续发展的生活态度，强调永续环保、亲近原味生活的健康与自在，何奕佳将永丰餘生技在此基础下发展得有声有色。

图 7-97　齐民市集总经理何奕佳

2007 年何奕佳在台湾成立“齐民有机中国火锅”餐厅，结合自家农场的有机蔬菜，从农田到餐桌坚持追求食材的自然原味。何奕佳以「齐民」发名其来有自，当初是发了想要还原中国传统饮食精髓与食材、风土之间的关系，于是与工作伙伴在“台北中央图书馆”内寻找到了北魏时期贾思勰的著作《齐民要术》，这是一本中国现存最古老且陈述翔实的农业生物书籍，何奕佳觉得书中传授的作物栽植、制醋作酱等技术，以及对时令、选料、刀工、调味之道，和乐活、慢食的理念不谋而合，因此“齐民有机中国火锅”于焉产生。

2008 年 6 月因应上海方兴未艾的有机乐活风，永丰余生技在陕西北路开辟了有机饮食新天地，“齐民”成为上海地区第一家有机火锅店（图 7-98）。它标榜着来自永丰余昆山有机农场直送的蔬菜、严选太湖放山土鸡、无抗生素及荷尔蒙残留的顶级肉品。永丰余生技总经理何奕佳表示，“最好的食材不需要反复的加工调味过程，而火锅的烹调方式最能呈现有机食材栽培过程中吸收大自然肥沃养分与新鲜甘美。《齐民要术》特别强调，一锅健康美味的好汤底，自然就能引出食材原始风味”。因此齐民火锅在“汤底”上特别下工夫。何奕佳神采奕奕地说：“齐民的招牌汤底——庐山清鸡汤研究了半年以上，引用《齐民要术》中的断骨法，以全鸡‘涿骨沥汤法’用 80℃文火熬煮 6 小时，看不到传统鸡汤汤头之浮油混浊，反而呈现透清绿色，看似平淡无味，入口却有浓郁的鸡肉味，口颊留香，更不会有一般火锅店食用后口干舌燥之感。而且齐民不同的汤底配搭不同的食材，更能让消费者喫出有机食材的天然纯味”。何奕佳也强调美食有 70%来自天然优质食材，烹调只是稍微辅助而已。她说：“许多人都觉得在齐民火锅吃完有一种自然舒服的感觉，亲眼看到最新鲜的食材，亲自烹煮最真实的美味，这种感动就是齐民从农田到餐桌传达食物与人文风土浑然天成的精神”。

图 7-98 将齐民市集事业扩转上海

第十一节　与《齐民要术》相关的文化企业

寿光市农圣蔬菜文化产业有限公司位于寿光市欧州村 18 号，注册成立于 2012 年，是由寿光市现代雕塑艺术中心和寿光市现代学校文化环境艺术研究所合并而成，主要业务范围包括蔬菜雕塑、蔬菜水果雕塑、水果雕塑、城市雕塑公司、校园文化建设公司。寿光市现代雕塑艺术中心成立于 1998 年，主要以设计、制作、安装各种蔬菜雕塑、城市雕塑等为主，寿光市现代学校文化环境艺术研究所成立于 2002 年主要是以设计、发展建设校园文化为主。根据发展的需要，寿光市现代雕塑艺术中心与寿光市现代学校文化环境艺术研究所于 2012 年合并为一家集蔬菜文化、校园文化、城市雕塑为一体的综合性文化设计、制作、安装公司。公司秉承"以人为本，诚信创新"的经营理念，达成与客户长久而稳定的合作关系；凭借完善的管理制度和质量保障体系来服务客户，追求作品卓越完美，服务有口皆碑，受到了客户良好的赞誉。寿光市农圣蔬菜文化产业有限公司努力探索客户需求，争取每一件作品的完美与成功。在短短的几年里，公司在专业制作、作品含金量等方面创下了辉煌业绩。公司借鉴国外优秀设计公司管理模式及先进理念，结合本土运作方式和思路，创新高效、真诚服务，历经市场的磨炼与洗礼，经验与日俱增，具备了以专业设计为主、制作、安装于一体的全方面服务能力，服务范围涉及多个领域的各个行业。

第十二节　与《齐民要术》相关的网站

一、农圣网

农圣网（http：//www. nonsheng. com）是由潍坊科技学院、山东飞翔软件产业集团、山东环球软件科技有限公司、山东大河投资集团、山东乐物信息科技有限公司共同投资建设，山东农圣信息科技有限公司负责运营，集蔬菜、种苗、农资等农产品展销、基地宣传、供求信息发布、在线商城、基地直供和物流配送服务于一体的第三方农产品公共服务电子商务平台（图 7-99）。2014 年 4 月 23 日，第五届中华农圣文化国际研讨会开幕式上，寿光市市委常委、宣传部长徐莹，大河集团董事长陈茂森为"农圣网"开通揭牌（图 7-100）。

2014 年 12 月 30 日上午，农圣 · 乐物网开通暨学院体验馆开馆仪式在市软件园软件人才公寓举行，寿光市人大常委会副主任、校长李昌武，市人民政府副市长王安文出席仪式，并共同开通农圣 · 乐物网。山东乐物信息科技有限公司总经理王明光，市经信局党委书记苗乃峰、商务局副局长范鹏、教育局副局长王素

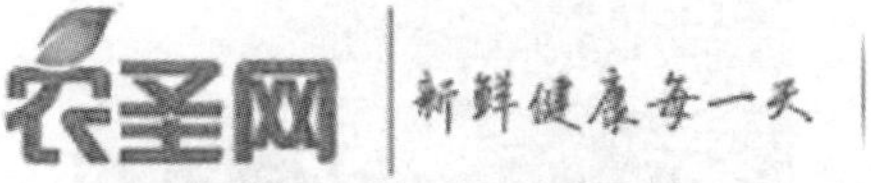

农圣网 新鲜健康每一天

图 7-99 农圣网网标

图 7-100 2014 年 4 月 23 日，第五届中华农圣文化国际研讨会开幕式上，寿光市市委常委、宣传部长徐莹（左），大河集团董事长陈茂森（右）为“农圣网”开通揭牌

云，电商协会秘书长魏瑞娟，副校长高文浩、李成祥，市软件园服务中心副书记刘秀身，以及学院部分干部职工参加仪式。市商务局局长寇振彤主持仪式。高文浩代表学校全体师生、农圣网，向莅临仪式的领导、嘉宾表示热烈欢迎，简要介绍了农圣网的建设、发展和运营情况。王明光介绍了乐物网在山东淄博等地的发展和运营情况。仪式结束后，领导嘉宾走进体验馆，体验网上购物（图 7-101）。

农圣 · 乐物网旗下拥有农圣商城（B2B）、农圣乐物网（B2C）两大平台和学院 O2O 体验馆，致力于成为寿光乃至潍坊市第一家涵盖 B2B、B2C、O2O 全部运营模式的农产品电子商务平台。2014 年 4 月 23 日，致力于为农产品生产者、经营者和相关从业者提供便捷的增值服务的，面向国内大中型企事业单位服务的农圣商城（B2B 模式）大宗蔬菜交易平台正式上线运行。农圣乐物网（B2C 模式）为广大消费者提供优质、安全农产品在线交易、基地直供、冷链物流、配送到家的品质生活服务，让用户享受高品质、无污染、纯绿色的农产品电商服务。农圣 365 体验馆，通过“线上平台+线下体验馆”的崭新模式（B2C+O2O），致力本地电商服务（图 7-102）。农圣网还通过与淄博乐物网密切合作，成功整合了寿光及周边县市和淄博市的优质农产品种养殖基地和加工企业。截至 2015 年 3 月，入驻农圣网平台的商家已达 200 余家，平台展示和销售的特色农产品已超过

图 7-101　农圣 · 乐物网开通暨潍坊科技学院体验馆开馆

500 余种。农圣网依托寿光作为“中国蔬菜之乡”得天独厚的农业资源优势和农圣文化优势，充分发挥潍坊科技学院雄厚的农业科研和技术服务优势，立足寿光，整合全国的农产品资源，通过电子商务平台将种苗、蔬菜、农资等产品交易辐射到全世界，将寿光打造成全国乃至世界知名的“农产品电子交易之都”。

农圣网的微信描述：蔬菜种苗农资买卖就上农圣网，中国领先的农业领域电子商务平台，是集蔬菜、种苗、农资供求发布、在线交易、物流配送、农业技术服务于一体的专业化 B2B 电商平台，致力于打造成国内第一家农产品可追溯查询系统，为消费者提供最舒心的食品安全保障。

图 7-102 农圣网微信

农圣网诞生于中国著名的“蔬菜之乡”“农圣故里”——寿光，由山东农圣信息科技有限公司研发创建，是一个集蔬菜展销、基地宣传、供求发布、信息共享、在线交易、物流配送于一体的专业化 B2B 网络平台。该平台通过搭建蔬菜生产者与经营者、消费者、政府监管者及产业相关从业者之间便捷沟通的桥梁，增强产业链条上各环节信息的互通速递，促进产业链条各环节协同和资源整合，创新发展新的经济增长模式，为生产、销售、流通等各环节的客户提供蔬菜、种苗、农资、技术、咨询等一体化、一站式的服务。

农圣网作为专业化的农产品第三方服务平台，可为农产品生产者、经营者和相关从业者提供便捷的增值服务。一是为生产者提供种植基地和产品展示宣传，在平台发布销售信息，提升自身的农产品标准化水平，从而带来大量优质客户，在线完成产品交易和货款支付，安全快捷方便；二是经营者或消费者在平台即可采购优质新鲜蔬菜，在线下单付款，产品免费送货到门，采购收支随需随查，从而节约采购成本，便于管理；三是打破传统蔬菜供应链条，使价格公开透明，简化环节，避免层层加价，降低了经营成本，真正地将利益还给生产者和经营者。使链条的各环节有时间和经历做好自己的事情，有利于产业链条的长远健康发展。

农圣网立足农业发展，致力于为农产品的生产销售、宣传推广、技术提升提供最为广阔的平台，建立了完整的服务体系。一是建立信用监管体系。对平台上线的合作商，制定规范化标准，进行严格筛选，重重把关，建立诚信档案，不合格单位立即取消合作。二是为合作单位提供全方位的技术服务。网站特聘国内一流的农学专家组建专家团队，提供在线咨询、专业培训、现场指导等服务，让农户在家轻松学到蔬菜种植、病虫害防治等先进技术，实现成本节约和增产增收。三是建立农产品质量可追溯体系。严把质量关口，精选基地产品，通过 FID、二维码等现代科技技术，实现对经营农产品的全方位实时追溯，保障食品安全。四是建立价格检测体系。网站通过与国内知名数据分析公司合作，可为农产品生产者、经营者和消费者提供国内各大市场的价格行情，并及时反馈，保证网站产品价格的公开透明，促进产品销量，增加收益。五是建立遍布全国的物流配送体系。依托自营建设和第三方合作建立便捷的物流运输体系，公开透明的物流运输价格，可方便地将购销产品运送至全国各地。

农圣网将继续依托寿光作为“中国蔬菜之乡”得天独厚的资源优势和农圣文化优势，充分发挥山东农圣信息科技有限公司的科研和技术服务优势，立足寿光，依托高校，服务全国。积极推进农业科技创新，推动农业标准化、基地化、品牌化和高端化建设，广泛整合各类农产品资源，不断扩大平台的影响力，为中国农业和农产品电子商务的发展贡献力量。

二、中国齐民农圣网

中国齐民农圣网（http：//www. 86ns. net）由寿光齐民农圣网络科技有限公司创建，位于寿光市软件园大学生创业园 1041 号，中国齐民农圣网致力于实现中国农业信息化、现代化的终极目标，抱着让农业零距离的伟大使命，现已逐步发展成为中国领先的农资直销平台，齐民农圣通过资源整合的方式，将最优秀的的农资生产供应商整合，并将产品集中，同时线下整合广大农民群体，中间以齐民农圣平台为桥梁，协助广大农户们利用齐民农圣农资平台进行采购农资，实现足不出户即通过电脑跟手机轻松查找到自己需求的产品，并且可以直接下单订购，真正帮助广大农民朋友实现了多、快、好、省的目的，齐民农圣真正成为了农民朋友的掌上农资超市。农资供应商通过与齐民农圣合作，实现了行商变座商，借助于齐民农圣平台这一电商利器，使自己的产品在最短的时间让客户发现并了解，在最短的时间提高产品的知名度的同时，也能够快速度促成订单，为广大农资供货商大大节省了市场拓展成本的同时，在效率上也实现了革命性的飞跃（图 7-103）。

图 7-103　中国齐民农圣网网标

第十三节 与《齐民要术》相关的大讲堂

贾思勰农业科技大讲堂非常受菜农欢迎。自 2010 年第十一届中国（寿光）蔬菜科技国际博览会、第一届中华农圣文化节开始，“贾思勰农业科技大讲堂”连续数年举办，是菜博会的重要组成部分，承办单位是寿光农业局、寿光科技局、寿光科协。2010 年的“贾思勰农业科技大讲堂”开班后，寿光菜农聆听北京教授报告，感到非常实用，受到热烈欢迎。2010 年 4 月 23 日，贾思勰农业科技大讲堂正式开班。第一堂课邀请到了北京农林科学院植保环保研究所王素琴教授，讲授了《害虫生物防治研究与应用现状》。上午还没有开课，几位农民就已经围住了王教授，“一会儿讲完课去我们大棚里看看吧，您指导我们种植的西红柿长得就是好！”原来 2009 年 6 月，王教授就在寿光市燎原蔬菜合作社的几个蔬菜大棚里，进行蔬菜病虫害生物防治技术的试验推广。菜农蒋德云说：“生物防治技术非常受菜农欢迎，王教授一直在指导我们科学预防病虫害，合理用药，这次我们十几位菜农就是专门来听王教授讲课的。”王教授结合多年从事害虫生物防治的实践经验，讲解了生物防治的主要途径，从利用天敌昆虫、昆虫病原微生物、生物制剂等最新生物防治技术，指导菜农在种植过程中减少有害药物的投放，科学防治病虫害。课后，许多菜农和技术人员还意犹未尽，对生物防治技术表现出浓厚的兴趣。“王教授讲的新技术很适合我们当地蔬菜生产的需要，我们深受启发。”

第十四节 与《齐民要术》相关的奖项

一、“农圣文化奖”

“农圣文化奖”是寿光市委、市政府为推动寿光文化大发展大繁荣而设立的奖项。作为寿光文化建设的最高综合性奖项，奖励在寿光文化建设中做出突出贡献的优秀文化人才、企业和作品等。“农圣文化奖”作为寿光文化建设的常设奖项，每年评选一次，由寿光市委、市政府为获奖者颁发证书、奖金和奖牌。

2011 年 4 月，中国寿光蔬菜国际博览会期间，2010 年度“农圣文化奖”揭晓，共产生重大成果奖 2 项、艺术作品奖 10 个、哲学社会科学奖 10 个、文学创作奖 10 个、出版奖 10 个、广播影视奖 10 个、重大新闻奖 10 个、重大活动和突出贡献奖 9 个，有 62 项文艺作品、2 项文化活动、2 个先进集体和 4 名先进个人获奖。在 10 个出版奖中，崔效杰、薛彦斌主编的《中国现代农业技术和经济研究》获得了 2010 年度唯一的出版一等奖，笔者单位为潍坊科技学院，出版时间为2010年4月，出版单位为中国农业科学技术出版社（图7-104）。寿光市齐民要术研究会会员国乃全创作的长篇小说《贾思勰逸史》，获得文学创作二等奖，笔者单位为市诗词楹联艺术家协会，出版时间为2010年3月，出版单位为远方出版社。寿光市齐民要术研究会常务副会长赵守祥获得2010年度农圣文化突出贡献奖中的先进个人。由刘效武、薛彦斌编撰的《贾思勰与〈齐民要术〉研究论集》获得2013年度农圣文化出版奖三等奖，笔者单位是寿光市齐民要术研究会（图7-105）。寿光市齐民要术研究会会长刘效武获得2014年度农圣文化突出贡献奖中的先进个人。

图7-104 崔效杰、薛彦斌主编的《中国现代农业技术和经济研究》获得2010年度"首届农圣文化奖"出版一等奖

2012年3月，潍坊科技学院美术系雕塑作品荣获第二届"农圣文化奖"二等奖，第二届农圣文化奖评选活动中，美术系师生创作的大型雕塑作品——《贾思勰广场群雕》荣获第二届"农圣文化奖"艺术作品奖二等奖。这是美术系继去年大型泥塑作品《菜乡魂》荣获第一届"农圣文化奖"二等奖以来的又一佳绩。

在这次"农圣文化奖"评选活动中，潍坊科技学院荣获唯一的一个"先进集体奖"称号。得奖辞是：加快文化产业软件园建设，先后多次组织了首届中国漫画艺术博览会等影响力大的文化活动；文艺创作丰富多彩，启动多部动漫片的

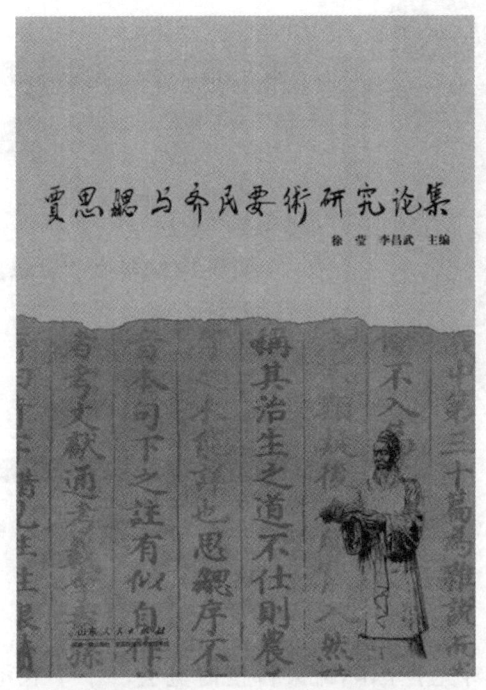

图 7-105 徐莹、李昌武主编的《贾思勰与〈齐民要术〉研究论集》获得 2013 年度农圣文化出版奖三等奖

制作；雕塑装点工程成为文化建设亮点，建成了贾思勰群雕文化广场，制作的《贾思勰》雕塑、《寿光古法制盐术》大型群雕参与第五届荷花节和第三届（青岛）潍坊周寿光展区主体形象，泥塑《蔬菜百子》参加潍坊第二届文展会，展示了寿光蔬菜文化。

二、贾思勰农业科技奖

贾思勰农业科技奖是寿光市人民政府设立的最高农业科技奖，自 2010 年开始实施，“贾思勰农业科技奖”的设立，在科技激励政策的制定上为中共寿光市委、市政府当好参谋，寿光先后出台了《寿光市科学技术奖励办法》《关于设立贾思勰农业科技基金的意见》等一系列激励创新的政策措施。《寿光市科学技术奖励办法》对蔬菜产业科技创新给予重点奖励。市财政专门拿出 100 万元设立了贾思勰农业科技基金，并依托基金设立了“贾思勰农业科技奖”，奖励为推动农业发展做出突出贡献的科技工作者和科技项目。

寿光市农业局蔬菜办公室的刘天英高级农艺师，由于在推动寿光蔬菜产业方面贡献突出，荣获 2014 年度“贾思勰农业科技奖获”（图 7-106）。

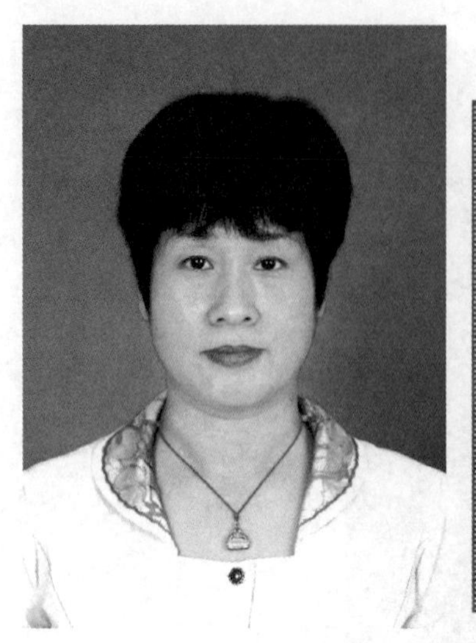

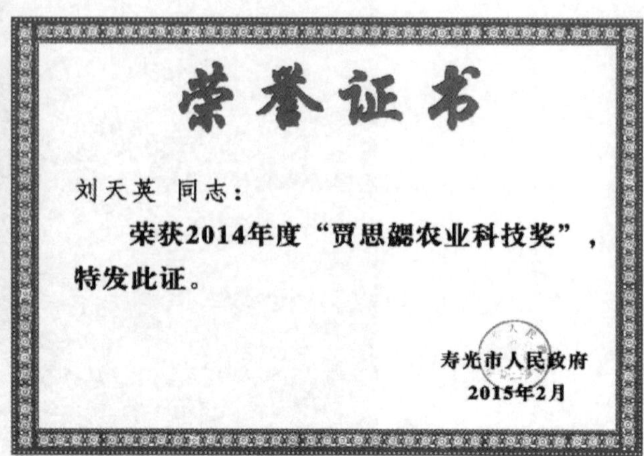

荣誉证书

刘天英 同志：

荣获2014年度“贾思勰农业科技奖”，特发此证。

寿光市人民政府

2015年2月

图 7-106 刘天英荣获 2014 年度“贾思勰农业科技奖获”

三、农圣杯

农圣杯是中国（寿光）国际蔬菜科技博览会、中华农圣文化节的重要组成部分和奖项，主要涉及摄影大赛、楹联大赛、国际标准舞大赛三大领域。

1. 摄影大赛

2010 年第十一届中国（寿光）国际蔬菜科技博览会、第一届中华农圣文化节推出“农圣杯”《影像寿光》摄影大展，由山东省摄影家协会、《大众摄影》杂志社主办，由中国（寿光）国际蔬菜科技博览会组委会办公室、寿光市摄影家协会承办，征稿背景是：山东省寿光市是全国著名的蔬菜之乡（图 7-107）。北魏时期的农学家贾思勰就是寿光人士，他著有农学巨著《齐民要术》。在寿光可以看到浩瀚如海的塑料大棚，一望无际的盐田，广袤的海滩。夏季的 200 多种荷花竞放，秋季里巨淀湖的芦花飞舞，10 万亩湿地鸥鹭翔集，3000 年前的制盐遗址，都为摄影者提供了优秀的拍摄景观。籍中国（寿光）国际蔬菜科技博览会召开以及中华农圣文化节举办之际，特举办“农圣杯”《影像寿光》摄影大展。这次大展旨在把寿光优美的自然风光、丰富的人文景观、快速发展的经济建设、日新月异的城乡面貌、琳琅满目的蔬菜博览会景点，用摄影作品展示在世人面前，力争促进寿光的经济建设，并由此推动摄影事业的发展。

征稿要求是：凡展现寿光的自然风光、人文景观、民俗风情和社会主义新农村巨大变化的摄影作品均可参展。参展作品拒绝改变原始影像（仅可做亮度、对比度、色饱和度等适度调整）。参展作品请在照片背面注明笔者姓名、作品名称、拍摄时间、地点、通信地址、联系电话、电子信箱等。作品不得装裱，彩色、黑

图 7-107 "农圣杯"《影像寿光》摄影大展征稿启事

白均可，数量不限。作品一律制作成 10 英寸（长边尺寸）照片，方片要求 8 英寸×8 英寸，组照每组不超过 6 张（以胶带按顺序相连）。不得单独提交电子影像文件及反转底片。

2010 年 4 月 25 日，《大众摄影》杂志社在寿光市举办影友联谊会及此次摄影大展的现场评选，联谊会中的摄影讲座分别由《大众摄影》主编陈仲元，以及作品编辑李馨讲授《摄影要则》和《新经典风光摄影》。摄影讲座进行期间评出 79 幅作品参加"农圣杯"《影像寿光》摄影展览，《大众摄影》第六期选登影展佳作。2010 年 5 月 5 日，"农圣杯"《影像寿光》摄影大展最终评选出两名金奖获得者、3 名银奖获得者。张文南的《老市场》和陈向升的《林海晨曦》荣获金奖；张景国的《弥水岸边是我家》、刘建华的《鱼眼看菜博》和杜崇林的《菜农的喜悦》荣获银奖。

2. 楹联大赛

"农圣杯"海内外有奖大征联征集始自于 2009 年 9 月 20 日，寿光是闻名遐迩的"中国蔬菜之乡"，是国家卫生城市、国家环保模范城市、中国优秀旅游城市、国家园林城市，是山东省文明城市，是农圣贾思勰的故乡。为了创建"中国楹联文化城市"，面向海内外广泛征集楹联。主办单位为寿光市人民政府、山东省楹联艺术家协会；承办单位为寿光市诗词楹联艺术家协会、寿光市蔬菜博览会组委会办公室承办。2009 年 12 月 21 日，历经 3 个月，寿光市"农圣杯"海内外有奖大征联评选揭晓。这次征联共收到海内外 3 728位楹联笔者的 21 765副作品。参赛笔者年龄最大的 93 岁，最小的只有 18 岁。有的楹联笔者生病住院，委托子女代为邮寄稿件；有的笔者身残志不残，顽强地进行创作，积极参赛，令人感动。通过初评、复评、终评，有 2 000副作品入选，评出一等奖 1 名、二等奖 10 名、三等奖 20 名、优秀奖 170 名。

在这次征联活动中，为了尊重笔者的劳动和心血以及保证收到所有的参赛稿件，给每个支持赛事的参赛者一个公正、公平的机会，寿光诗词楹联艺术家协会在 2009 年 11 月 30 日截稿之后，又等了一个星期才截止。电子邮件等了 4 天时间。为了搞好征联的评选工作，组委会聘请中华对联文化研究院的专家于 12 月 8—20 日，进行了初评和复评。在初评、复评的基础上，又聘请全国著名的楹联专家进行了终评。终评由中国楹联学会会长孟繁锦担纲评委会主任。中国楹联学会副会长刘育新、谷向阳，中国楹联学会副会长、山东省楹联艺术家协会主席高宝庆为副主任。评委由中国楹联学会会长助理刘太品、叶子彤，山东省楹联艺术家协会副主席荆向海、安学森、贺宗仪、冯广鉴，寿光市诗词楹联艺术家协会主席姜洪佩担任。终评委经过投票和反复酝酿讨论，从获奖提名的 200 副作品中，评出了一、二、三等奖和优秀奖。这些联作不仅合律，而且意境幽雅，紧扣主题，立意新颖，不愧联坛近年佳作。举要两例：一等奖 1 名，由江西的钟宇荣获。“题中国（寿光）国际蔬菜科技博览会：得齐民要术之真，绿野铺春，青蔬织锦；仰圣域儒风其泽，小康圆梦，大业蒸云。”此联以巧妙的笔触，描述了百里菜乡仰农圣之儒风，得《齐民要术》之真谛，在党的领导下，抓住蔬菜这个“牛鼻子”，一业带百业，大业腾飞的良好局面，真可谓妙笔生花（图 7-108）。二等奖 10 名，其中辽宁的东璈写得很有意境，“题农圣公园：耕稼授齐民，继炎稷而称圣；古今传要术，留典经以训农”（图 7-109）。

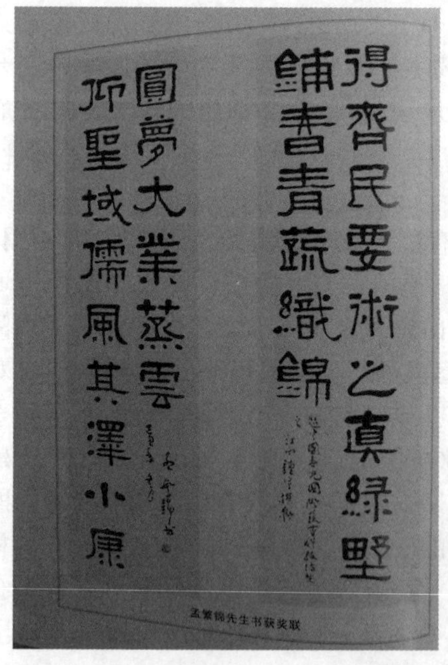

图 7-108　江西钟宇荣获一等奖孟繁锦书获奖联

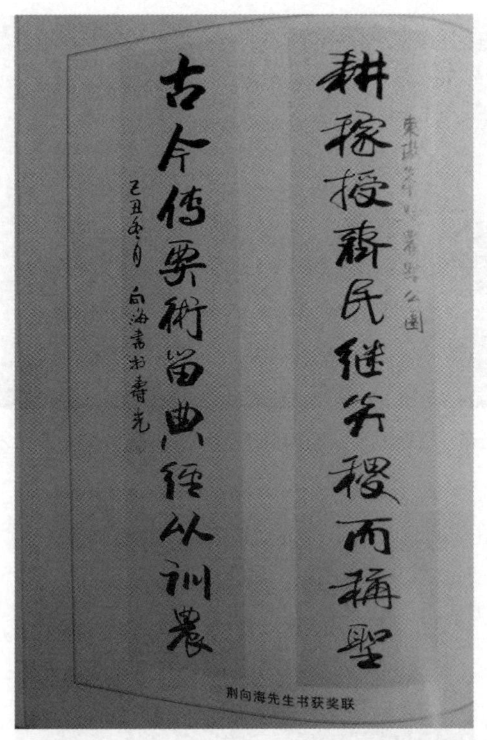

图 7-109　辽宁东瑊荣获二等奖邢向海书获奖联

优秀奖中也不乏佳作，云南苏继泉的“题农圣贾思勰：倾毕生精力，著不朽奇书，厥功伟矣；采诸子轶文，传中华农学，百代师之”；湖北柯亭的“题农圣公园：访农情，著农书，兴农济世称农圣；行德政，施德育，以德惠民树德风”；湖北李安善的“北魏农学家贾思勰：洞察伪浮，发盛世危言、旬年十卷；躬亲实践，创农学巨著、千古一人”。入选作品中也有好联，安徽梁志成的“一流酿艺齐民术，千载流芳贾圣功”；山东王家相的“贾思勰要术传千载，寿邑菜蔬绿九州”；山东杨福庭的“农圣思勰著术惠民千古，劳模乐义建棚播绿九州”等也都紧扣“农圣杯”主题，写得各有千秋。

寿光市诗词楹联艺术家协会汇集成册，定名为《菜乡联韵》，并举行了寿光市“农圣杯”海内外有奖大征联作品集《菜乡联韵》首发式（图 7-110）。2010 年 5 月 9 日上午，寿光市“农圣杯”海内外有奖大征联作品集《菜乡联韵》首发式在菜博会农展馆 4 楼会议室举行，出席首发式的领导有寿光市人大常委会党组书记、第一副主任杨德峰，中共寿光市委常委、宣传部部长刘永辉，寿光市政协副主席夏德起，寿光市文联主席潘广科。参加首发式的还有寿光市诗词楹联艺术家协会会长姜洪佩及寿光市文学艺术届各协会负责人等（图 7-111）。

图 7-110　寿光市"农圣杯"海内外有奖大征联作品选集首发式暨赠书仪式

图 7-111　寿光市诗词楹联艺术家协会编辑的《菜乡联韵：寿光市"农圣杯"海内外有奖大征联作品集》由诗联文化出版社出版

这次征联共收到海内外 3 728位楹联笔者的 21 765副作品，笔者遍布全国 32 个省、市、自治区。通过初评、复评、终评，有 2 000副作品入选，最终评出了一等奖 1 名、二等奖 10 名、三等奖 20 名、优秀奖 170 名。活动结束后参加首发式的人员还参观了寿光楹联博物馆。

3. 国际标准舞大赛

2010“农圣杯”第二届全国国际标准舞大赛暨齐鲁第五届“齐民思杯”国际标准舞锦标赛取得了圆满成功。2010年5月1日晚，由国际舞蹈家联合会、国际舞蹈家联合会山东委员会、山东省生命潜能开发应用研究中心、山东省寿光市人民政府主办，潍坊科技学院承办的2010“农圣杯”第二届全国国际标准舞大赛暨齐鲁第五届“齐民思杯”国际标准舞锦标赛在潍坊科技学院体育馆隆重开幕（图7-112）。

图7-112　2010“农圣杯”第二届全国国际标准舞大赛暨齐鲁第五届“齐民思杯”国际标准舞锦标赛

出席大赛开幕式的领导有：国际舞蹈家联合会秘书长兼中国总部主席刘俊岭，国际舞蹈家联合会山东委员会名誉主席、山东生命潜能开发应用研究中心主任、原潍坊市教育局党委书记吴兰婷，寿光市人大副主任王金彩，寿光市人民政府副市长刘煜东，寿光市政协副主席夏德起，寿光市教育局局长崔建军，潍坊科技学院党委书记崔效杰，国际舞蹈家联合会常务副主席彭云，寿光市体育局局长张树强，寿光市文联主席潘广科，寿光市教育局副局长王素云，寿光市齐民思酒业有限责任公司副总经理李文达，辽宁新海工程总公司潍坊项目部总经理杜吉利，潍坊市古伦热力有限公司董事长王克林，淄博市体育舞蹈运动协会主席张永军，济宁市体育舞蹈运动协会主席刘成柱，潍坊大成教育培训学校校长李琳，大连国际舞蹈学校副校长巴巴扬，寿光市文化馆馆长张晓青，国际舞蹈家联合会常务副主席、潍坊科技学院舞蹈学院院长刘少林。全体参赛选手、评审员、大赛组委会工作人员以及潍坊科技学院师生共计6 000余人出席了开幕式。刘俊岭、吴兰婷、刘煜东分别在开幕式上致辞。王金彩宣布大赛开幕，崔建军主持开幕式。

此次大赛为期两天，来自全国48个代表队的顶级选手2 600人参赛。参加华尔兹、桑巴、伦巴、斗牛、恰恰、牛仔等舞种比赛的选手达3 800人次（图7-

113）。国际标准交谊舞，又称“体育舞蹈”，原名为“社交舞”，英文为“Ballroom Dancing”，为欧洲贵族在宫廷举行的交谊舞会，法国革命后，Ballroom Dancing 流传民间至今。第二次世界大战后，美国人将该舞蹈散播到全球各地，并形成一股跳舞热潮，至今不衰。国标舞分为两大系列共 10 个舞种，即“摩登舞”（华尔兹、探戈舞、快步舞、弧步舞、维也纳华尔兹）和“拉丁舞”（伦巴舞、恰恰舞、牛仔舞、桑巴舞、斗牛舞），是现今世界最流行的舞蹈种类之一。

图 7-113　2010“农圣杯”第二届全国国际标准舞大赛上的小选手们

大赛以推动国标舞在全国范围内的传播，弘扬国际标准舞的文化及社会价值，加强舞蹈人才的交流和学习，发掘出更多优秀的舞蹈选手，加强业界和社会的有效互动，更多的培养和发现人才为主旨，为广大的国标舞爱好者提供一个学习、交流和竞技的高层次平台。这次大赛是一个展示艺术成就、异彩纷呈、令人难忘的文化盛会；是一个加强与各界沟通联系、增进友谊、扩大合作的交流盛会，也是一个推动文化艺术发展、互利互赢共荣的收获盛会，更是展现舞蹈爱好者朝气蓬勃、昂扬向上精神风貌的一次大好机会。各位选手在大赛中跳出了水平、舞出了实力、秀出了精彩。潍坊科技学院承办这样的赛事，让师生走近大师，感受经典，陶冶情操，提高修养，对促进大学生的全面发展起到了重要的推动作用。

第十五节　与《齐民要术》相关的商标注册

2003—2005 年，山东省县级市首家四星级酒店——阳光温泉大酒店传承历史文明，荟萃饮食经典，首创宴席——“齐民大宴”，并于 2009 年在全国注册商标，被列为国家非物质文化遗产，填补了餐饮发展史上的一项空白（图 7-114）。“齐民大宴”的创作灵感源自北魏时期贾思勰所著的《齐民要术》。《齐民要术》成书于公元 533 年至 544 年间，距今已 1 400多年，是我国完整保存至今的最早的一部古农书和古食书，也是一部全面总结当时文化的技术大全，在我国饮食文化的历史上极具有极具重要的地位。

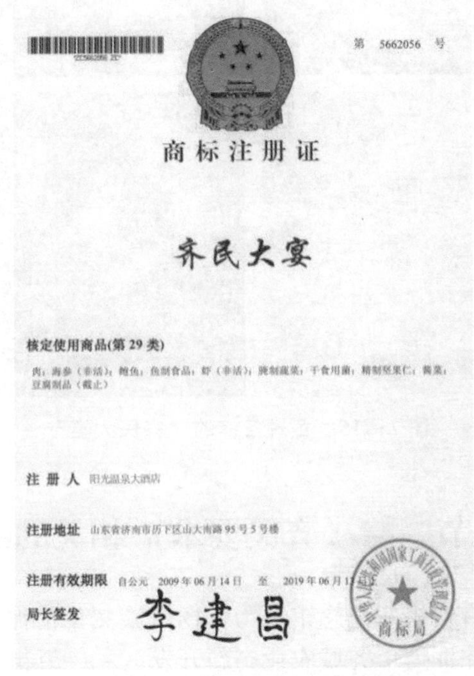
第 5662056 号

商标注册证

齐民大宴

核定使用商品(第 29 类)

肉；海参（非活）；鲍鱼；鱼制食品；虾（非活）；腌制蔬菜；干食用菌；精制坚果仁；酱菜；豆腐制品（截止）

注 册 人 阳光温泉大酒店

注册地址 山东省济南市历下区山大南路 95 号 5 号楼

注册有效期限 自公元 2009 年 06 月 14 日 至 2019 年 06 月 1

局长签发 李建昌

商标局

图 7-114 “齐民大宴”商标注册证

阳光温泉人传承鲁菜之精髓，从寿光人贾思勰所著农学巨著《齐民要术》中寻求创新之根源，在已故的总顾问王焕新先生和山东烹饪协会副秘书长、中国鲁菜大师李志刚先生的带领下，凭借寿光水产资源的传统优势和蔬菜之乡的现代资源，就地取材，就地施烹，研究开发了代表寿光饮食风格的“齐民大宴”，为四海宾朋奉献了一道绿色、健康的文化大餐。

齐民大宴以色夺人，以味怡人，以养颐人，色香味一应俱全。它讲究四时养生，注重饮膳内容，侧重食疗食补。烹调方法达 20 余种，菜品达 300 多道，以“寿光菜篮子”“潍县辣皮”“寿光扒谷”“南瓜汁大馒头”“蔬菜汁煎饼”等代表菜品受到社会的一致首肯和推崇（图 7-115）。

图 7-115 各式各样的"齐民大宴"

第十六节 与《齐民要术》相关的纪念馆

淄博市临淄区建有贾思勰纪念馆。为弘扬民族文化精神，表彰他对人类所作的巨大贡献，临淄区在淄博市齐城农业高新开发区——万亩农业示范园内建馆以志纪念。该馆位于济青高速公路临淄段北侧，下临淄路口向北 500 米即到。贾思勰纪念馆掩映在一片新型果树和农作物之中，与周围环境和谐的融为一体，更显古朴典雅。该馆分上下两层，建筑面积 1 000多平方米，投资 100 多万元；在纪念馆门斗南侧的横梁上悬挂木质横式馆牌，黑底铜字，上书 6 个端整秀雅的魏碑字："贾思勰纪念馆"。迎门处是一座精工高雕的贾思勰石雕像：贾思勰白发飘然，手捻胡须，右手握书，凝神静思。馆的一层为古代部分，主要展示贾思勰生平和其对农业所作的巨大成就；二层为现代农业高新技术与成就展览。一层的展出共分 3 部分。第一部分主要展出贾思勰及同宗兄弟贾思同、贾思伯的生平要略，以及贾思勰当年生活环境的复原图。第二部分利用微缩手法再现古代酿酒作坊制酒场景、贾思勰深入民间和田间地头了解耕作和种植技术的场景、古人生产生活的部分场景等，通过大量的文字版面介绍、绘图说明、实物展示、照片、沙盘等手段，系统展示了《齐民要术》的思想体系和科学技术成就。第三部分主

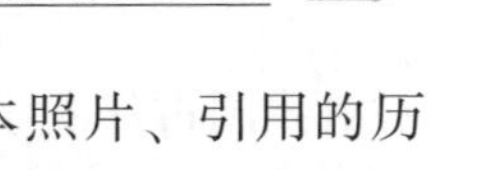

要展示国内外现存《齐民要术》版本的实物、复制件、影印本照片、引用的历史典籍和国内外对《齐民要术》的研究情况。贾思勰纪念馆汇集了当今研究成果之大成，系统展示了《齐民要术》之精要，整个展厅空间丰富，具有强烈的时代感。贾思勰曾在淄博任过太守，今天的淄博人建起贾思勰纪念馆，以示纪念。

第十七节 与《齐民要术》相关的雕塑与模型

一、中国农业博物馆

中国农业博物馆，隶属国家农业部，1986 年 9 月正式向社会开馆。中国农业博物馆坐落在北京市东三环北路 16 号，占地面积 52 公顷，陈列馆面积近 5 000 平方米。中国农业博物馆作为国家专业博物馆，先后筹办了“中国古代农业科技史”“中国农业资源”“中国水产”“中国农业科技等基本陈列”和“科技兴农”“农村能源与环境保护”等专题展览，陈列内容丰富、生动形象，被誉为“立体的农业百科全书”，是了解中国悠久农业历史、农业国情和农业科技成就的窗口，也是交流农业科技成果、传播农业知识的场所。

在中华农业文明二号馆中，给参观者留下深刻影响的是《齐民要术》场景复原，而且单讲嫁接梨，强调性地展现了北魏农学家贾思勰所著的《齐民要术》和他嫁接梨树的场景（图 7-116）。《齐民要术》是我国现存最完整的农书，也是世界农学史上最早的专著之一。《齐民要术》内容丰富，涉及面广，包括各种农作物的栽培、经济林木的生产，以及野生植物的利用等形形色色的内容。这部

图 7-116 贾思勰与《齐民要术》嫁接梨树场景复原

书对我国古代农学的发展产生过重大影响。为什么《齐民要术》中介绍了那么多的农业知识，农业博物馆只挑选了嫁接梨树的场景复制？讲解员的回答解开了观众的疑问，他说："我国在汉代发明了植物嫁接技术，在魏晋时期嫁接技术有了长足的发展。《齐民要术》中详细地介绍了嫁接梨树的方法。在所有的果树嫁接中，梨树的嫁接是最复杂的。我们吃的梨在古代可不是现在这样香甜，而是非常酸，经过嫁接的梨树长出的梨才香甜可口。"

二、中华世纪坛

中华世纪坛位于北京市海淀区复兴路甲 9 号西长安街上，中华世纪坛雕塑馆建于 2011 年 3 月，馆内伫立着 40 尊高约两米的中国各历史阶段杰出代表人物的青铜雕塑，是世界上收藏青铜人像作品最多的主题纪念馆。中华世纪坛"名人雕塑馆"，从春秋时期至近现代的 40 位中华文化名人的青铜雕像亮相中华世纪坛"名人雕塑馆"。其中包括贾思勰青铜雕塑（图 7–117）。

图 7–117　中华世纪坛贾思勰青铜雕塑

贾思勰青铜雕塑的说明上写着："贾思勰，北魏时人，汉族，益都（今属今山东省寿光市西南）人，生活于我国北魏末期和东魏（公元 6 世纪），曾经做过高阳郡（今山东临淄）太守，是中国古代杰出的农学家。"

三、中国国家博物馆

中国国家博物馆简称国博，位于北京市市中心天安门广场东侧，东长安街南侧，与人民大会堂东西相对称，是历史与艺术并重，集收藏、展览、研究、考古、公共教育、文化交流于一体的综合性博物馆。隶属于中华人民共和国文化部。在中国国家博物馆的《古代中国》板块里，有三国两晋南北朝时期的专题，着重介绍了贾思勰和《齐民要术》（图 7-118）。

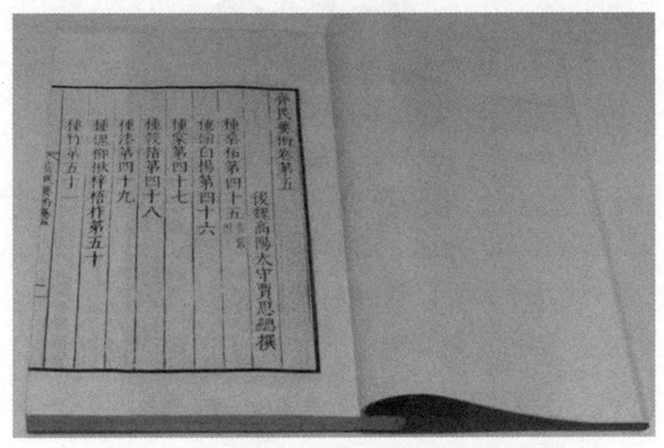
齊民要術卷第五
後魏高陽太守賈思勰撰
種桑柘第四十五
種榆白楊第四十六
種棠第四十七
種穀楮第四十八
種漆第四十九
種槐柳楸梓梧柞第五十
種竹第五十一

图 7-118 中国国家博物馆中的《齐民要术》

四、中国美术馆

中国美术馆北京市东城区五四大街 1 号，在中国美术馆里，收藏有贾思勰黑陶雕塑，作品选用凝重深沉的黑陶材料表现这位科学家，他正静坐沉思，双臂拢着谷穗，凝神思索农作物的生长规律，一位严谨的科学家的形象跃然眼前（图 7-119）。笔者为陈贻谟，创作年代是 1985 年 10 月。陈贻谟山东博山人。1933 年出生于陶瓷世家，自幼随父学习制陶。1958 年进中央工艺美术学院深造。系中国工艺美术大师、中国陶瓷艺术大师。任第五届中国工艺美术大师评委，首届中国陶瓷艺术大师评委，全国陶瓷创新评委。山东省陶瓷工业协会副理事长、艺委会主任，淄博市工艺美术协会顾问。荣获“中国工艺美术终身成就奖”。享受国务院政府特殊津贴。陈贻谟大师，博学多艺，成果斐然，其黑陶作品“贾思勰”，被中国美术馆收藏。

图 7-119　中国美术馆收藏的贾思勰黑陶雕塑

五、中国寿光蔬菜博物馆

1. 贾思勰像

贾思勰像位于中国寿光蔬菜博物馆的中心部位（图 7-120）。中国寿光蔬菜博物馆的建造，成为菜博会的一大亮点，从探寻起源、保护历史、见证经典、弘扬文化、激励未来的愿望出发，寿光人把筹建国内首家专业性蔬菜博物馆——中国寿光蔬菜博物馆作为一份责任，把中国乃至世界那些千年的历史元素定格、陈列，把千古的文化现场复原，把人类在蔬菜方面的智慧诠释，让走进博物馆的人沿时间长河，与那些历史元素近距离相遇、对话，用今天的眼光去探究、理解。

2. 齐民大宴模型

蔬菜与饮食区是中国寿光蔬菜博物馆所有展区中最小也是最精致的一个展区，展厅的中间是天然象形石组成的“齐民大宴”，内有 113 盘象形石“菜肴”，而吊顶上的 144 道精美菜肴则寓意“天赐美食”，以此来展现寿光蔬菜饮食文化源于民间乡土、风格千变万化的丰富内涵。齐民大宴中的“肉丸子”“猪肉”

图 7-120 中国寿光蔬菜博物馆中的贾思勰像

“绿豆”“白菜”等，这些都是现实生活中市民常见的食品，但是用石头做的肉丸子、猪肉、绿豆和白菜模型确是新鲜，在蔬菜博物馆内，一场“齐民大宴”已经开席，期待着观众前去用眼睛“品尝”。这场“齐民大宴”是用天然象形石组成的，是寿光的一位奇石爱好者向蔬菜博物馆捐赠的，是其收集了 30 多年的成果，中国寿光蔬菜博物馆已把“奇石大宴”定为了镇馆之宝（图 7-121，图 7-122，图 7-123）。

图 7-121 中国寿光蔬菜博物馆中的天然象形石组成的“齐民大宴”

图 7-122　中国寿光蔬菜博物馆吊顶上的 144 道精美菜肴则寓意“天赐美食”

图 7-123　中国寿光蔬菜博物馆中的齐民餐饮文化

中国寿光蔬菜博物馆，其创意和凝聚的深厚文化让人震撼。这是一个立足寿光、包容许多公共资源和历史文化的博物馆。身处其中，寿光三千年文化让人感动，确切讲，建造了一座寿光的“骄傲之馆”。

3. 贾思勰与齐民要术研究成果

搜集和展示了世界各国各种文字版本的《齐民要术》及相关书籍，其中有笔者委托日本友人在东京、大阪等地旧书店代购的版本和书籍 37 套（图 7-124）。

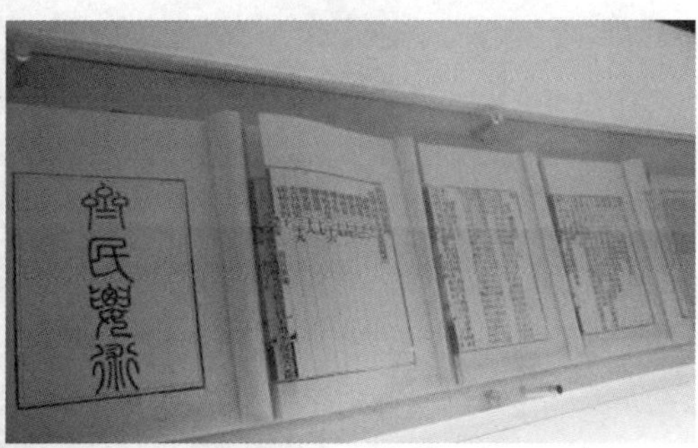

图 7-124 中国寿光蔬菜博物馆中的贾思勰与齐民要术研究成果

六、济南市泉城广场

济南市泉城广场贾思勰像知名度较大、照片被转载次数较高。在山东省省会济南市市中心的泉城广场上，文化长廊的系列雕塑“齐鲁十二圣贤”给观者留下了深刻印象，这 12 位圣贤是齐鲁众多名士的代表，名单经过众多机构、学者研究商讨，最终由我省著名学者徐北文教授生前确定。这些名士形象代表了齐鲁文明的历史，反映了齐鲁文化的脉络。贾思勰是“齐鲁十二圣贤”之一（图7-125），贾思勰雕像底座的说明文字是：“贾思勰，（约540年）益都（今寿光）人，农学家，著有《齐民要术》而知名于后世。”

图 7-125　济南市泉城广场贾思勰像

七、寿光市三元朱村

2007年，在冬暖式大棚发祥地山东省寿光市三元朱村，竖立起了一尊农圣贾思勰雕像，花岗岩材质，面东背西，贾公慈眉善目，额头高耸，颌下长须飘飘，双手托一束谷穗，端庄怡然，尤其引人注目的双瞳炯炯，闪烁着睿智的灵光（图7-126）。为此，寿光市齐民要术研究会副会长赵守祥写了一首诗歌《喜赞三元朱村竖起贾思勰像》（刊载于《潍坊日报·今日寿光》2014年8月21日07版）予以赞美，歌颂北魏贾思勰和“当代贾思勰”王乐义的丰功伟绩：“一位寿光现代农民，一位寿光古代先哲，生长在一块土地上，思想与精神一脉相承，并达到了相同的境界。”

图 7-126 寿光市三元朱村农圣贾思勰像

八、中国（寿光）国际蔬菜科技博览会

中国（寿光）国际蔬菜科技博览会举办地点位于洛城街道 108 号寿光市蔬菜高科技示范园，已连续成功举办了 17 届，知名度很高，贾思勰和《齐民要术》雕塑在十七届菜博会中占据中心和重要位置，构思方式、制作形式 17 年来每年都有新的变化（图 7-127，图 7-128，图 7-129）。

九、寿光市生态农业观光园

寿光市生态农业观光园位于张建桥大桥东首北侧圣城东街弥河两岸，主园区位于弥河东岸。寿光市生态农业观光园现为国家 AAAA 级景区，集旅游观光、休闲、娱乐、宣传科普教育于一体。园区以保护生态环境为宗旨，以农圣贾思勰故里为内涵，以寿光“中国蔬菜之乡”生态农业文化为特色，大力发展城市生态建设，形成了“绿色植物、蓝色水体、彩色蔬菜”的锦绣风貌。近年来，寿光市人民政府为展现蓄积蕴藏在寿光文化中的源远流长的农业文明，加强对贾思勰农学思想在现实农业生产中的传播应用，在多种窗口位置，利用多种形式进行表现和展示。寿光市人民政府投资于 2005 年在寿光市生态农业观光园建设的“齐民要术文化柱”及“贾思勰室外纪念园”就是其中很有代表性的表现形式。

1.《齐民要术》文化柱

《齐民要术》文化柱为寿光人民所独创，是解读巨著《齐民要术》的一种表现形式，目前在国内来说，还属首创。该文化柱位于寿光市生态农业观光园主人

图 7–127　莱博会上年年更新的贾思勰与《齐民要术》雕塑

口处的五色土广场景点，由 8 根青灰花岗岩石图腾柱组成，其高和直径为 9 米和 1.4 米（图 7–130）。

文化柱的创作手法精美，内容涵盖全面，上半部分为图腾设计，下半部分配有文字注释，其图腾部分的人物造型接近汉魏两代石刻的艺术风格，非常质朴大气。

柱一上的石刻内容表现的是农圣贾思勰“写术”的过程。其顶部有伏羲女娲图、神农图；中间部分介绍的是贾思勰考察农业、向老农请教、对农业的研究实践过程，最后撰写完成完整系统的农学名著《齐民要术》的一系列内容；下部是后世对贾思勰的历史评价。

图 7-128 用玉米、红豆、黑豆等杂粮制作的《齐民要术》模型

图 7-129 2015 年第十六届菜博会农圣贾思勰与《齐民要术》模型

柱二上的石刻表现的是《齐民要术》序及卷一的主要内容。其顶部的鸟是古齐鲁文化的象征性图腾，中间部分刻画有耕、种、收等场景，下部的文字为序和卷一的开篇文摘。

柱三上的石刻表现的是《齐民要术》卷二、卷三的主要内容。其顶部画面有五谷图、瓜果图以及豆、蔬菜、瓜果种植图，下部的文字为卷二、卷三的开篇

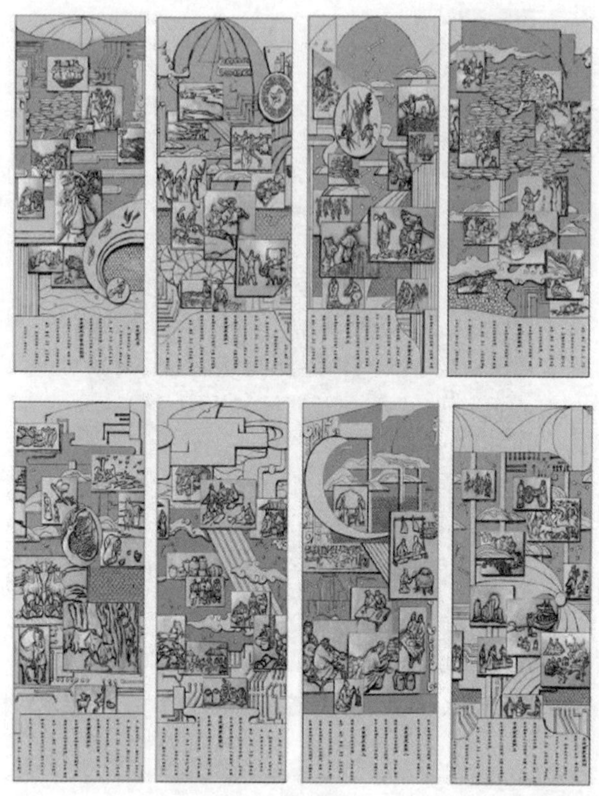

图 7-130　寿光市生态农业观光园《齐民要术》文化柱

文摘。

柱四上的石刻表现的是《齐民要术》卷四、卷五的主要内容。其上半部分画面以一棵大树做基底，穿插桃李、园篱、伐制漆器、收枣、安石榴等画面，下半部分的文字为卷四、卷五的开篇文摘。

柱五上的石刻表现的是《齐民要术》卷六的主要内容。其顶部为猎渔图，中间部分编排了马、牛、羊、驴、家畜等画面，下部的文字为卷六的开篇文摘。

柱六上的石刻表现的是《齐民要术》卷七的主要内容。柱身画面刻画了酿酒图和市集图，下半部分的文字为卷七的开篇文摘。

柱七上的石刻表现的是《齐民要术》卷八、卷九的主要内容。两卷所有的内容画面中均有安排，其下半部分文字为卷八、卷九的开篇文摘。

柱八上的石刻表现的是《齐民要术》卷十的主要内容。柱身画面将其引申为农业的中外交流及相互影响，柱子下半部分的文字为卷十的开篇文摘。

用图腾柱表现《齐民要术》，这在国内尚属首创，这处别具特色的人文景观，对传播应用贾思勰巨著《齐民要术》起到了积极的作用。

2. 贾思勰室外纪念园

贾思勰室外纪念园为寿光市生态农业观光园的一个重要景点，位于园区弥河东岸主园路的西侧，西、北与瓜果长廊景点为邻，南接观光菜圃景点，东靠三馆景点，总面积为 1.7 公顷。景点是以纪念农圣先贤贾思祝和他所建立的农业科学体系为主题建造的，由贾思勰塑像（图 7-131）、农圣广场、五谷广场、种植区、水井园、景观廊等要素组成。游览“贾思勰纪念园室外园区”景点，可使游人充分感受“民以食为天，国以农为本”的历史文化氛围，深人了解贾思勰及其巨著《齐民要术》的精要内容。

图 7-131 寿光市生态农业观光园贾思勰雕像

贾思勰塑像，位于景点的最南端，采用青灰花岗岩石材雕刻而成，是该景点的主体雕塑。塑像高达 2. 5 米，上部为先贤贾思勰塑像，下部是贾思勰巨著《齐民要术》之精要“五果（杏、李、桃、枣、栗）、五谷（麻、麦、粟、稻、豆）、五蔬（韭、薤、葵、葱、藿）字刻，后面为贾思勰及其巨著介绍。

位于景点南端的农圣广场，为主园路上的一个节点广场，在该广场上最显眼的位置设有以青灰花岗岩石雕刻的贾思勰塑像，四周是按序排列的青灰花岗岩圆雕“耕、种、收、憩”人物组合，这些造型逼真的人物雕塑，既起到了装饰景点的作用，又反映了黄河中下游地区自古形成的“春耕、夏种、秋收、冬息”的生产作息，同时形象地向游人展示了《齐民要术》中记载和总结的劳动人民的生产经验，并着重展示了《齐民要术》卷一之内容。

中间的五谷广场，为景点的主题广场，场内以不同形式出现的雕刻作品，非常引人注目，有采用青灰花岗岩板材制作的牛、马、羊、猪、犬、鸡六畜浮雕，有采用红花岗岩石制作的地面浮雕桑蚕文化图，还有采用红花岗岩石制作的“五谷、五果、五蔬”在本地比较普遍种植的品种之文字雕刻。

这些造型精美的石刻艺术，不单为游客带来了视觉上的美感，其最大的功能是向游人宣传贾思勰的巨著《齐民要术》，并着重展示的是《齐民要术》卷二至卷六的内容精要。

在五谷广场的东、南、西、北四周规划大片的植物种植区，分别种植了果、树、谷、蔬等类的植物。果类之中的李、杏、枣、桃，还有当地普遍种植的柿、石榴等品种；树类有苍翠的松柏、有高大挺直的白杨、还有用来养蚕的桑树等品种；谷类有“五谷”之中的麦、菽、稻，还有谷子、玉米等品种；蔬类有“五蔬”之中的韭、葵、葱，还有当地普遍种植的黄瓜、辣椒、菠菜、茄子、番茄等品种。各具特色的植物，一是起到了点缀景点的作用，二是让游人充分领略巨著《齐民要术》在作物栽培种植方面的知识，特别是禾谷类作物、蔬菜瓜果、林木的栽培种植知识。

植物种植区北边的水井园，是利用新型材料，仿古建造的古法浇灌展示区，由古水井和水渠两大元素组成，其设计原理是利用弥河水源引人仿古水井，每当弥水被提到一定的水位时，井中便自动涌出河水，经水渠流人作物种植展示区，形成一种自然浇灌的景观。这处展示远古时期农人浇灌田园的景点，亦是对贾思勰巨著《齐民要术》的另一种诠释。

最北端的两处木质廊架，是整个景点的画龙点睛之作，它既起到了充实景点的作用，又发挥了展示葡萄、紫藤、凌霄等爬藤类作物的功能，还复原了农人劳作休憩的场景。这两处供游人休息的场所，这两处供游人休息的场所，所展示的还是贾思勰巨著《齐民要术》书之精要的内容。

贾思勰纪念园室外园区，作为寿光的一个旅游景点，借助旅游的优势，通过这个窗口，让更多的人了解了贾思勰及其所撰写的巨著《齐民要术》。

十、寿光博物馆中贾思勰像

寿光市博物馆旧馆位于寿光市迎宾路 139 号，新馆位于寿光市金海南路 181

号，始建于1984年，1991年改建，主体建筑为四合院式的三层楼房，建筑面积3 000平方米，馆内有贾思勰像。该馆系地志性综合博物馆，共有15个展厅，现在基本陈列为“寿光历史文物陈列”（图7-132）和“历代古货币陈列”。馆内累计收集文物近9 000件（册），其中三级以上珍贵文物近千件（册）。新石器时代文物，上限北辛文化，中经大汶口文化、龙山文化，下至岳石文化均有展示。胡营乡火山埠遗址出土的墨陶，质地细腻，造型优美别致，通体黝黑有光泽，是龙山文化陶器中罕见的珍品。

图7-132 寿光博物馆中贾思勰像

十一、寿光市文化中心贾思勰祠

1992年10月，寿光市文化中心院内建成贾思勰祠（图7-133），贾思勰祠是一个独立小院，祠内悬挂着贾思勰的简介，摆放着贾氏墓中出土的部分文物。还准备收集一些古式农业生产工具和加工作坊的器具。祠内还为贾思勰用汉白玉塑了像。

图 7-133　寿光市文化中心贾思勰祠

十二、寿光市农圣公园

寿光市农圣公园又称东部林荫公园，位于寿光市圣城东街与尧河路交叉路口南、寿光市体育馆东侧、蔬菜高科技示范园南侧，占地 16.4 公顷，2014 年 4 月竣工使用，目前，完成投资额 3 500万元，灯光和雕塑设计档次较高。

农圣公园是山东省寿光市建设的以《齐民要术》及农耕文化为主题的公园。公园设计突出林荫和人文两大特点，通过栽植不同规格品种的乔木，形成不同程度的林荫景观空间，通过中心广场的贾思勰雕塑（图 7-134）、入口的北斗七星

图 7-134　寿光市农圣公园贾思勰像

景观树阵、齐民要术题刻、情景雕塑等来体现齐民要术文化。公园根据功能不同分为 5 个分区，即城市入口形象区、休闲活动区、中心水面景区、城市界面景区、树林草坪景区。

十三、潍坊科技学院

潍坊科技学院生物研发中心广场有贾思勰像（图 7–135），齐民要术群雕广场有制盐术群雕像（图 7–136）。

图 7–135　生物研发中心广场贾思勰像

十四、寿光齐民思酒业有限责任公司贾思勰像

寿光齐民思酒业有限责任公司重视贾思勰与齐民要术文化建设，在新老厂区都建有贾思勰与齐民要术文化景区（图 7–137，图 7–138，图 7–139）。公司秉承《齐民要术》遗风，在传承地域文化的同时，借助四川宜宾天然地理优势，还建立了五粮酿酒基地，更好的融合川鲁两地酒文化。齐民思酒业搬迁至贾思勰农业生态博览园区，扩建国内一流的高档白酒生产基地。

图 7-136　齐民要术群雕广场制盐术雕像

图 7-137　寿光齐民思集团公司旧址贾思勰像

图 7-138 寿光齐民思集团公司在菜博会 8 号厅农圣府中的贾思勰像

图 7-139 寿光齐民思集团公司新址贾思勰与齐民要术文化景区

十五、寿光宏源酒文化博物馆农圣贾思勰像

寿光宏源酒有限责任公司重视贾思勰与齐民要术文化建设，建有寿光宏源酒文化博物馆，内有贾思勰像与齐民要术文化展区（图 7-140）。

图 7-140　宏源酒文化博物馆农圣贾思勰像

十六、山东农业大学贾思勰像

山东农业大学坐落于风景秀丽的有“五岳之首”美誉的泰山脚下的山东省泰安市，主校区位于泰安市岱宗大街 61 号，是一所拥有百年历史的山东省属重点大学，学校前身是 1906 年（清光绪 32 年）创办于济南的山东高等农业学堂，学校校园内有农圣贾思勰像（图 7-141）。1983 年 9 月，经教育部和山东省人民政府批准，山东农学院改名为山东农业大学。山东农业大学是中华人民共和国农业部、国家林业局和山东省政府三方共建的综合性大学；为山东省首批“山东特色名校工程”5 所应用基础型特色名校之一。学校是国务院学位委员会首批批准的具有博士、硕士、学士学位授予权的单位，国家首批卓越农林人才教育培养计划改革试点高校。

图 7-141 山东农业大学贾思勰像

十七、四川农业大学贾思勰像

四川农业大学本部位于四川省雅安市雨城区新康路 46 号，雅安是世界上第一只大熊猫的发现地和模式标本产地，2008 年地震后，卧龙自然保护区的熊猫全部迁至雅安。杰出的农业科学家贾思勰的雕像，巍然屹立在农学楼前（图 7-142），被川农大师生敬为“农学泰斗”，配合老板山下由上古时代的刀耕火种到穿着学士服、博士服等科研人员指点华章的壁画，陈述着一代代川农人以“兴中华之农事”为已任、默默付出、默默耕耘的孺子牛精神。

图 7-142 四川农业大学贾思勰像

十八、上海青浦东方绿舟雕塑广场贾思勰和王祯像

东方绿舟位于上海市青浦区，是上海唯一的集拓展培训、青少年社会实践、团队活动以及休闲旅游为一体的大型公园。临近风景宜人的淀山湖畔，东方绿舟由智慧大道区、勇敢智慧区、国防教育区、生存挑战区、科学探索区、水上运动区、体育训练区、生活实践区共八大园区组成。智慧大道是一条雕塑景观道路，道路长 700 米，道路两侧摆放了众多中外著名科学家、思想家、教育家的雕塑，吸引了众多市民和游人参观，农学家贾思勰和王祯像在其中尤为醒目（图 7-143）。

图 7-143　上海青浦东方绿舟雕塑广场贾思勰和王祯像

十九、中国镇江醋文化博物馆

中国镇江醋文化博物馆位于镇江市丹徒区新城广园路 66 号，进入馆内，一尊惟妙惟肖的中国古代农学家贾思勰雕像首先进入观众的视线，贾思勰是中国醋的重要奠基人，贾思勰雕塑一手背在身后凝视远方，一手拿着圆形的小醋壶，仿佛在想象今后中国醋的美好未来（图 7-144，图 7-145）。在贾思勰的《齐民要术》中，就详细记载了 24 种制醋方法以及醋的食用和药用功能。

中国镇江醋文化博物馆分醋史馆、老作坊、陈列馆三大主体展馆，以及一个体验馆。全馆采用声、光、电等现代表现形式，全面展示醋文化、解读醋文化、品味醋文化。曲折的回廊，典雅的马头墙，精致的木格花窗，白墙黛瓦的仿古建筑；醋坛、醋罐、醋缸、醋作坊；醋史、醋艺、醋知识，一座精致的江南小园已卓然面世，在现代高超的“做旧”工艺下，整个博物馆又处处透露出古典气息。

图 7-144 中国镇江醋文化博物馆贾思勰像

图 7-145 中国镇江醋文化博物馆中国醋的重要奠基人贾思勰像

走进博物馆大门，一组从恒顺中山西路老厂区搬迁过来的食醋主题雕塑矗立在广场东部，似乎在静静述说着镇江制醋人为镇江醋业繁荣而默默探索、追求的奋斗历程。在醋史馆，一座仿 20 世纪 70 年代镇江恒顺酱醋厂的老厂门建筑，唤起人们亲切的记忆。在老作坊，游人可领略到民国时期镇江醋厂的造醋场景。陈列馆里布展了包括恒顺、山西、山东等地，以及来自美国、日本、德国等10多个国家的数百个醋产品。在体验馆内，游客可以动手制作一款有自己肖像的商标，张贴在香醋瓶上带回家。

二十、潍坊文展会

潍坊文展会全称为中国（潍坊）文化艺术展示交易会，潍坊文展会举办地点在位于长松路与玉清西街交叉路口东南的潍坊鲁台会展中心。潍坊文展会由山东省委宣传部、山东省文化厅、山东省旅游局、潍坊市人民政府主办，潍坊市委宣传部、潍坊日报社、潍坊市文化新闻出版局、潍坊市广播电视局、潍坊市文化市场综合执法局、潍坊市旅游局、潍坊市档案局、潍坊市文学艺术界联合会承办。从2008年开始举办第一届潍坊文展会。2014年第三届中国画节·中国（潍坊）第六届文化艺术展示交易会4月21日在潍坊鲁台会展中心举办。农圣贾思勰的雕塑年年出现在潍坊文展会上（图7–146）。

图7–146　潍坊文展会贾思勰像

二十一、潍坊博物馆

潍坊博物馆位于潍坊市奎文区东风东街6616号，潍坊市博物馆始建于1962年，原馆址设在全国重点文物保护单位著名的“十笏园”内，新馆位于潍坊市东部环境优美的开发区，新馆于1999年12月开馆，馆内有北魏农学家贾思勰雕塑（图7–147）。

图7–147 潍坊博物馆贾思勰像

二十二、山西临汾华门景区

山西省临汾市尧都区尧庙村华门景区，有四大民生巨匠鲁班、贾思勰、黄道婆、李时珍铜像（图7–148）。

图 7-148　山西临汾华门景区四大民生巨匠（左起）：
鲁班、贾思勰、黄道婆、李时珍铜像

二十三、湖北十堰城区“中华科技文化名人园”

在“中华科技文化名人园”里，市民和游客看到第一座雕塑是贾思勰，设计者用心可谓良苦（图 7-149）。在十堰的“文化名人园”的雕塑中，何以会首推贾思勰呢？首推贾思勰其理由至少有三：第一，十堰古属麋子国，早在新时期时期就有人类繁衍生息，在建市前一直以农业为主；第二，十堰早期隶属郧县，很早就注重农田水利建设，是郧阳的重要农业生产基地。据清乾隆时期的《郧县志》记载，“十堰春耕”曾是郧县十大景观之一，由此可见，十堰农业发展曾经超前于当时的时代；第三，尽管十堰经济已经呈现多元化发展趋势，尤其汽车工业占据了重要的地位，但是，就中国、就湖北、就十堰而言，农业的基础地位依然不可忽视。贾思勰最大的贡献就是写出了农业科学技术巨著《齐民要术》。十堰的先民们在这本巨著中学习、推广和运用了许多农业科技知识。由此而来，首推贾思勰顺理成章。

图 7-149 湖北十堰城区“中华科技文化名人园”贾思勰像位居首位

第十八节 与《齐民要术》相关的工艺纪念品

青岛平度佳饰工艺城地址位于平度市胶平路 27 号，创建于 1999 年，主要从事艺术珍品、翡翠珠宝、居饰礼品开发、加工与销售的典藏礼品行业。为弘扬地区旅游特色文化，以及更好地带动发展地方农业生产事业，特别聘请专业的工艺美术设计师设计，由南方专业工艺师精心雕刻，推出了“齐民要术”这款具代表性的平度特色旅游文化纪念品（图 7-150）。材料选自竹子，代表着文人墨客

图 7-150 青岛平度佳饰工艺城《齐民要术》工艺纪念品

的形象，其中更是融入了中国五千年文化中就一直沿用的文字篆刻工艺。此款作品将深厚农业文化和古老的人文文化有机结合起来。

第十九节　与《齐民要术》相关的书法

上海人民美术出版社 2002 年 3 月出版了由王延林编辑的《历代碑帖珍品——赵之谦书齐民要术》，赵之谦书写的《齐民要术》，大气磅礴，笔力遒劲，圆笔入势，行笔舒畅，极具劲健圆蕴的特点，可以说他充分汲取了各种魏碑的特色和营养（图 7-151，图 7-152）。

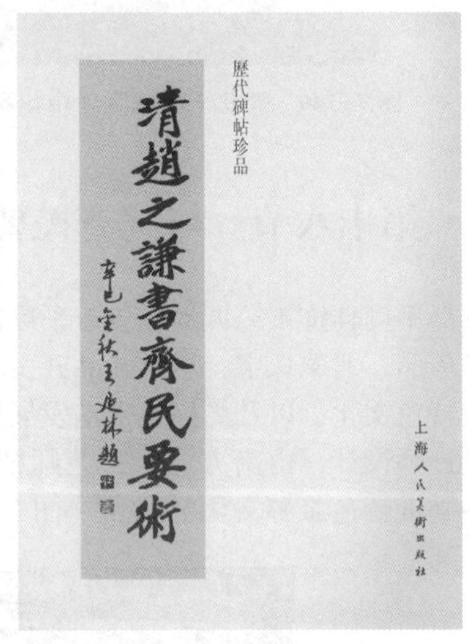

图 7-151　上海人民美术出版社《赵之谦书〈齐民要术〉》

赵之谦（1829—1884 年），会稽（今浙江绍兴）人，清代著名书法家，所书《齐民要术》是他魏楷书的代表作之一。赵之谦官至江西鄱阳、奉新知县，工诗文，擅书法，初学颜真卿，篆隶法邓石如，后自成一格，奇倔雄强，别出时俗。善绘画，花卉学石涛而有所变化，为清末写意花卉之开山。篆刻初学浙派，继法秦汉玺印，复参宋、元及皖派，博取秦诏、汉镜、泉币、汉铭文和碑版文字等入印，一扫旧习，所作苍秀雄浑。青年时代即以才华横溢而名满海内。他在书法方面的造诣是多方面的，可使真、草、隶、篆的笔法融为一体，相互补充，相映成趣。赵之谦曾说过："独立者贵，天地极大，多人说总尽，独立难索难求"。他一生在诗、书、画、意上进行了不懈的努力，终于成为一代大师。

图 7-152 赵之谦的魏楷《齐民要术》

第二十节 与《齐民要术》相关的宣传采风活动

“传承农圣文化”万里文化采风启动，在社会上引起极大反响。2010 年 3 月，由中共寿光市委宣传部、中国寿光国际蔬菜科技博览会组委会办公室主办，寿光市摄影家协会、寿光日报社、寿光广播影视集团承办的“传承农圣文化绿播丝绸之路”大型文化采风万里行活动启动仪式在市蔬菜高科技示范园隆重举行。寿光市人大副主任杨德峰，市委常委、宣传部长刘永辉，市政协副主席夏德起，三元朱村党支部书记王乐义等相关部门领导出席了启动仪式（图 7-153，图 7-154）。

“传承农圣文化，重走丝绸之路”是一项弘扬寿光市数千年的农业文明和优秀文化传统，推动经济文化强市建设的重要而新颖的举措。古丝绸之路，东联西出，文化积淀两千年，在世界文化传承史上，无可取代。“传承农圣文化，重走丝绸之路”志愿者在博客中写道：“丝绸之路，不仅是一个厚重的文化符号，更是一条非实体化的‘文化廊道’，与我们寿光人，情感纠结，千丝万缕。在这条路上，北魏贾思勰，向西域输送‘农耕文化’，《齐民要术》在‘丝路’上传播蔓延；当代王乐义，大棚技术北上西行，在‘丝路’上传播的是科技文明，走出一条‘绿色之路’。新一届菜博会前夕，寿光人，将再次踏上‘丝绸之路’，延续寿光人‘绿播天下’的光荣使命”。

“传承农圣文化，重走丝绸之路”大型采风活动有力配合了寿光市委、市政

图 7-153 寿光"传承农圣文化，重走丝绸之路"大型文化采风万里行线路图

图 7-154 寿光"传承农圣文化，重走丝绸之路"大型文化采风万里行启动仪式

府举办的第十一届蔬菜博览会暨"首届中华农圣文化节"，充分挖掘和大力弘扬了寿光市数千年的农业文明和优秀文化传统，推动经济文化强市建设。在此之前，寿光市委宣传部以寿宣发［2009］27 号文件发出通知，开展"传承农圣文化，重走丝绸之路"大型文化采风万里行活动。采风活动于 2010 年 3 月 26 日，在博览园前举行了启动发车仪式（图 7-155，图 7-156），4 月 20 日（菜博会开幕式）上午在博览园 1 号大厅前举行了欢迎仪式。行程路线是：寿光—曲阜—西安—平凉—兰州—武威—张掖—嘉峪关—敦煌—阳关—柳园—哈密—吐鲁番—库尔勒—阿克苏—喀什—和田—且末—若羌—海西—青海湖—西宁—兰州—银川—安塞—太原—石家庄—东营—寿光。志愿者由摄影家、美术家、学者、文化艺术名家、农业专家、企业家、记者、经验丰富的医护及车辆维修人员组成，共八人。这次活动从 2010 年 3 月 26 日开始到 4 月 18 日结束，历时 24 天，沿着古丝

绸之路，传承农圣文化和采风。途径 9 个省市自治区，行程 1.1 万多千米。本次活动，寿光“开心论坛”给予了全程图文直播，每时每刻关注前方行程和采风情况。活动期间，《重走丝绸路》被纳入中国寿光网《菜博会专题》，全面展示了采风内容，为菜博会献了一份厚礼。

图 7-155　寿光“传承农圣文化，重走丝绸之路”大型文化采风万里行出发之前

图 7-156　“冬暖式大棚之父”王乐义为“传承农圣文化，重走丝绸之路”大型文化采风万里行队伍壮行

凡此种种，说明《齐民要术》已经深入到当今社会的各个领域，各行各业正在传承和践行着《齐民要术》，将其发扬光大。

参考文献

渡部武，董凯忱［译］. 1985.日本对中国古农书的研究概况［J］. 农业考古（2）：389–396.

渡部武，薛桓生［译］. 1986.石声汉教授对中国古农书研究的成就及其对日本汉农学界的深刻影响［J］. 农业考古（1）：413–417.

渡部武，全太锦［译］. 2004.天野元之助的中国古农书研究［J］. 古今农业（1）：77–85.

李长年.1959.《齐民要术》研究［M］. 北京：农业出版社.38–64.

梁家勉.1957.《齐民要术》撰者注者和撰期［J］. 华南农业科学（3）：92–98.

刘德成，刘克强.2001.贾思勰志//山东省志诸子名家志编纂委员会编［M］. 济南：山东人民出版社.106–127.

缪启愉.1982.齐民要术校释［M］. 北京：农业出版社.11–59.

缪启愉.2008.齐民要术导读［M］. 北京：中国国际广播出版社.3–48.

石声汉.1957.从齐民要术看我国古代农业科学知识［M］. 北京：科学出版社.24–36.

石声汉.1957，1958.齐民要术今释（全四册）［M］. 第1版.北京：科学出版社.27–65.

石声汉.1958.齐民要术概论［M］. 第1版.北京：科学出版社.5–26.

石声汉.1981.中国农学遗产要略［M］. 北京：科学出版社.42–44.

天野元之助.1962.中国农业史研究［M］. 东京：御茶之水书房.25–36.

天野元之助.1975.中国古农书考［M］. 东京：龙溪书舍.29–43.

田中静一，小岛丽逸，太田泰弘［译］. 1997.齐民要术：现存最古老的料理书［M］. 东京：雄山阁出版.3-252.
万国鼎：1956.论《齐民要术》——我国现存最早的一部农书［J］. 历史研究（1）：79-102.
王思明.2002.农史研究：回顾与展望［J］. 中国农史（4）：77-85.
王毓瑚.1964.中国农学书录［M］. 北京：农业出版社.24-51.
王永厚.1979-03-15.齐民要术在日本［N］. 光明日报.（4）.
西山武一.1948.齐民要术传承考.金沢文库本《齐民要术》［M］. 东京：農林省農業综合研究所.48-63.
西山武一，熊代幸雄.1957，1958.校訂訳註斉民要術［M］. 东京：農業総合研究所.16-59.
西山武一.1969.亚洲的农法和农业社会［M］. 东京：东京大学出版会.10-69.
小出满二.1929.斉民要術の異版につきて［M］農業経済研究.东京：岩波書店（5）：23-45.
小林清市.2003.中国博物学的世界：以「南方草木状」和「齐民要术」为中心［M］. 东京：农山渔村文化协会.185-265.
熊代幸雄.1969.比较农法论［M］. 东京：御茶之水书房.27-36.
游修龄.1956.从《齐民要术》看我国古代的作物栽培［J］. 农业学报（1）：13-23.
徐莹，李昌武.2013.贾思勰与齐民要术研究论集［M］. 济南：山东人民出版社.241-387.
薛彦斌，崔效杰.2006.对 20 世纪以来《齐民要术》国内研究学者与成果的分类［J］. 中国农史（增刊）：28-39.
杨直民.1980.从几部农书的传承看中日两国人民间悠久的文化技术交流［J］. 世界农业（10）：16-21；（11）：30-33.
杨直民.1983.介绍齐民要术的新校释本.农业出版简讯［M］. 北京：农业出版社.42-53.
周肇基.1992.石声汉教授的品德、学风和学术成就［J］. 西北农业大学学报第 20 卷（增刊）：56-64.

后 记

寿光市《齐民要术》研究会自2005年成立至今，已经整整12年了，从2004年开始筹备到2005年主持召开第六届中国寿光国际蔬菜科技博览会“贾思勰农学思想研讨会”、2006年主持召开《齐民要术》与现代农业高层论坛的学术研讨开始，再到主持2010—2016年连续7届中华农圣文化国际研讨会的学术研讨，一直在积累和沉淀着贾思勰和《齐民要术》研究方面烟波浩渺的大量资料，始终沉浸在《齐民要术》这部“古代中国百科全书（Ancient Chinese Encyclopedia，达尔文语）”研究的宽阔海洋之中，自然而然也接触了很多相关的研究专家，通过学术交流，了解、收集和归纳了他们的研究成果，也一直想写一部关于《齐民要术》传承和研究方面的书，今天终于得以实现，心情异常激动，亦似如释重负一般。

编书著述非一日之功，编好书更不能急于求成，一蹴而就。其成功，很大程度上取决于资料的占有以及持之以恒的日积月累。日本在《齐民要术》版本的保存和传承方面独具特色，汉籍东传，由来已久。笔者曾获日本国文部省国费外国人留学生奖学金，在日本留学5年获得冈山大学博士学位，此次在本书的编写过程中，多亏在日本的朋友和友人们的倾力协助，网上传递过来大量文献资料和照片，尤其得益于日本福冈BRIDGE有限会社疋田辰宜社长、日本东京丰田通商株式会社事业开发部副部长郑泰根博士、京都大学药学部助手河野健一博士、冈山大学农学部教授桝田正治博士、千叶大学园艺学部食料经济学科教授吉田义明博士、东京农业大学农学部黑滝秀久教授、鹿儿岛大学农学部教授岩元泉博士、教授坂爪浩史博士、爱媛大学农学部教授中安章博士、筑波大学农学部教授山口智治博士、京都教育大学文学部教授田中嘉明博士等提供的大量日文相关资料和照片，受益匪浅。特别应该感谢的是 BRIDGE 有限会社疋田辰宜社长，不辞劳苦，友情至上，常年坚持在日本收集相关书籍，在百忙中曾两次为寿光《齐民要术》研究会、寿光中国蔬菜博物馆寄邮在东京、大阪、横滨、京都、奈良、福冈、神户、冈山、千叶、鹿儿岛、松山等地收集和托购的 30 余册日文版的《齐民要术》研究书籍和中国农业古籍，有的甚至是独本、珍本，贵重异常。以上诸多国际友人提供的宝贵的日文资料，对本书的写作大有裨益。同时感谢笔者的留学生时代同学、日本三重大学农学部博士毕业、现中国农业科学院蔬菜花卉研究所所长杜永臣教授，日本千叶大学园艺学部博士毕业、现山东农业大学园艺科学与工程学院院长王秀峰教授，日本千叶大学园艺学部博士后毕业、现山东农业大学园艺科学与工程学院副院长魏珉教授，日本千叶大学园艺学部博士毕业、现中国农业大学经济管理学院国际农产品贸易研究中心主任安玉发教授，日本冈山大学农学部博士毕业、现中国农业大学园艺学院副院长、观赏园艺与园林系主任高俊平教授，日本冈山大学农学部博士毕业、现上海交通大学农业与生物学院果树栽培生理中心主任王世平教授，日本东京大学农学部博士毕业，现日本自然农法国际研究开发中心理事、副所长、首席研究员徐会连博士等，他们都将手头的相关文献资料和照片提供给了笔者。

感谢寿光市人大常委会主任杨德峰对本书的编写给予了一如既往的支持，杨德峰自 2000 年始 17 年来一直担任中国寿光国际蔬菜科技博览会总指挥，首次倡导和亲自调度了由中国寿光国际蔬菜科技博览会组委会主办、潍坊科技学院承办、寿光市齐民要术研究会协办的 7 届中华农圣文化国际研讨会，正因为有了如此良好的国际研讨机会和优异的学术大环境，笔者才连续 7 年依照安排主持了国际研讨会的学术研讨，再加上此前的 2005 年的贾思勰农学思想研讨会和 2006 年《齐民要术》与现代农业高层论坛的主持，使得笔者有更多的机会与国内外贾思勰与齐民要术研究专家接触和学术交流，难忘的是作者参加 2006 年 9 月在韩国水原召开的第六届东亚农业史国际研讨会，也是杨德峰书记亲自签批、一手促成的，对笔者参与《齐民要术》的国际交流给予了莫大支持与厚爱。感谢寿光市《齐民要术》研究会名誉会长王乐义书记对本书写作给予了热情鼓励，提供了三元朱村展览馆的相关资料和照片。感谢已故的潍坊科技学院原院长、寿光市“人民功勋”获得者崔效杰教授，感谢寿光市人大常委会副主任、潍坊科技学院现任院长李昌武教授对笔者的贾思勰和《齐民要术》研究始终给予鼎力支持，每年划拨资金，确保每届中华农圣文化国际研讨会论文集及时正式出版，为本书的写作奠定了雄厚的前期基础。

感谢贾思勰与《齐民要术》研究著名专家、中国农业大学农业科技史研究

员、原图书馆馆长、名誉馆长、中国农史学会常务理事杨直民教授，两次赠与和寄送给笔者大量《齐民要术》研究文献资料。感谢山东农业大学文法学院副院长、教授、硕士研究生导师、中文系主任、山东农业历史学会秘书长孙金荣博士寄送的相关珍贵资料。

感谢寿光市《齐民要术》研究会首任会长、潍坊市“人民功勋“获得者、已故的王焕新先生向作者推荐和赠送的日本天野元之助教授和西山武一教授的著作复印件和文献资料。感谢寿光市《齐民要术》研究会会长刘效武先生对本书写作的全方位支持，刘会长是本套系列丛书大全的动议者和发起人，亲自审定写作大纲、划分板块、确定题目与内容，并提供给笔者大量资料诸如会议讲话、年度总结、申请报告、展板文字、图片照片等，甚至不顾劳累，跟笔者共同奔赴北京琉璃厂、潘家园、前门大街、王府井大街、西单大街等古籍市场和古籍书店收集、查阅贾思勰与《齐民要术》研究资料，受益甚多。同时感谢寿光市《齐民要术》研究会副会长赵守祥、孙有华、李向明、宋峰泉、崔永峰以及全体会员给予作者的大力支持与协助。特别感谢山东阳光华沃控股有限公司董事长、全国优秀军转干部、优秀企业家、寿光市《齐民要术》研究会副会长孙有华慷慨划拨在内蒙古自治区克什克腾旗召开的“《齐民要术》与现代农牧业发展论坛”研讨会的会议经费，提供日常研究会活动的经费和研究赞助，馈赠龙溪精舍校刊《齐民要术》上、下卷珍本，对笔者和研究会提供的全方位的支持与帮助。

感谢我所在单位的同事对本书编写的大力支持，特别感谢潍坊科技学院生物研发中心抗体工程学研究室主任、东京工业大学抗体工程学研究室客员研究员、副教授董金华博士、贾思勰农学院院长李美芹教授、副院长郎德山副教授、学院宣传部部长李兴军副教授、学院教务处副处长肖万里博士的全力支持，感谢学院农圣文化研究所所长刘金同教授、副所长杨现昌博士、学院吕金浮副教授、苗锦山副教授、张涛副教授、高宏赋副教授、周衍庆副教授、李培之副教授、薛慧丽副教授、单喜军讲师、李运祝讲师、马家兴讲师、刘俊海讲师、吴婧讲师、张菲讲师、高俊平讲师、李建永讲师、祝海燕讲师、徐有信讲师、肖志文讲师、于顺勤讲师、李航讲师的热情帮助。

本书能够顺利付梓，得益于中国农业科学技术出版社的鼎力协助，衷心感谢闫庆健编审对本书的撰写提出了很好的思路，数次提出很多非常中肯的建议和意见，并在百忙中应邀参加 2015 年 4 月和 2016 年 5 月举办的第六届、第七届中华农圣文化国际研讨会，与寿光市《齐民要术》研究会的骨干会员及《贾思勰与〈齐民要术〉研究丛书》全体作者进行了亲切的座谈交流，并对初稿进行认真的修改，付出了艰辛的劳动。

由于时间仓促，编者水平有限，本书在编排上难免有不当之处，恳望各位专家惠予指正，也敬请广大读者多提宝贵意见。

薛彦斌　博士　研究员

2016 年 7 月于山东寿光